工业机器人应用编程

自学·考证·上岗一本通

韩鸿鸾 马春峰 刘曙光 梁典民 编著

| 中级 |

化学工业出版社

·北京·

内容简介

本书是基于“1+X”的上岗用书，是根据“工业机器人应用编程职业技能岗位（中级）”要求编写的书籍。

本书包括工业机器人的安装、工业机器人与PLC的通信、RFID应用程序的编制、触摸屏的安装与调试、工业机器人视觉编程、轨迹类离线程序的编制等内容。

本书适合工业机器人应用编程职业技能岗位（中级）的考证用书，也适合企业中工业机器人应用编程初学者学习参考。

图书在版编目（CIP）数据

工业机器人应用编程自学·考证·上岗一本通：中级/韩鸿鸾等编著. —北京：化学工业出版社，2022.3
ISBN 978-7-122-40439-8

Ⅰ.①工… Ⅱ.①韩… Ⅲ.①工业机器人-程序设计-资格考试-自学参考资料 Ⅳ.①TP242.2

中国版本图书馆CIP数据核字（2022）第026478号

责任编辑：王 烨　　文字编辑：吴开亮
责任校对：杜杏然　　装帧设计：刘丽华

出版发行：化学工业出版社（北京市东城区青年湖南街13号　邮政编码100011）
印　　装：高教社（天津）印务有限公司
787mm×1092mm　1/16　印张16¼　字数401千字　2022年9月北京第1版第1次印刷

购书咨询：010-64518888　　售后服务：010-64518899
网　　址：http://www.cip.com.cn
凡购买本书，如有缺损质量问题，本社销售中心负责调换。

定　　价：89.80元

前言

为了提高职业院校人才培养质量、满足产业转型升级对高素质复合型、创新型技术技能人才的需求，国务院印发的《国家职业教育改革实施方案》提出，从2019年开始，在职业院校、应用型本科高校启动“学历证书＋若干职业技能等级证书”制度试点（以下称1＋X证书制度试点）工作。

1＋X证书制度对于彰显职业教育的类型、教育特征、培养未来产业发展需要的复合型技术技能人才、打造世界职教改革发展的中国品牌具有重要意义。

1＋X证书制度是深化复合型技术技能人才培养培训模式和评价模式改革的重要举措，对于构建国家资历框架等也具有重要意义。职业技能等级证书是1＋X证书制度设计的重要内容，是一种新型证书，不是国家职业资格证书的翻版。教育部、人社部两部门目录内职业技能等级证书具有同等效力，持有证书人员享受同等待遇。

这里的“1”为学历证书，指学习者在学制系统内实施学历教育的学校或者其他教育机构中完成了学制系统内一定教育阶段学习任务后获得的文凭。

“X”为若干职业技能等级证书，职业技能等级证书是在学习者完成某一职业岗位关键工作领域的典型工作任务所需要的职业知识、技能、素养的学习后获得的反映其职业能力水平的凭证。从职业院校育人角度看，“1＋X”是一个整体，构成完整的教育目标，“1”与“X”作用互补、不可分离。

在职业院校、应用型本科高校启动学历证书＋职业技能等级证书的制度，即1＋X证书制度，鼓励学生在获得学历证书的同时，积极取得多类职业技能等级证书。

本书根据“工业机器人操作与运维职业技能岗位（中级）”要求而编写，主要内容包括工业机器人安装、工业机器人与PLC的通信、RFID应用程序的编制、触摸屏的安装与调试、工业机器人视觉编程、轨迹类离线程序的编制等。本书可满足工业机器人应用编程岗位人员的自学、考证、上岗的用书需求，对应知应会的岗位技能和“1＋X”考证要求都进行了详细的讲解。

本书由威海职业学院（威海市技术学院）韩鸿鸾、马春峰、刘曙光、梁典民编著。本书在编写过程中得到了山东省、河南省、河北省、江苏省、上海市等技能鉴定部门的大力支持，在此深表谢意。

由于时间仓促，编者水平有限，书中不妥之处请广大读者给予批评指正。

编者于山东威海

2022年6月

目录

第1章

工业机器人的安装

1.1 工业机器人本体的运输

1.1.1 开箱

(1) 工业机器人拆包装的操作

① 如图1-1所示，机器人到达现场后，第一时间检查外观是否有破损、是否有进水等异常情况。如果有问题，应马上联系厂家及物流公司进行处理。

图1-1 检查外观

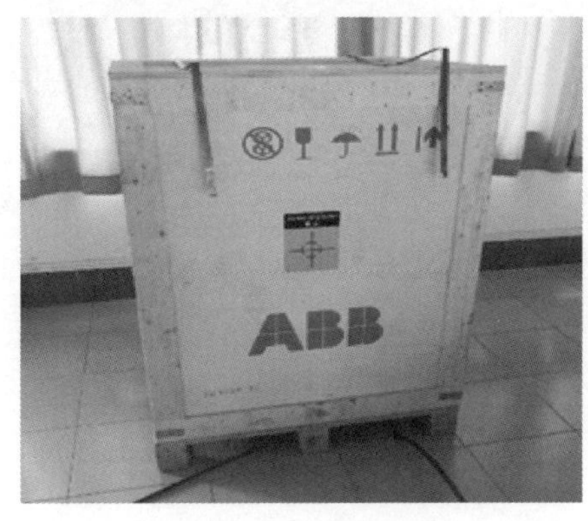

图1-2 剪断钢扎带

② 如图1-2所示，使用合适的工具剪断箱子上的钢扎带，将剪断的钢扎带取走。

③ 如图1-3所示，需要两人根据箭头方向，将箱体向上抬起放置到一边，与包装底座进行分离。尽量保证箱体的完整，以便日后重复使用。

（2）清点标准装箱物品

① 以 ABB 工业机器人 IRB1200 为例，包括 4 个主要物品：机器人本体、示教器、线缆配件及控制柜，如图 1-4 所示。

② 两个纸箱打开后，展开的内容物，如图 1-5 所示。随机的文档有 SMB 电池安全说明、出厂清单、基本操作说明书和装箱单。

图 1-3　取箱

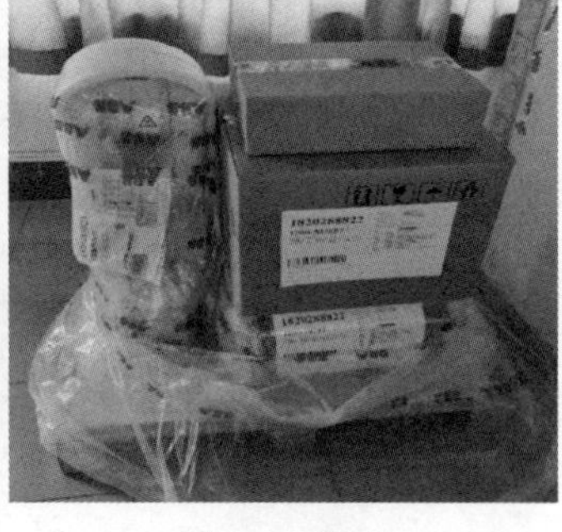

图 1-4　清点

图 1-5　内容物

1.1.2　装运和运输姿态

不同的工业机器人其装调与维修是大同小异的，本书在没有特别说明的情况下是以 ABB 公司的 IRB 460 工业机器人为例来介绍。

图 1-6 所示为机器人的装运姿态，这也是推荐的运输姿态。各轴的角度如表 1-1 所示。

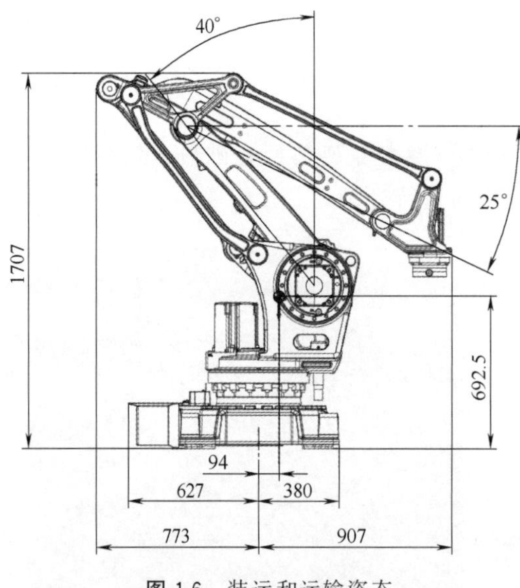

图 1-6　装运和运输姿态

表 1-1　装运和运输各轴角度

轴	角度
1	0°
2	−40°
3	+25°

1.1.2.1　用叉车抬升机器人

（1）叉举设备组件

叉举设备组件与机器人的配合方式如图 1-7 所示。

（2）操作步骤

① 将机器人调整到装运姿态，如图 1-6 所示。

② 关闭连接到机器人的电源、液压源、气压源。

③ 用连接螺钉将四个叉举套固定在机器人的底座上，如图 1-7 所示。

④ 检验所有四个叉举套都已正确固定后，再进行抬升。

⑤ 将叉车叉插入套中，如图 1-8 所示。

⑥ 小心谨慎地抬起机器人并将其移动至安装现场，移动机器人时保持低速。

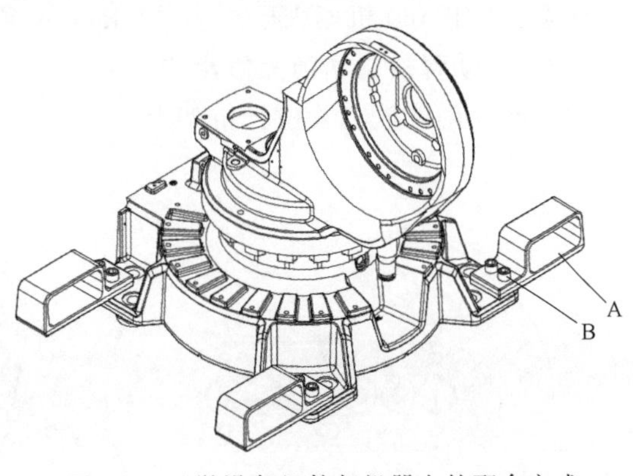

图 1-7　叉举设备组件与机器人的配合方式

A—叉举套；B—连接螺钉

［M20×60，质量等级 8.8（2pcs×4）］

注意：在任何情况下，人员均不得出现在悬挂载荷的下方；若有必要，应使用相应尺寸的起吊附件。

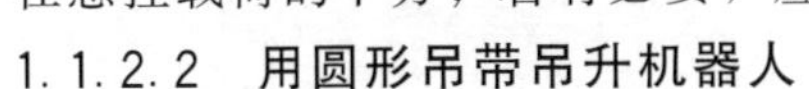

1.1.2.2　用圆形吊带吊升机器人

（1）吊升组件（图 1-9）

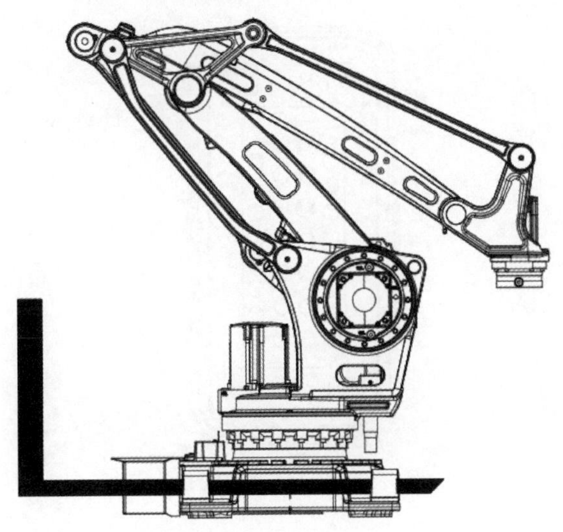

图 1-8　将叉车叉插入套中

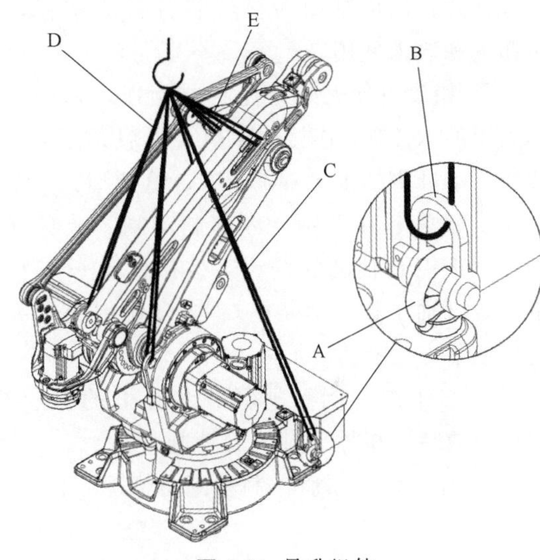

图 1-9　吊升组件

A—吊眼螺栓 M20（2pcs）；B—钩环（2pcs，提升能力为 2000kg）；C—圆形吊带［2m（2pcs），提升能力为 2000kg］；D—圆形吊带［2m（2pcs），提升能力为 2000kg，单股缠绕］；E—圆形吊带（2m，固定而不使其旋转，提升能力为 2000kg，双股缠绕）

（2）用圆形吊带吊升步骤

① 将机器人调整到装运姿态，如图 1-6 所示。

② 在背面的 M20 螺孔中装入吊眼螺栓。

③ 将圆形吊带与机器人相连，如图 1-9 所示。

④ 确保圆形吊带上方没有易受损的部件，例如线束和客户设备等。

注意：IRB 460 机器人质量为 925kg，必须使用相应尺寸的起吊附件。

1.1.2.3 手动释放制动闸操作步骤

内部制动闸释放装置位于机架上，如图 1-10 所示。

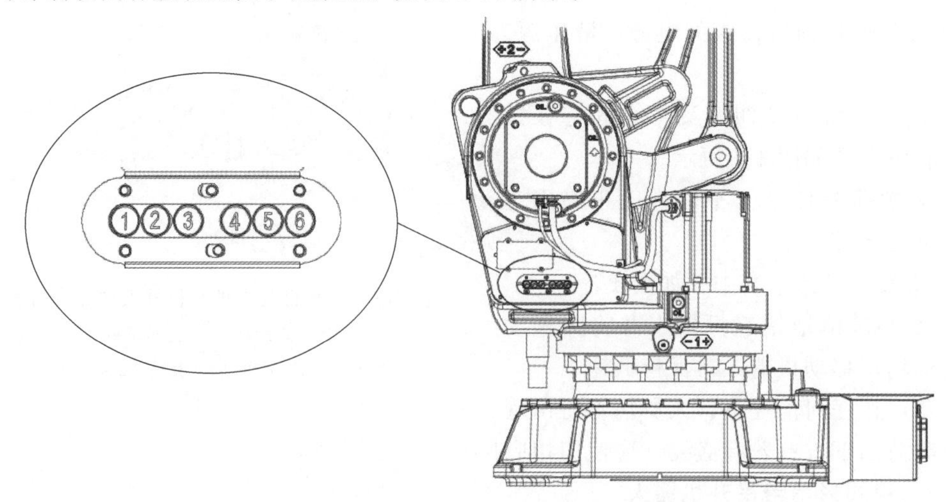

图 1-10 内部制动闸释放装置安装位置

注意：内部制动闸释放装置带有按钮，其中按钮 4 和 5 未使用。

① 如果机器人未与控制器相连，则必须向机器人上的 R1.MP 连接器供电，以启动制动闸释放按钮。给针脚⑫加上 0V 电压，给针脚⑪加上 24V 电压，如图 1-11 所示。内部制动闸释放单元包含六个用于控制轴闸的按钮。按钮的数量与轴的数量一致（轴 4 和 5 不存在）。必须确保机器人手臂附近或下方没有人。

② 按下内部制动闸释放装置上的对应按钮，即可释放特定机器人轴的制动闸。

③ 释放该按钮后，制动闸将恢复工作。

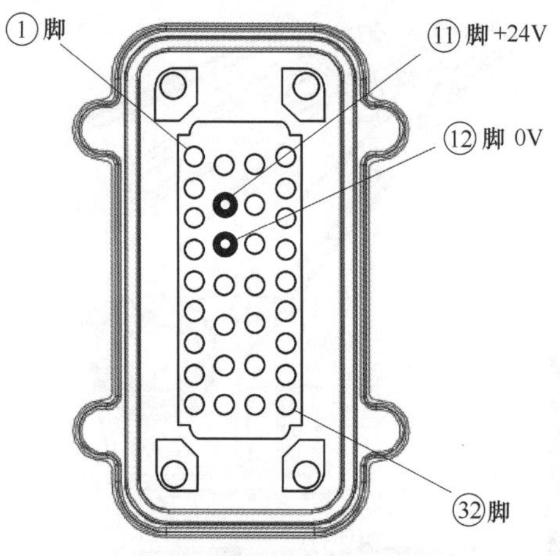

图 1-11 向 R1.MP 连接器供电

1.2 工业机器人本体的安装

1.2.1 安装前检查内容

安装前检查内容如表 1-2 所示。

表 1-2 安装前检查内容

序号	检查内容
1	目测检查机器人，确保其未受损
2	确保所用吊升装置适合于搬运机器人的质量
3	如果机器人未直接安装，则必须按照规定环境指标要求储存

续表

序号	检查内容
4	确保机器人的预期操作环境符合规范要求
5	将机器人运到安装现场前，应确保该现场符合安装和防护条件
6	移动机器人前，应先查看机器人的稳定性
7	满足这些先决条件后，即可将机器人运到安装现场
8	安装所要求的其他设备

1.2.2 安装工业机器人本体

1.2.2.1 底板

底板如图 1-12 所示，底板结构如图 1-13 所示，其尺寸如图 1-14 所示。图 1-15 所示为底板上的定向凹槽和导向套螺孔。

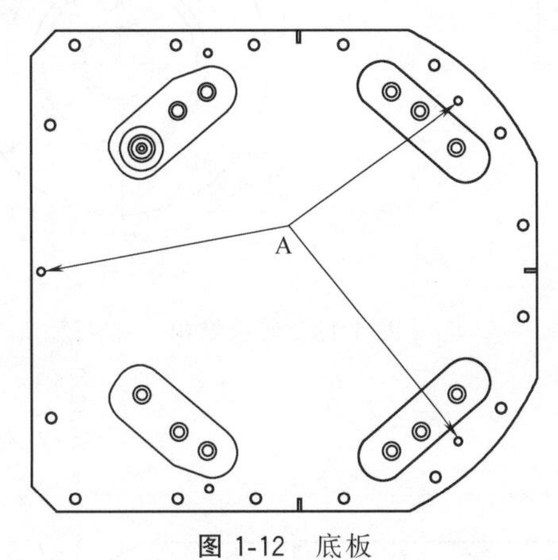

图 1-12 底板

A—三个吊眼的连接点

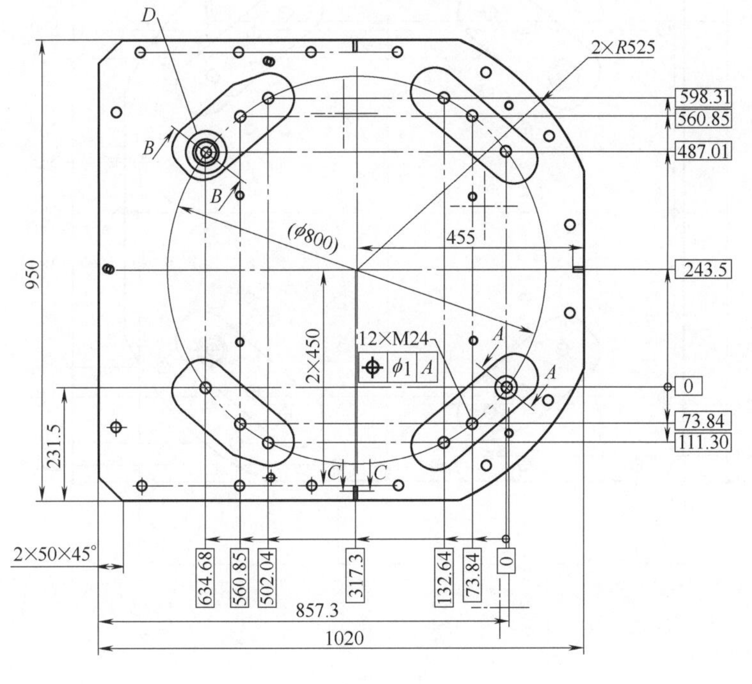

图 1-13

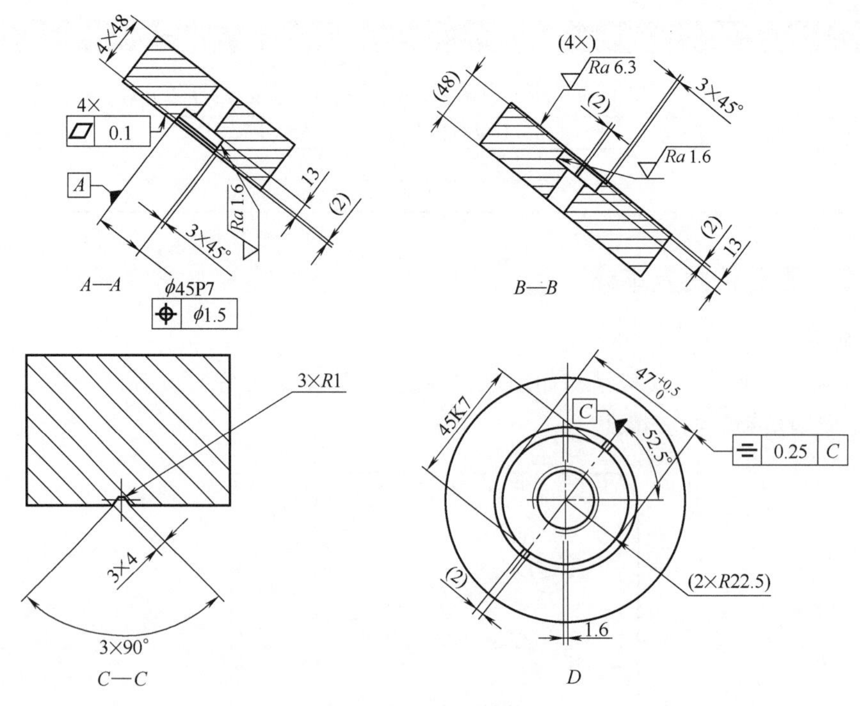
4×48
4×
0.1
A
Ra 1.6
13
(2)
3×45°
A—A
ϕ45P7
ϕ1.5
(4×)
Ra 6.3
(48)
(2)
3×45°
Ra 1.6
(2)
13
B—B
3×R1
3×4
3×90°
C—C
47
45K7
C
52.5°
0.25
C
(2)
(2×R22.5)
1.6
D

图 1-13　底板结构

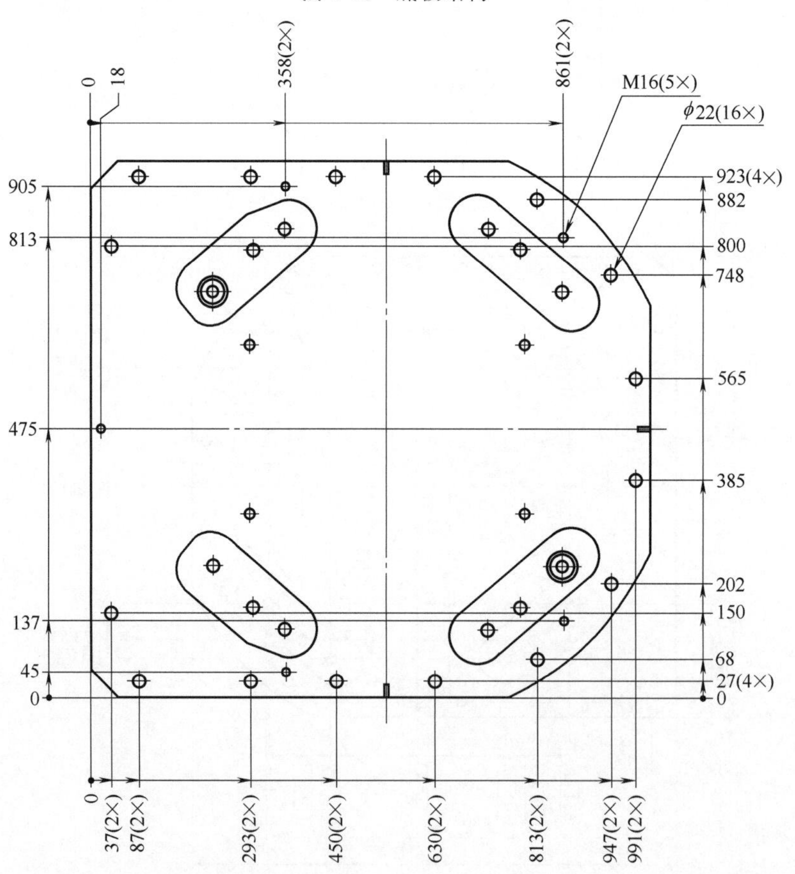
0
18
358(2×)
861(2×)
M16(5×)
ϕ22(16×)
905
813
475
137
45
0
923(4×)
882
800
748
565
385
202
150
68
27(4×)
0
0
37(2×)
87(2×)
293(2×)
450(2×)
630(2×)
813(2×)
947(2×)
991(2×)

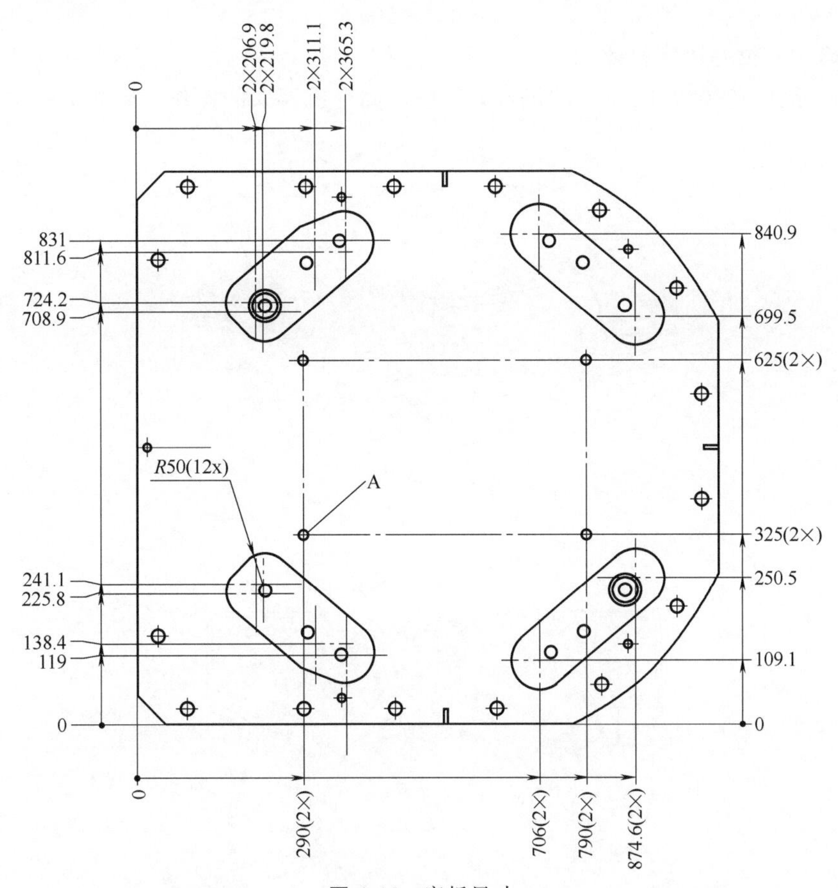

图 1-14　底板尺寸

A—用于替代夹紧的四个螺孔，4×ϕ18

1.2.2.2　将底板固定在基座上

① 确保基座水平。

② 若有必要，使用相应规格的吊升设备。

③ 使用底板上的三个凹槽，参照机器人的工作位置定位底板，如图 1-15 所示。

④ 将底板吊至其安装位置，如图 1-16 所示。

⑤ 将底板作为模板，根据所选的螺栓尺寸钻取 16 个连接螺孔。

⑥ 安装底板，并用调平螺栓调平底板，如图 1-16 所示。

⑦ 如有需要，在底板下填塞条状钢片，以填满所有间隙。

⑧ 用螺钉和套筒将底板固定在基座上。

⑨ 再次检查底板上的四个机器人接触表面，确保它们水平且平直。如未达到水平且平直的要求，需要使用一些钢片或类似的物品将

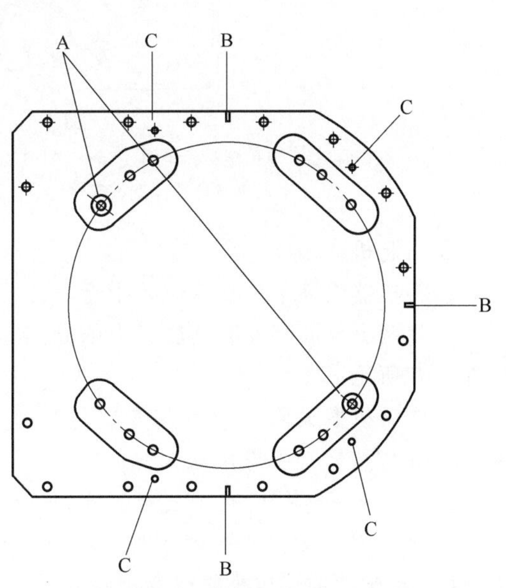

图 1-15　定向凹槽和导向套螺孔

A—导向套螺孔（2pcs）；B—定向凹槽（3pcs）；C—调平螺栓［连接点（4pcs）］

底板调平。

1.2.2.3 确定方位并固定机器人

图 1-16 所示为安装在底板上的机器人基座，固定机器人的操作步骤如下。

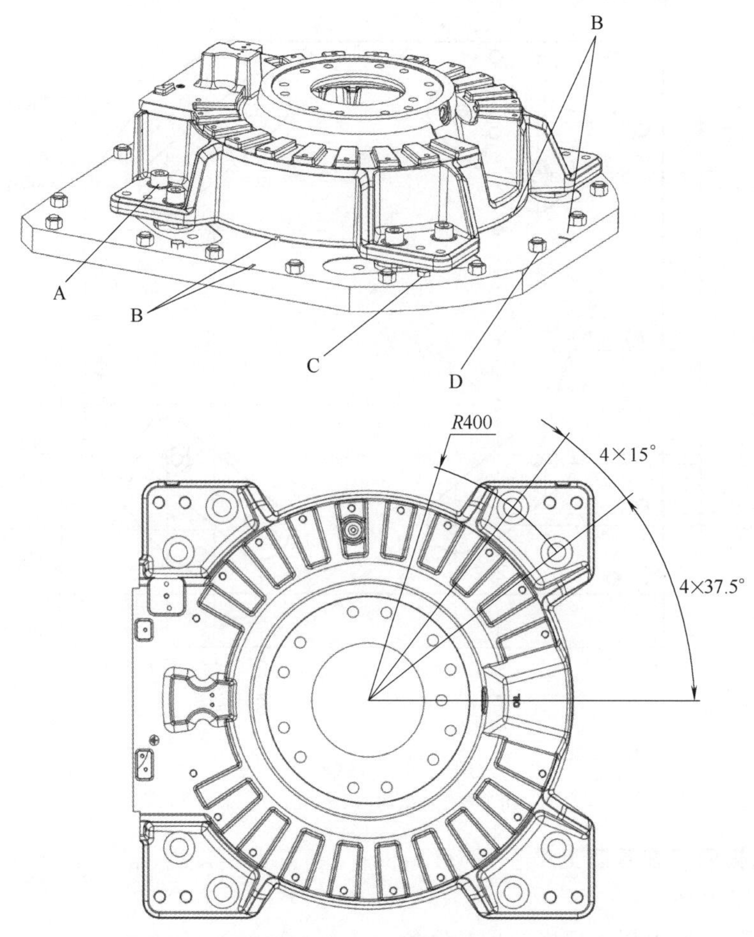

图 1-16 机器人基座

A—机器人连接螺栓和垫圈［8pcs（M24×100）］；B—机器人基座中和底板中的定向凹槽；C—调平螺栓（注意，需在安装机器人基座之前卸下）；D—底板连接螺栓

① 吊起机器人。

② 将机器人移至其安装位置附近。

③ 将两个导向套安装到底板上的导向套孔中，如图 1-17 所示。

④ 在将机器人降下放入其安装位置时，使用两个 M24 螺钉轻轻引导机器人。

⑤ 在基座的连接螺孔中安装螺栓和垫圈。

⑥ 以十字交叉方式拧紧螺栓，以确保底板不被扭曲。组装之前，应先轻微润滑螺栓。

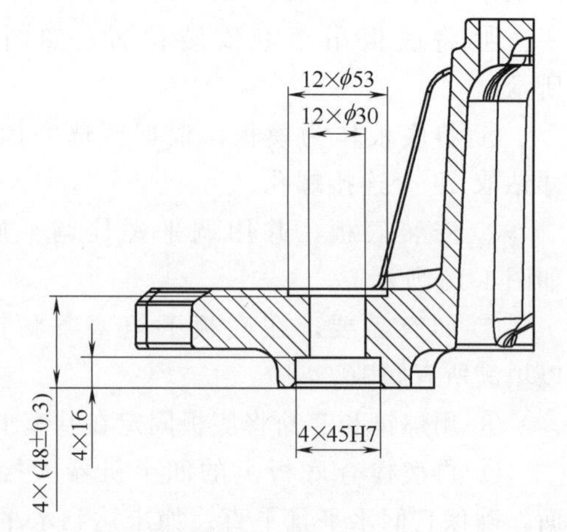

图 1-17 导向套

1.2.2.4 安装上臂信号灯

信号灯可作为选件安装到机器人上。当控制

器处于“电机打开”状态时，信号灯将激活。

(1) 上臂信号灯的位置

信号灯位于倾斜机壳装置上，如图 1-18 所示。IRB 760 上的信号灯套件如图 1-19 所示。

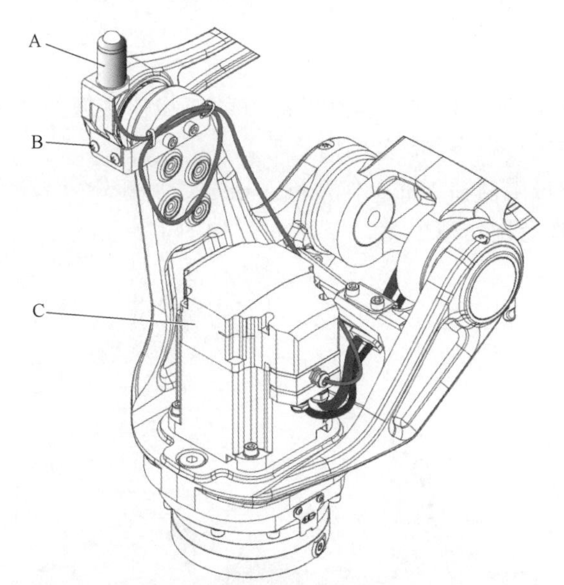

图 1-18　上臂信号灯的位置

A—信号灯；B—连接螺钉［M6×8（2pcs）］；C—电动机盖

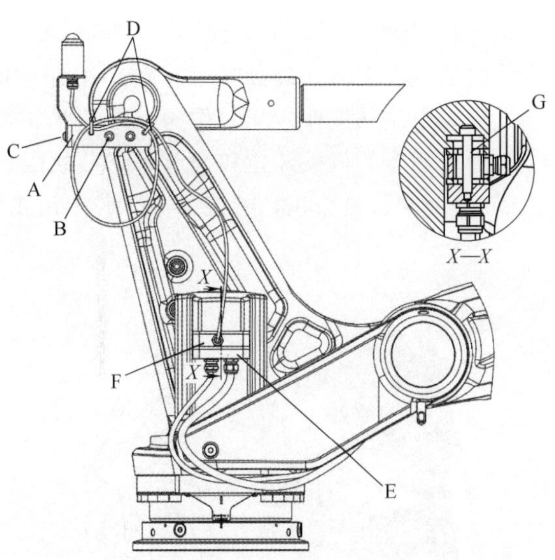

图 1-19　信号灯套件

A—信号灯支架；B—支架连接螺钉［M8×12（2pcs）］；C—信号灯的连接螺钉（2pcs）；D—电缆带（2pcs）；E—电缆接头盖；F—电动机适配器（包括垫圈）；G—连接螺钉［M6×40（1pcs）］

(2) 信号灯的安装步骤

根据以下步骤将信号灯安装到机器人上。

① 用两个连接螺钉将信号灯支架安装到倾斜机壳，如图 1-19 所示。

② 用两个连接螺钉将信号灯安装到支架，如图 1-19 所示。

③ 如果尚未连接，将信号灯连接到轴 6 电动机。

④ 在信号电缆支架上用两条电缆带将信号电缆绕成圈。

(3) 信号灯电气安装

① 关闭连接到机器人的所有电源、液压源、气压源，然后再进入机器人工作区域。

② 通过拧松四个连接螺钉，卸下电动机盖，如图 1-18 所示。

③ 断开电动机连接器的连接。

④ 通过取下连接螺钉，卸下电缆出口处的电缆密封套盖，如图 1-20 所示。

⑤ 首先将适配器安装到电动机上，然后将垫圈安装到朝下的适配器侧面。此垫圈将保护适配器的配合面及电缆密封套盖。

⑥ 将垫圈和电动机适配器置于电缆密封套盖之上，然后将整个组件包重新安装到电动机。用信号灯套件中的连接螺钉 M6×40 进行固定。除了套件中提供的安装到适配器的垫圈，电动机上也有垫圈。必须确保垫圈未受损，如有损坏，将其更换。

⑦ 推动信号电缆，使其穿过适配器的孔，然后连接到电动机内部的连接器。

⑧ 从电缆密封套松开电动机电缆，然后通过调整电缆长度使其+20mm 在电动机内部。

⑨ 在电动机内部连接电动机电缆。

⑩ 重新将电动机电缆固定到电缆密封套。

⑪ 用连接螺钉安装电动机盖。在重新安装电动机盖时，确保正确布线，不存在卡线的情况。

1.2.2.5 限制工作范围

（1）部件

安装机器人时，确保其可在整个工作空间内自由移动。如有可能与其他物体碰撞的风险，则应限制其工作空间。作为标准配置，轴 1 可在±165°范围内活动。

通过固定的机械停止和调节系统参数配置可限制轴 1 的工作范围。通过添加额外的 7.5 或 15 分度的机械停止，可将两个方向上的工作范围均减少 22.5°～135°，如图 1-21 所示。

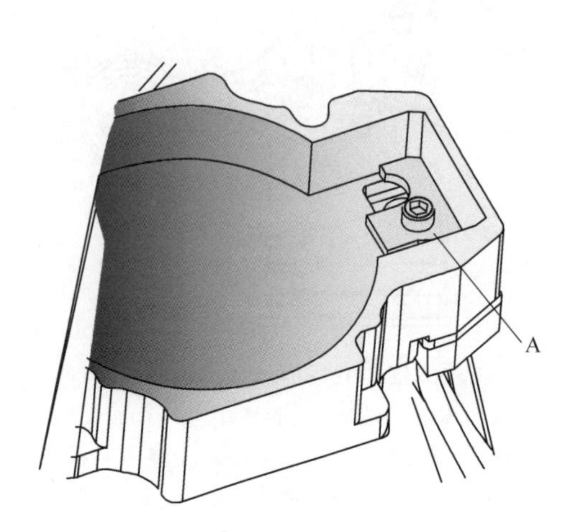

图 1-20 电缆密封套盖

A—用于固定电缆密封套的螺钉

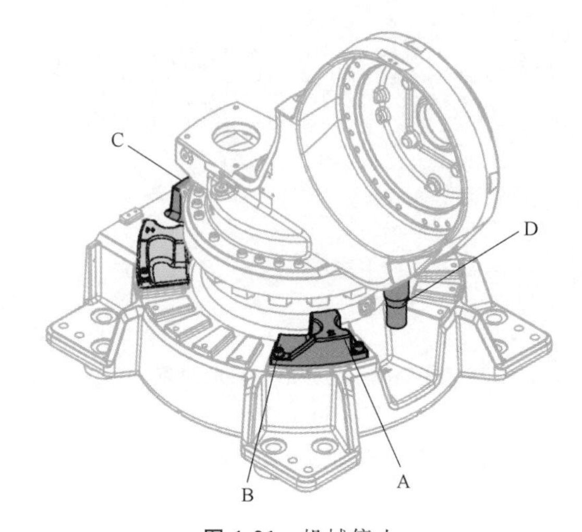

图 1-21 机械停止

A—可移动的机械止动；B—连接螺钉和垫圈［M12×40，质量等级 12.9（2pcs）］；C—固定的机械止动；D—轴 1 机械停止销

（2）安装步骤

① 关闭连接到机器人的电源、液压源、气压源。

② 根据图 1-21 所示将机械停止，安装到机架处。

③ 调节软件工作范围限制（系统参数配置），使之与机械限制相对应。

注意：①如果机械停止销在刚性碰撞后变形，必须将其更换。

② 刚性碰撞后变形的可移动的机械止动和/或额外的机械止动以及变形的连接螺钉也必须更换。

1.3 工业机器人控制箱的安装

1.3.1 运输

1.3.1.1 用运输吊具运输

（1）首要条件

机器人控制系统必须处于关断状态；不得在机器人控制系统上连接任何线缆；机器人控

制系统的门必须保持关闭状态；机器人控制系统必须竖直放置；防翻倒架必须固定在机器人控制系统上。

（2）操作步骤

① 将环首螺栓拧入机器人控制系统中。环首螺栓必须完全拧入并且完全位于支撑面上。

② 将带或不带运输十字固定件的运输吊具悬挂在机器人控制系统的所有 4 个环首螺栓上。

③ 将运输吊具悬挂在载重吊车上。

④ 缓慢地抬起并运输机器人控制系统。

⑤ 在目标地点缓慢放下机器人控制系统。

⑥ 卸下机器人控制系统的运输吊具。

1.3.1.2 用叉车运输

如图 1-22 所示，用叉车运输的典型场景如下。

① 带叉车袋的机器人控制系统；

② 带变压器安装组件的机器人控制系统；

③ 带滚轮附件组的机器人控制系统；

④ 防翻倒架；

⑤ 用叉车叉取。

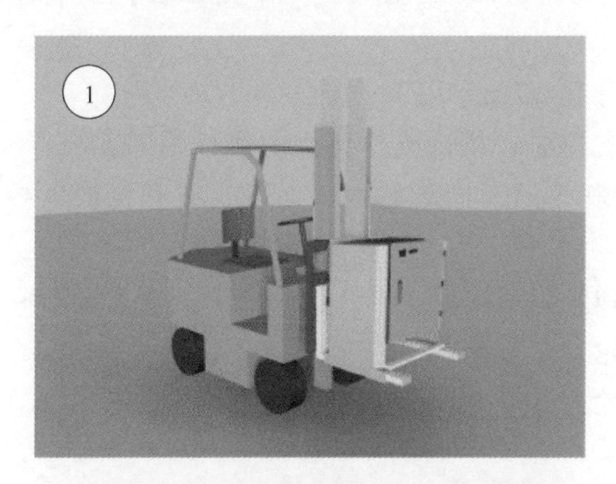

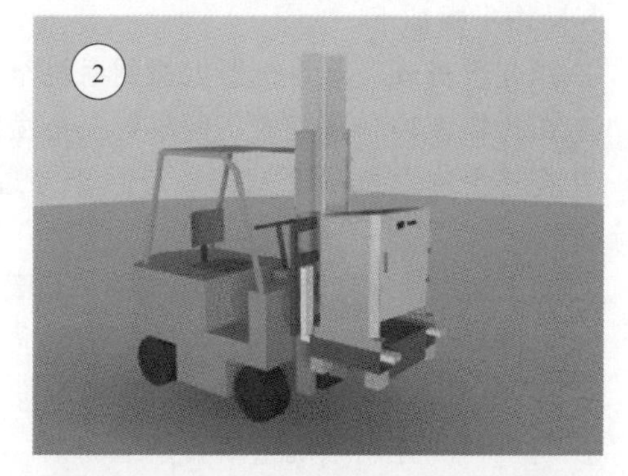

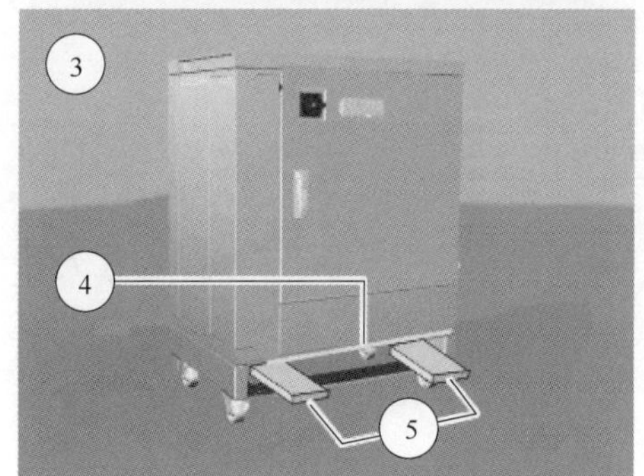

图 1-22 用叉车运输

1.3.1.3 用电动叉车运输

用电动叉车运输如图 1-23 所示。

1.3.2 脚轮套件安装

如图 1-24 所示，脚轮套件用于装在机器人控制系统的控制箱支座或叉孔处，助于脚轮套件可方便地将机器人控制系统从柜组中拉出或推入。

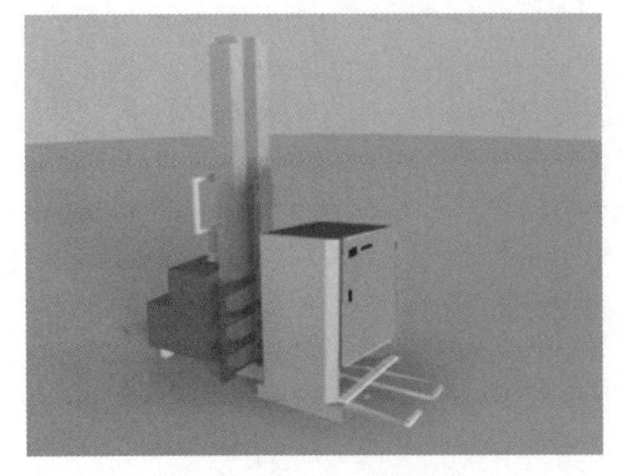

图 1-23 用电动叉车运输

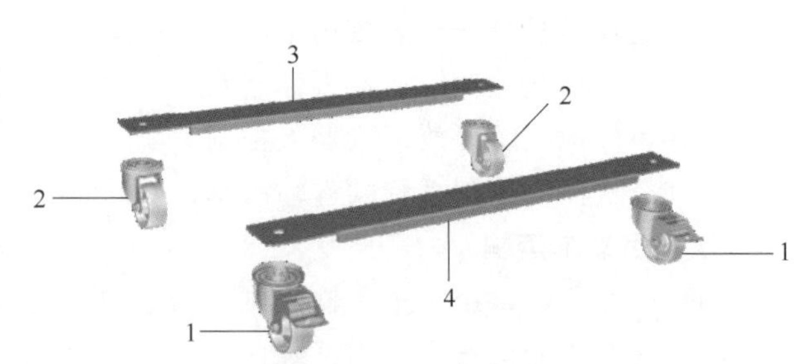

图 1-24 脚轮套件

1—带刹车的万向脚轮；2—不带刹车的万向脚轮；3—后横向支撑梁；4—前横向支撑梁

如果重物固定不充分或者起重装置失灵，则重物可能坠落并由此造成人员受伤或财产损失。检查吊具是否正确固定，并仅使用具备足够承载力的起重装置；禁止在悬挂重物下停留。其操作步骤如下。

① 用起重机或叉车将机器人控制系统至少升起 40cm。

② 在机器人控制系统的正面放置一个横向支撑梁，横向支撑梁上的侧板朝下。

③ 将一个内六角螺栓 M12×35 由下穿过带刹车的万向脚轮、横向支撑梁和机器人控制系统。

④ 从上面用螺母将内六角螺栓连同平垫圈和弹簧垫圈拧紧（图 1-25），拧紧扭矩为 86N·m。

⑤ 以同样的方式将第二个带刹车的万向脚轮安装在机器人控制系统正面的另一侧。

⑥ 以同样的方式将两个不带刹车的万向脚轮安装在机器人控制系统的背面（图 1-26）。

⑦ 将机器人控制系统重新置于地面上。

图 1-25 脚轮的螺纹连接件

1—机器人控制系统；2—螺母；3—弹簧垫圈；4—平垫圈；5—横向支撑梁

图 1-26 脚轮套件

1—不带刹车的万向脚轮；2—带刹车的万向脚轮；3—横向支撑梁

1.3.3 工业机器人电气系统的连接

机器人本体与控制柜之间的连接主要包括电动机动力电缆、转数计数器电缆和用户电缆的连接（连接示意图如图 1-27 所示）。

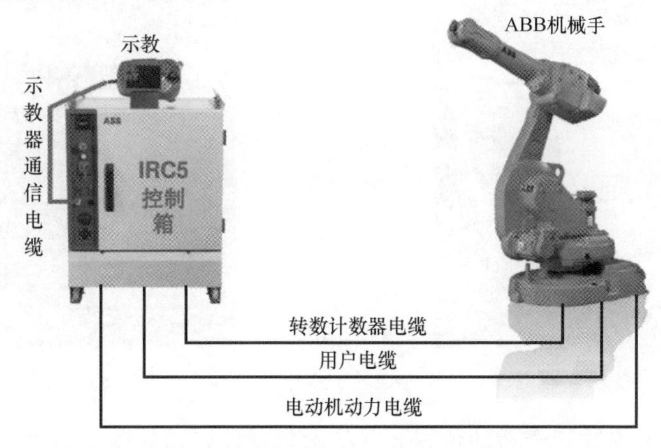

图 1-27 机器人本体与控制柜连接示意图

① 将动力电缆标注为 XP1 的插头接入控制柜 XS1 的插头上，如图 1-28 所示。

② 将动力电缆标为 R1.MP 的插头接入机器人本体底座的插头上，如图 1-29 所示。

图 1-28 安装动力电缆 XP1 端

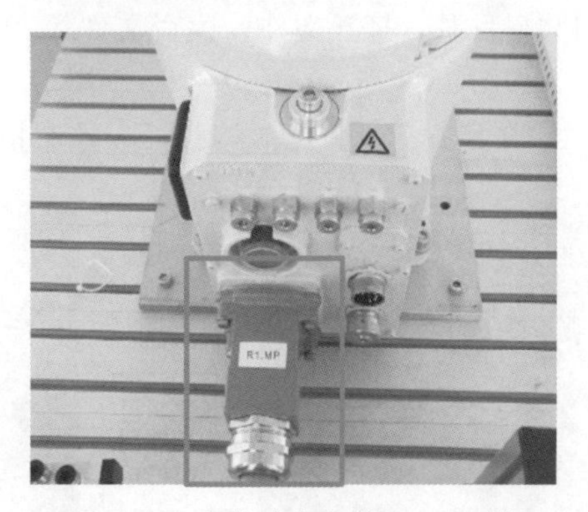

图 1-29 安装动力电缆 R1.MP 端

③ 将 SMB 电缆（直头）接头插入到控制柜 XS2 端口，如图 1-30 所示。

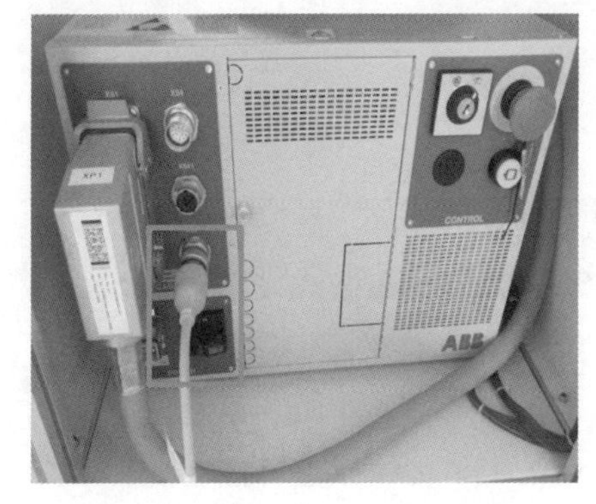

图 1-30 安装 SMB 电缆（直头）

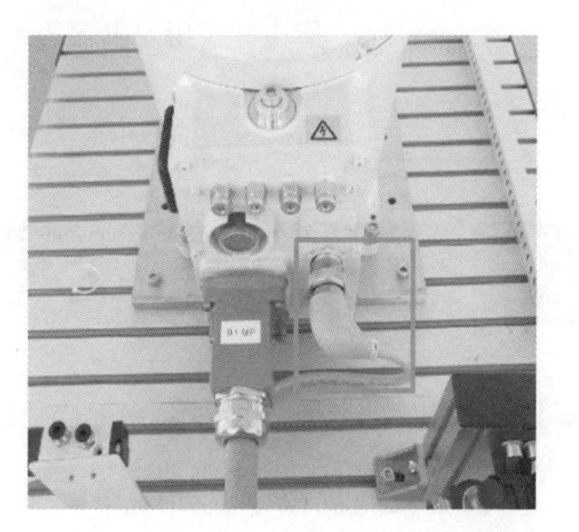

图 1-31 安装 SMB 电缆（弯头）

④ 将SMB电缆（弯头）接头插入到机器人本体底座SMB端口，如图1-31所示。

⑤ 将示教器电缆（红色）的接头插入到控制柜XS4端口，并顺时针旋转连接器的锁环，将其拧紧，完成机器人示教器与控制柜的连接，如图1-32所示。

图1-32　安装示教器电缆

图1-33　安放示教器

⑥ 将示教器支架安放到合适的位置，并将示教器放好，如图1-33所示。

⑦ 用户电缆的连接。

服务器信息块（SMB）协议是一种IBM协议，用于在计算机间共享文件、打印机、串口等。一旦连接成功，客户机可通过用户电缆发送SMB命令到服务器上，从而客户机能够访问共享目录、打开文件、读写文件等。ABB机器人在本体及控制柜上都有用户电缆预留接口，如图1-34所示。

⑧ 在检查后，将电源接头插入控制柜XP0端口并锁紧，如图1-35所示。

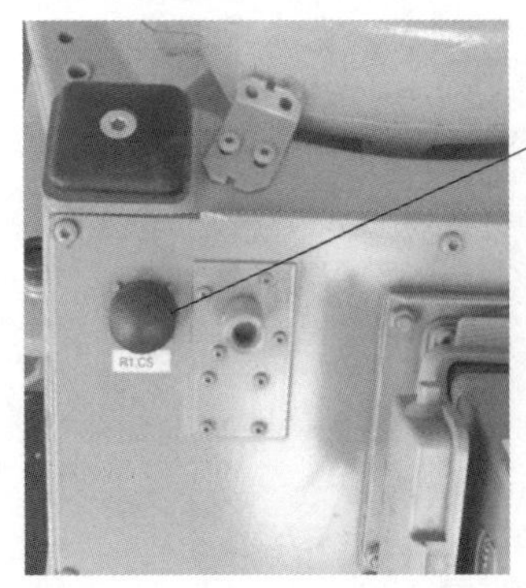

图1-34　用户电缆的连接

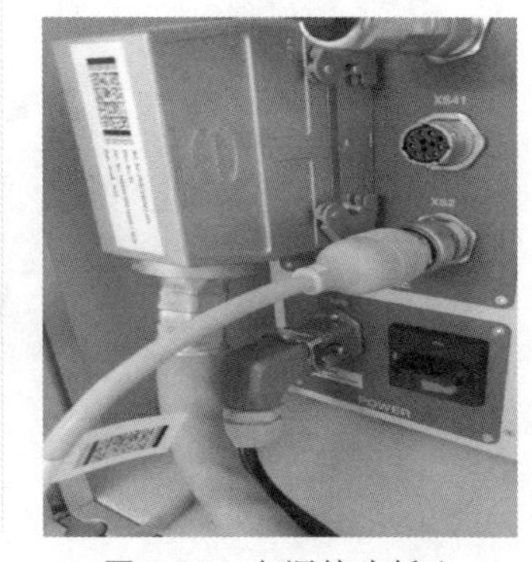

图1-35　电源接头插入控制柜XP0端口

1.4　工业机器人的校准与功能检测

1.4.1　工业机器人的校准

工业机器人的机械原点如图1-36所示。机器人用久了，机械原点可能会变动，应实时进行校准，否则就会出现误差。

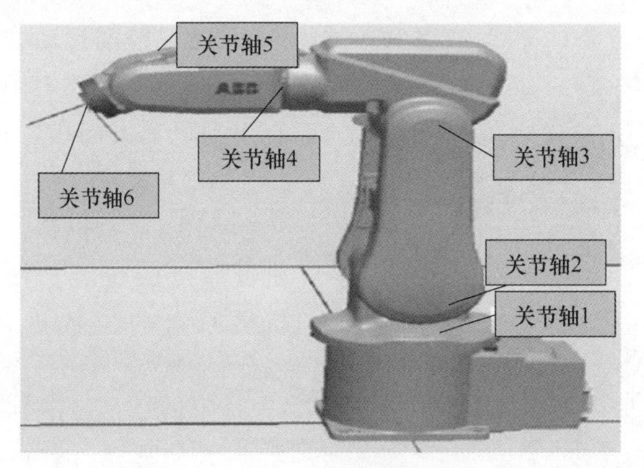

图 1-36　工业机器人的机械原点

（1）校准范围/标记

图 1-37 显示了机器人 IRB 460 的校准范围和标记位置。

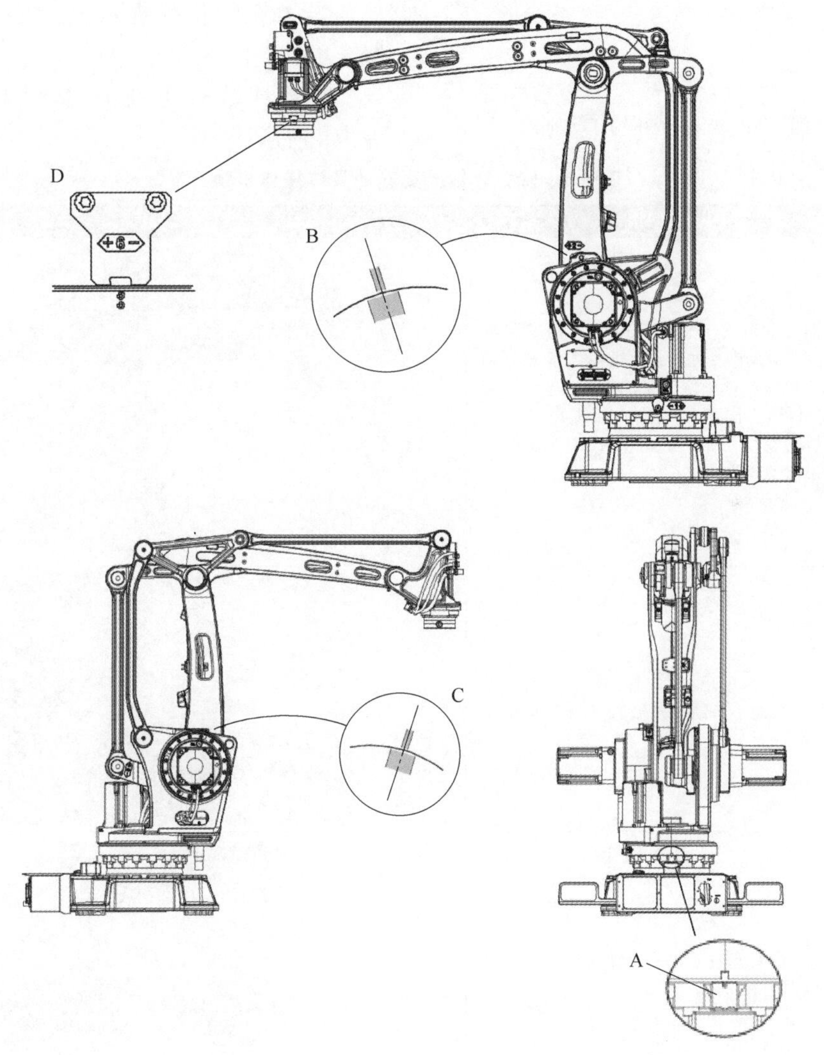

图 1-37　机器人 IRB 460 的校准范围和标记位置

A—校准盘（轴 1）；B—校准标记（轴 2）；C—校准标记（轴 3）；D—校准盘和标记（轴 6）

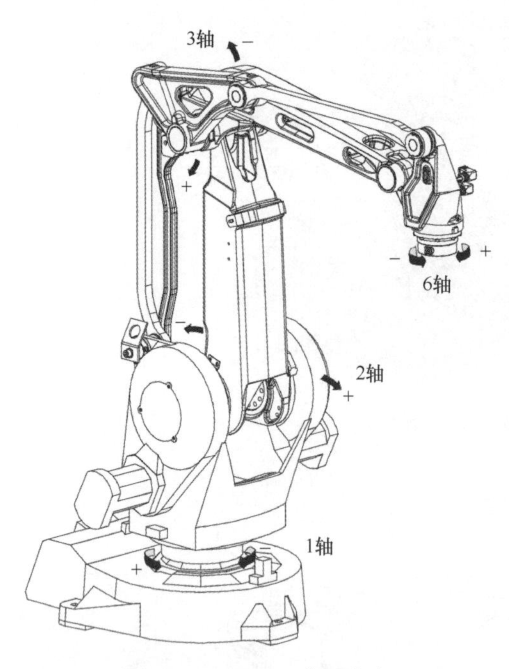

图 1-38　IRB 260 的正方向

（2）校准运动方向

图 1-38 显示 IRB 260 的正方向。对所有六轴机器人而言，正方向都相同。

（3）校准

ABB 工业机器人六个关节轴都有一个机械原点的位置。在以下情况下，需要对机械原点的位置进行转数计数器的更新操作。

① 更换伺服电动机转数计数器电池后。

② 当转数计数器发生故障修复后。

③ 转数计数器与测量板之间断开过以后。

④ 断电后，机器人关节轴发生了移动。

⑤ 当系统报警提示“10036 转数计数器未更新”时。

转数计数器更新的具体操作步骤如表 1-3 所示。

表 1-3　转数计数器更新的具体操作步骤

序号	操作说明	操作界面
1	机器人六个关节轴的机械原点刻度示意图。注意，使用手动操纵让机器人各关节轴运动到机械原点刻度位置的顺序是 4-5-6-1-2-3。另外，不同型号机器人的机械原点刻度位置会有所不同，可参考 ABB 工业机器人随机光盘说明书	
2	在手动操纵菜单中，选择“轴 4-6”运动模式，将关节轴 4 运动到机械原点刻度位置	
3	同理，将关节轴 5 和关节轴 6 运动到机械原点刻度位置	

续表

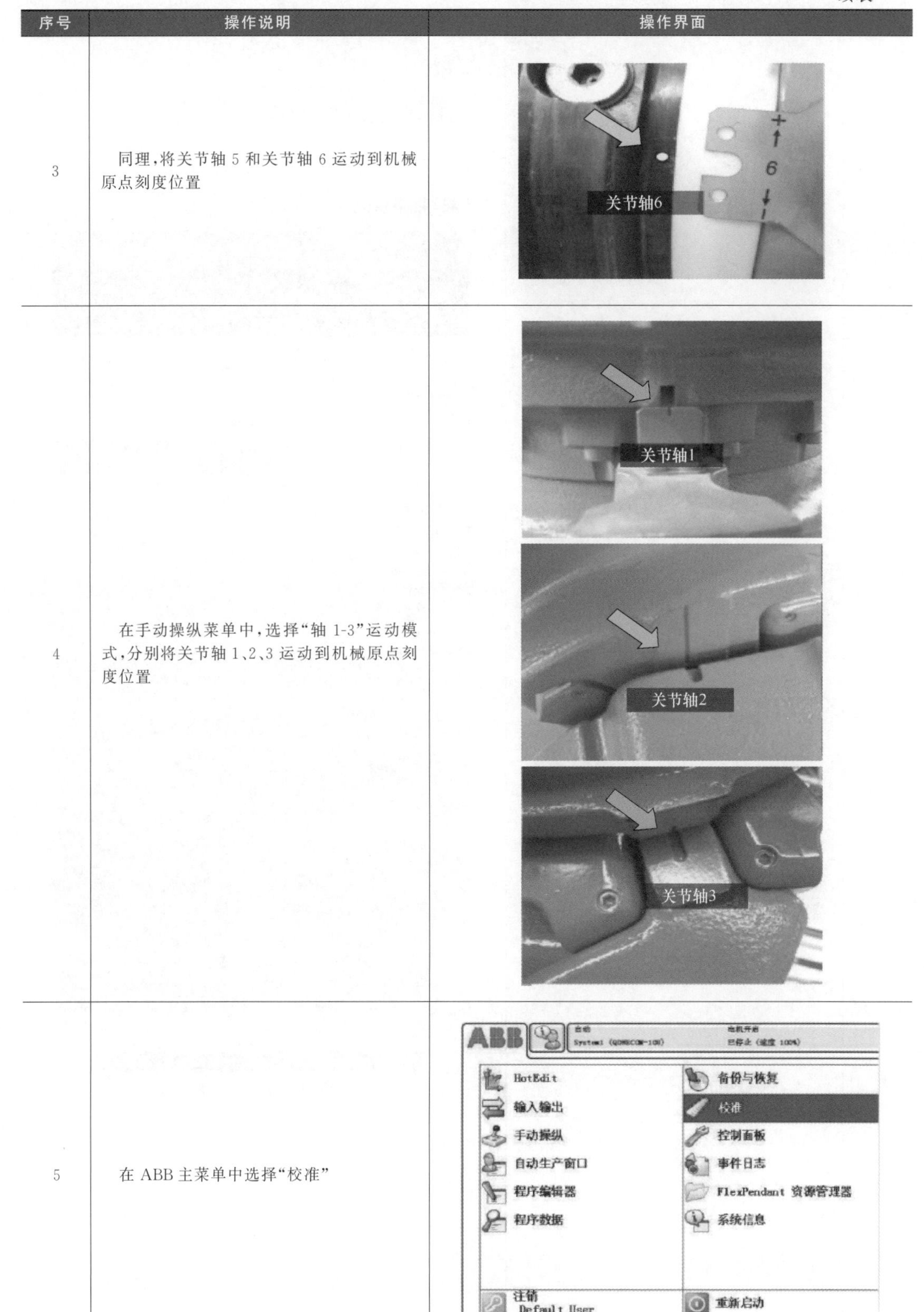

序号	操作说明	操作界面
3	同理，将关节轴 5 和关节轴 6 运动到机械原点刻度位置	
4	在手动操纵菜单中，选择“轴 1-3”运动模式，分别将关节轴 1、2、3 运动到机械原点刻度位置	
5	在 ABB 主菜单中选择“校准”	

续表

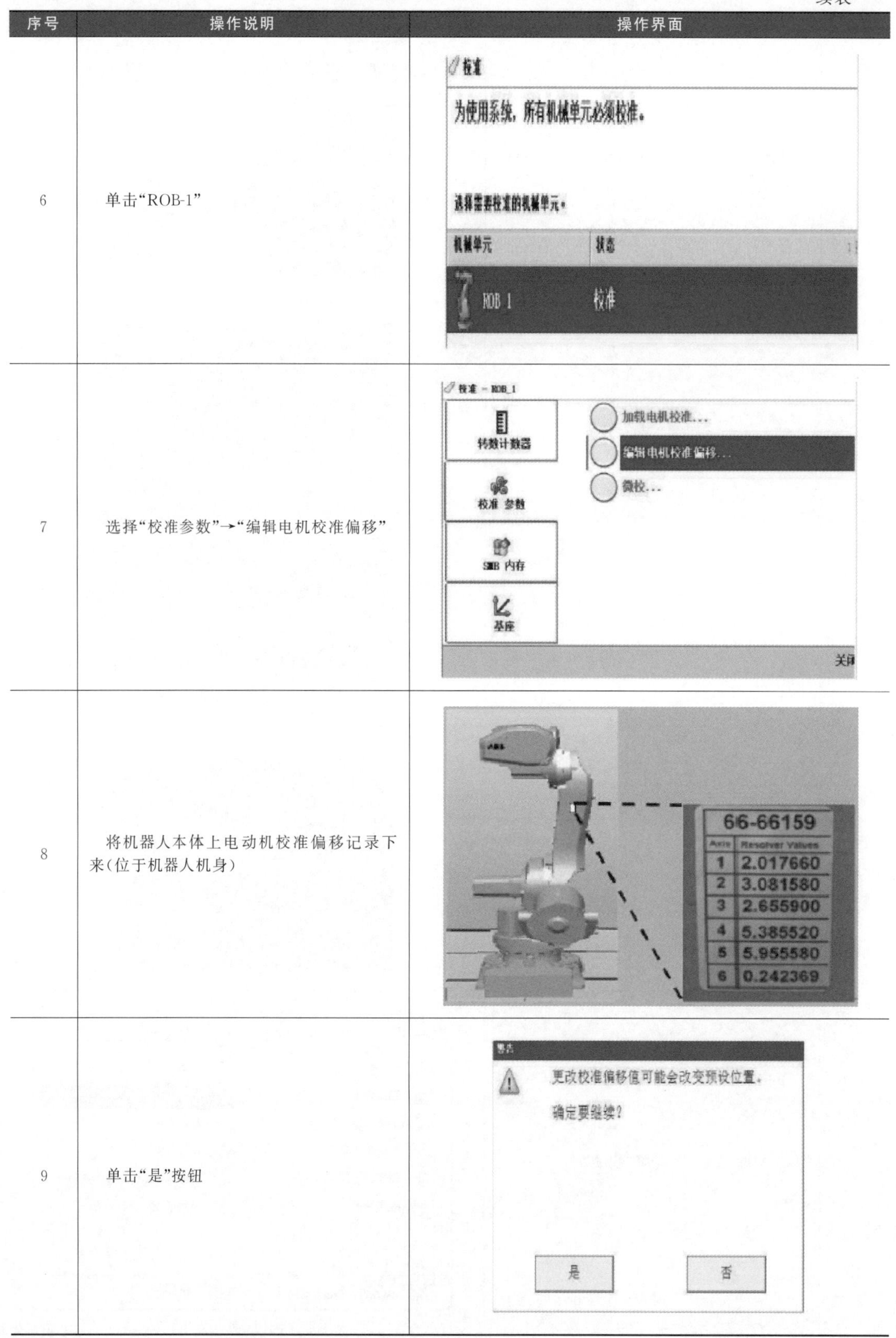

序号	操作说明	操作界面
6	单击“ROB-1”	
7	选择“校准参数”→“编辑电机校准偏移”	
8	将机器人本体上电动机校准偏移记录下来（位于机器人机身）	
9	单击“是”按钮	

续表

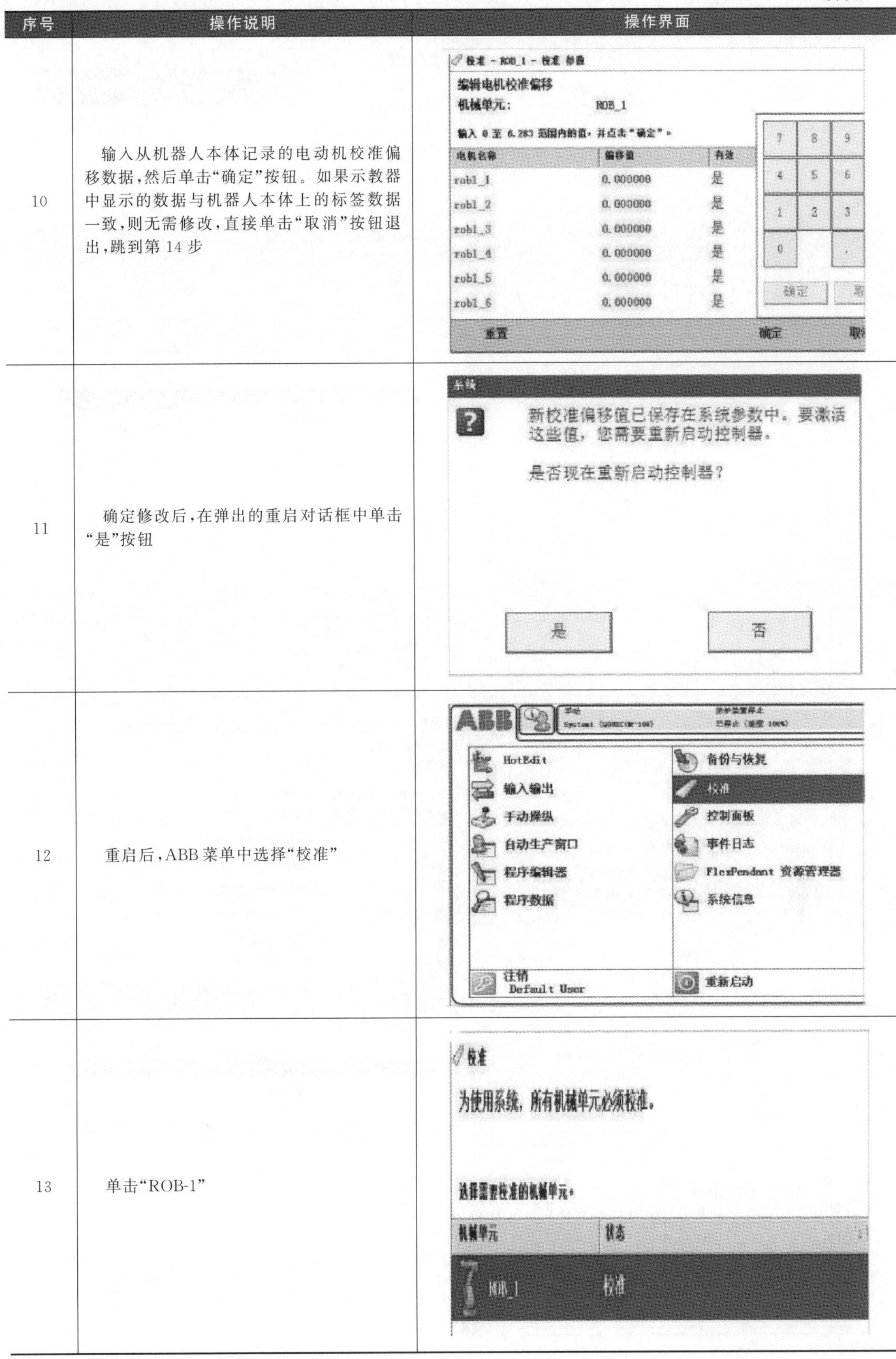

序号	操作说明	操作界面
10	输入从机器人本体记录的电动机校准偏移数据，然后单击“确定”按钮。如果示教器中显示的数据与机器人本体上的标签数据一致，则无需修改，直接单击“取消”按钮退出，跳到第14步	
11	确定修改后，在弹出的重启对话框中单击“是”按钮	
12	重启后，ABB菜单中选择“校准”	
13	单击“ROB-1”	

续表

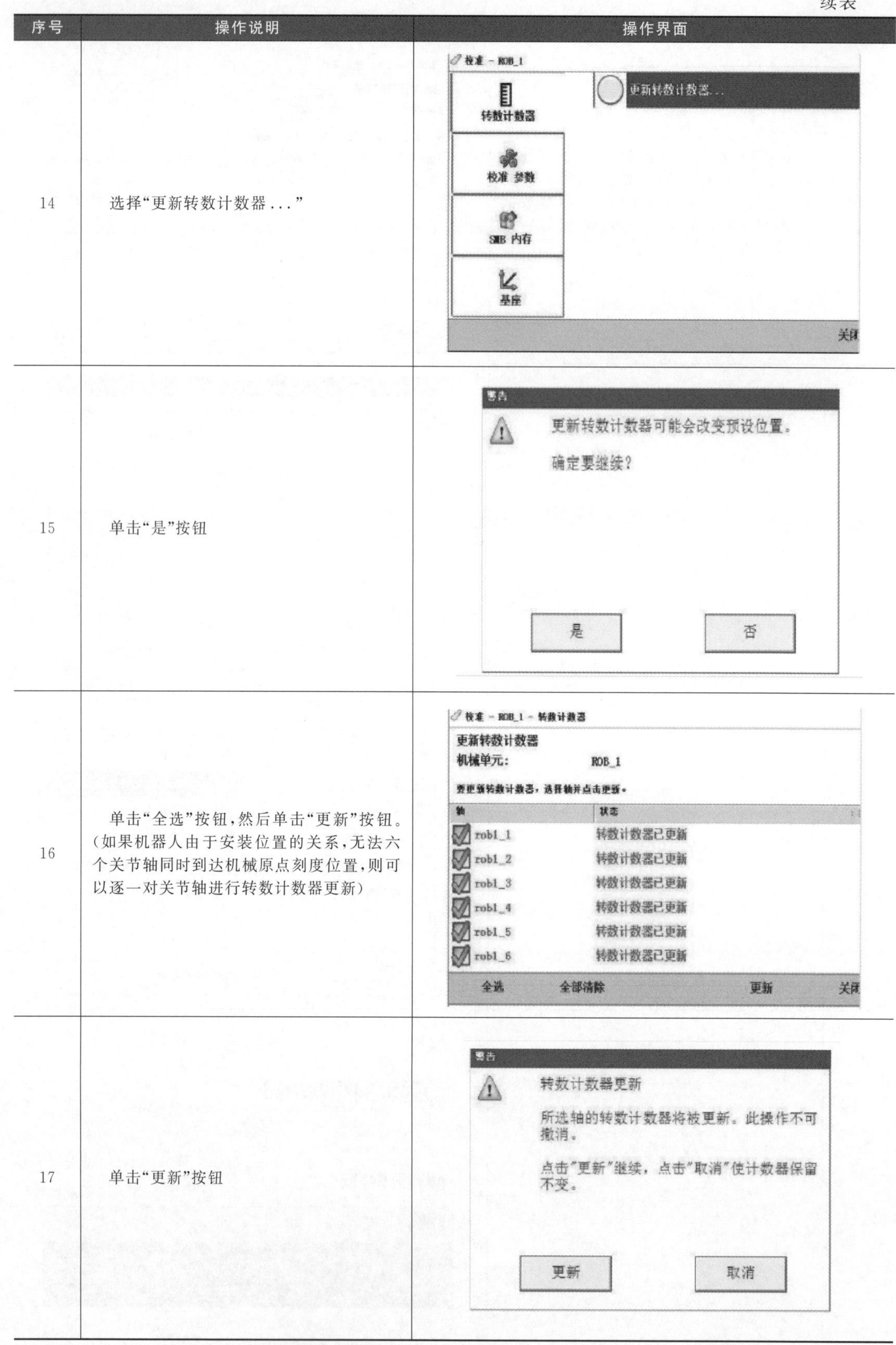

序号	操作说明	操作界面
14	选择“更新转数计数器...”	
15	单击“是”按钮	
16	单击“全选”按钮，然后单击“更新”按钮。(如果机器人由于安装位置的关系，无法六个关节轴同时到达机械原点刻度位置，则可以逐一对关节轴进行转数计数器更新)	
17	单击“更新”按钮	

序号	操作说明	操作界面
18	操作完成后，转数计数器更新完成	进度窗口 完成校准程序可能需要几分钟的时间。 请等待！

1.4.2 工业机器人的功能检测

图 1-39　示教器功能检测

1.4.2.1 示教器功能检测

如图 1-39 所示，每天在开始操作之前，一定要先检查好示教器的所有功能正常，触摸对象无漂移，否则可能会因为误操作而造成人身的安全事故。

1.4.2.2 控制柜的功能测试

（1）紧急停止功能测试

一般在遇到紧急的情况下，第一时间按下急停按钮。如图 1-40 所示，ABB 工业机器人的急停按钮标配有两个，分别位于控制柜及示教器上。可以在手动与自动状态下对急停按钮进行测试并复位，确认功能正常。

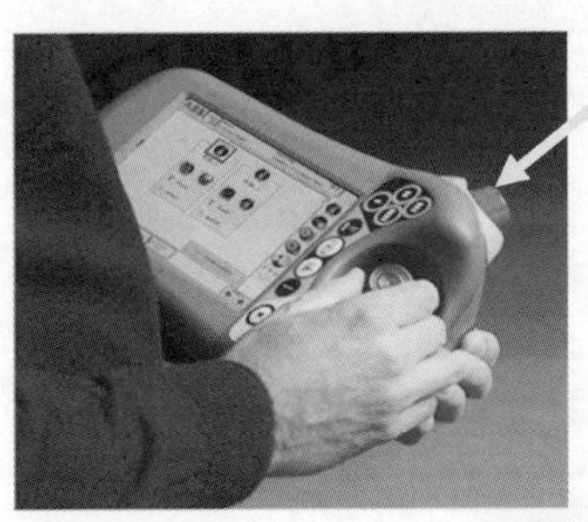

图 1-40　紧急停止功能测试

（2）电机接触器检查

在开始检查作业之前，先打开机器人的主电源。电机接触器检查步骤如图 1-41 所示。

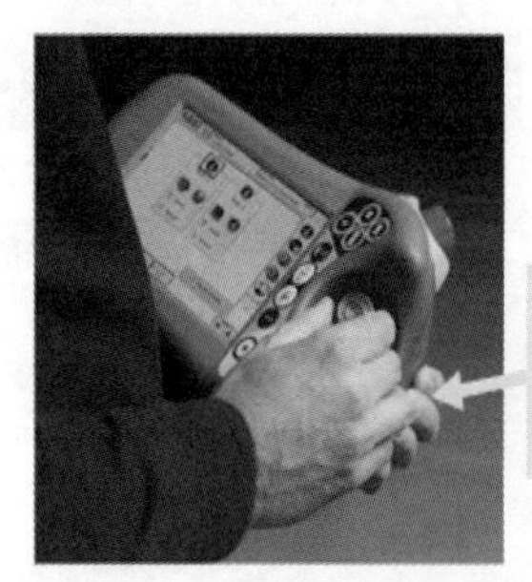

(a) 步骤一

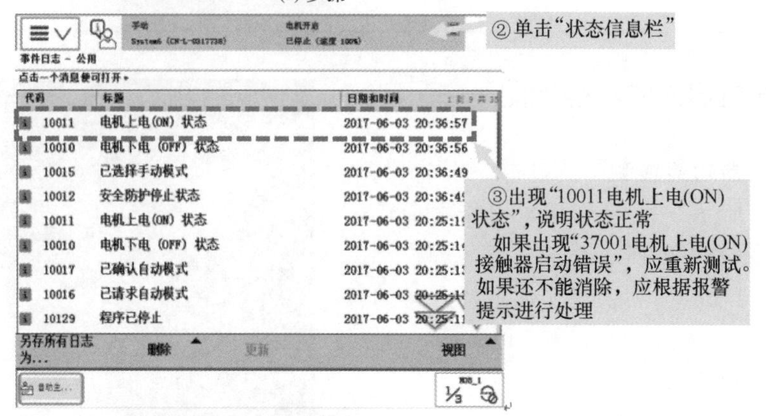

(b) 步骤二、三

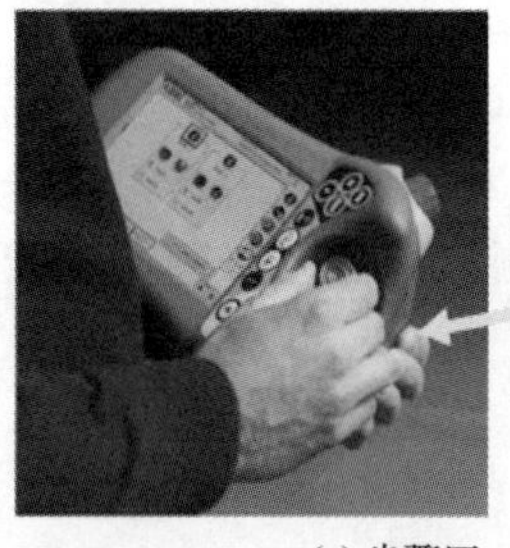

(c) 步骤四

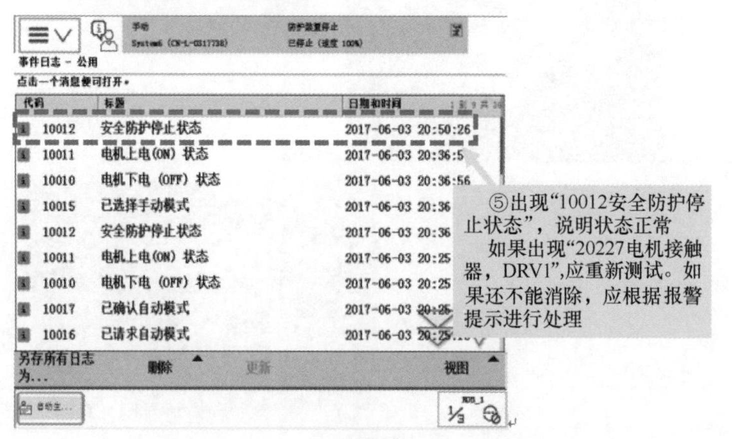

(d) 步骤五

图 1-41　电机接触器检查步骤

（3）制动接触器检查

在开始检查作业之前，先打开机器人的主电源。制动接触器检查步骤如图 1-42 所示。

①在手动状态下，按下使能器到中间位置，使机器人进入“电机上电”状态

单轴运动慢速小范围运动机器人

(a) 步骤一

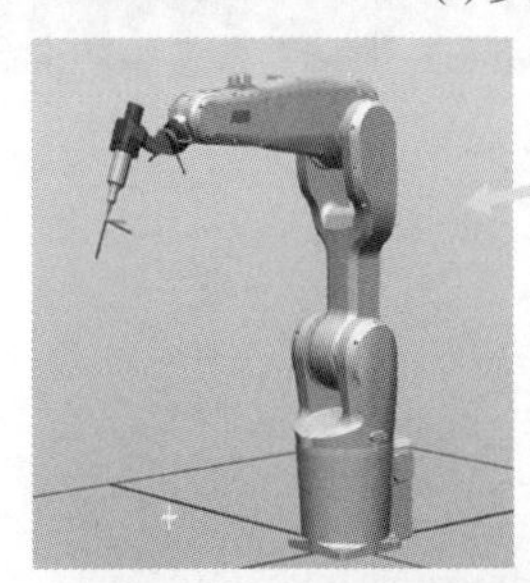

②细心观察机器人在运动是否流畅和是否有异响。轴1～6分别单独运动进行观察

在测试过程中，如果出现“50056关节碰撞”，应重新测试。如果还不能消除，应根据报警提示进行处理

(b) 步骤二

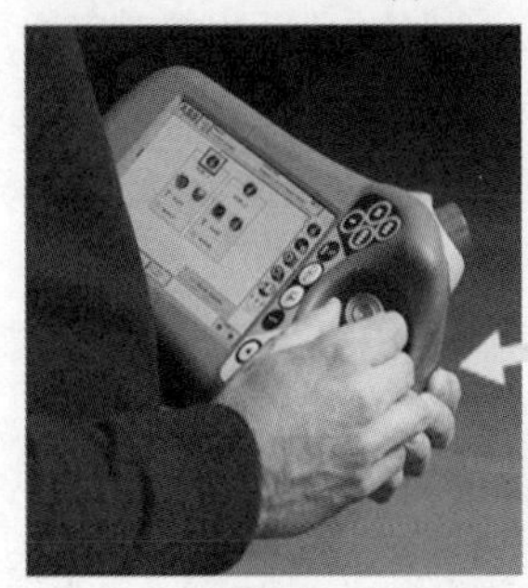

③在手动状态下，松开使能器

(c) 步骤三

手动 System6 (CN-L-0317738)　防护装置停止 已停止（速度 100%）

事件日志 - 公用

点击一个消息便可打开。

代码	标题	日期和时间
10012	安全防护停止状态	2017-06-03 20:50:26
10011	电机上电(ON) 状态	2017-06-03 20:36:57
10010	电机下电（OFF）状态	2017-06-03 20:36:56
10015	已选择手动模式	2017-06-03 20:36:
10012	安全防护停止状态	2017-06-03 20:36:
10011	电机上电(ON) 状态	2017-06-03 20:25:
10010	电机下电（OFF）状态	2017-06-03 20:25:
10017	已确认自动模式	2017-06-03 20:25:
10016	已请求自动模式	2017-06-03 20:25:

另存所有日志为...　删除　更新

④出现“10012安全防护状态”，说明状态正常

如果出现“37101制动器故障”，应重新测试。如果还不能消除，应根据报警提示进行处理

(d) 步骤四

图 1-42　制动接触器检查步骤

第2章

工业机器人与PLC的通信

工业机器人的控制可分为两大部分：一部分是对其自身运动的控制，另一部分是工业机器人与周边设备的协调控制。要实现这样的控制，除工业机器人控制柜外，有时还需要PLC通过与工业机器人进行通信来完成。如图2-1所示，不同的工业机器人其控制柜是不同的，就是相同的控制柜与不同的PLC通信也是有差异的，但实现起来大同小异。现以ABB工业机器人与SIEMENS的PLC通信为例来介绍。

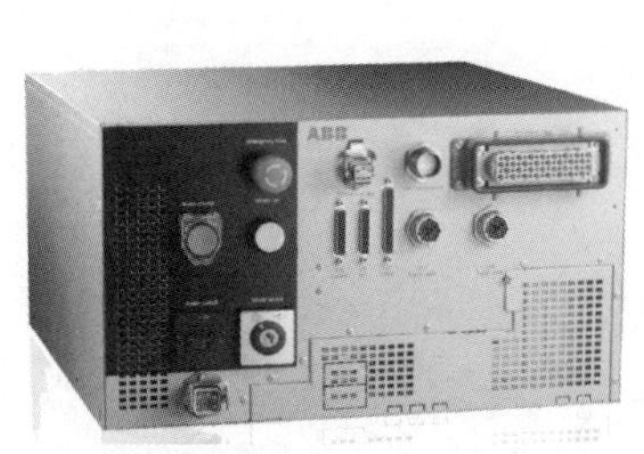

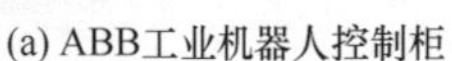

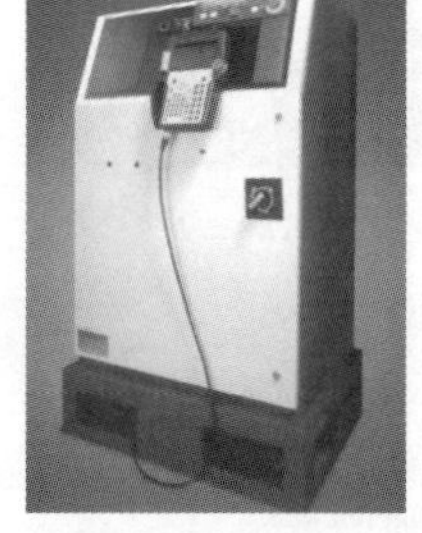

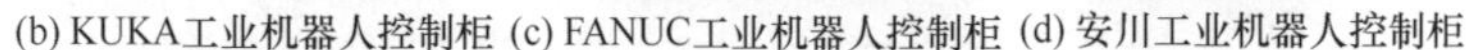

(a) ABB工业机器人控制柜 (b) KUKA工业机器人控制柜 (c) FANUC工业机器人控制柜 (d) 安川工业机器人控制柜

图2-1 工业机器人控制系统

比如IRC5为ABB所推出的第五代机器人控制柜。该控制柜采用模块化设计概念，配备符合人机工程学的全新Windows界面装置，并通过MultiMove功能实现多台（多达4台）机器人的完全同步控制，能够通过一台控制柜控制多达4台机器人和总计36个轴，在单机器人工作站中，所有模块均可叠放在一起（过程模块也可叠放在紧凑型控制柜机箱上），也可并排摆放；若采用分布式配置，模块间距可达75m（驱动模块与机械臂之间的距离应在50m以内），实现了最大灵活性。IRC5控制柜目前有四款不同类型的产品，如图2-2所示。

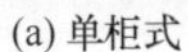

(a) 单柜式

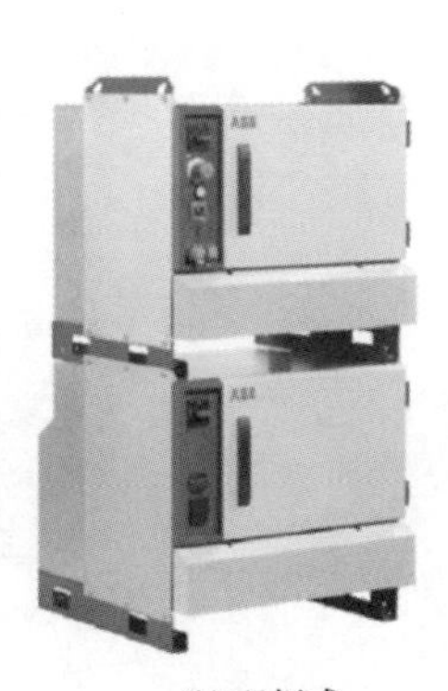

(b) 双柜式

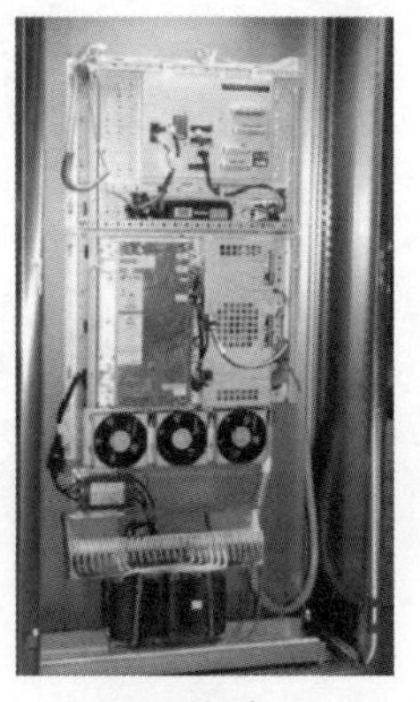

(c) 面板式

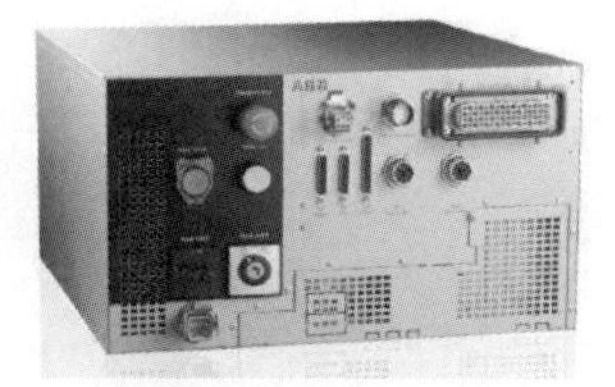

(d) 紧凑型

图 2-2　IRC5 控制柜类型

2.1 ABB 工业机器人控制柜的组成与安全控制回路

2.1.1　ABB 工业机器人控制柜的组成

ABB 工业机器人控制柜的组成如图 2-3 所示。图中，A 为与 PC 通信的接口，B 为现场总线接口，C 为 ABB 标准 I/O 板。

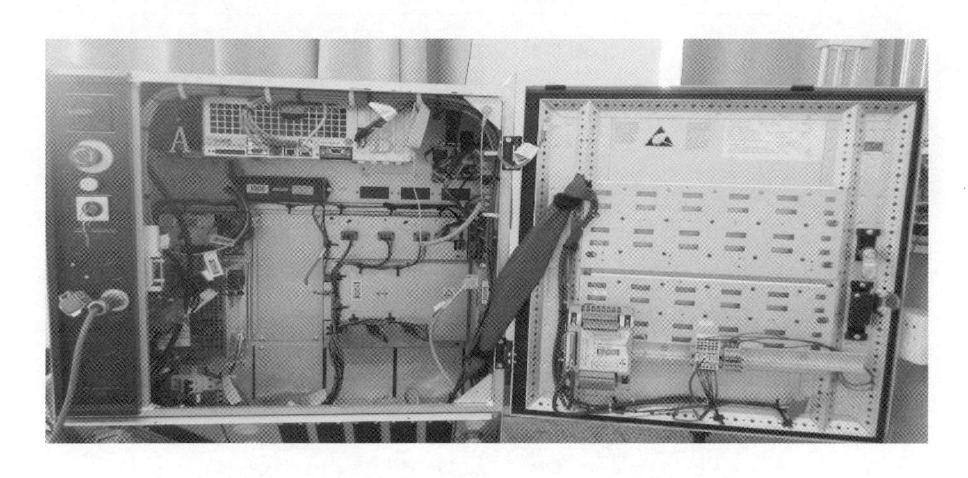

图 2-3　ABB 工业机器人控制柜的组成

IRC5 Compact controller 由控制柜系统部件（图 2-4）、I/O 系统部件（图 2-5）、主计算机 DSQC 639 部件（图 2-6）及其他部件组成（图 2-7），其各部分组成如表 2-1 所示。

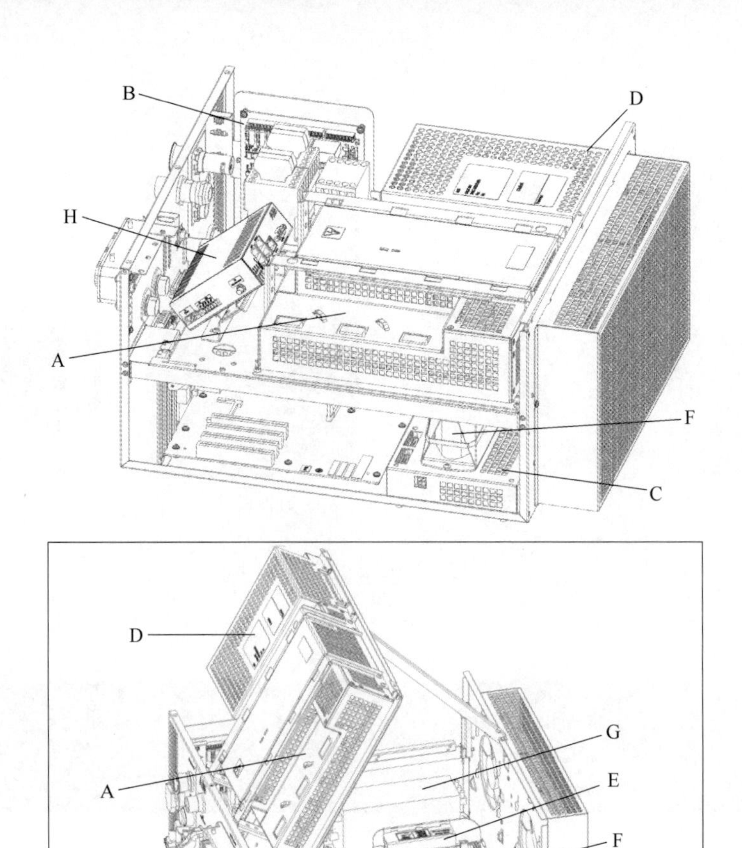

图 2-4　控制柜系统

A—主驱动装置［MDU-430C（DSQC 431）］；B—安全台（DSQC 400）；C—轴计算机（DSQC 668）；D—系统电源（DSQC 661）；E—配电板（DSQC 662）；F—备用能源组（DSQC 665）；G—线性过滤器；H—远程服务箱（DSQC 680）

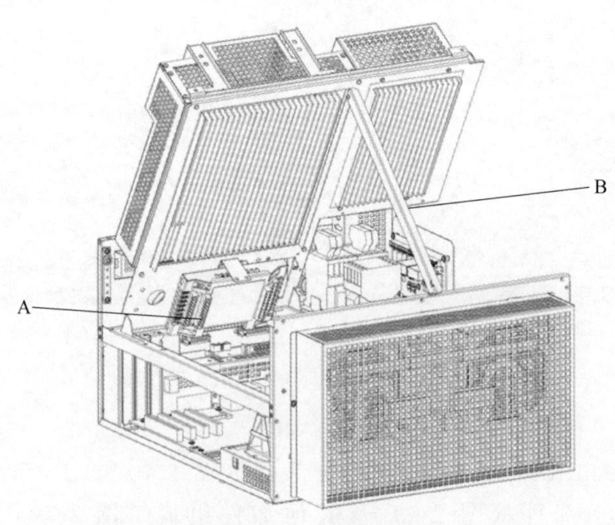

图 2-5　I/O 系统部件

A—数字 24V I/O（DSQC 652）；B—支架

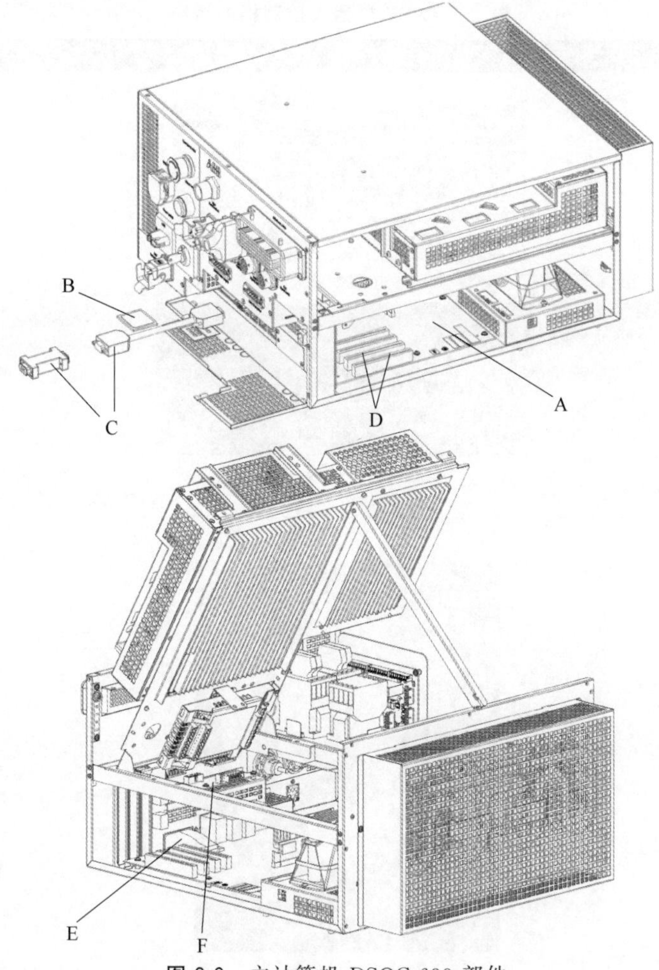

图 2-6　主计算机 DSQC 639 部件

A—主计算机［DSQC639，该备件是主计算机装置，从主计算机装置卸除主机板（其外壳不可与 IRC5Compact 搭配使用）］；B—Compact 1GB 闪存（DSQC656 1GB）；C—RS-232/422 转换器（DSQC 615）；D—单 DeviceNet M/S（DSQC 658），D—双 DeviceNet M S（DSQC 659），D—Profibus-DP 适配器（DSQC 687）；E—Profibus 现场总线适配器（DSQC 667），E—EtherNet/IP 从站（DSQC 669），E—Profinet 现场总线适配器（DSQC 688）；F—DeviceNet Lean 板（DSQC 572）

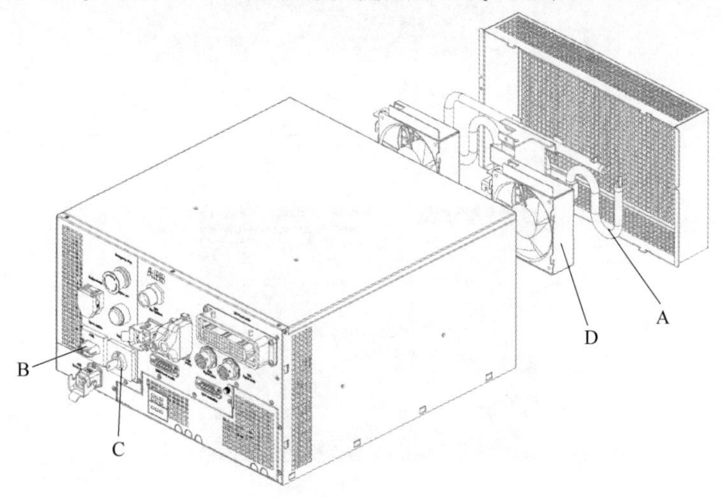

图 2-7　其他部件

A—制动电阻泄流器；B—操作开关；C—凸轮开关；D—带插座的风扇

表 2-1　ABB 机器人控制柜的组成

序号	名称	图示	说明
1	主计算机单元	 主机实物  主机外观	主计算机相当于PC的主机，用于存放系统软件和数据。主计算机需要电源模块提供24V直流电。主计算机插有启动用的CF卡
2	轴计算机板	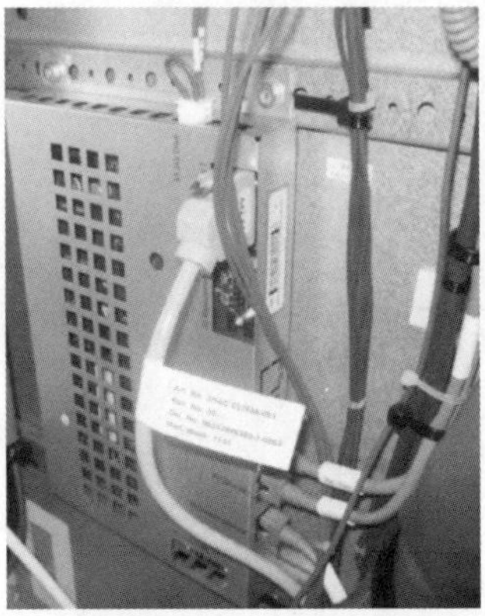 轴计算机板的连接  轴计算机板	主计算机发出控制指令后，首先给轴计算机板，轴计算机板处理后再将指令传递给驱动单元；同时轴计算机板还处理串口测量板SMB传递的分解器信号
3	机器人六轴的驱动单元	 驱动单元	驱动单元将变压器提供的三相交流电整流成直流电，再将直流电逆变成交流电，驱动电动机，控制机器人各个关节轴运动

续表

序号	名称	图示	说明
4	示教器和控制柜操作面板	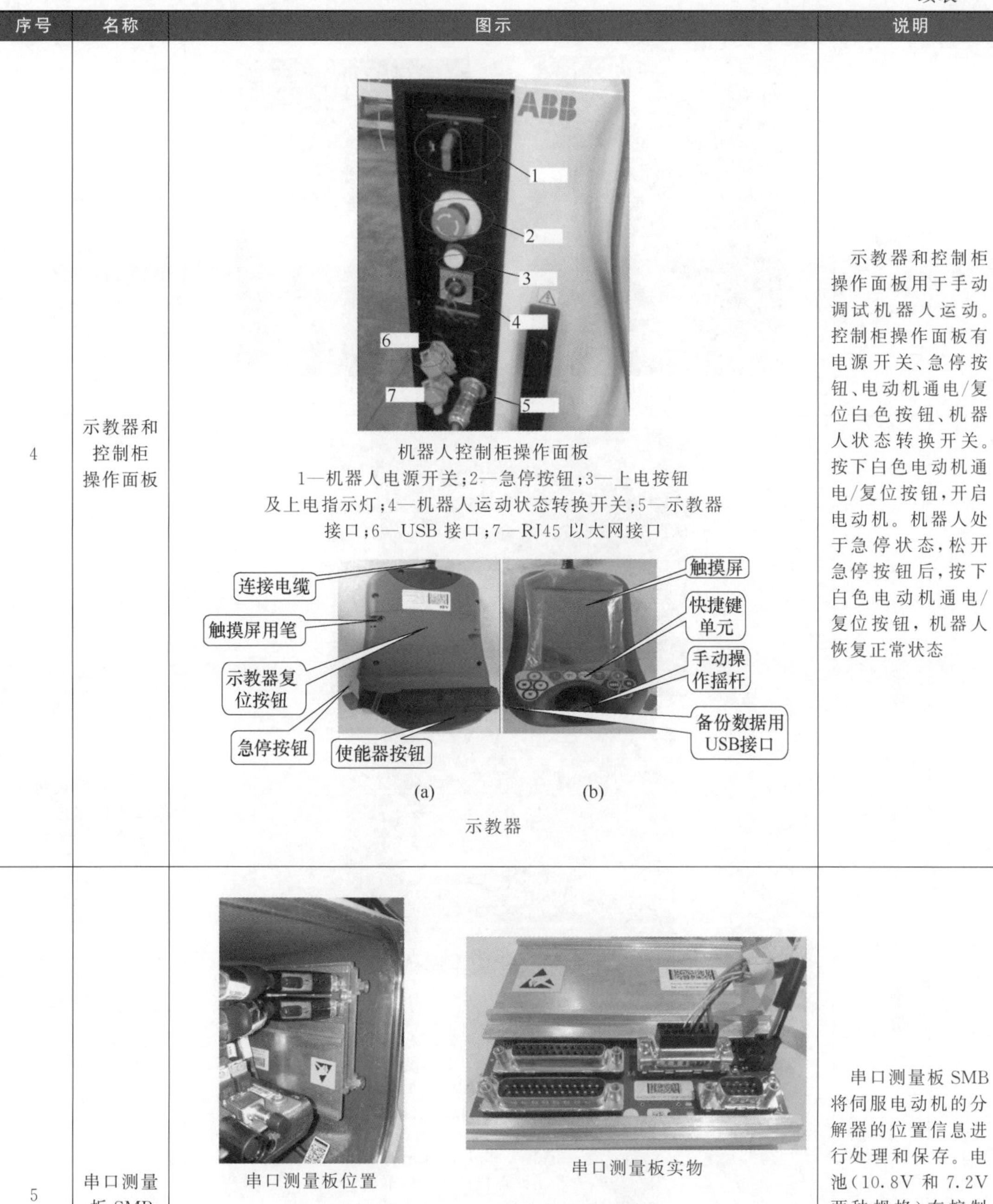 机器人控制柜操作面板 1—机器人电源开关；2—急停按钮；3—上电按钮及上电指示灯；4—机器人运动状态转换开关；5—示教器接口；6—USB 接口；7—RJ45 以太网接口 (a) (b) 示教器	示教器和控制柜操作面板用于手动调试机器人运动。控制柜操作面板有电源开关、急停按钮、电动机通电/复位白色按钮、机器人状态转换开关。按下白色电动机通电/复位按钮，开启电动机。机器人处于急停状态，松开急停按钮后，按下白色电动机通电/复位按钮，机器人恢复正常状态
5	串口测量板 SMB	串口测量板位置 串口测量板实物 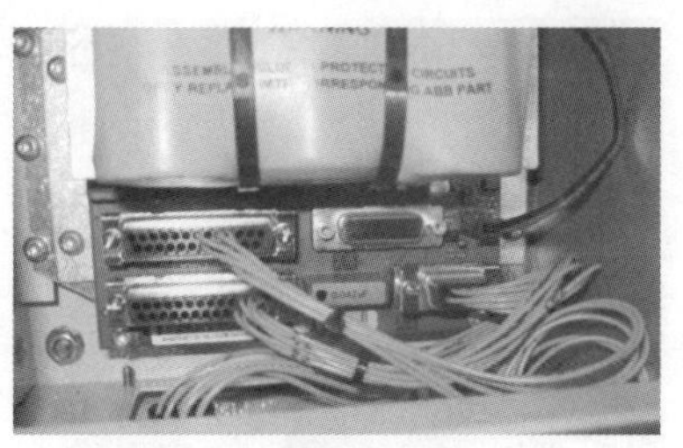 串口测量板连接	串口测量板 SMB 将伺服电动机的分解器的位置信息进行处理和保存。电池（10.8V 和 7.2V 两种规格）在控制柜断电的情况下，可以保持相关的数据，具有断电保持功能

续表

序号	名称	图示	说明
6	系统电源模块	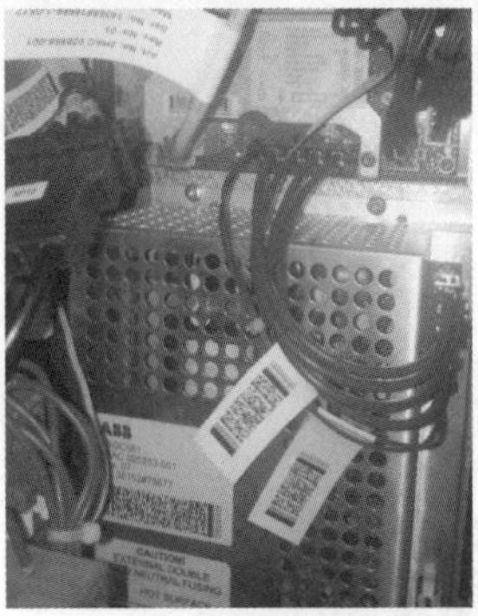 系统电源模块连接 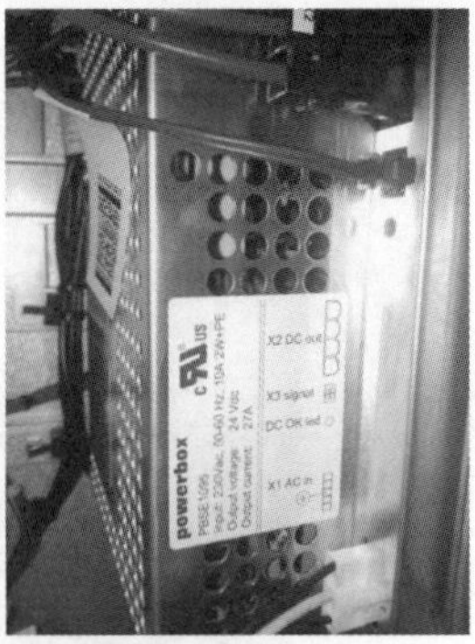　系统电源模块实物	将230V交流电整流成24V直流电，给主计算机、示教器等系统组件提供DC24V电源
7	电源分配板	 电源分配板连接 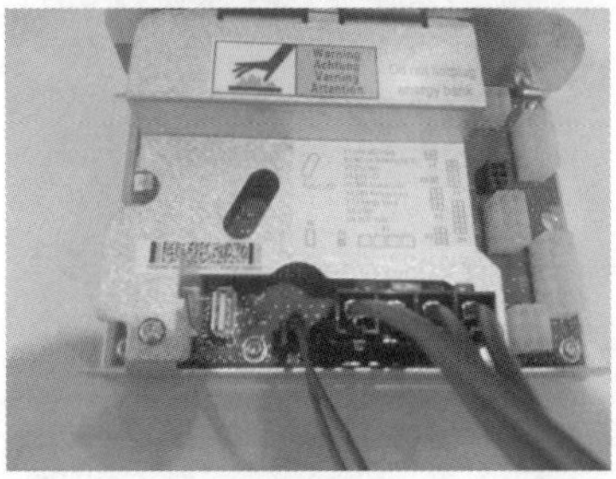 电源分配板 X1(24V DC input)—直流24V输入； X2(AC ok in/temp ok in)—交流电源和温度正常； X3(24V sys)—给驱动单元供电； X4(24V I/O)—给外部PLC或I/O单元供电； X5(24V brake/cool)—给接触器板供电； X6(24V Pc/sys/cool)—其中Pc给主计算机供电，sys/cool给安全板供电； X7(Energy bank)—给电容单元供电； X8(USB)—和主计算机的USB2通信； X9(24V cool)—给风扇单元供电	电源分配板将系统电源模块的24V电源分配给各个组件
8	电容单元	 电容单元	电容单元用于机器人关闭电源后，持续给主计算机供电，保存数据后再断电

续表

序号	名称	图示	说明
9	接触器板	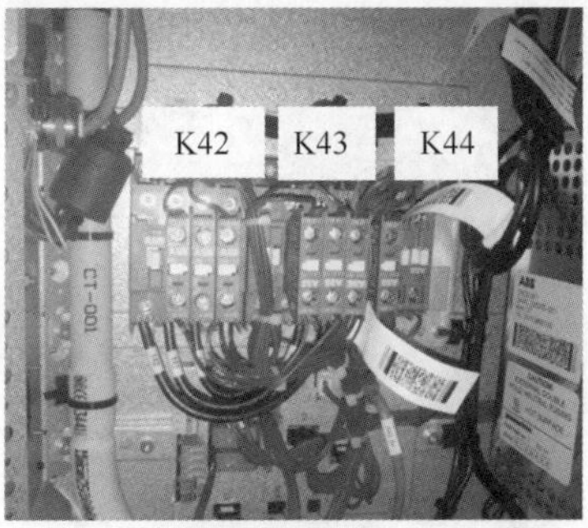 K42 K43 K44 接触器板	接触器板上的K42、K43接触器吸合，给驱动器提供三相交流电源。K44接触器吸合，给电动机抱闸线圈提供24V电源，电动机可以旋转，机器人的各关节轴可以移动
10	安全板	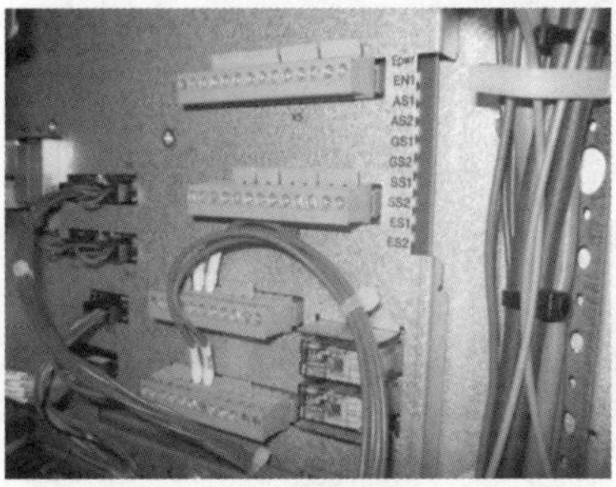 安全板	安全板控制总停（GS1、GS2）、自动停（AS1、AS2）、优先停（SS1、SS2）等
11	控制柜变压器	 变压器	变压器将输入的三相380V的交流电源变压成三相480V（或262V）交流电源，以及单相230V交流电源、单相115V交流电源
12	泄流电阻	 泄流电阻	将机器人的多余能量通过泄流电阻转换成热能释放掉

续表

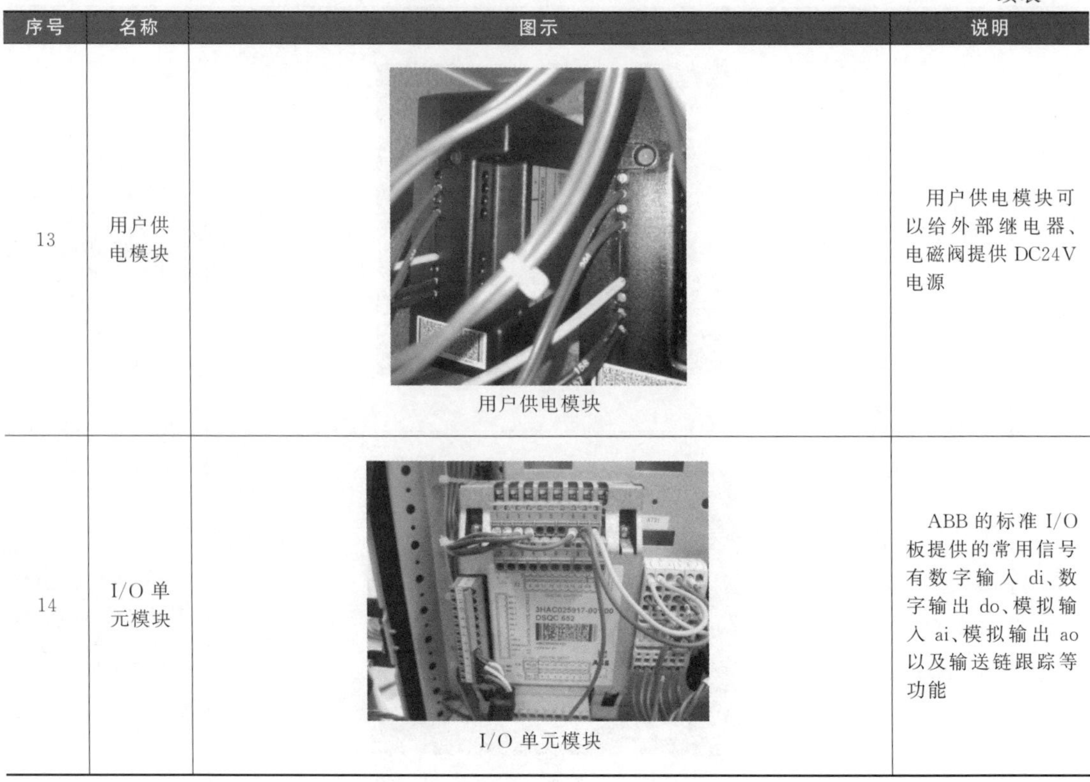

序号	名称	图示	说明
13	用户供电模块	用户供电模块	用户供电模块可以给外部继电器、电磁阀提供 DC24V 电源
14	I/O 单元模块	I/O 单元模块	ABB 的标准 I/O 板提供的常用信号有数字输入 di、数字输出 do、模拟输入 ai、模拟输出 ao 以及输送链跟踪等功能

2.1.2 ABB 工业机器人的安全控制回路

ABB 控制柜的整体连接如图 2-8 所示。机器人控制柜有四个独立的安全保护机制，分别为常规停止（GS）、自动停止（AS）、上级停止（SS）、紧急停止（ES）。上级停止（SS）和常规停止（GS）的功能和保护机制基本一致，是常规停止（GS）功能的扩展，主要用于安全连接 PLC 等外部设备，如表 2-2 所示。

表 2-2 安全保护机制

安全保护	保护机制
常规停止(General Stop)	在任何操作模式下都有效
自动停止(Auto Stop)	在自动模式下有效
上级停止(Superior Stop)	在任何模式下都有效
紧急停止(Emergency Stop)	在急停按钮被按下时有效

自动停止（AS1、AS2）、常规停止（GS1、GS2）、上级停止（SS1、SS2）、紧急停止（ES1、ES2）对应的指示灯点亮，表示对应的回路接通，如图 2-9 所示。若指示灯灭，表示对应的回路断路。

X1、X2 端子用于紧急停止回路，X5 端子用于常规停止、自动停止回路，X6 端子用于上级停止回路，如图 2-10 所示。

ABB 工业机器人紧凑型控制柜的急停回路，如图 2-11 所示。急停控制回路实例：在 XS7、XS8 的 1、2 端接入两路常闭触点。

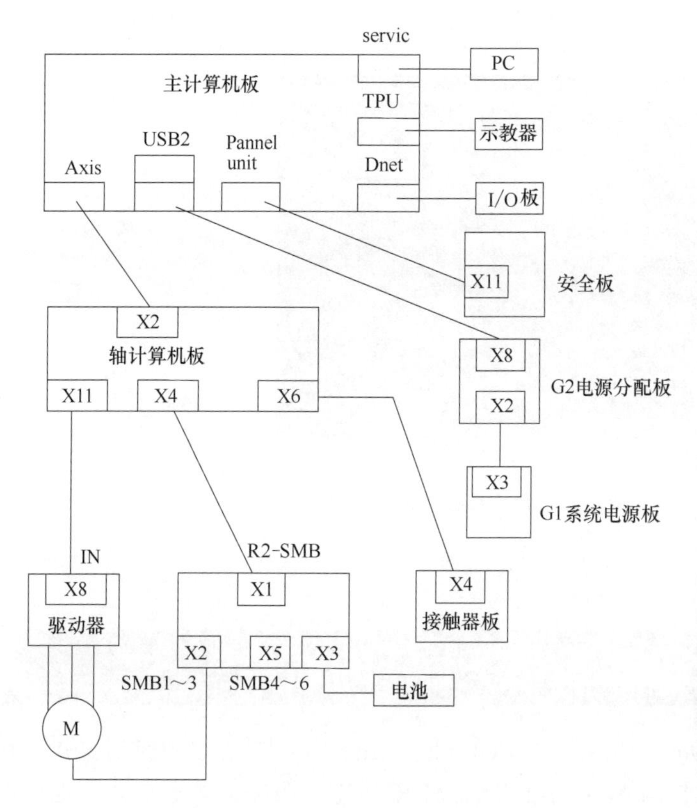

图 2-8　ABB 控制柜的整体连接

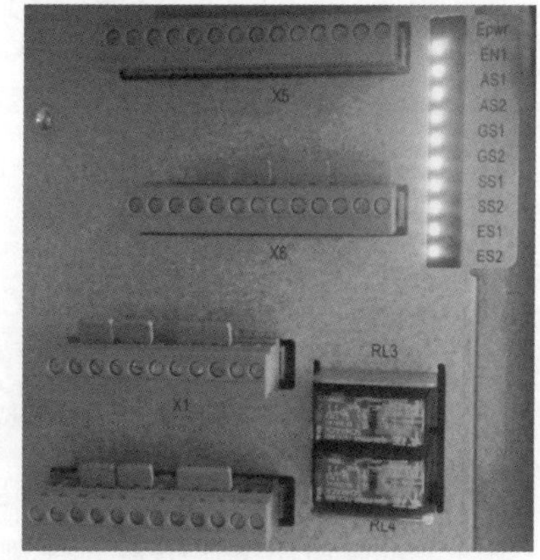

图 2-9　安全控制回路

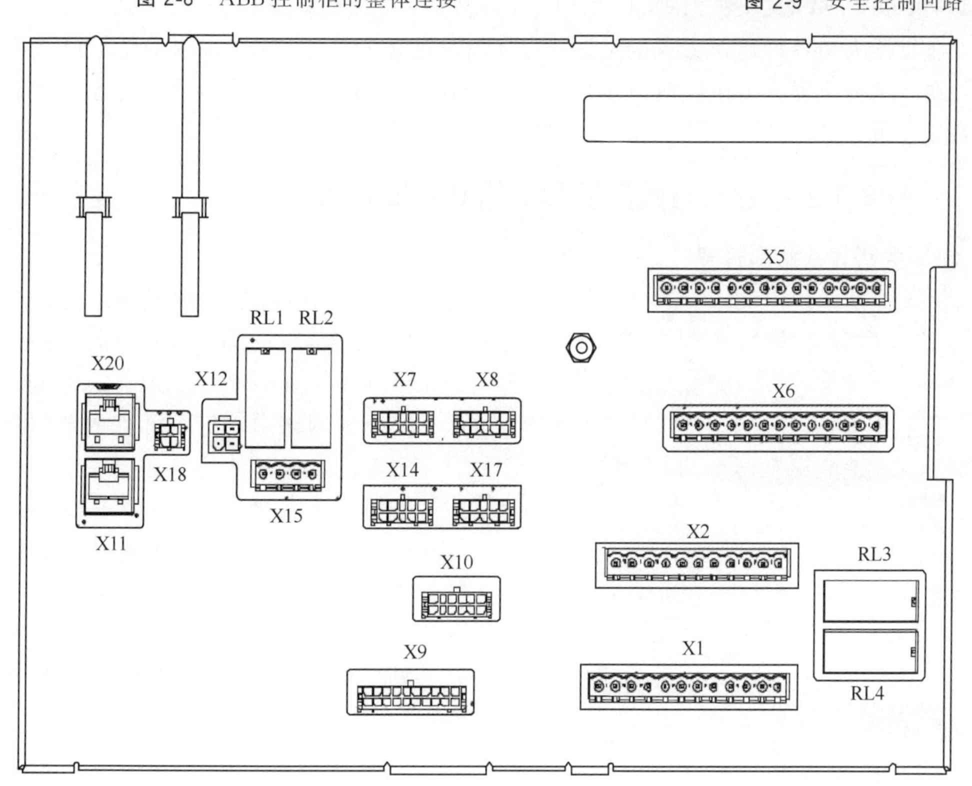

图 2-10　连接板

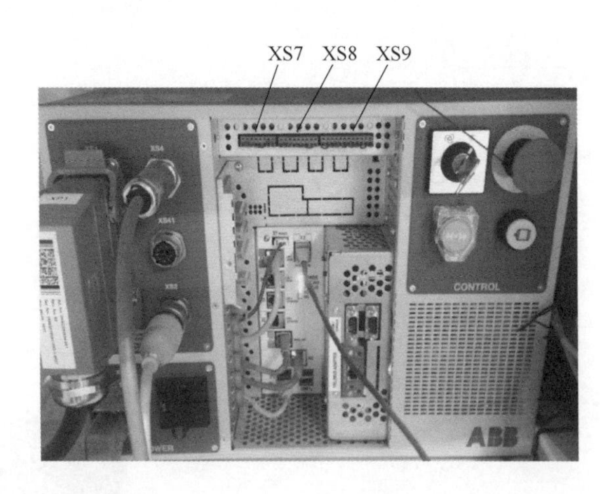

图 2-11　ABB 工业机器人紧凑型控制柜的急停回路

2.2　ABB 工业机器人与 PLC 的通信

ABB 工业机器人支持 Profibus、Profinet、CCLink、EtherNet/IP 等多种通信方式，在硬件上可以使用工业机器人控制柜的 WAN、LAN、SERVICE（服务）等通信口，也可以使用 DSQC667、DSQC688、DSQC6378B、DSQC669 等适配器模块。

工业机器人与各种通信方式的配置、I/O 信号的创建、系统输入/输出与 I/O 信号的关联等，在《工业机器人应用编程自学·考证·上岗一本通（初级）》中已经介绍，本教程就不再赘述了。

2.2.1　ABB 工业机器人与西门子 PLC 的 Profibus 通信

（1）主站与从站的设置

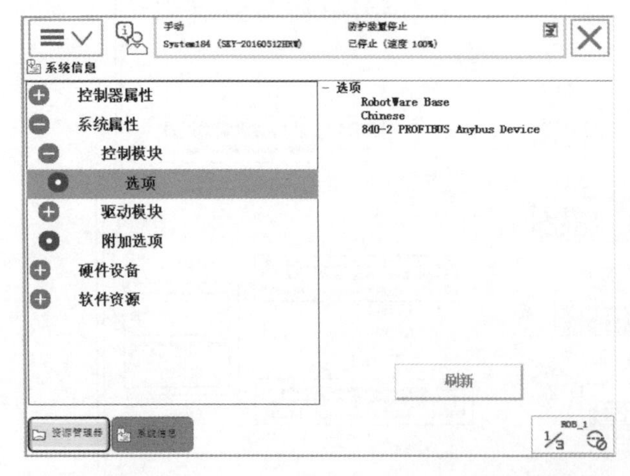

图 2-12　“840-2 Profibus Anybus Device”选项

Profibus 是过程现场总线（Process Field Bus）的缩写。Profibus 的传输速度在 9.6kbit/s～12Mbit/s 之间。在同一总线网络中，每个部件的节点地址必须不同，通信波特率必须一致。ABB 工业机器人需要有“840-2 Profibus Anybus Device”选项，才能作为从站进行 Profibus 通信，如图 2-12 所示。

下面以西门子 S7-300 的 PLC 作主站、ABB 工业机器人作从站为例介绍 Profibus 通信。ABB 工业机器人通过 DSQC667 模块与 PLC 通信，如图 2-13～图 2-15 所示。

图 2-13　DSQC667 模块

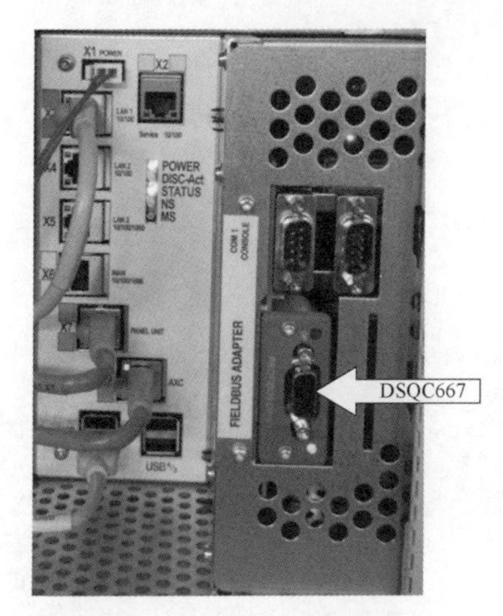

图 2-14　DSQC667 模块接口

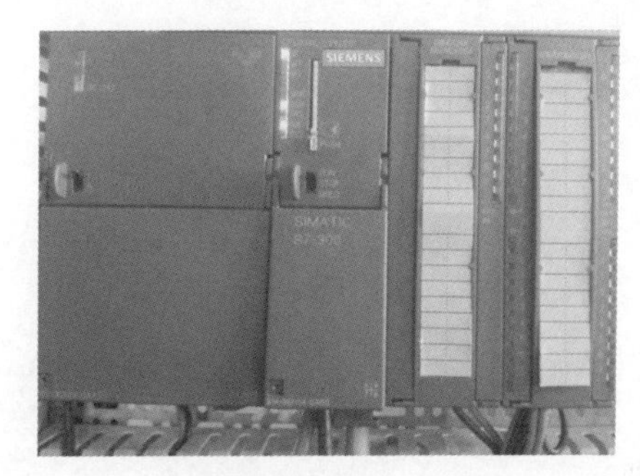

图 2-15　PLC

Profibus 电缆为专用的屏蔽双绞线，外层为紫色，如图 2-16 所示。编织网防护层主要防止低频干扰，金属箔片层主要防止高频干扰。有红绿两根信号线，红色线接总线连接器的第 8 引脚，绿色线接总线连接器的第 3 引脚。总线两端必须以终端电阻结束，终端电阻的作用是吸收网络反射波，有效增强信号强度。即第一个和最后一个总线连接器开关必须拨到 ON，接入 220Ω 的终端电阻，其余总线连接器拨到 OFF，如图 2-17 所示。

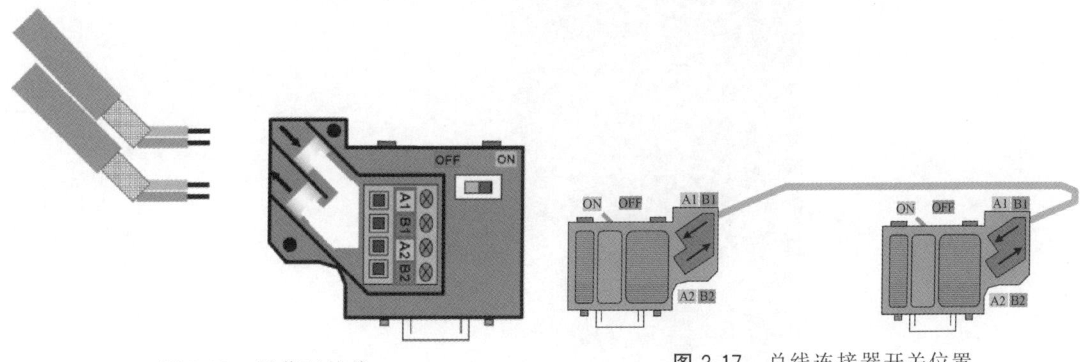

图 2-16　屏蔽双绞线

图 2-17　总线连接器开关位置

（2） PLC 配置

TIA 博途是西门子推出的面向工业自动化领域的新一代工程软件平台，主要包括三个部分：SIMATIC STEP7、SIMATIC WinCC、SIMATIC StartDrive，其配置如表 2-3 所示。

表 2-3　PLC 配置

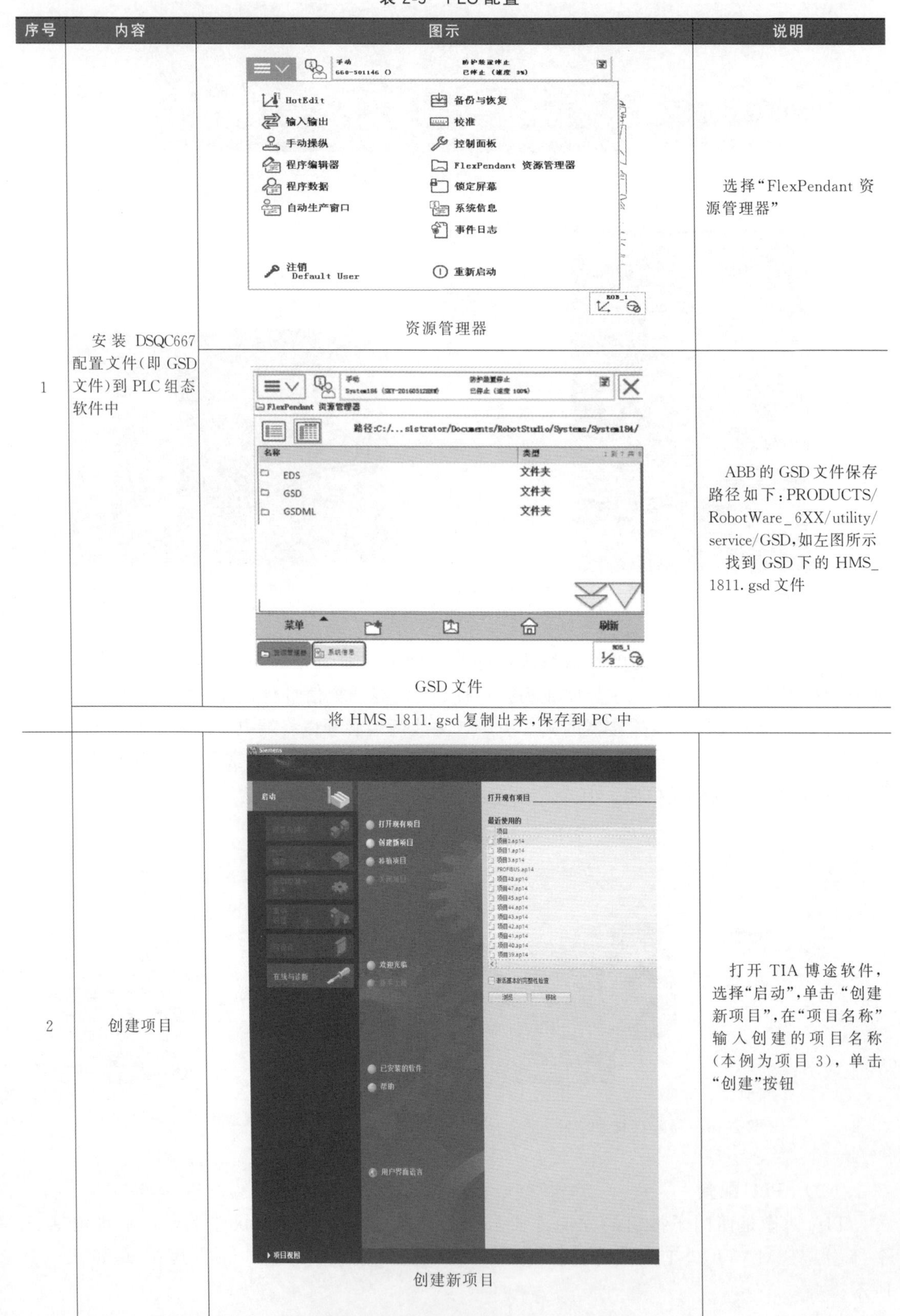

序号	内容	图示	说明
1	安装 DSQC667 配置文件(即 GSD 文件)到 PLC 组态软件中	资源管理器	选择“FlexPendant 资源管理器”
		GSD 文件	ABB 的 GSD 文件保存路径如下：PRODUCTS/RobotWare_6XX/utility/service/GSD，如左图所示 找到 GSD 下的 HMS_1811.gsd 文件
	将 HMS_1811.gsd 复制出来，保存到 PC 中		
2	创建项目	创建新项目	打开 TIA 博途软件，选择“启动”，单击“创建新项目”，在“项目名称”输入创建的项目名称（本例为项目 3），单击“创建”按钮

续表

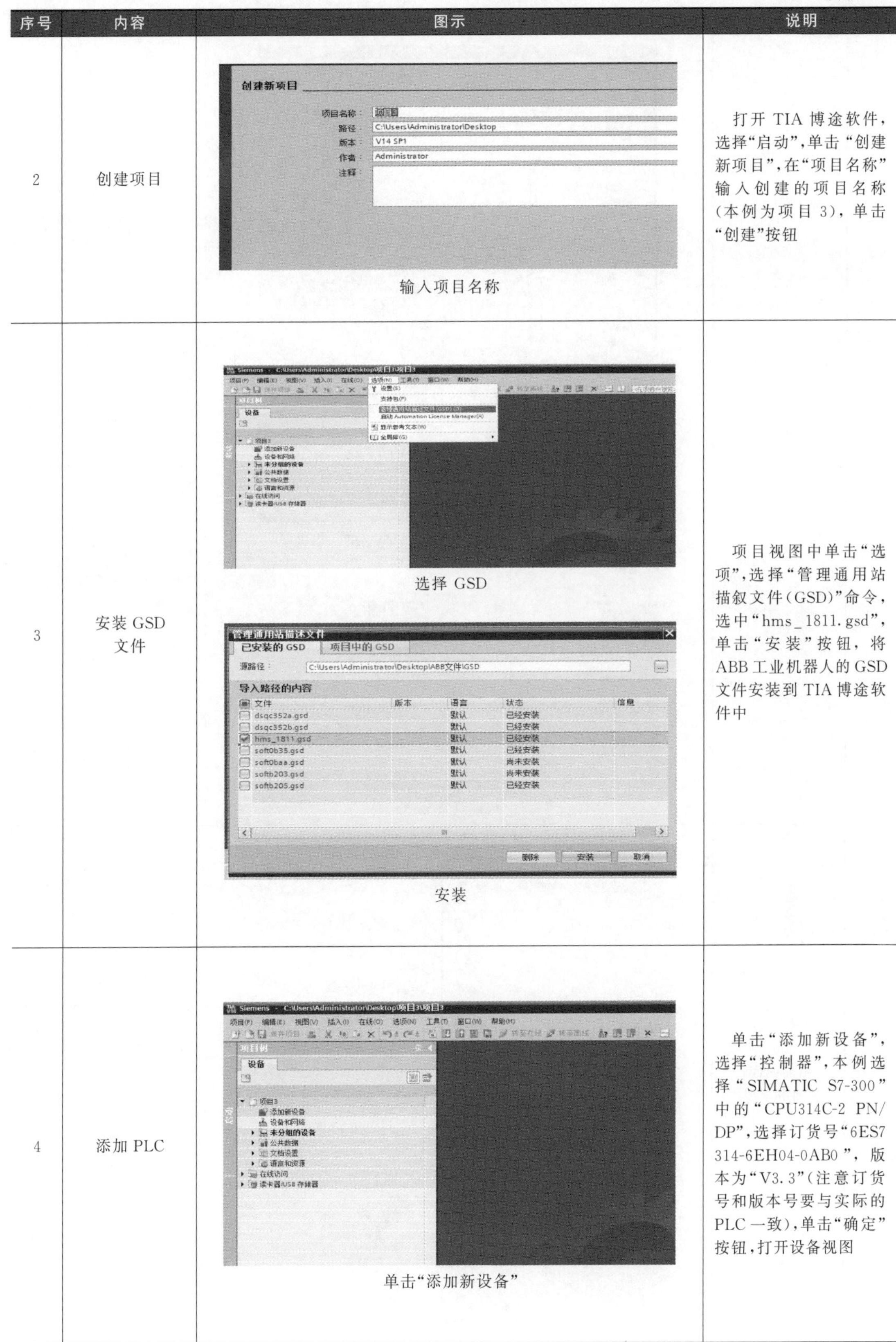

序号	内容	图示	说明
2	创建项目	输入项目名称	打开TIA博途软件，选择“启动”，单击“创建新项目”，在“项目名称”输入创建的项目名称（本例为项目3），单击“创建”按钮
3	安装GSD文件	选择GSD 安装	项目视图中单击“选项”，选择“管理通用站描叙文件(GSD)”命令，选中“hms_1811.gsd”，单击“安装”按钮，将ABB工业机器人的GSD文件安装到TIA博途软件中
4	添加PLC	单击“添加新设备”	单击“添加新设备”，选择“控制器”，本例选择“SIMATIC S7-300”中的“CPU314C-2 PN/DP”，选择订货号“6ES7 314-6EH04-0AB0”，版本为“V3.3”（注意订货号和版本号要与实际的PLC一致），单击“确定”按钮，打开设备视图

续表

序号	内容	图示	说明
4	添加 PLC	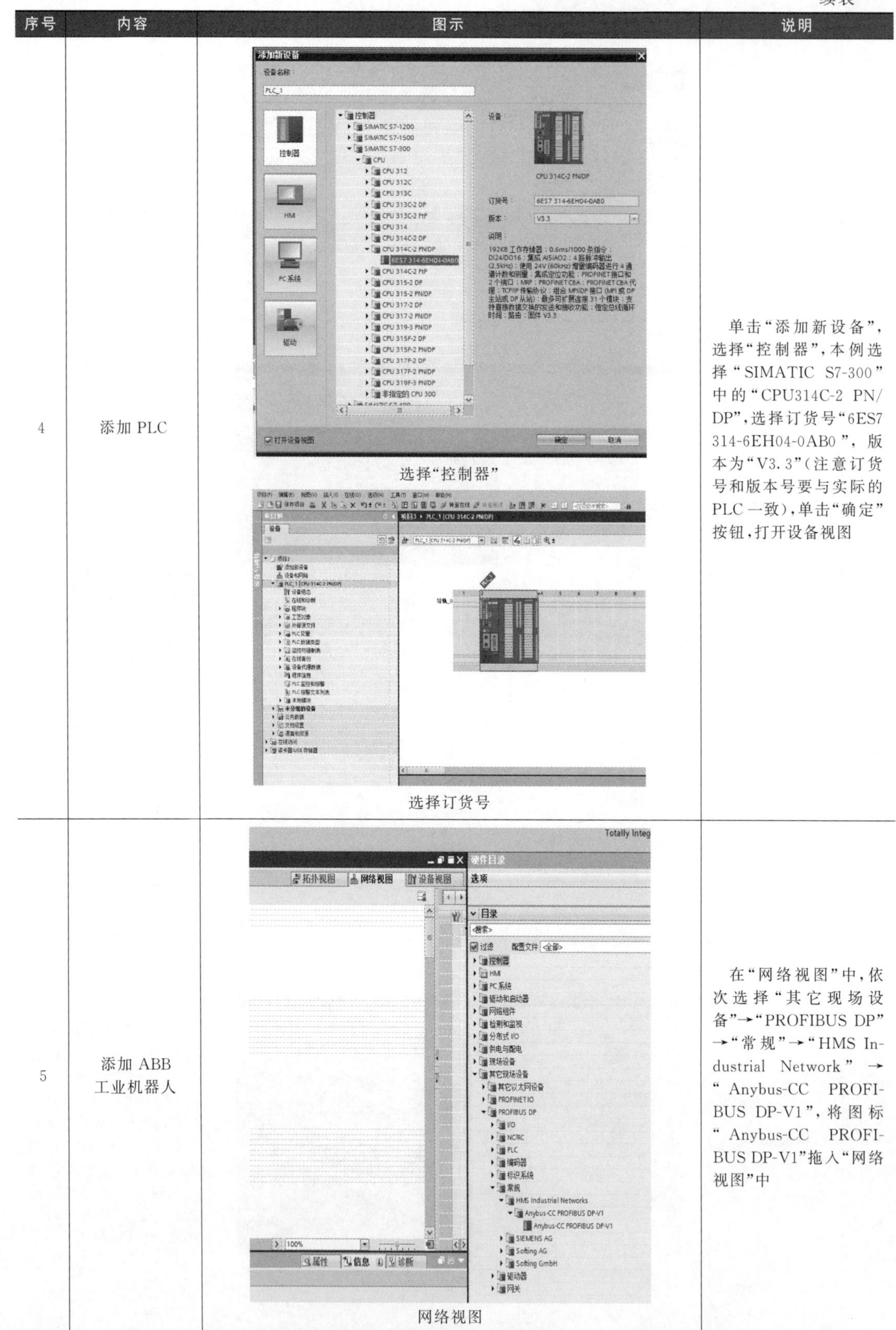 选择“控制器” 选择订货号	单击“添加新设备”，选择“控制器”，本例选择“SIMATIC S7-300”中的“CPU314C-2 PN/DP”，选择订货号“6ES7 314-6EH04-0AB0”，版本为“V3.3”（注意订货号和版本号要与实际的 PLC 一致），单击“确定”按钮，打开设备视图
5	添加 ABB 工业机器人	网络视图	在“网络视图”中，依次选择“其它现场设备”→“PROFIBUS DP”→“常规”→“HMS Industrial Network”→“Anybus-CC PROFIBUS DP-V1”，将图标“Anybus-CC PROFIBUS DP-V1”拖入“网络视图”中

续表

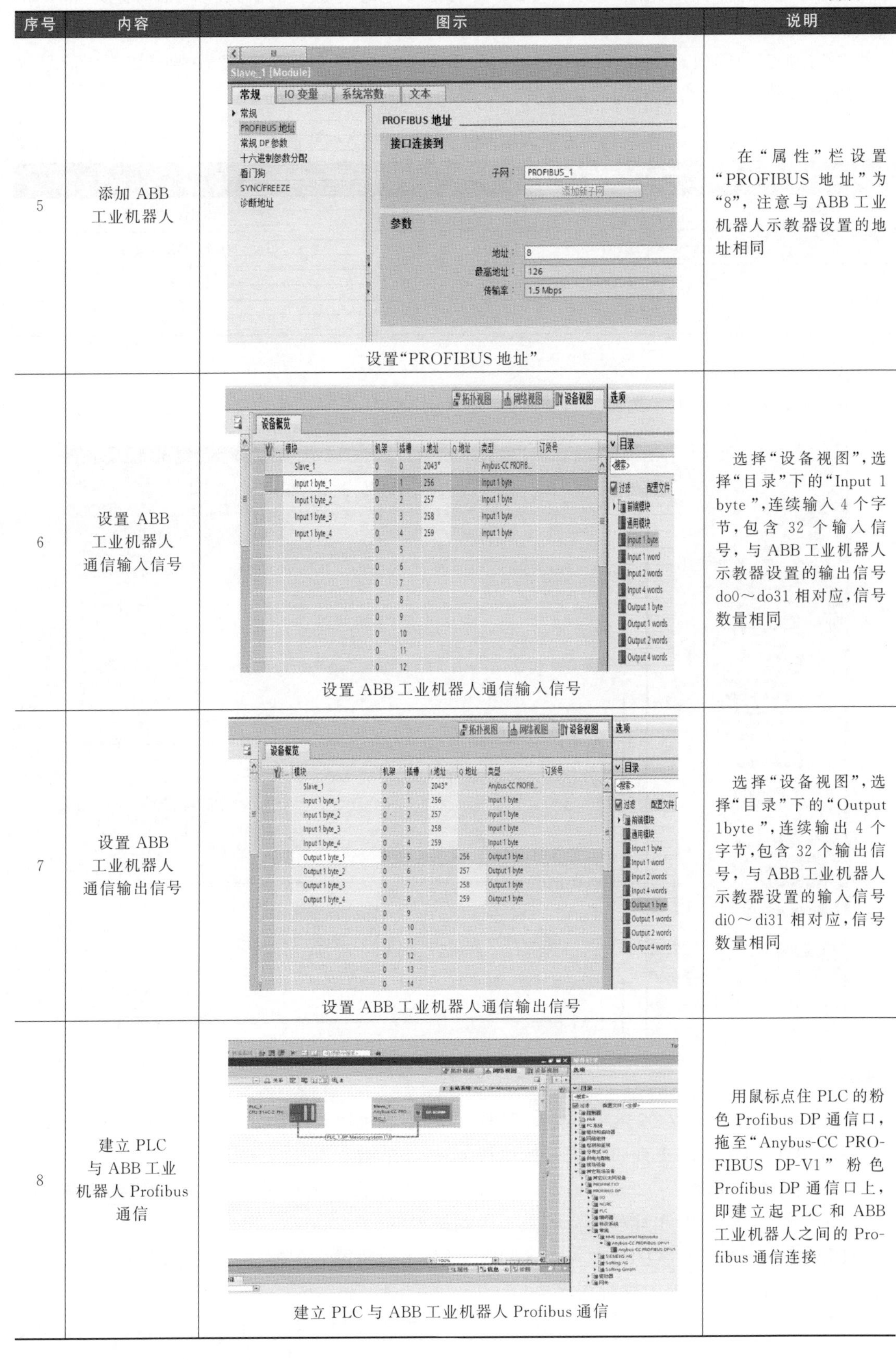

序号	内容	图示	说明
5	添加 ABB 工业机器人	设置“PROFIBUS 地址”	在“属性”栏设置“PROFIBUS 地址”为“8”，注意与 ABB 工业机器人示教器设置的地址相同
6	设置 ABB 工业机器人通信输入信号	设置 ABB 工业机器人通信输入信号	选择“设备视图”，选择“目录”下的“Input 1 byte ”，连续输入 4 个字节，包含 32 个输入信号，与 ABB 工业机器人示教器设置的输出信号 do0～do31 相对应，信号数量相同
7	设置 ABB 工业机器人通信输出信号	设置 ABB 工业机器人通信输出信号	选择“设备视图”，选择“目录”下的“Output 1byte ”，连续输出 4 个字节，包含 32 个输出信号，与 ABB 工业机器人示教器设置的输入信号 di0～di31 相对应，信号数量相同
8	建立 PLC 与 ABB 工业机器人 Profibus 通信	建立 PLC 与 ABB 工业机器人 Profibus 通信	用鼠标点住 PLC 的粉色 Profibus DP 通信口，拖至“Anybus-CC PROFIBUS DP-V1” 粉色 Profibus DP 通信口上，即建立起 PLC 和 ABB 工业机器人之间的 Profibus 通信连接

表 2-4 中机器人输出信号地址和 PLC 输入信号地址等效，机器人输入信号地址和 PLC 输出信号地址等效。例如 ABB 工业机器人中 Device Mapping 中为 0 的输出信号 do0 和 PLC 中的 I256.0 信号等效，Device Mapping 中为 0 的输入信号 di0 和 PLC 中的 Q256.0 信号等效，所谓信号等效是指它们同时通断。

表 2-4　机器人输出信号和 PLC 输入信号地址

<table>
<tr><th>机器人输出信号地址</th><th>PLC 输入信号地址</th><th>机器人输入信号地址</th><th>PLC 输出信号地址</th></tr>
<tr><td colspan="2">0,… ,7←→PIB256</td><td colspan="2">0,… ,7←→ PQB256</td></tr>
<tr><td colspan="2">8,… ,15 ←→ PIB257</td><td colspan="2">8,… ,15 ←→ PQB257</td></tr>
<tr><td colspan="2">16,… ,23 ←→PIB258</td><td colspan="2">16,… ,23 ←→PQB258</td></tr>
<tr><td colspan="2">24,… ,31 ←→PIB259</td><td colspan="2">24,… ,31 ←→PQB259</td></tr>
</table>

（3） PLC 编程

在 TIA 博途软件中，选择“程序块”，在 OB1 编写程序，如图 2-18 所示。

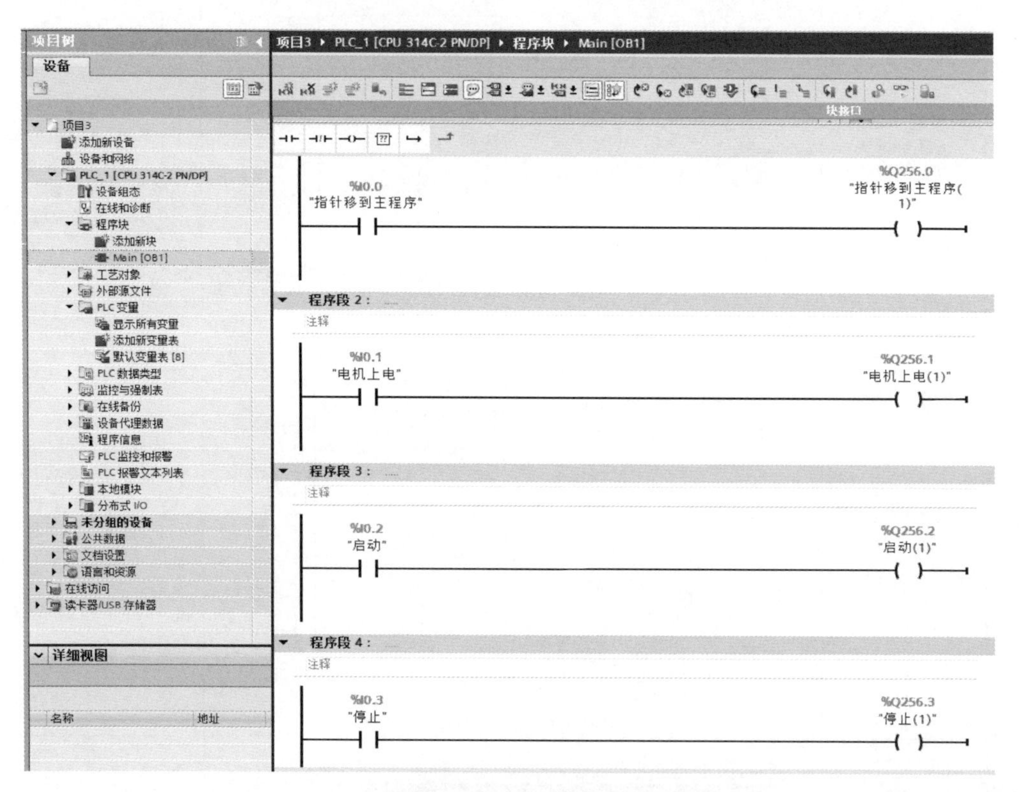

图 2-18　PLC 编程

PLC 中 I0.0 导通，Q256.0 得电，同时 ABB 工业机器人中的 di0 为 1，因为 di0 与 Start at Main 关联，则 ABB 工业机器人开始执行 main 主程序。

PLC 中 I0.1 导通，Q256.1 得电，同时 ABB 工业机器人中的 di1 为 1，因为 di1 与 Motors On 关联，则 ABB 工业机器人各关节电动机得电。

PLC 中 I0.2 导通，Q256.2 得电，同时 ABB 工业机器人中的 di2 为 1，因为 di2 与 Start 关联，则 ABB 工业机器人执行程序。

PLC 中 I0.3 导通，Q256.3 得电，同时 ABB 工业机器人中的 di3 为 1，因为 di3 与 Stop

关联，则 ABB 工业机器人停止执行程序。

2.2.2 ABB 工业机器人与西门子 PLC 的 Profinet 通信

Profinet 是 Process Field Net 的简称。Profinet 基于工业以太网技术，使用 TCP/IP 和 IT 标准，是一种实时以太网技术，基于设备名字的寻址。也就是说，需要给设备分配名字和 IP 地址。

2.2.2.1 ABB 工业机器人的选项

（1） 888-2 Profinet Controller/Device

该选项支持机器人同时作为 Controller/Device（控制器/设备），机器人不需要额外的硬件，可以直接使用控制器上的 LAN3 和 WAN 端口，如图 2-19 中的 X5 和 X6 端口。控制柜接口详细说明如表 2-5 所示。

表 2-5 控制柜接口详细说明

标签	名称	作用
X2	Service Port	服务端口，IP 地址固定为 192.168.125.1，可以使用 RobotStudio 等软件连接
X3	LAN1	连接示教器
X4	LAN2	通常内部使用，如连接新的 I/O DSQC1030 等
X5	LAN3	可以配置为 Profinet/EtherNetIP/普通 TCP/IP 等通信端口
X6	WAN	可以配置为 Profinet/EtherNetIP/普通 TCP/IP 等通信端口
X7	PANEL UNIT	连接控制柜的安全板
X9	AXC	连接控制柜内的轴计算机

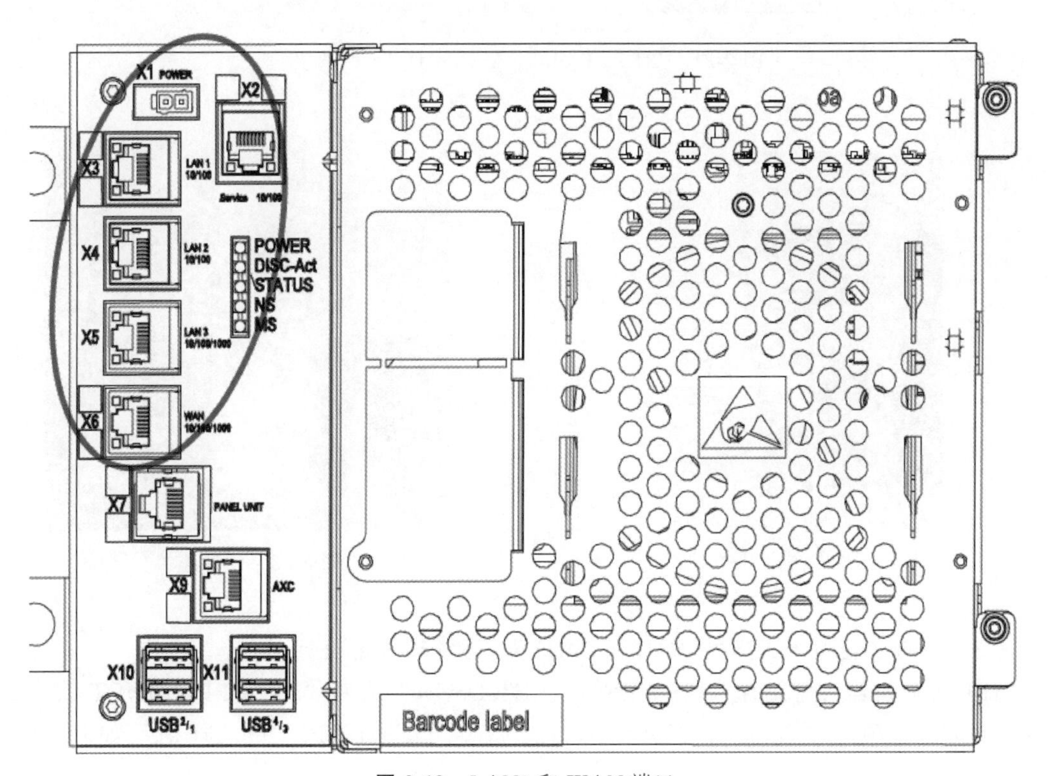

图 2-19 LAN3 和 WAN 端口

(2) 888-3 Profinet Device

该选项仅支持机器人作为 Device，机器人不需要额外的硬件。

(3) 840-3 Profinet Anybus Device

该选项仅支持机器人作为 Device，机器人需要额外的硬件 Profinet Anybus Device，如图 2-20 所示的 DSQC688。

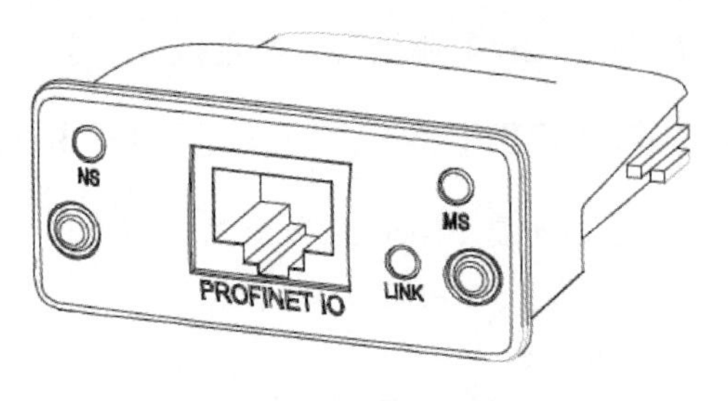

图 2-20　DSQC688

2.2.2.2　ABB 工业机器人通过 DSQC688 模块与 PLC 进行 Profinet 通信

ABB 工业机器人需要有“840-3 Profinet Anybus Device”选项，才能作为设备通过 DSQC688 模块（图 2-22）进行 Profinet 通信，如图 2-21 所示。硬件连接如图 2-23 所示。

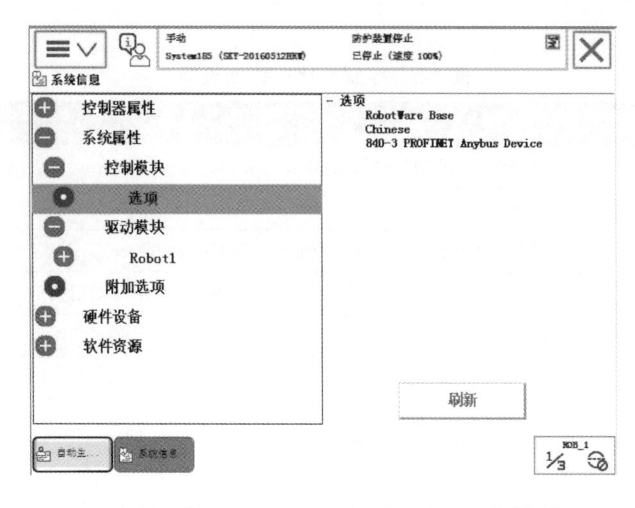

图 2-21　“840-3 Profinet Anybus Device”选项

图 2-22　DSQC688 模块

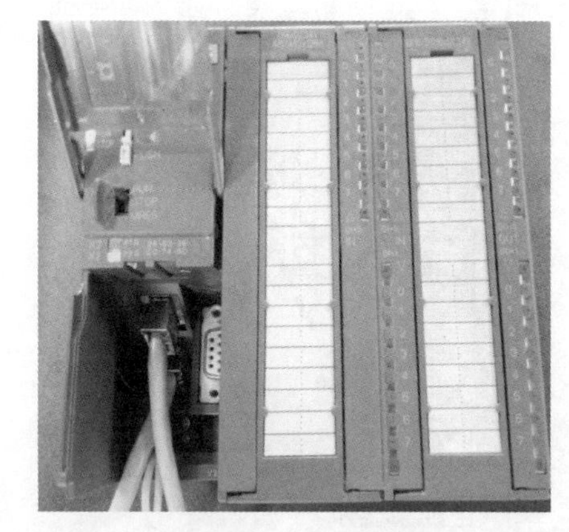

图 2-23　硬件连接

2.2.2.3　ABB 工业机器人通过 WAN 和 LAN3 网口进行 Profinet 通信

ABB 工业机器人需要有“888-3 PROFINET Device”或者“888-2 PROFINET Controller/Device”选项，才能通过 WAN 和 LAN3 网口进行 Profinet 通信，如图 2-24、图 2-25 所示。

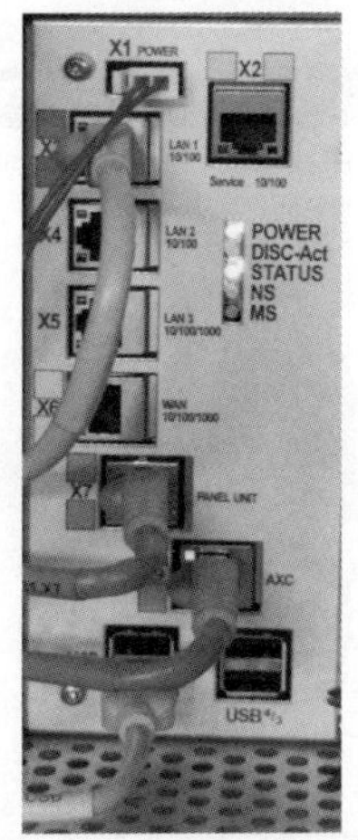

图 2-24 Profinet 通信

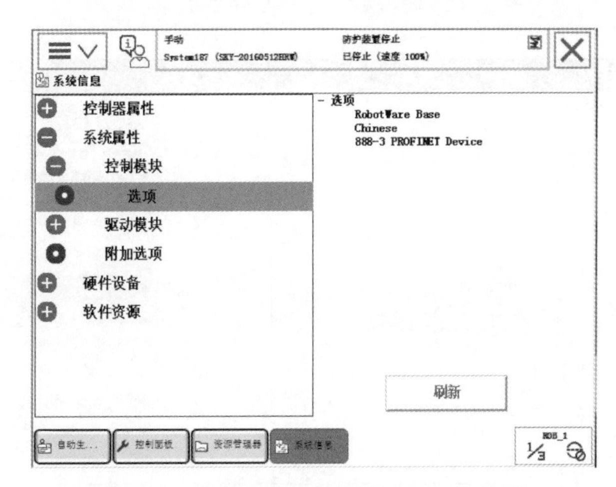

图 2-25 “888-3 PROFINET Device”选项

(1) ABB 工业机器人通过 WAN 和 LAN3 网口进行 Profinet 通信配置（表 2-6）

表 2-6 ABB 工业机器人通过 WAN 和 LAN3 网口进行 Profinet 通信配置

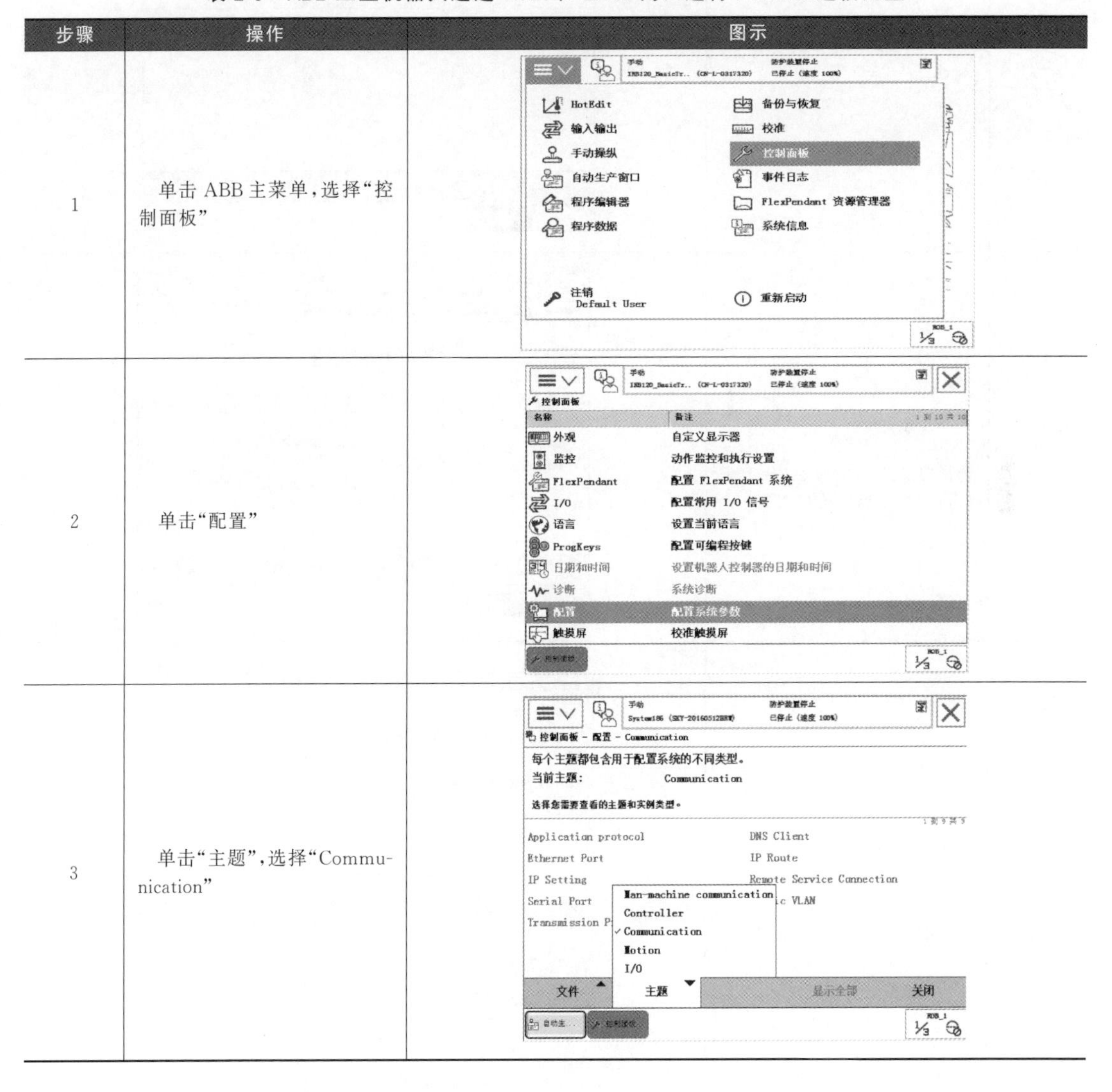

步骤	操作	图示
1	单击 ABB 主菜单，选择“控制面板”	
2	单击“配置”	
3	单击“主题”，选择“Communication”	

续表

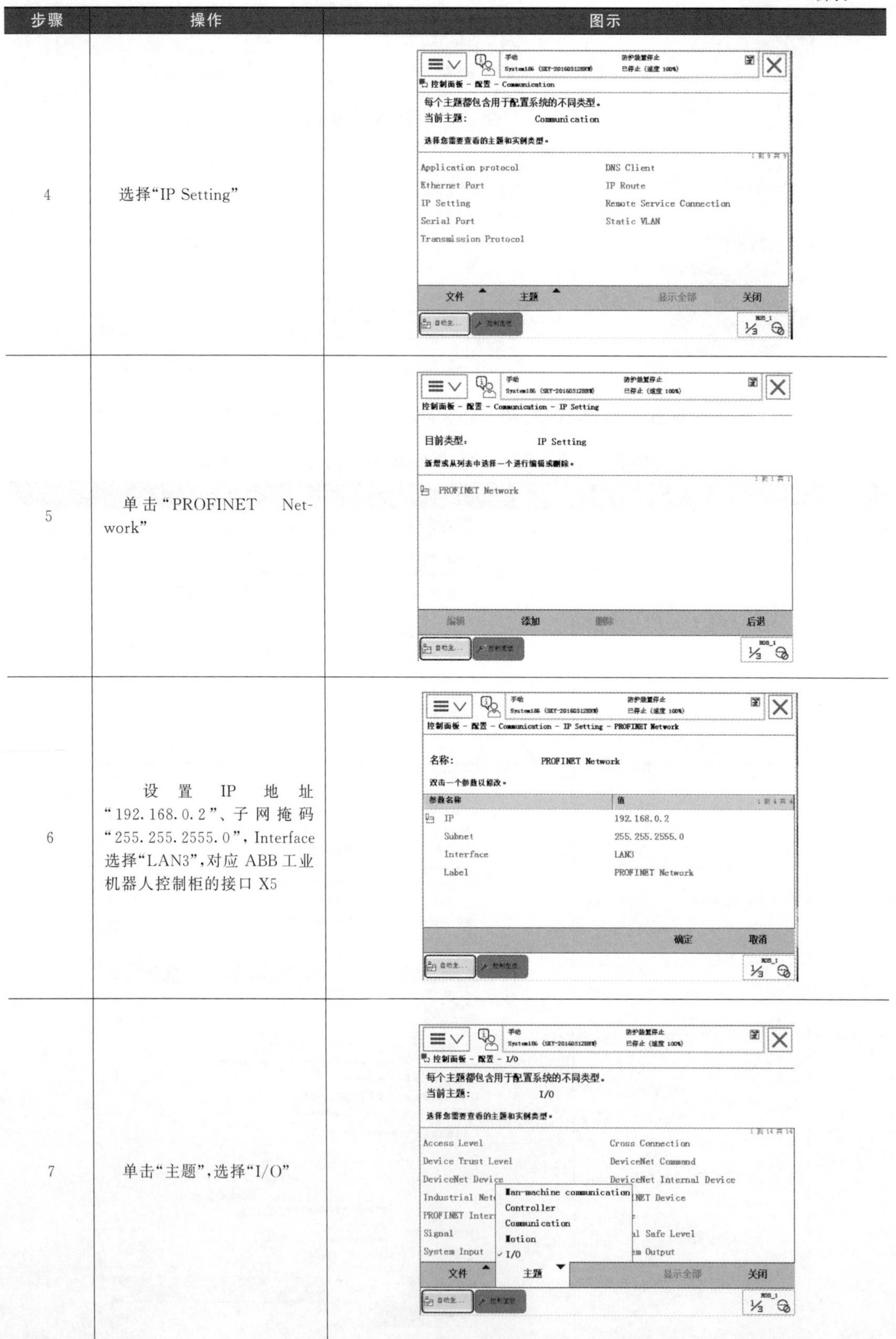

步骤	操作	图示
4	选择“IP Setting”	
5	单击“PROFINET Network”	
6	设置IP地址“192.168.0.2”、子网掩码“255.255.2555.0”，Interface选择“LAN3”，对应ABB工业机器人控制柜的接口X5	
7	单击“主题”，选择“I/O”	

续表

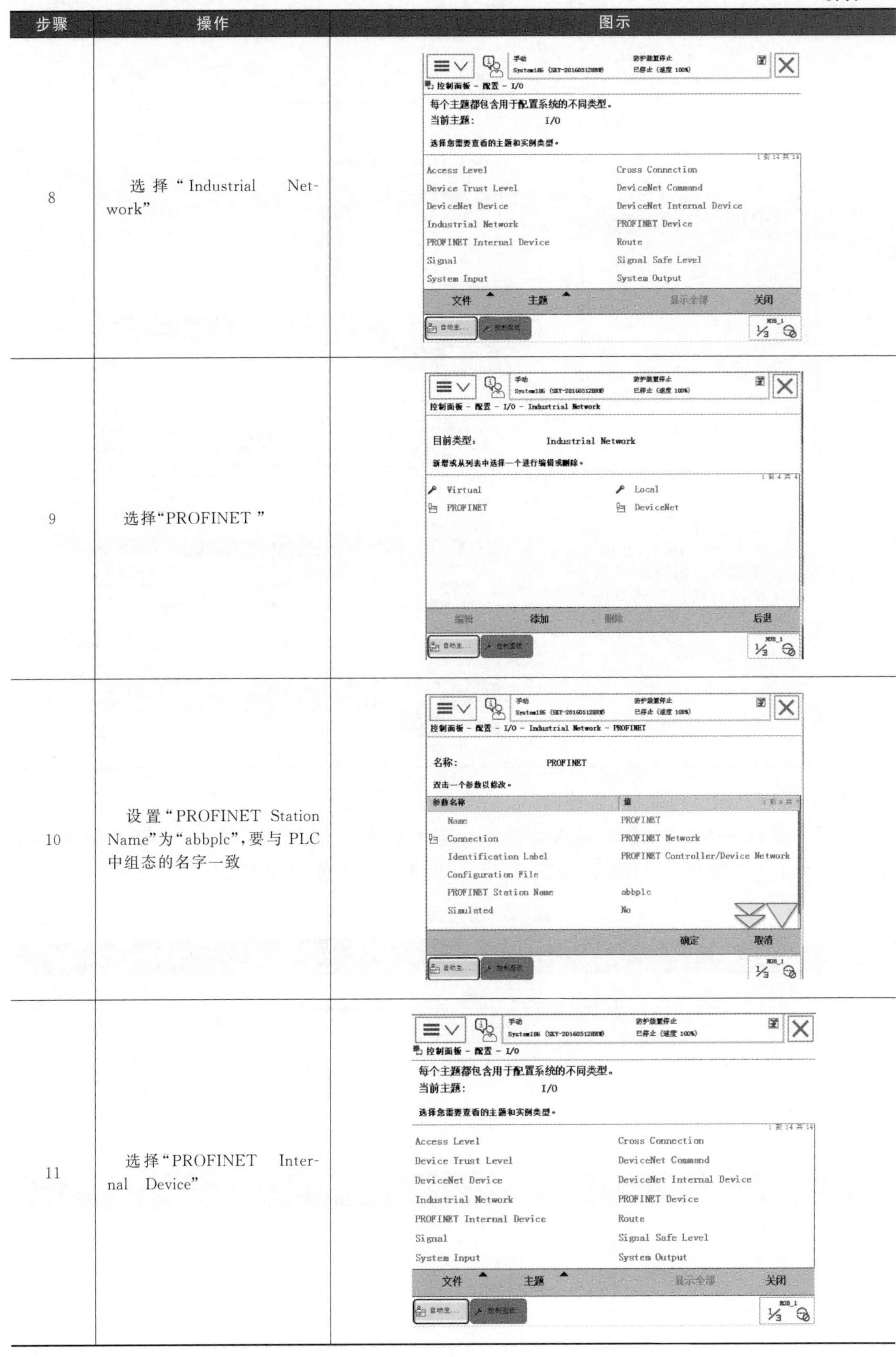

步骤	操作	图示
8	选择“Industrial Network”	
9	选择“PROFINET ”	
10	设置“PROFINET Station Name”为“abbplc”，要与PLC中组态的名字一致	
11	选择“PROFINET Internal Device”	

续表

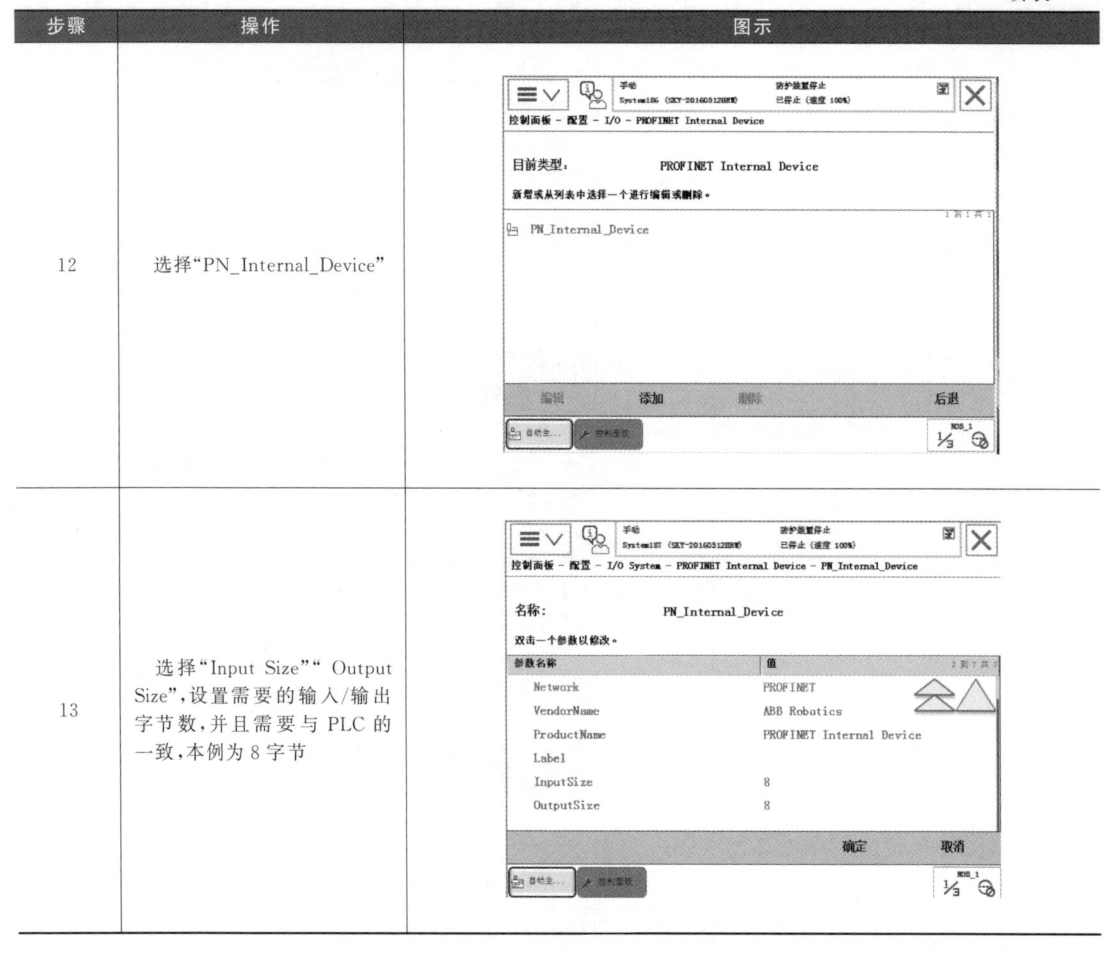

步骤	操作	图示
12	选择“PN_Internal_Device”	
13	选择“Input Size”“Output Size”，设置需要的输入/输出字节数，并且需要与PLC的一致，本例为8字节	

（2）创建 Profinet 的 I/O 信号

根据需要创建 ABB 工业机器人的输入、输出信号，表 2-7 定义了一个输入信号 di0，表 2-8 定义了一个输出信号 do0。创建 Profinet 的 I/O 信号步骤如表 2-9 所示。

表 2-7　定义输入信号

参数名称	设定值	说明
Name	di0	信号名称
Type of Signal	Digital Input	信号类型(数字输入信号)
Assigned to Device	PN_Internal_Device	分配的设备
Device Mapping	0	信号地址

表 2-8　定义输出信号

参数名称	设定值	说明
Name	do0	信号名称
Type of Signal	Digital Output	信号类型(数字输出信号)
Assigned to Device	PN_Internal_ Device	分配的设备
Device Mapping	0	信号地址

表 2-9 创建 Profinet 的 I/O 信号步骤

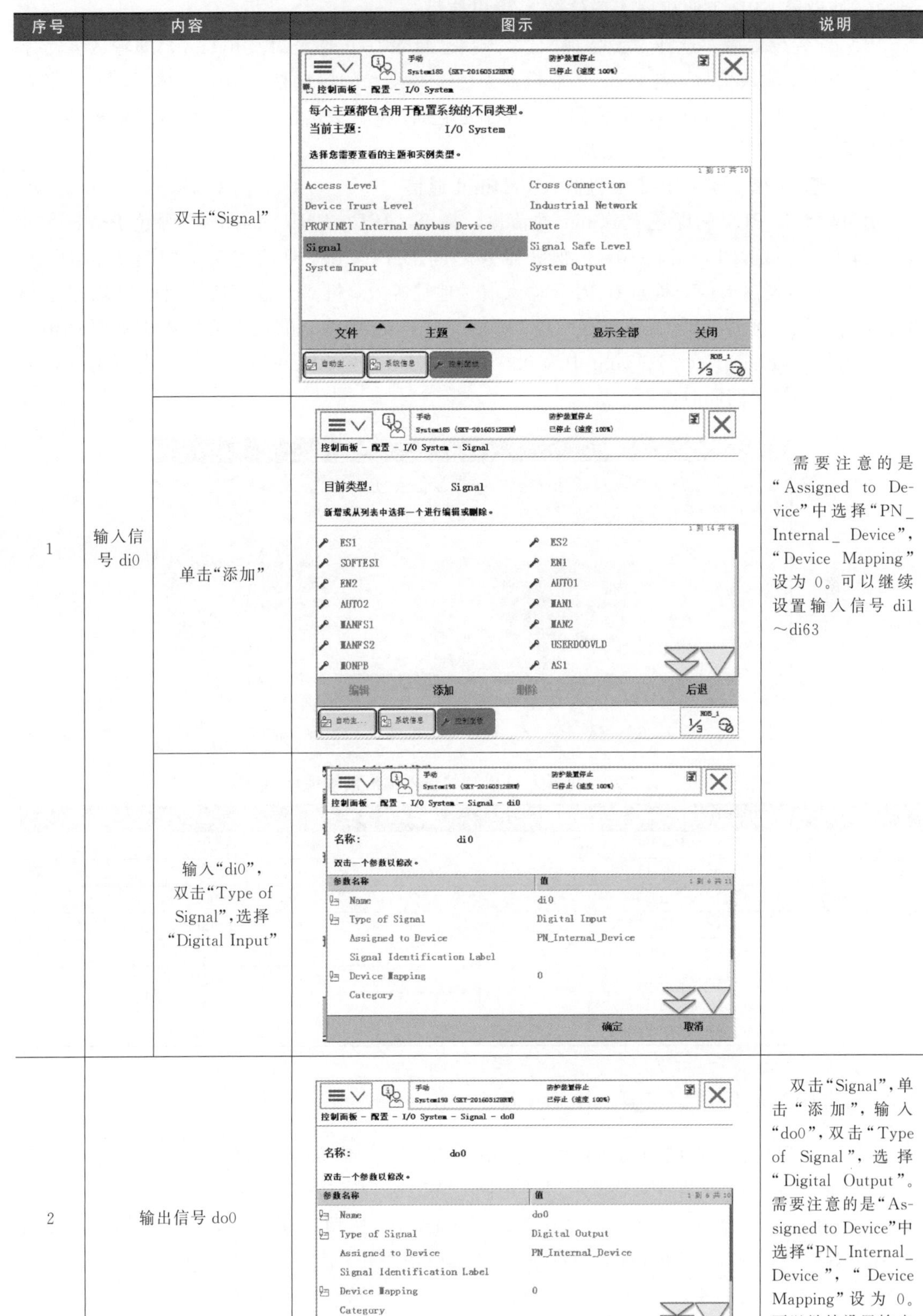

序号	内容		图示	说明
1	输入信号 di0	双击“Signal”		需要注意的是“Assigned to Device”中选择“PN_Internal_ Device”，“Device Mapping”设为 0。可以继续设置输入信号 di1～di63
		单击“添加”		
		输入“di0”，双击“Type of Signal”，选择“Digital Input”		
2	输出信号 do0			双击“Signal”，单击“添加”，输入“do0”，双击“Type of Signal”，选择“Digital Output”。需要注意的是“Assigned to Device”中选择“PN_Internal_ Device”，“Device Mapping”设为 0。可以继续设置输出信号 do1～do63

（3）设置 ABB 工业机器人通信输入/输出信号

PLC 配置设置后，选择“设备视图”，选择“目录”下的“DI 8 bytes”，即输入 8 个字节，包含 64 个输入信号，与 ABB 工业机器人示教器设置的输出信号 do0～do63 对应。选择“目录”下的“DO 8 bytes”，即输出 8 个字节，包含 64 个输出信号，与 ABB 工业机器人示教器设置的输入信号 di0～di63 对应。

（4）建立 PLC 与 ABB 工业机器人 Profinet 通信

用鼠标点住 PLC 的绿色 Profinet 通信口，拖至“IRC5 PNIO-Device”绿色 Profinet 通信口上，即建立起 PLC 和 ABB 工业机器人之间的 Profinet 通信连接，如图 2-26 所示。表 2-10 中机器人输出信号地址和 PLC 输入信号地址等效，机器人输入信号地址和 PLC 输出信号地址等效。例如 ABB 工业机器人中 Device Mapping 中为 0 的输出信号 do0 和 PLC 中的 I256.0 信号等效，Device Mapping 中为 0 的输入信号 di0 和 PLC 中的 Q256.0 信号等效，所谓信号等效是指它们同时通断。

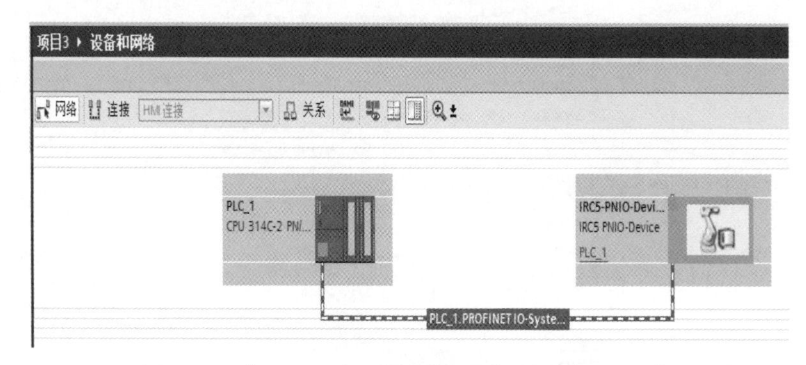

图 2-26　建立 PLC 与 ABB 工业机器人 Profinet 通信

表 2-10　机器人和 PLC 的输入输出信号地址

机器人输出信号地址	PLC 输入信号地址	机器人输入信号地址	PLC 输出信号地址
0,…,7←→ PIB256		0,…,7←→ PQB256	
8,…,15←→ PIB257		8,…,15←→PQB257	
16,…,23←→PIB258		16,…,23←→PQB258	
24,…,31←→PIB259		24,…,31←→PQB259	
32,…,39 ←→PIB260		32,…,39←→PQB260	
40,…,47←→PIB261		40,…,47←→PQB261	
48,…,55←→PIB262		48,…,55←→PQB262	
56,…,63←→PIB263		56,…,63←→PQB263	

2.2.3　WAN 网口同时使用 socket 及 Profinet

Profinet 为基于以太网的总线，可以使用 WAN 口。现场如果要使用 socket，让 PC 与机器人通信；也可使用 WAN 口，可以使用同一 WAN 口完成，IP 相同。

要使用 socket 通信，需要有“616-1 pc interface”选项，使用 profinet 功能，需要有“888-2PROFINET Controller/Device”或者“888-3PROFINET Device”选项；打开在 RobotStudio 连接上机器人，在控制器 tab 下，按图 2-27 所示，找到网络设置。

根据需要设置 IP 如图 2-28 所示，设置的为 WAN 口 IP，用作 socket 通信；设置 Profinet，配置控制面板（图 2-29），主题选择“Communication”；进入 IP Setting，单击

"PROFINET Network"，如图 2-30 所示；修改 IP 并选择对应网口为 WAN，如图 2-31 所示，此处的 IP 与之前配置的系统 IP 相同；重启后，配置控制面板，如图 2-32 所示，主题"I/O"，选择"PROFINET InternalDevice"；配置输入/输出字节数和 PLC 设置一致，如图 2-33 所示；在配置界面下，进入"Industry Network"，如图 2-34 所示；设置 Station 名字（图 2-35），这个名字要和 PLC 端对机器人的 Station 设置一样；添加 signal，device 选择 profinet Internal device；将 WAN 口网线插入交换机，PLC 与 PC 各自设置 IP 后插入交换机，即可同时使用 socket 与 profinet 通信。

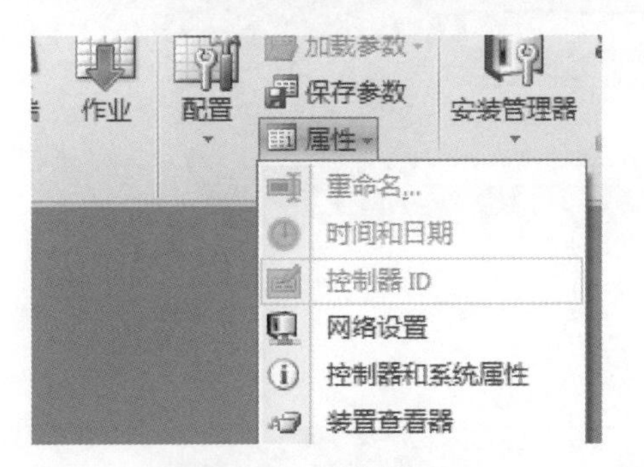

图 2-27　网络设置

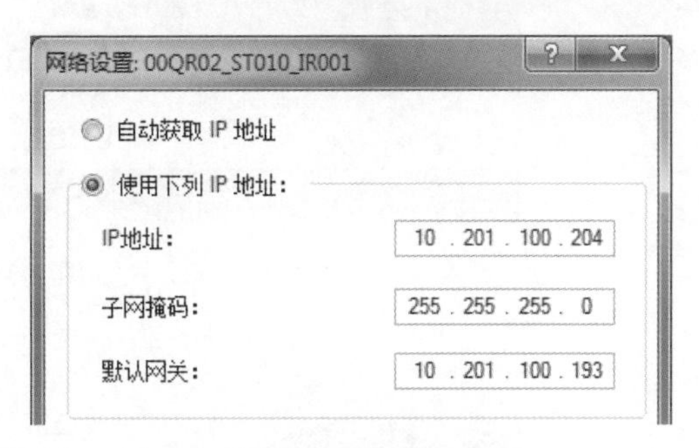

图 2-28　设置 IP

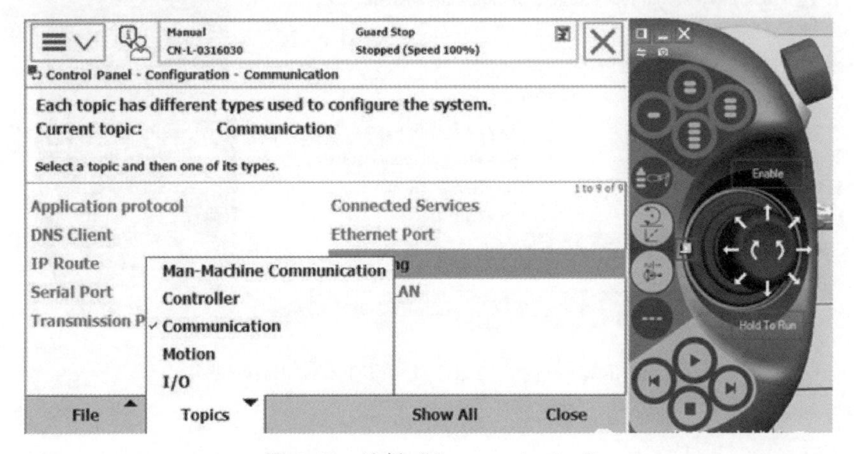

图 2-29　选择"Communication"

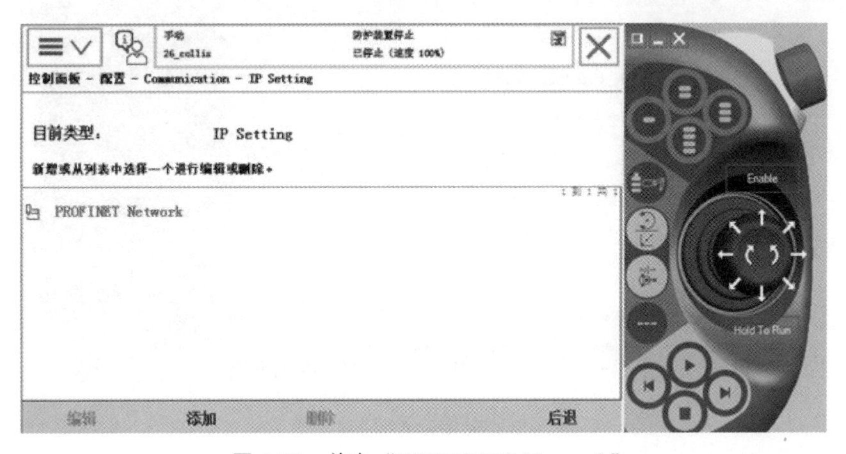

图 2-30　单击"PROFINET Network"

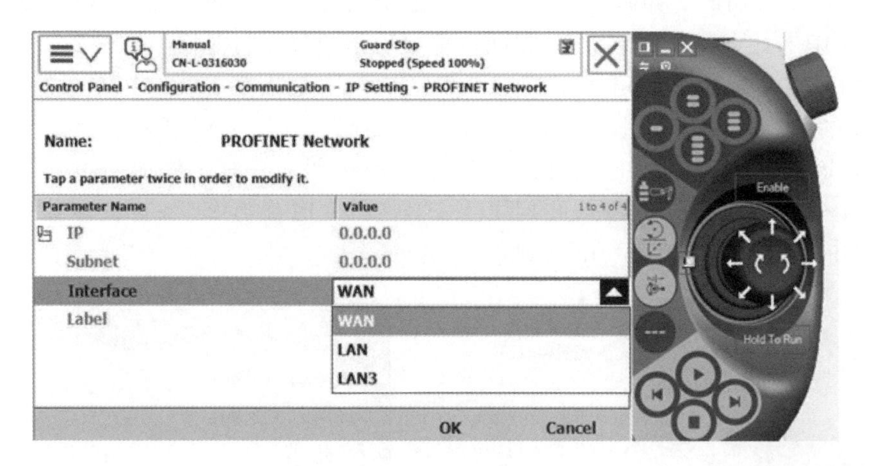

图 2-31 修改 IP

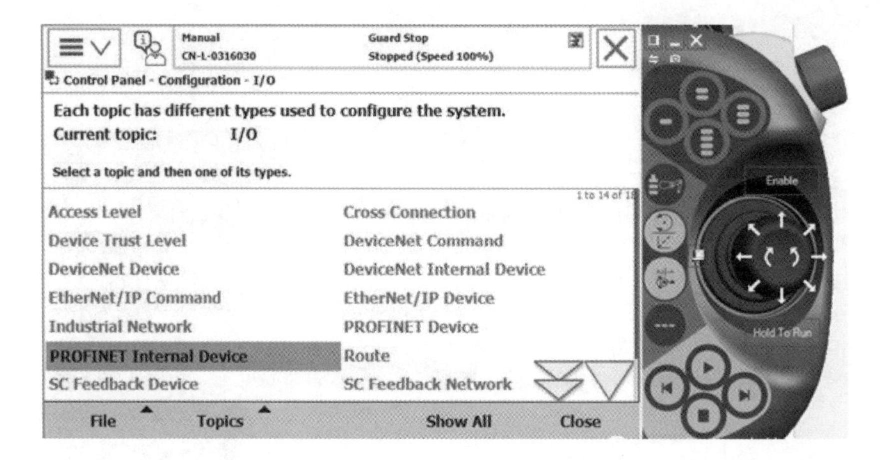

图 2-32 选择“PROFINET InternalDevice”

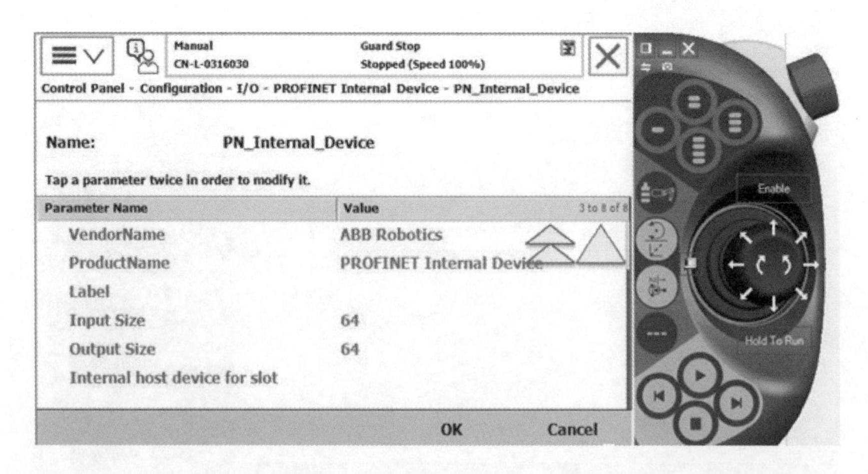

图 2-33 配置输入/输出字节数

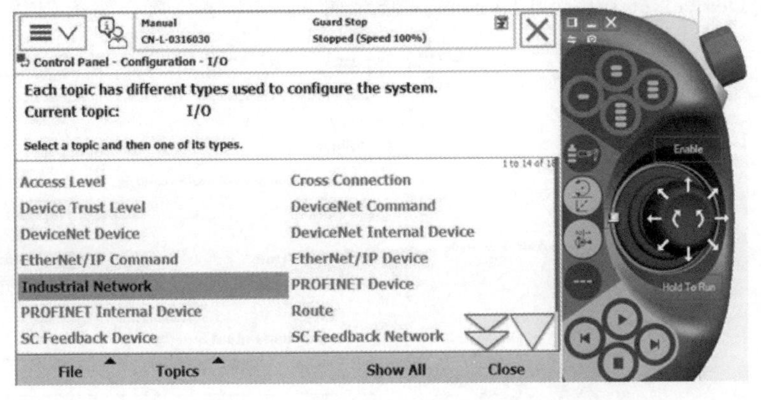

图 2-34　进入“Industry Network”

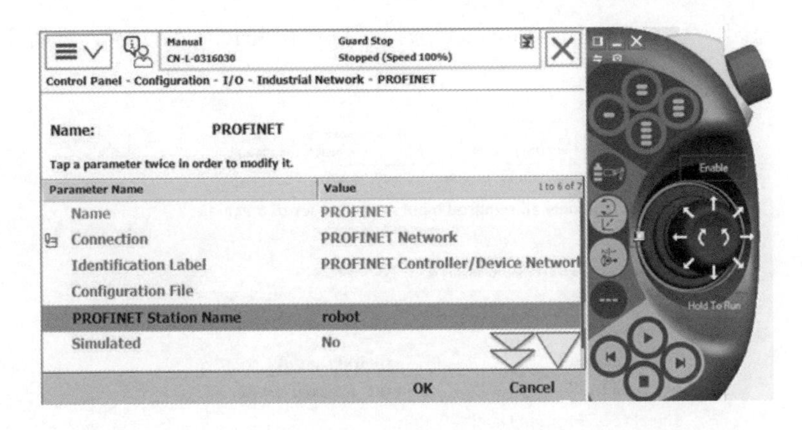

图 2-35　设置 Station 名字

2.2.4　ABB 工业机器人 DeviceNet 通信配置

2.2.4.1　机器人做 DeviceNet 从站与 PLC 通信

（1）通信

① 如图 2-36 所示，选择机器人 DeviceNet 总线选项。

② 如图 2-37 所示，单击“IndustrialNetwork”；修改地址，如图 2-38 所示。

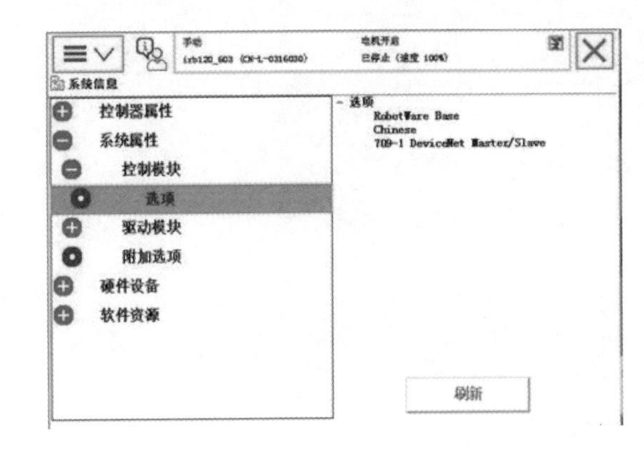

图 2-36　选择机器人 DeviceNet 总线选项

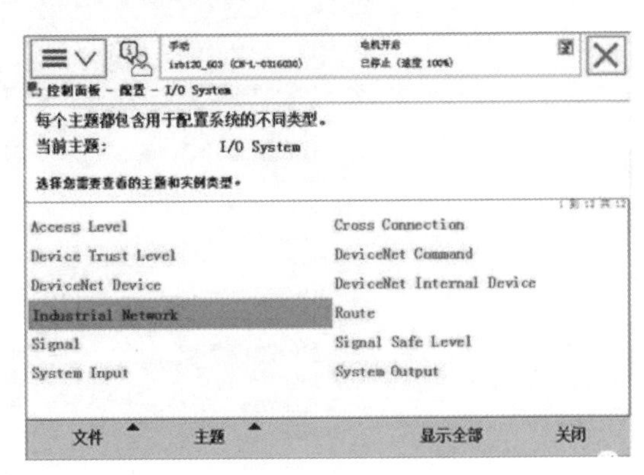

图 2-37　单击“IndustrialNetwork”

③ 单击“DeviceNet Internal Device”，修改输入/输出字节数，如图 2-39 所示。

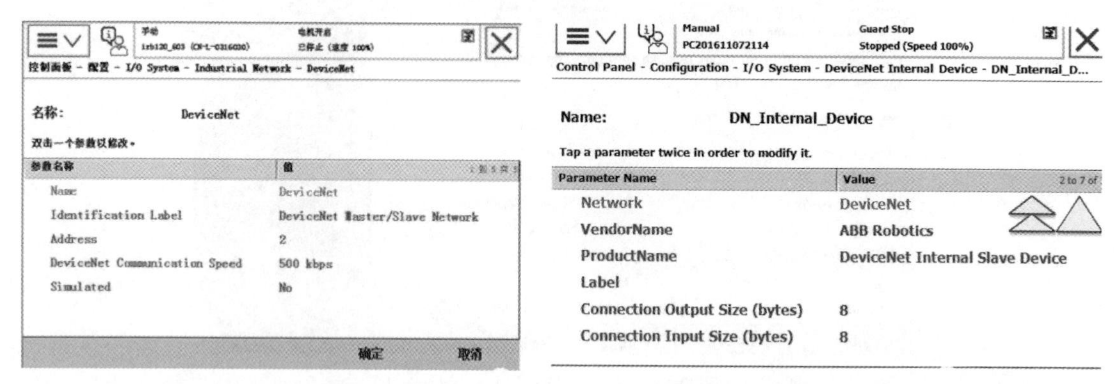

图 2-38　修改地址　　　　图 2-39　修改输入/输出字节数

④ 新建 signal，“Assigned to Device”选择“DN_Internal_Device”，设置 Mapping，如图 2-40 所示。

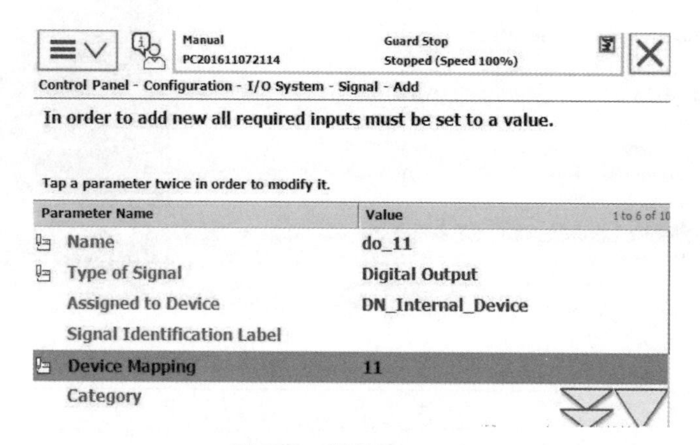

图 2-40　设置 Mapping

（2）获得机器人作 DeviceNet 从站的 EDS 描述文件

① 打开 RobotStudio。

② 在“Add-Ins”中，右击对应“RobotWare”，选择“打开数据包文件夹”，如图 2-41 所示。

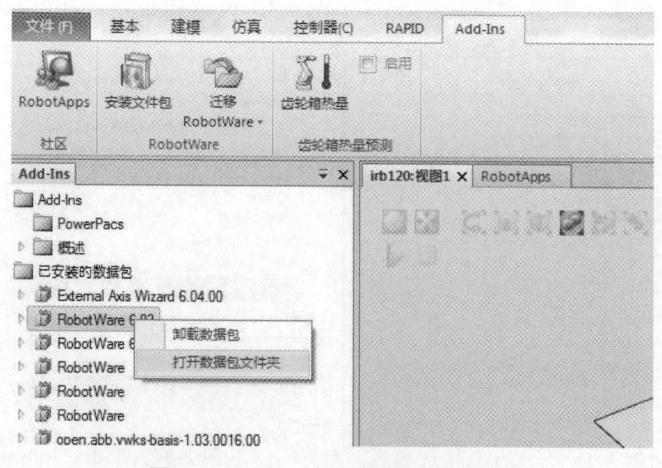

图 2-41　选择“打开数据包文件夹”

③ 找到路径：… \ ABB. RobotWare-. 03. 0140 \ RobotPackages \ RobotWare_RPK_6. 03. 0140 \ utility \ service \ EDS。

④ IRC5_Slave_DSQC1006. eds 即机器人作从站的描述文件。

2.2.4.2 两台机器人进行 DeviceNet 通信配置

两台机器人如果有多个信号要通信，除了 I/O 接线外，使用总线，诸如 Profienet、EtherNet/IP 等，但都需要购买选项。

大多数机器人都配置了 709-1DEVICENETMASTER/SLAVE 选项。完成两台机器人接线和相应配置后，就可以通过 DeviceNet 进行通信。如果两台机器人都是 compact 紧凑柜，则只需把两台机器人的 XS17 DeviceNet 上的②和④针脚互连（①和⑤为柜子供电，不需要互连），原有终端电阻保持（不要拆除），如图 2-42 所示。DeviceNet 回路上至少有一个终端电阻，或者链路两端各有一个终端电阻。紧凑柜本身只有一个终端电阻，故两台机器人连接后链路只有两个终端电阻，不需要拆除。

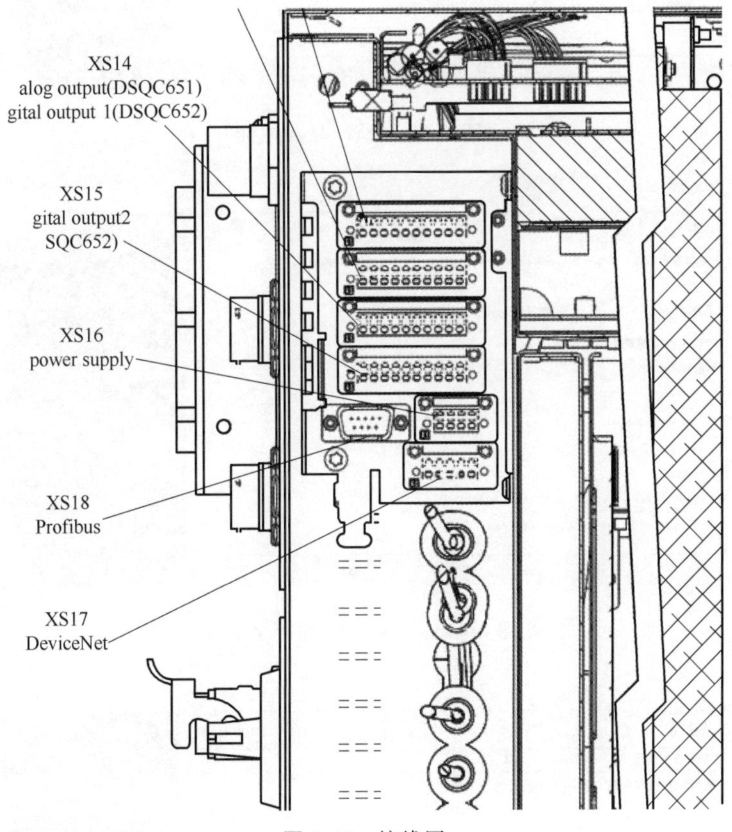

图 2-42 接线图

如果是两台标准柜，因为柜内本身就有两处终端电阻，在相应 DeviceNet 接线处把两台柜子的 DeviceNet 针脚②和④互连（①和⑤为供电，不需要互连），然后柜内各拆除一个终端电阻（保证整个链路上只有两个终端电阻）。打开作为 slave 的机器人，单击“控制面板”→“配置”→“主题”→“I/O”，选择“IndustrialNetwork-DeviceNet”，设 slave 的地址（默认为 2，如果 master 为 2，slave 不能为 2，可以比如改为 3），如图 2-43 所示。单击“控制面板”→“配置”→“主题”→“I/O”，选择“DeviceNetInternal Device”，设置输入/输出字节数，如图 2-44 所示。建立信号，所属 device 为 DN Internal Device，如图 2-45 所示。打开作为 master 的机器人，单击“控制面板”→“配置”→“主题”→“I/O”，设置“DeviceNet Device”，如图 2-46 所示。添加选择模板，如图 2-47 所示。修改对应 slave 的地址，如图 2-48 所示。建立信号，所属设备选择刚刚建立的 slave 设备 DN_Device，如图 2-49 所示。重启后即可。

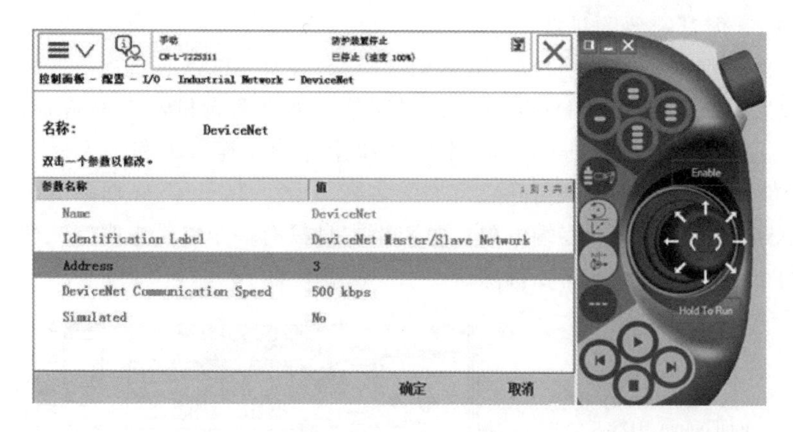

图 2-43　设置 slave 地址

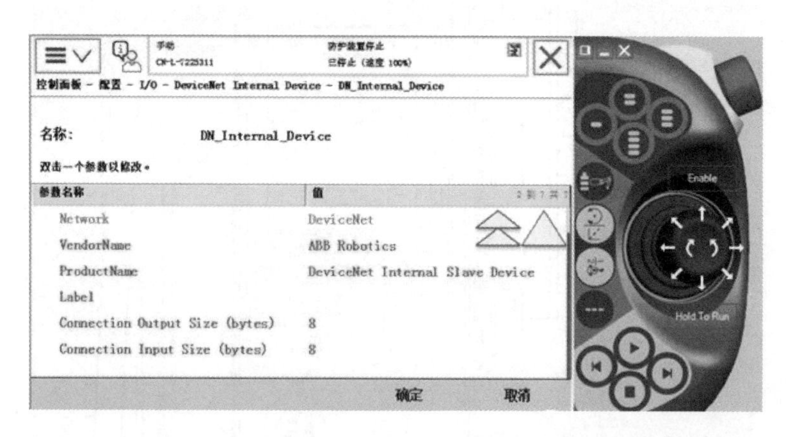

图 2-44　设置输入/输出字节数

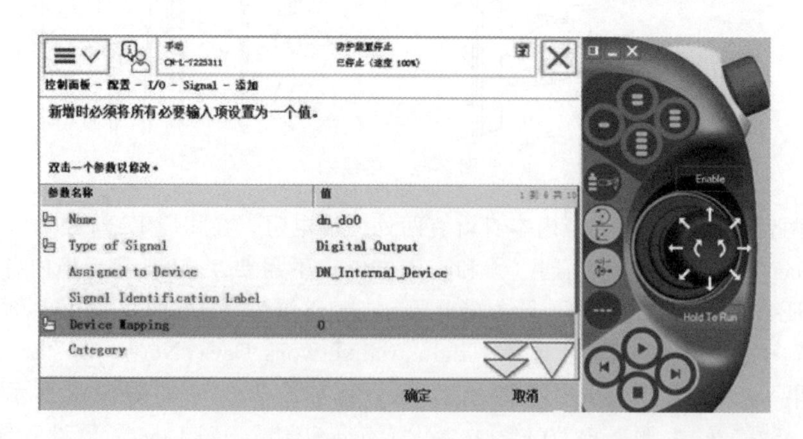

图 2-45　建立信号

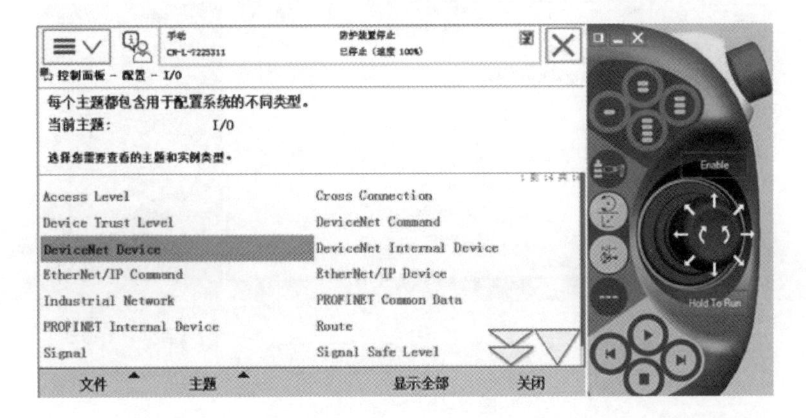

图 2-46　设置“DeviceNet Device”

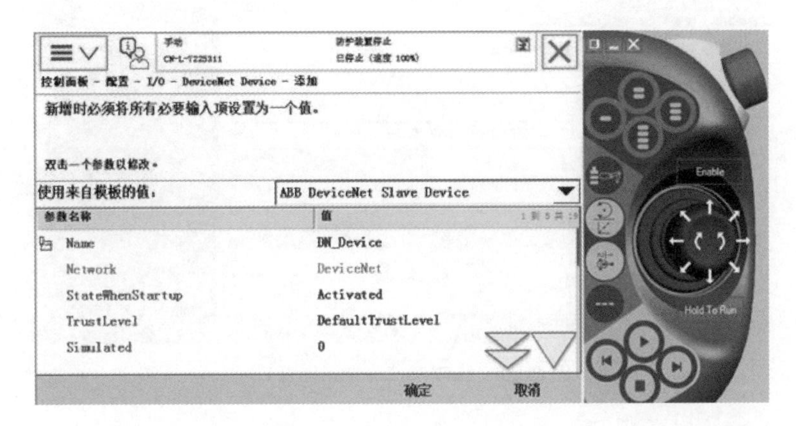

图 2-47　添加选择模板

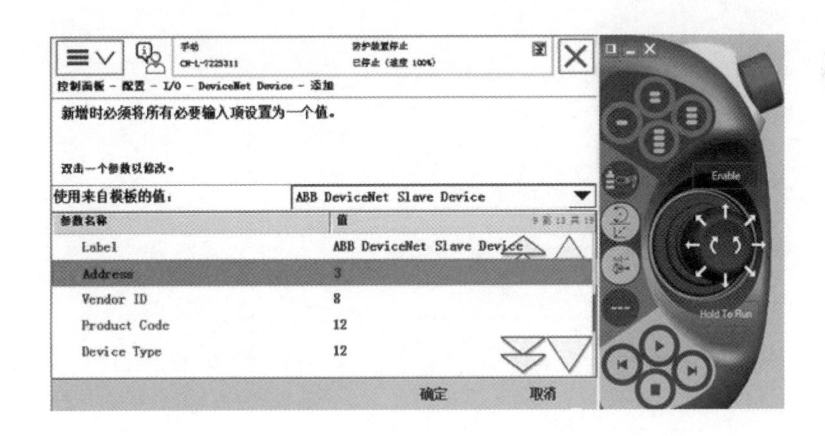

图 2-48　修改对应 slave 的地址

注意：“Connection Type”要修改为“Polled”（默认 COS，但两台机器人之间不支持通信），如图 2-50 所示。

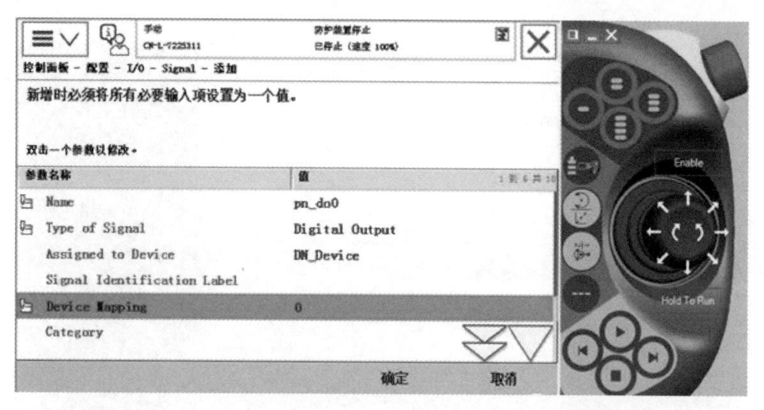

图 2-49　选择设备

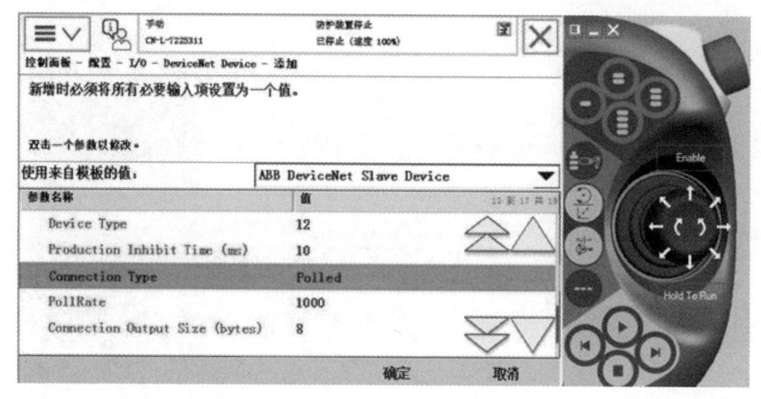

图 2-50　修改“Connection Type”

第3章 RFID应用程序的编制

3.1 认识无线射频

3.1.1 RFID 技术

RFID 技术是实现物联网的关键技术之一，也是目前最重要的自动识别技术，被公认为21 世纪最有发展前途的十大技术之一。

无线射频识别即射频识别技术（Radio Frequency Identification，RFID），是自动识别技术的一种，通过无线射频方式进行非接触双向数据通信，利用无线射频方式对记录媒体（或射频卡）进行读写，从而达到识别目标和数据交换的目的。RFID 检测系统可以准确地读取射频卡内的标签信息，如编号、颜色、材质等信息，该信息可以进行传输，被广泛地应用到各行各业中，如图 3-1 所示。

图 3-1　RFID 的应用

（1） RFID 技术特点

① 操作方便，工作距离长，可以实现对移动目标的识别。

② 无硬件接触，避免了因机械接触而产生的各种故障，使用寿命长。

③ 射频卡无外露金属触点，整个卡片完全密封，具有良好的防水、防尘、防污损、防磁、防静电性能，适合恶劣环境条件（如温、湿度变化

大，灰尘多，难以保持卡面清洁的井下环境）下工作。

④ 对无线传输数据都经过随机序列的加密，并有完善、保密的通信协议。卡内序列号是唯一的，制造商在卡出厂前已将此序号固化，安全性高。

⑤ 卡内具有防碰撞机制，可同时实现对多个移动目标的识别。

⑥ 信号的穿透能力强（可穿透墙壁、路面、衣物、人等），数据传输量小，抗干扰能力强，感应灵敏，易于维护和操作。

（2） RFID应用领域

RFID技术具有无接触、精度高、抗干扰、速度快以及适应环境能力强等显著优点，可广泛应用于诸如物流管理、交通运输、医疗卫生、商品防伪、资产管理以及国防军事等众多领域。

① 服装零售业：利用RFID技术掌控商品从采购、存储、包装、装卸、运输、配送、销售到服务的各个环节信息。海澜之家自2015年引入RFID技术后，人工减至原来的1/3，效率提高5～14倍，也成为国内首家大规模应用物联网RFID技术的服装企业。

② 航空业：2016年，全球航空业为丢失和延误的行李支付的费用高达25亿美元。许多航空公司已经采用了RFID技术来加强对行李的追踪、分配和传输，提高安全管理，避免误送情况的发生。

③ 智能制造：智能制造成为业界关注的热点。RFID技术应用于数字化车间、智能产品全生命周期管理、制造物流智能化等，提高产品的质量和服务水平，实现产品全生命周期，有效提升其制造效率和品质。

④ 防伪溯源：RFID技术可以对产品的整个生产、流通、销售过程进行全程跟踪与监管，现已被广泛应用于酒类、食品安全等防伪溯源系统管理中。

⑤ 资产管理：RFID技术解决资产管理中账、卡、物不符，资产不明、设备不清，闲置浪费、虚增资产和资产流失等问题，实现资产管理工作的信息化、规范化与标准化，全面提升企事业单位资产管理工作的效率与管理水平。

⑥ 智能交通：RFID技术能够促进城市交通监管信息化、智能化、人性化，推动城市交通安全有序进行，同时还可以促进相关涉车行业的发展。

⑦ 智慧门店管理系统 ：如图3-2所示，RFID门店系统是把EAS和RFID技术相结合

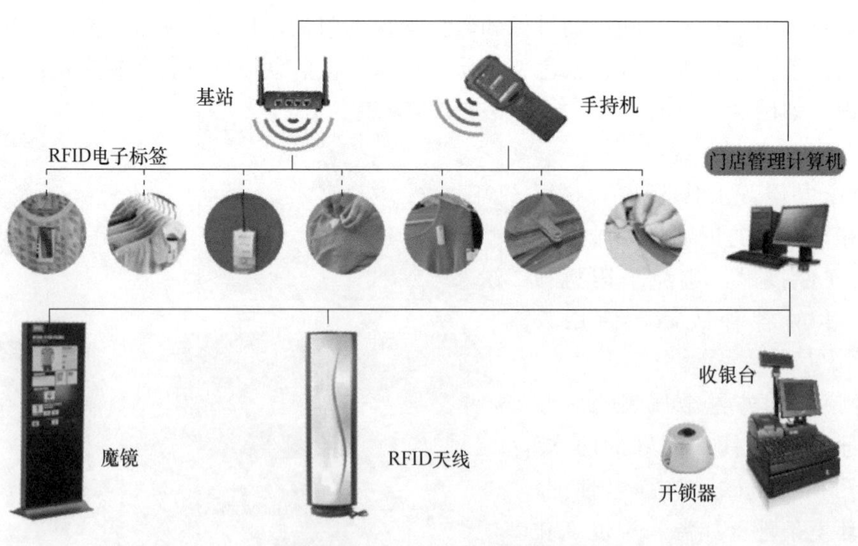

图3-2 RFID门店管理系统图

的一个全新应用。零售商不仅可使用本系统进行货品防盗，还可进行各项管理功能，如商品的登记自动化，盘点时不需要人工检查或扫描条码，更加快速准确，并且减少了损耗。通过RFID解决方案可提供有关库存情况的准确信息，管理人员可由此快速识别并纠正低效率运作情况，从而实现快速供货，并最大限度地减少储存成本。

⑧ 智慧仓库系统：如图3-3所示，随着RFID技术的兴起，为企业仓库管理带来了全新的管理方式。RFID是一种智能识别技术，可将货物信息写入电子标签，识别更准确，大大降低了货品登记的工作量和错误率。在产品出入库、盘点等流程中，其效率比条形码识别方式提高10倍以上。

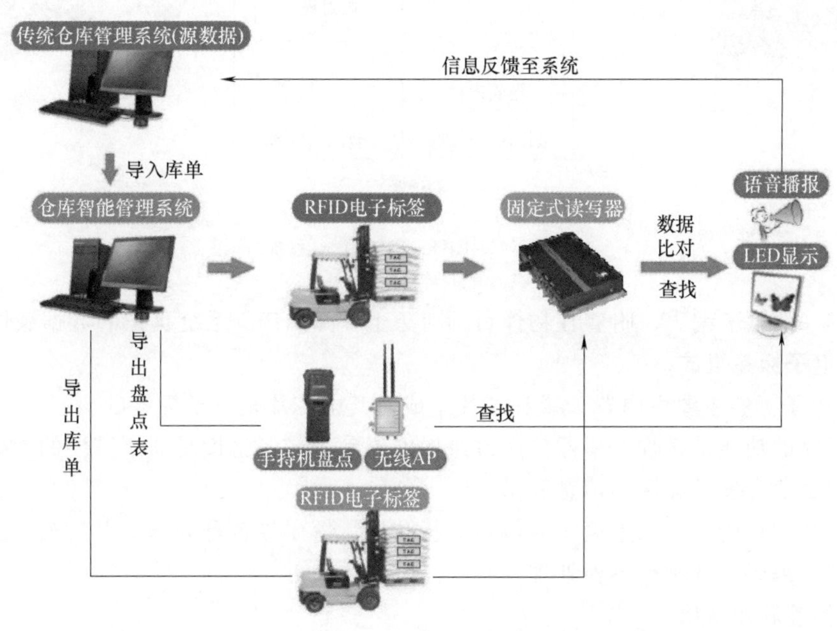

图3-3 智慧仓库系统

3.1.2 RFID系统组成

（1） RFID最小系统

如图3-4所示，RFID最小系统包括电子标签、读写器和天线。其中，电子标签（tag）是RFID系统真正的数据载体，读写器（reader/writer）是读取或者写入标签信息的设备，天线（antenna）在电子标签和读写器间传递射频信号。

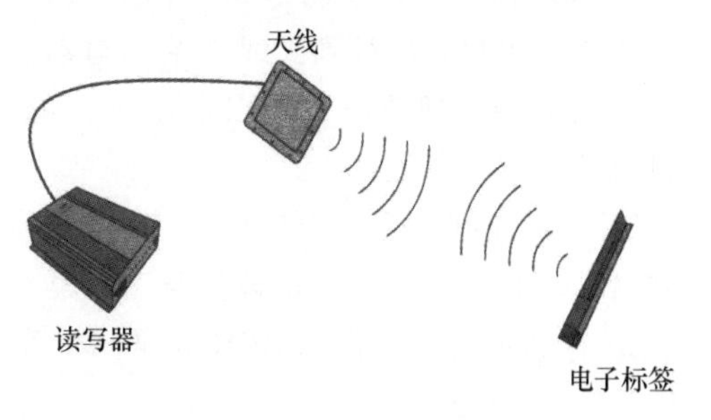

图3-4 RFID最小系统

（2） RFID的基本组成

RFID的基本组成系统如图3-5所示。

3.1.3 RFID系统硬件组件

RFID系统硬件组件主要包括电子标签、读写器及天线、计算机、通信设施等。

3.1.3.1 RFID电子标签

电子标签（electronic tag）也称应答器，是一个微型的无线收发装置。每个RFID电子

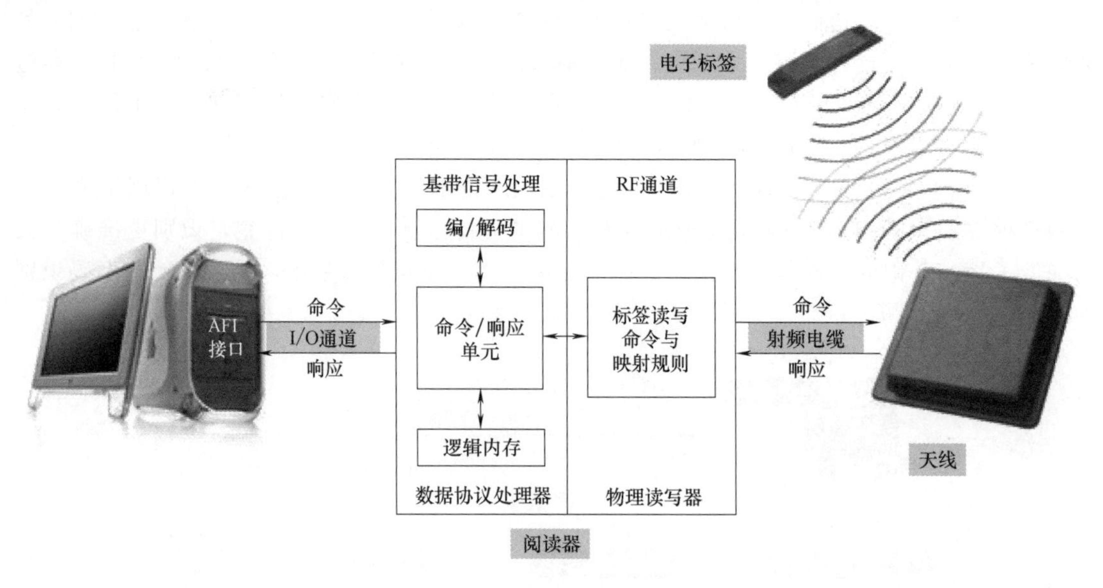

图 3-5　RFID 的基本组成系统

标签具有唯一的电子编码，附着在物体目标对象上，是 RFID 系统真正的数据载体。

（1）电子标签组成

RFID 电子标签主要由内置天线和芯片组成，其中芯片是电子标签的核心。

标签天线的功能是接收读写器传送过来的电磁信号或者将读写器所需要的数据传回给读写器，也就是负责发送和接收信息和指令。

标签芯片的功能是对标签接收的信号进行解调、解码等各种处理，并对电子标签需要返回的信号进行编码、调制等各种处理。

（2）标签芯片结构

如图 3-6 所示，标签芯片内部功能模块主要包括射频接口、逻辑控制单元和存储单元。

① 射频接口：包括电压调节器、调制器、解调器。

a. 电压调节器：把由读写器送来的射频信号转换为直流电源，并经大电容储存能量，再经稳压电路以提供稳定的电源。

b. 调制器：逻辑控制电路送出的数据经调制电路调制后加载到天线送给读写器。

c. 解调器：把载波去除以取出真正的调制信号。

② 逻辑控制单元：用来解码读写器送来的信号，并依其要求回送数据给读写器。

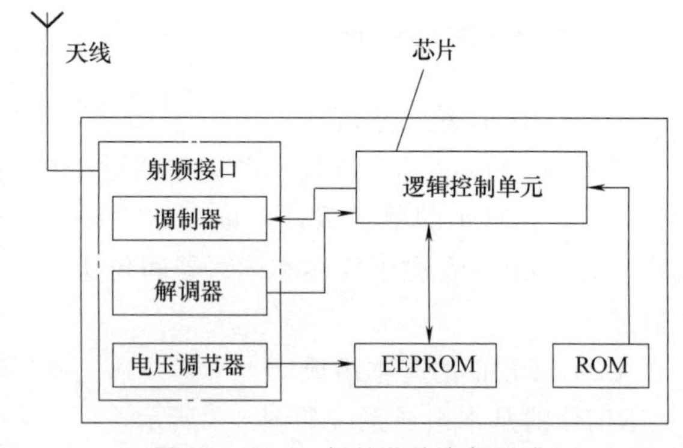

图 3-6　RFID 标签芯片内部组成

③ 存储单元：包括 EEPROM 与 ROM，作为系统运行及存放识别数据的位置。

3.1.3.2　读写器

读写器是利用射频技术读写电子标签信息的设备，接收应用系统的控制指令，负责与电子标签的双向通信。读写器可设计为手持式、一体式、桌面式和固定式。

（1）读写器的基本组成

从硬件实现角度来看，典型的读写器主要由射频模块（发射器和接收器）、逻辑控制单元和读写器天线组成，如图3-7所示。

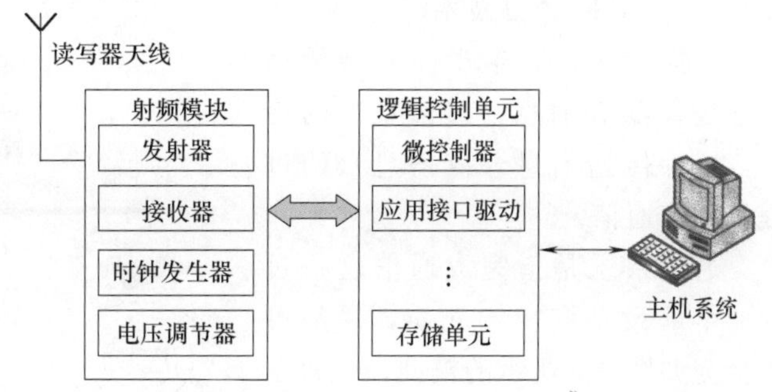

图3-7 RFID读写器基本组成

① 射频模块。射频模块可分为发射通道和接收通道两部分，主要作用是对射频信号进行处理。

a. 产生高频发射能量，激活电子标签并为其提供能量。

b. 对发射信号进行调制，经读写器天线发射出去，将数据传输给电子标签。

c. 接收并解调来自电子标签的射频信号，提取出电子标签发送的信号，并将信号放大。

② 逻辑控制单元。逻辑控制单元将读写器发出的命令进行编码，对射频模块解调后的电子标签信号进行解码后送到微控制器，并通过编程实现以下功能。

a. 与应用系统软件进行通信，并执行从应用系统软件发送来的指令。

b. 控制读写器与电子标签之间的通信过程。

c. 实现与后端应用程序之间的接口规范。

d. 对读写器和电子标签之间传输的数据进行加密和解密。

e. 执行防碰撞算法，实现多标签同时识别。

f. 对读写器和电子标签的身份进行验证。

（2）读写器的功能特性

读写器的主要功能特性有以下两个。

① 完成与电子标签之间的通信。读写器以射频方式向电子标签传输能量，对电子标签完成基本操作，基本操作主要包括对电子标签初始化、读取或写入电子标签内存的信息、使电子标签功能失效等。

② 实现与计算机之间的通信。读写器将读取到的电子标签信息传递给计算机，计算机对读写器进行控制和信息交换，从而完成特定的应用任务。

3.1.3.3 通信设施

通信设施是RFID应用系统的重要组成部分，负责整个RFID系统的信息传递，同时为不同的RFID系统管理提供安全通信连接。通信设施包括有线或无线网络、读写器与计算机连接的串行通信接口。

（1）有线或无线网络

有线网络是指采用同轴电缆、双绞线和光纤来连接的通信网络。

无线网络可以是个人域网（PAN，如蓝牙技术）、局域网（如802.11x、WiFi），也以是广域网（如GPRS、4G技术）。在RFID系统通信设施中，常用的无线联网设备有网络适配器、接入点（AP）、WLAN交换机、无线路由器、无线网桥、无线中继器、天线。

RFID系统中的网络如图3-8所示。

（2）串行通信接口

读写器与应用系统计算机接口方式非常灵活，包括以太网接口（RJ45）、USB接口、

RS485 接口、RS232 接口、Wiegand（韦根）接口等。

3.1.3.4 RFID 通信技术

人类在生活、生产和社会活动中总是伴随着消息（或信息）的传递，这种传递消息（或信息）的过程就称作通信。

通信系统是指完成通信这一过程的全部设备和传输介质，一般可概括为如图 3-9 所示的模型，包含三个主要的功能块：发送端、信道和接收端。

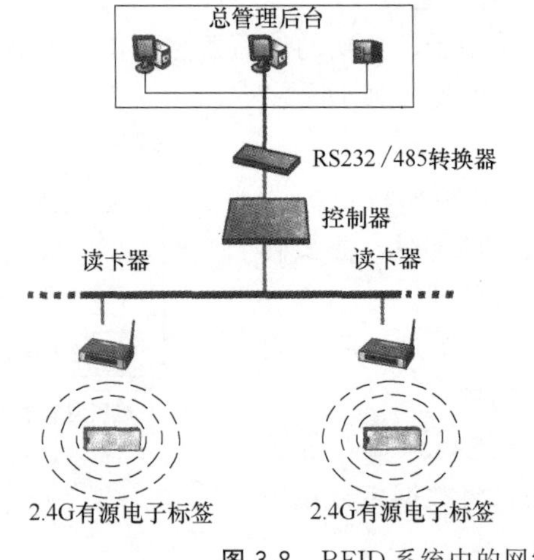

图 3-8 RFID 系统中的网络

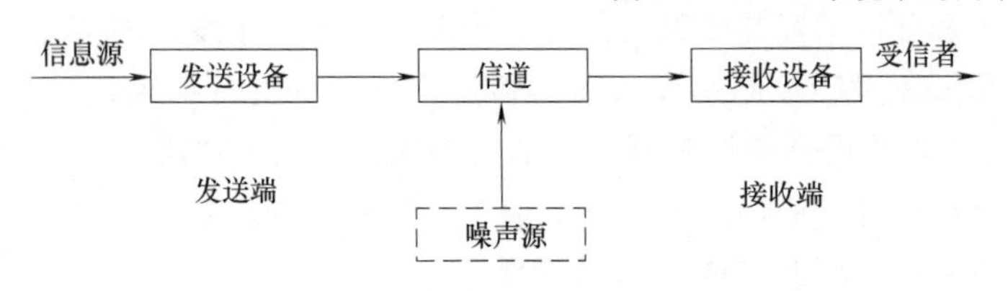

图 3-9 通信系统模型

（1）数字通信系统模型

数字通信系统是指利用数字信号来传递信息的通信系统。如图 3-10 所示，在数字通信系统模型中，各部分目的如下。

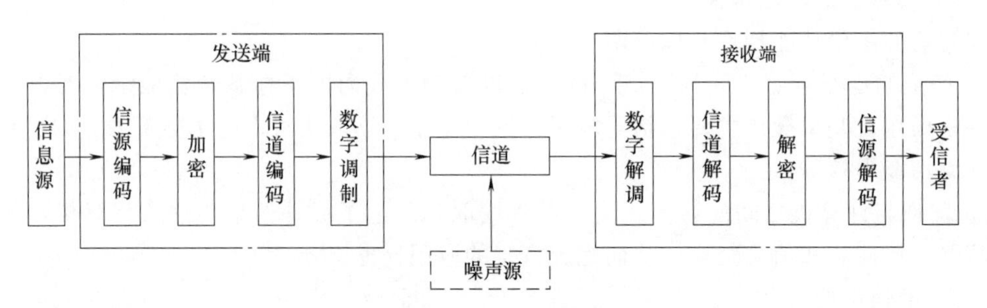

图 3-10 数字通信系统模型

① 信源编码与解码目的：提高信息传输的有效性以及完成模/数转换。

② 信道编码与解码目的：增强抗干扰能力。

③ 加密与解密目的：保证所传信息的安全。

④ 数字调制与解调目的：形成适合在信道中传输的带通信号。

（2） RFID 系统通信模型

RFID 系统采用数字信号，主要包含读写器、天线和电子标签，与数字通信系统的模型相类似，如图 3-11 所示。

在 RFID 系统内的数据传输有两个方面的内容：RFID 读写器向电子标签方向的数据传输、RFID 电子标签向读写器方向的数据传输。

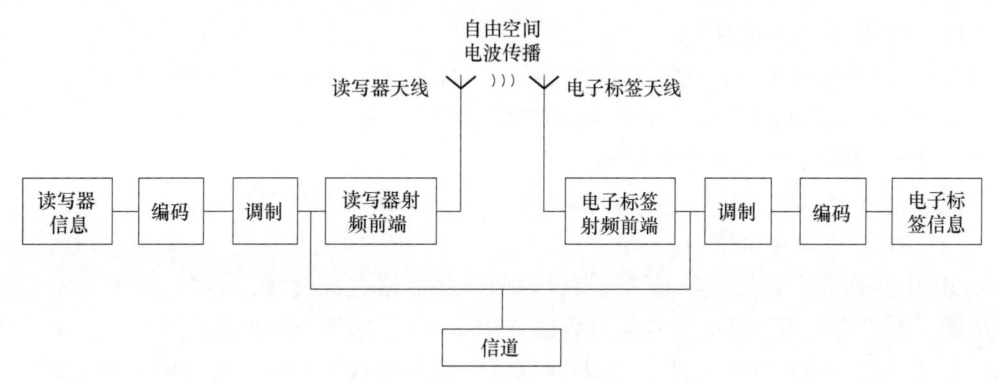

图 3-11　RFID 系统通信模型

3.1.4　RFID 系统软件组件

RFID 软件系统主要包括 4 类：前端软件、RFID 中间件、应用系统软件和其他软件。

3.1.4.1　RFID 前端软件

RFID 前端软件是指设备供应商提供的系统演示软件、驱动软件、接口软件、集成商或者客户自身开发的 RFID 前端操作软件等。其功能主要包括以下几个。

（1）读／写功能

读功能就是从电子标签中读取数据，写功能就是将数据写入电子标签。

（2）防碰撞功能

很多时候不可避免地会有多个电子标签同时进入读写器的读取区域，要求同时识别和传输数据时，就需要前端软件具有防碰撞功能。

（3）安全功能

确保电子标签和读写器双向数据交换通信的安全。

（4）检／纠错功能

由于使用无线方式传输数据很容易被干扰，使得收到的数据产生畸变，从而导致传输出错。

3.1.4.2　RFID 中间件

如图 3-12 所示，RFID 中间件位于 RFID 读写器和应用系统之间，负责它们之间的数据传递，是衔接硬件设备（如电子标签、读写器）和企业应用软件（如 ERP 企业资源规划、CRM 客户关系管理）的桥梁，屏蔽了 RFID 设备的多样性和复杂性，为后台应用系统提供强大的支撑，从而驱动更广泛、更丰富的 RFID 应用。

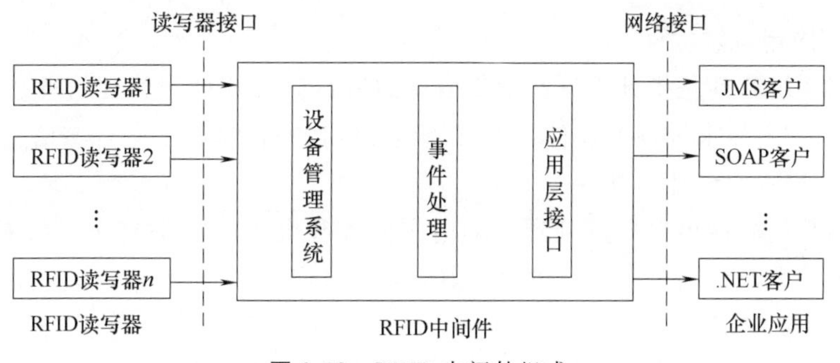

图 3-12　RFID 中间件组成

（1） RFID 中间件组成

RFID 中间件组件主要包括读写器适配器、事件管理器和应用程序接口（API）。

① 读写器适配器的作用是负责前端和相关硬件的连接。

② 事件管理器的作用是过滤事件。

③ 应用程序接口（API）的作用是提供一个基于标准的服务接口。

（2） RFID 中间件功能

RFID 中间件的主要任务是对读写器读取的标签数据进行过滤、汇总、计算、分组，以减少从读写器传给应用软件的大量原始数据。RFID 电子标签中数据经过读写器读取，再经过 API 程序传送给 RFID 中间件；RFID 中间件对数据进行处理后，通过标准的接口和服务对外进行数据发布。

如图 3-13 所示，RFID 中间件具有如下主要功能。

① 读写器协调控制：终端用户可以通过 RFID 中间件接口直接配置、监控以及发送指令给读写器。典型的企业级应用需要管理成百上千的读写器（可能是不同品牌的），RFID 中间件可以对其进行配置管理，实时监控读写器的状态。

② 数据过滤与处理：通过一定的算法去除读写器产生的冗余、错误的标签数据。生成报告时只上传有用的数据（分组统计的）。

③ 数据路由与集成：RFID 中间件能够决定采集到的数据传递给哪一个应用。

④ 进程管理：RFID 中间件根据客户定制的任务，负责数据的监控与事件的触发。

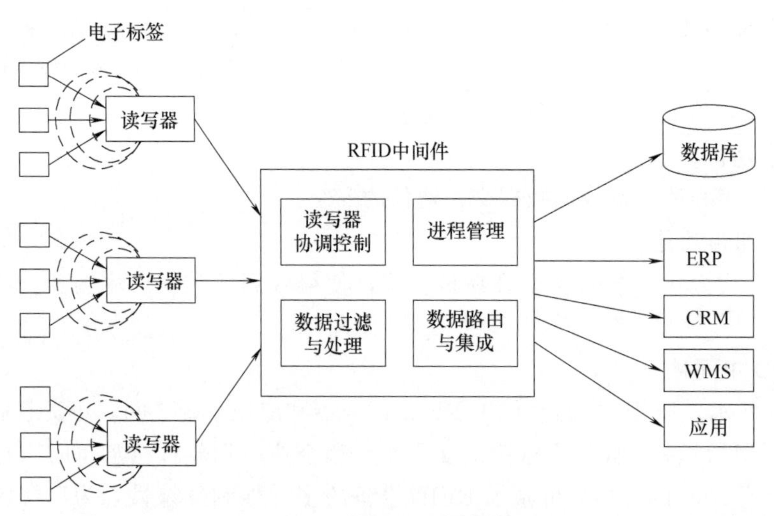

图 3-13 RFID 中间件功能

3.1.4.3 RFID 应用系统软件

RFID 应用系统软件是指处理这些采集信息的后台应用软件和管理信息系统软件。它是针对不同行业的特定需求开发的软件，能有效地控制读写器读写电子标签信息，并对收集到的目标信息进行集中的统计与处理。

RFID 应用系统软件可以集成到现有的电子商务和电子政务平台中，与 ERP、CRM 以及 SCM 等系统结合以提高企业生产效率，其功能主要如下。

（1） RFID 系统管理

RFID 系统管理主要涉及系统设置以及系统用户信息和权限。

（2）电子标签管理

在数据库中管理电子标签序列号和每个物品对应的序号和产品名称、型号规格、芯片内记录的详细信息等，完成数据库内所有电子标签的信息更新。

（3）数据分析和存储

对整个系统内的数据进行统计分析，生成相关报表，对采集到的数据进行存储和管理。

3.1.4.4 RFID其他软件

RFID的其他软件主要包括开发平台、测试软件、评估软件、演示软件，以及模拟系统性能而开发的仿真软件等。

3.1.5 RFID应用系统规划与实施

RFID应用系统的具体规划与实施阶段，大致需要经历以下几个步骤。

（1）项目启动

① 建立团队　包括高层管理者及项目涉及的各部门代表。目的是快速获取需要的资源、制订项目路线（计划）。主要由企业各部门抽调人员组成。

② 可行性分析　包括影响项目实施的资金、流程、劳动力、时间等各方面的可行性分析。例如：财务可行性分析，包括保有成本、软硬件比例；技术可行性分析，包括电子标签技术、读写器技术、有关协议、标准以及软件系统技术等；另外也要考虑到环境影响（如电网、移动通信基站、大气磁场等）和项目开发能力（如流程改善、资源支出等）。

③ 业务流程分析　RFID系统是集成到企业现有的业务系统上还是构建一个“独立的”RFID应用系统。

④ 货品流动过程分析　如：货品（单件、箱、托盘）的运动速度、货品是怎样移动通过特定场地的、货品在整条供应链上的流动是怎样的、现有数据管理系统能否容纳和处理产生的RFID数据等一系列问题分析。

⑤ 场地勘察　主要是硬件应用效果，如工作场地空间限制、RF干扰、温度、湿度、灰尘等环境因素；对IT架构的改变：网络、连线、新增设备。

⑥ 设计选型　考虑因素：法律限制、业务需要（上下游、合作伙伴需求）、技术成熟度（可获得性）、成本等。工作频率的选择：LF、HF、UHF、其他频率。电子标签在读写区的停留时长。天线选择：极向（线性极化、圆极化）、数量等。

（2）测试和评估

只有在实际的操作环境下，使用实际的RFID标签、读写器、天线及贴附标签的物体，建立起RFID测试系统，才能确定可靠的标签识读性能。

实验室测试条件包括建立尽量仿真的小范围、小规模测试环境，包括电子标签、读写器、天线、打印机、网络架构、中间件（数据管理和设备管理）以及流程上的其他设备（如传送带）等。

通过实验室仿真评估RFID系统的各种软件应用程序、系统架构、设备的读写距离、速度、正确率、数据获取能力等。

（3）项目试验

在其他运营场所/部门安装设备，发现和解决每处地方的异常情况；验证系统获得数据和在各场所（部门）间进行数据传输的能力。

经过项目试验后，确定了所有的业务流程，同时测试了软硬件系统，验证了系统的准确性。根据测量和评估效果，确认能否更大规模地升级该系统，并考虑把试验项目扩展到其他产品和运营地域。

最后培训员工，使他们体会 RFID 系统将会如何影响其工作内容和方式。

（4）项目实施

总结以上各阶段工作，验证设备/技术的适用性和扩展性、系统获取数据的能力，确保供应商的长期服务能力以及财务和其他资源的支持后，正式实施项目。

3.1.6 RFID 应用系统的测试

企业或 RFID 系统集成商在进行 RFID 应用系统现场实施之前，需要对所制订的 RFID 系统方案进行测试，校核方案的可行性，降低 RFID 项目的实施风险。

3.1.6.1 测试内容

RFID 应用系统的测试内容主要包括以下几个方面。

（1）不同材质对电磁信号的影响

不同材质对 RFID 系统电磁信号的最直接影响就是天线性能的下降，测试材质主要针对金属、塑料、玻璃和水四种基本材料，测试指标包括信号强度、阻抗匹配、方向特性、鲁棒性、读取范围等。

（2） RFID 应用流程与解决方案

可以从设备实体和应用框架两个层次进行建模。

① 从设备实体级来看，系统由电子标签、读写器、后端系统、标准、性能等实体所描述。

② 从应用框架级来看，可分为 4 个层次，即环境层（包括贴有电子标签的物品等）、采集层（通过读写器采集 RFID 电子标签的信息并上传）、集成层（RFID 应用支撑平台，如 RFID 中间件等本地软件）和应用层（RFID 后端软件系统及应用系统界面等企业应用）。

在上述模型的基础上，对 RFID 应用解决方案进行分解，得到若干 RFID 应用的关键场景。然后分别对每个关键场景进行独立性能测试，通过独立性能测试后进行集成测试，主要测试各场景之间的信息传递过程是否顺畅。

（3） RFID 设备部署方案与系统架构

RFID 系统一般由两级网络组成：由电子标签、读写器组成的无线通信网络，连接后端应用的信息通信网络。前端设备网络的部署涉及无线网络组网和协调技术，而 RFID 系统复杂的硬件体系架构和数据的海量性都对系统测试提出了新的挑战。为此，采用虚拟测试与关键实物测试相结合的方法。

首先，通过对 RFID 设备部署方案和系统架构的分析，确定部署方案和系统架构的主要性能指标和约束，如无线覆盖约束、信号干扰约束、RFID 性能指标等。

然后，对 RFID 设备和网络实体进行抽象，建立其面向对象的组件模型，进而构建 RFID 设备部署和系统架构仿真测试平台。

最后，在仿真虚拟测试的基础上，对关键性能节点进行场景实物测试，以保证测试结果的可信度。

（4）现场物理应用的测试

建设可模拟现场物理应用的测试环境的关键需求是客观性、可控性、可重构、灵活性。配置先进的测试仪器、辅助设备，可在一定程度上保证测试结果的客观性。

① 通过实验室配置的温湿度控制器可实现对温度、湿度的控制。

② 通过配置速度可调的传送带，可实现物体移动速度对读取率的影响。

③ 通过配置各种信号发生器、无线设备，可产生可控电磁干扰信号和检查无线网络和RFID设备协同工作的有效性。

实验环境由多个基本测试单元组成，主要包括门禁测试单元、传送带综合测试单元、机械手测试单元、高速测试单元、复杂网络测试单元、智能货架测试单元和集装箱货柜测试单元7个单元。这些测试单元可灵活组合，动态实现多种测试场景。

例如，在基本的供应链场景下，运用门禁测试单元、传送带综合测试单元、复杂网络测试单元、机械手测试单元组合成一个完整的测试场景。

3.1.6.2 测试流程

RFID系统测试流程及方法具体如下：首先，针对托盘级识别（pallet level)、包装箱级识别（case level)、单品级识别（item level）分别进行逐级测试，如图3-14所示。

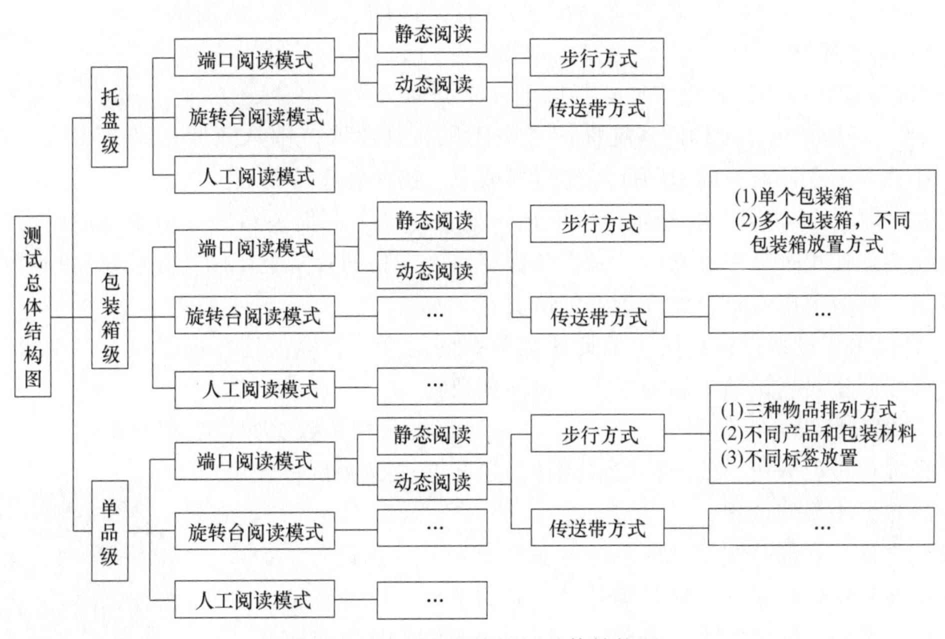

图3-14 RFID系统测试总体结构图

在逐级测试中，再展开不同阅读模式下的测试。每一级的阅读模式包括端口阅读模式、旋转台阅读模式和人工阅读模式。

在实际情况中，端口阅读模式是物流管理中最为有效和普遍的一种阅读模式，所以在测试中对端口阅读模式进行了较为细致的划分。端口阅读模式首先可分为动态和静态的阅读测试，而动态阅读中又可以分为步行速度下和速度可调的传送带两种不同情况。

（1）托盘级识别

在每个托盘上贴上具有唯一编码的射频标签，用读写器识别各个托盘。需要说明的是：在端口阅读模式中，静态阅读方式是指端口天线固定，由远及近调整托盘到端口的距离，识别出标签的位置，即是端口天线的识读距离；而动态阅读方式则是指端口天线固定，以人工步行速度或传送带上可调速度通过端口时，端口天线对托盘的识读性能。

（2）包装箱级识别

① 单个包装箱识别。包装箱贴上具有唯一编码的射频标签，放置于托盘上面，用读写器识别包装箱。三种阅读模式均与托盘级识别相同。

② 多个包装箱识别。每个包装箱贴上具有唯一编码的射频标签，将多个包装箱同时放置于托盘上面，用读写器识别各个包装箱。需要注意的是，在每种阅读模式下，通过改变各个包装箱标签的摆放位置，比较测试读写器性能。

（3）单品级识别

托盘上有均匀的货品排列、复合的货品排列、异质的货品排列三种货品排列形式。这三种货品排列形式既互补又呈现复杂度上的递增，比较它们在下述各种测试情况下读写器的性能。

① 均匀的货品排列：包装箱中的每个单品贴有唯一编码的射频标签。在三种阅读模式下，通过使用不同材料和包装的单品，分别测试读写器的性能。同时，改变标签的放置，观测读写器性能的变化。

② 复合的货品排列、异质的货品排列：同均匀的货品排列方法测试。

（4）测试环境

RFID 系统硬件测试环境主要包括以下几个方面。

① 测试场地：由于 RFID 系统性能参数不同，其读取范围从几厘米到几十米、上百米不等。这就要求在针对不同 RFID 系统的测试中，选择合适的场地。

② 基本设备：如用于放置标签的货箱、托盘、叉车、集装箱等。由于 RFID 标签应用广泛，在实际使用过程中可能被设置在各种材料、规格的货物上，因此在测试阶段就应考虑到这一点，从应用出发，全面分析各种情况。

③ 数据采集设备：包括用于采集环境数据的温度计、湿度计、场强仪、测速仪等。因为很多环境因素对测试结果影响很大，也需要研究。

④ 数据分析设备：如频谱分析仪、电子计算机及相关数据库、数据分析软件，用来对测试数据进行全面分析，找出其中的规律。这也是产品测试报告中最重要的数据来源和依据。

除此之外，在部分测试过程中还可能需要用到特殊设备，如屏蔽室或电波暗室，用来屏蔽外界信号对产品的干扰，以备研究。

不同的 RFID 读写器其结构有异，西门子 RF260R 是带有集成天线的读写器（图 3-15），设计紧凑，非常适用于装配。其技术规范为：工作频率为 13.56MHz，电气数据最大范围为 135mm，通信接口标准为 RS232，额定电压为 DC24V，电缆长度为 30m。带有 3964 传送程序，用于连接到 PC 系统或 PLC 控制器，其参数如表 3-1 所示。

图 3-15　西门子 RF260R 读写器

表 3-1　西门子 RF260R 读写器的参数

订货号		6GT2821-6AC10
产品型号		读写器 RF260R
适用于		ISO 15693(MOBY D)电子标签
工作频率	额定值	13.56MHz
电气数据	最大范围	135mm
无线传输协议		ISO 15693,ISO 18000-3

续表

使用无线传输的最大数据传输速率		26.5kbit/s
点到点连接的最大串行数据传输速率		115.2kbit/s
用户数据传输时间	每个字节的写访问典型值	0.6ms
	每个字节的读访问典型值	0.6ms
接口	电气连接的设计	M12,8针
通信接口标准		RS422
机械数据材料		PA6.6
用于固定设备的螺钉的最大拧紧力		1.5N·m
金属表面的安装距离(建议最小值)		0mm
直流电源电压	额定值	24V
	最小值	20.4V
	最大值	28.8V
DC24V时电流输入	典型值	0.05A
允许环境条件环境温度	运行期间	−20～+70℃
	存储期间	−25～+80℃
	运输期间	−25～+80℃
防护等级		IP67
耐冲击性		EN 60721-3-7 class 7M2
冲击加速度		500m/s^2
振动加速度		200m/s^2
设计、尺寸和质量	宽	75mm
	高	41mm
	深	75mm
	净重	0.2kg
电缆长度	用于RS422接口	最大1000m
产品性能(显示器类型)		三色LED

3.2 RFID的安装与应用

3.2.1 硬件连接

(1) 模块

所用读写器及芯片如图3-16所示。

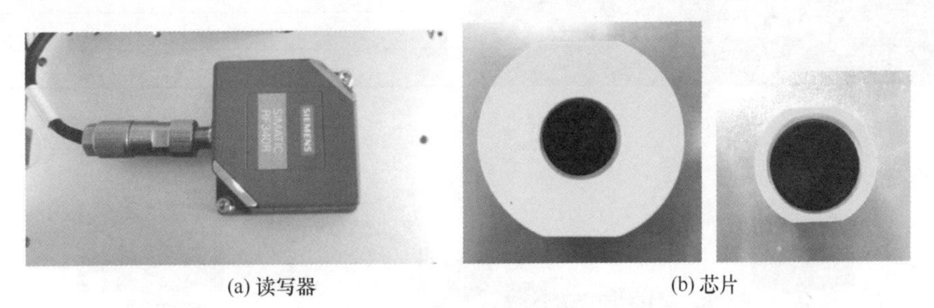

(a) 读写器　　(b) 芯片

图3-16　读写器及芯片

读写器：读写均为全区操作，即112B全部读取或写入，无分区操作。如需分块，需额外编制程序对缓存区进行相应操作。

芯片：可读可写，用户存储容量为 112B。

（2）硬件连接

硬件连接如图 3-17 所示，通信方式如图 3-18 所示。硬件信息如表 3-2 所示。硬件连接示意如图 3-19 所示。

（3）引脚说明

RFID 的复位模块、写模块与读模块引脚如图 3-20～图 3-22 所示，其说明如表 3-3～表 3-5 所示。创建用于描述设备连接参数的变量或接口，其数据类型为 IID_HW_CONNECT，需手动输入，如表 3-6 所示，PLC 可根据需要选用，比如可选用具有表 3-7 所示参数的 PLC，其数据接口参数如表 3-8 所示。

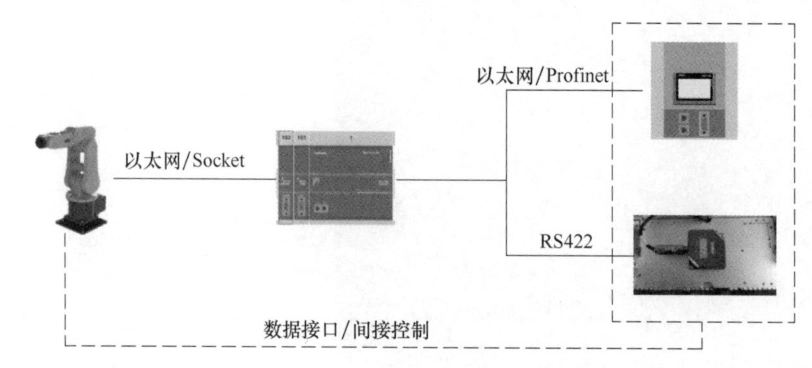

图 3-17　硬件连接

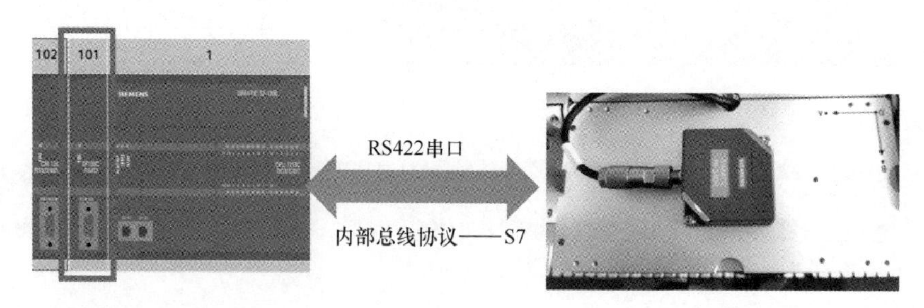

图 3-18　通信方式

表 3-2　硬件信息

硬件地址	285
通道数	1
起始地址	10

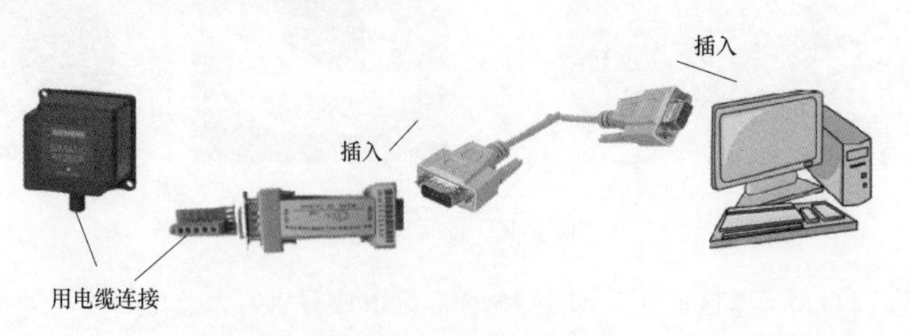

图 3-19　硬件连接示意

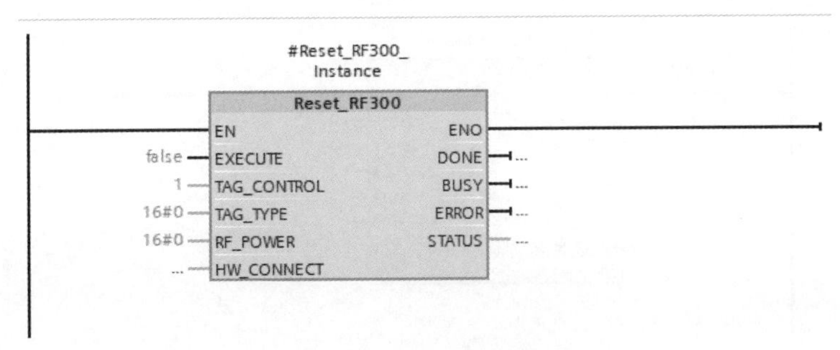

图 3-20　复位模块引脚

表 3-3　RFID 复位模块引脚说明

序号	功能块	Reset_RF300		
	参数	数据类型	说明	备注
1	EXECUTE	bool	启用 Reset 功能	上升沿触发
2	TAG_CONTROL	byte	存在性检查：0—关；1—开	1
3	TAG_TYPE	byte	发送应答器类型：1—每个 ISO 发送应答器；0—RF300 发送应答器	1
4	RF_POWER		为输出功率，0—1.25W	0
5	DONE	bool	复位完成	
6	BUSY	bool	复位中	
7	ERROR	bool	状态参数 ERROR：0—无错误；1—出现错误	

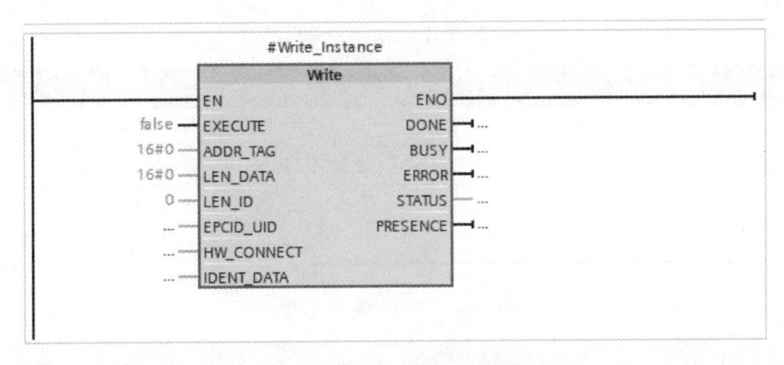

图 3-21　写模块引脚

表 3-4　RFID 写模块引脚说明

序号	功能块	Write		
	参数	数据类型	说明	备注
1	EXECUTE	bool	启用写入功能	上升沿触发
2	ADDR_TAG		启动写入的发送应答器所在的物理地址	地址始终为 0
3	LEN_DATA	word	待写入的数据长度	1
4	IDENT_DATA	variant	包含待写入数据的数据缓冲区	1
5	DONE	bool	写入完成	
6	BUSY	bool	写入中	
7	ERROR	bool	状态参数 ERROR：0—无错误；1—出现错误	
8	PRESENCE	bool	芯片检测	True：读写区有芯片 False：读写区无芯片

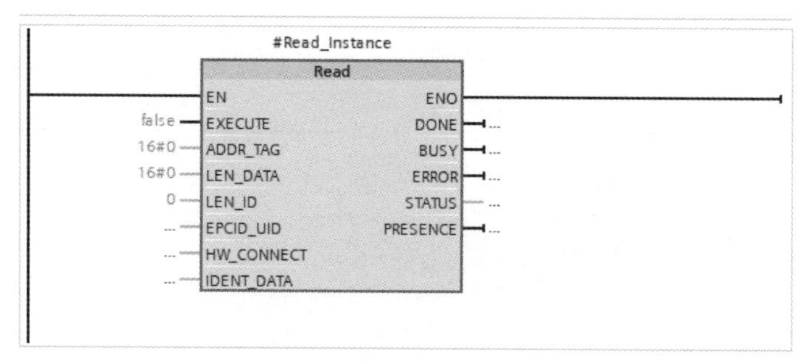

图 3-22 读模块引脚

表 3-5 RFID 读模块引脚说明

序号	功能块	Read		
	参数	数据类型	说明	备注
1	EXECUTE	bool	启用读取功能	上升沿触发
2	ADDR_TAG		启动写入的发送应答器所在的物理地址	地址始终为 0
3	LEN_DATA	word	待读取的数据长度	1
4	IDENT_DATA	variant	存储读取数据的数据缓冲区	1
5	DONE	bool	读取完成	
6	BUSY	bool	读取中	
7	ERROR	bool	状态参数 ERROR：0—无错误；1—出现错误	
8	PRESENCE	bool	芯片检测	True：读写区有芯片 False：读写区无芯片

表 3-6 连接参数

参数	说明
HW_ID	硬件地址，见系统常数
CM_CHANNEL	通道数，RF120C 仅有唯一通道
LADDR	起始地址，见属性-常规-IO 地址
Static	系统通信参数，无需设定

表 3-7 PLC 硬件参数

硬件名称	型号	固件版本	备注
PLC	1215C DC/DC/DC	4.2	考核环境中为 4.1
RFID	RF120C	1.0	插槽 101
RS485	CM1241	2.1	插槽 102（伺服驱动器通信）

表 3-8 PLC 端数据接口

RFID 模块状态数据接口(DB45)			
数据块：DB_PLC_STATUS	数据类型	数据块：DB_PLC_STATUS	说明
DB_PLC_STATUS. PLC_Send_Data	Struct	DB_PLC_STATUS. PLC_Status	
DB_PLC_STATUS. PLC_Send_Data. RFID 状态反馈	Int	DB_PLC_STATUS. PLC_Status. RFID 状态反馈	读写器的状态反馈
DB_PLC_STATUS. PLC_Send_Data. RFID_SEARCHNO	Int	DB_PLC_STATUS. PLC_Status. RFID_SEARCHNO	需要查询的工序号(1～4)
DB_PLC_STATUS. PLC_Send_Data. RFID 读取信息	Array[0..27] of Char	DB_PLC_STATUS. PLC_Status. RFID 读取信息	当前查询到的工序信息

RFID 模块控制数据接口(DB46)			
数据块:DB_RB_CMD	数据类型	数据块:DB_RB_CMD	说明
DB_PLC_STATUS. PLC_Send_Data	Struct	DB_PLC_STATUS. PLC_Status	
DB_RB_CMD. PLC_RCV_Data. RFID 指令	Int	DB_RB_CMD. RB_CMD. RFID 指令	读写器的控制命令
DB_RB_CMD. PLC_RCV_Data. RB_CMD. RFID_STEPNO	Int	DB_RB_CMD. RB_CMD. RFID_STEPNO	需要记录的工序号
DB_RB_CMD. PLC_RCV_Data. RB_CMD. RFID 待写入信息	Array[0..27] of Char	DB_RB_CMD. RB_CMD. RFID 待写入信息	准备写入的工序信息

3.2.2 软件调试

3.2.2.1 PLC 端编程

(1) RFID 设置

RFID 的变量说明如表 3-9 所示，其设置如图 3-23 所示。

表 3-9 RFID 的变量说明

数据块	RFID [DB1]	
名称	变量类型	说明
RFID_RST	bool	RFID 复位命令
RST_DONE	bool	RFID 复位完成
RST_BUSY	bool	RFID 复位运行中
RST_ERROR	bool	RFID 复位错误
RFID_Write	bool	RFID 写入命令
Write_DONE	bool	RFID 写入完成
Write_BUSY	bool	RFID 写入运行中
Write_ERROR	bool	RFID 写入错误
RFID_Read	bool	RFID 读取命令
Read_DONE	bool	RFID 读取完成
Read_BUSY	bool	RFID 读取运行中
Read_ERROR	bool	RFID 读取错误
芯片检测	bool	用于检测芯片有无,查看芯片是否在读写范围内
Write	Array[0..111] of Byte	用于 RFID 写入操作的寄存器
Read	Array[0..111] of Byte	用于 RFID 读取操作的寄存器

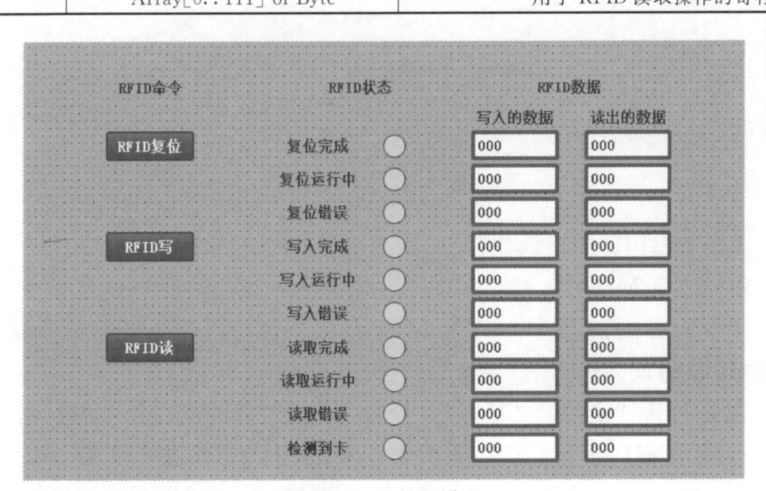

图 3-23 RFID 设置

（2）通信

① 通信方式控制 RFID 的复位模块。

定义："DB_RB_CMD. RB_CMD. RFID 指令" =30 时，RFID 复位，如图 3-24 所示。

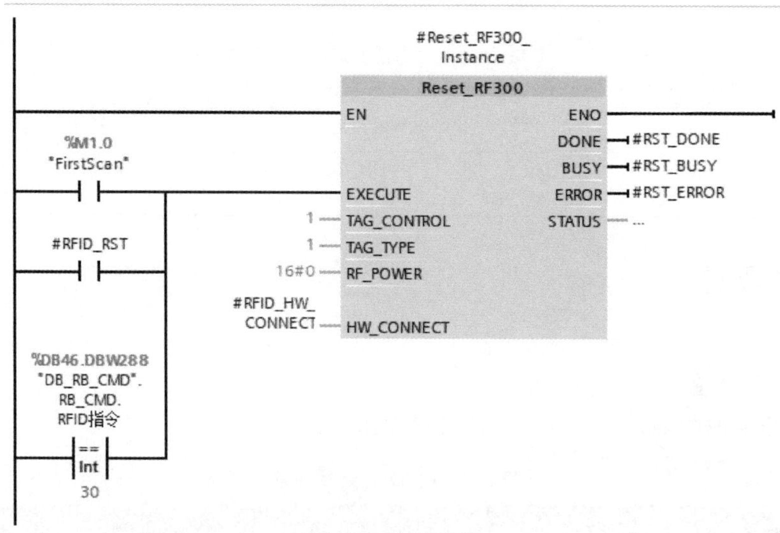

图 3-24　复位模块

② 通信方式控制 RFID 的写模块。

定义："DB_RB_CMD. RB_CMD. RFID 指令" =10 时，RFID 写入（写入的数据为 RFID 待写入信息赋值给 Write 寄存器的信息），如图 3-25 所示。

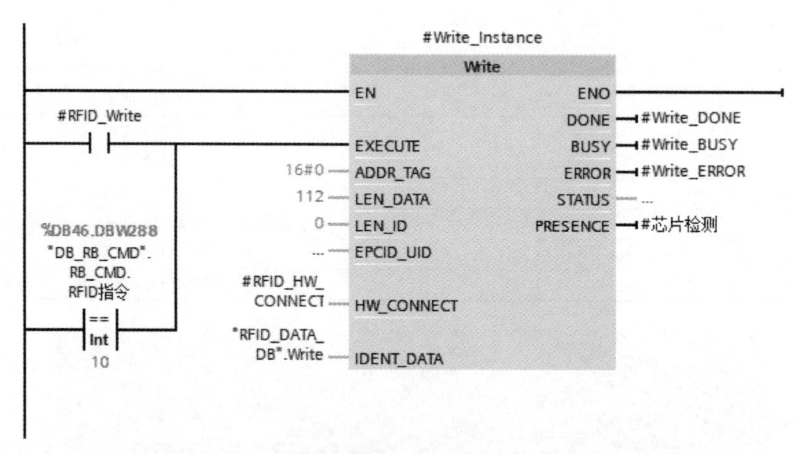

图 3-25　写模块

③ 通信方式控制 RFID 的读模块。

定义："DB_RB_CMD. RB_CMD. RFID 指令" =20 时，RFID 读取（读取的数据为 RFID 写入芯片的寄存器的信息），如图 3-26 所示。

3.2.2.2　编写 RFID 的反馈信息

RFID 状态反馈包括"复位""写入""读取"命令的执行状态，通过"DB_PLC_STATUS". PLC_Status. RFID 状态反馈，寄存器进行反馈。参数设置如表 3-10 所示，其控制如图 3-27 所示。

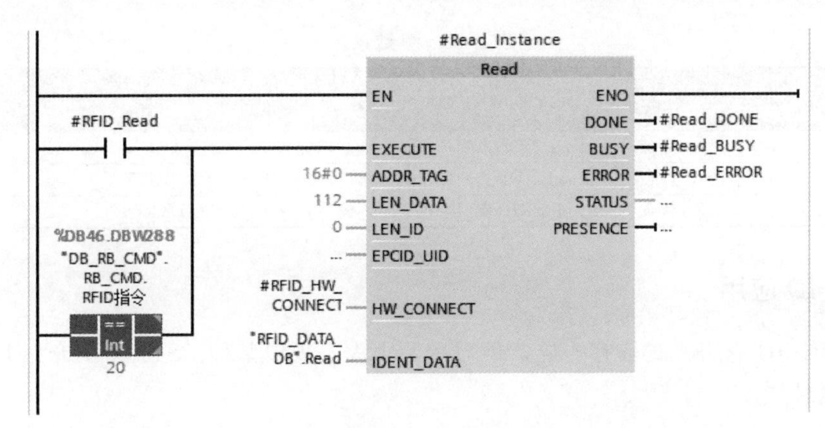

图 3-26 读模块

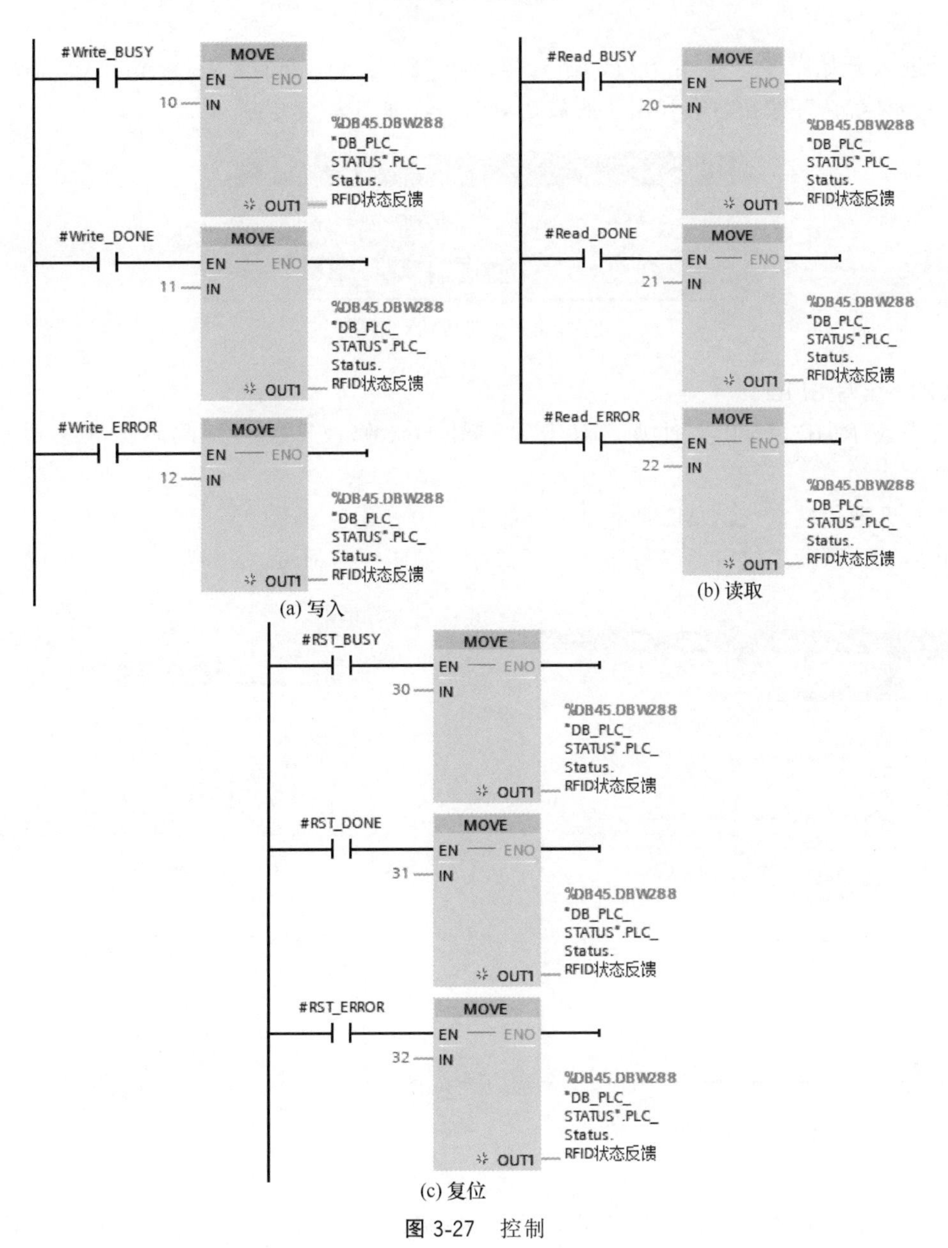

(a) 写入

(b) 读取

(c) 复位

图 3-27 控制

表 3-10　参数设置

写入			读取			复位		
RFID 状态	数值	说明	RFID 状态	数值	说明	RFID 状态	数值	说明
Write_DONE	11	写入完成	Read_DONE	21	读取完成	RST_DONE	31	复位完成
Write_BUSY	10	写入进行中	Read_BUSY	20	读取进行中	RST_BUSY	30	复位进行中
Write_ERROR	12	写入错误	Read_ERROR	22	读取错误	RST_ERROR	32	复位错误

3.2.3　RFID 应用

不同的 RFID 应用方式虽有差异，但差别不太大。现以某种 RFID 为例介绍其应用。

（1）软件注册

① 将 Mscomm.reg、Mscomm32.ocx、Mscomm32.dep 三个文件复制到 C：\windows\system32 目录下。

② 进入开始菜单，单击运行，输入 Regsvr32 C：\windows\system32\Mscomm32.ocx，单击“确认”按钮，会弹出注册成功对话框，如图 3-28 所示。

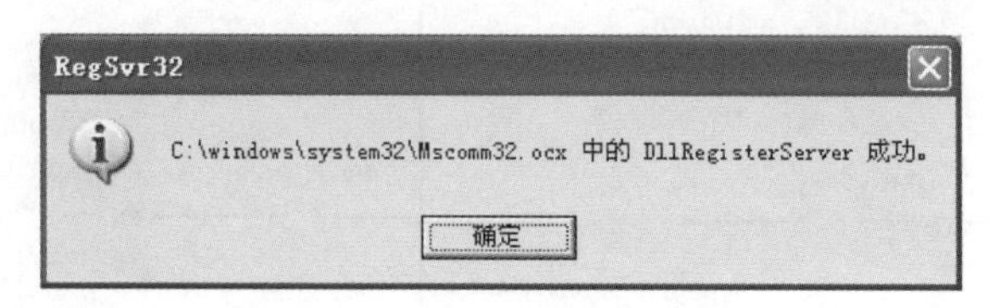

图 3-28　注册成功对话框

（2）读写 RFID

① 进入 RFIDTEST 文件夹，双击“RFIDTest 修改”文件，此时进入主界面，如图 3-29 所示。

② 打开通信端口（COM1 或其他），如图 3-30 所示。

③ 启动读写器完成后，读写器指示灯常绿，如图 3-31 所示。

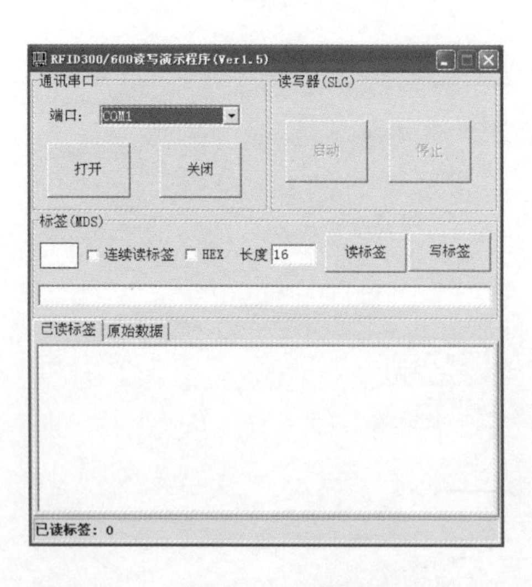

图 3-29　主界面

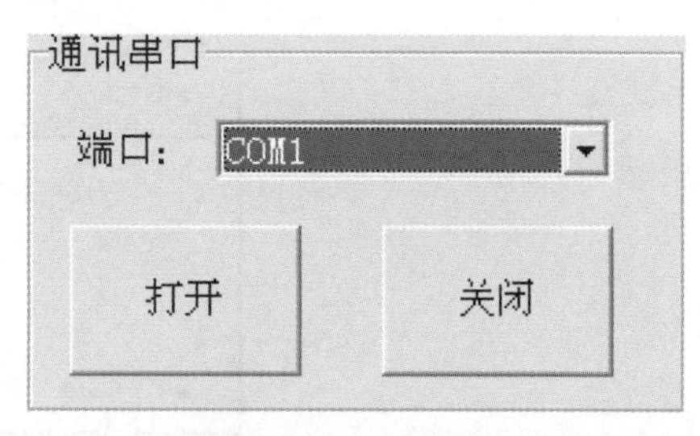

图 3-30　通信端口

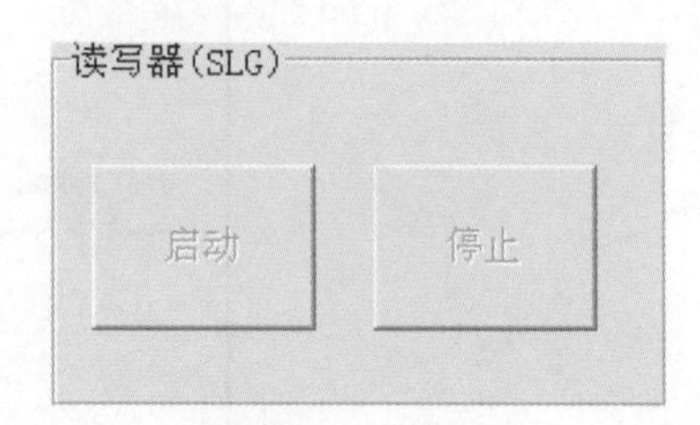

图 3-31　读写器

④ 读标签。单击“读标签”方式，软件可以读取标签信息。此时如需要连续读标签，

将“连续读标签”选中即可，如图 3-32 所示。

将电子标签放到 RFID 读写器上，RFID 指示灯由绿色变为红绿色。此时在软件上可以看见读取的数据，同时在软件上选择方式处白色方框变为绿色方框（注：只能在线存储 50 组数据，断电后清除数据）。

⑤ 写标签信息。在启动后直接将标签放在 RFID 读写器上，RFID 指示灯由绿色变为红绿色，此时软件白色方框变为绿色方框，如图 3-33 所示（表示已检测到标签）。检测到标签后，可以将信息写入对话框中，如图 3-34 所示。信息写入完成，单击“写标签”按钮即可（信息已经写入标签中）。

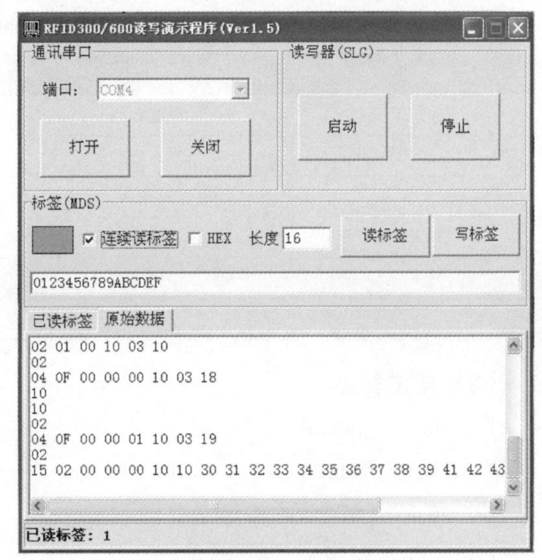

图 3-32 读标签

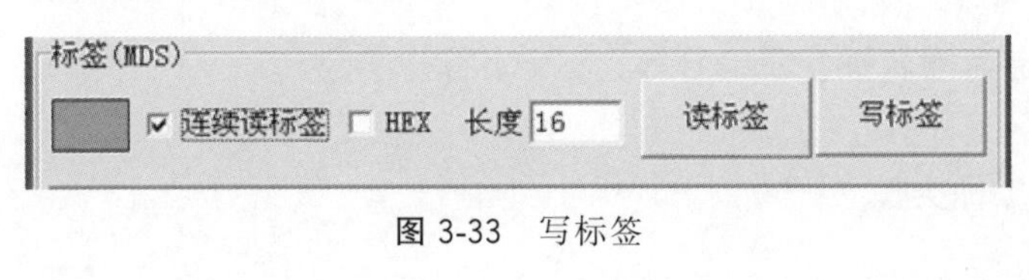

图 3-33 写标签

图 3-34 写入对话框

3.2.4 RFID 接口及使用

（1） RFID 接口属性说明

RFID 接口属性说明如表 3-11 所示。

表 3-11 RFID 接口属性说明

接口属性	说明
command	命令/响应
stepno	步序(工序)
state	工件状态(类型)
name	操作者标识(以字符或数字组合,最长 8 位)
date	日期(系统生成,无需操作)
time	时间(系统生成,无需操作)

（2） command 控制字与状态字

command 控制字与状态字说明分别如表 3-12、表 3-13 所示。

表 3-12 command 控制字说明

指令	说明
10	写数据
20	读数据
30	复位

表 3-13 command 状态字说明

指令	说明	指令	说明
11	写完成	21	读完成
10	写入中	20	读取中
12	写入错误	22	读取错误
100	待机	31	复位成
101	有芯片在工作区	30	复位中
		32	复位错误

（3）复位程序

```
rfidcon. command：=30；                  RFID 复位
WaitUntil rfidstate. command=31；        等待复位完成
rfidcon. command：=0；                   复位指令清除
```

（4） 写入程序

① 数据准备

name：可设定为姓名拼音或编号等，8 个字符。

stepno：步骤/工序。

state：状态/工件类型。

② 程序

```
rfidcon. stepno：=1；
rfidcon. state：=1；
```

③ 写入程序实例

```
rfidcon. command：=10；                  RFID 写入
WaitUntil rfidstate. command=11；        等待写入完成
rfidcon. command：=0；                   写入指令清除
```

（5）机器人端 RFID 接口及编程

机器人端 RFID 接口及编程分为机器人端状态数据接口（图 3-35）、机器人端 RFID 复位程序（图 3-36）、机器人端 RFID 写入程序（图 3-37）、机器人端 RFID 读取程序（图 3-38）。

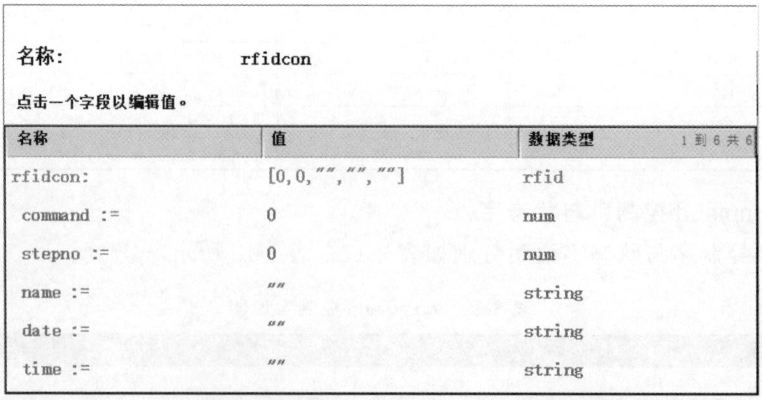

名称： rfidcon

点击一个字段以编辑值。

名称	值	数据类型 1 到 6 共 6
rfidcon:	[0,0,"","",""]	rfid
command :=	0	num
stepno :=	0	num
name :=	""	string
date :=	""	string
time :=	""	string

图 3-35 机器人端状态数据接口

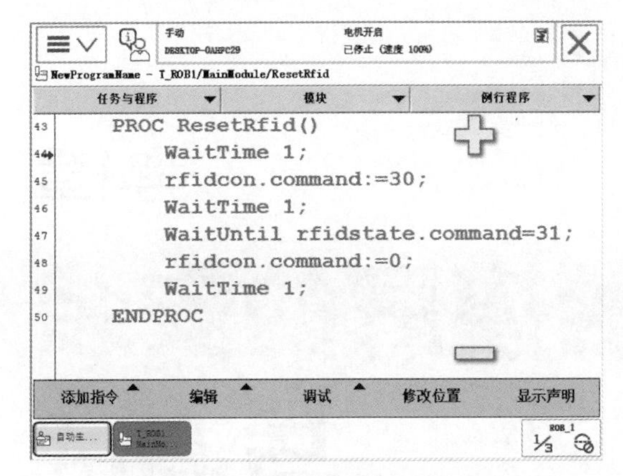

图 3-36　机器人端 RFID 复位程序

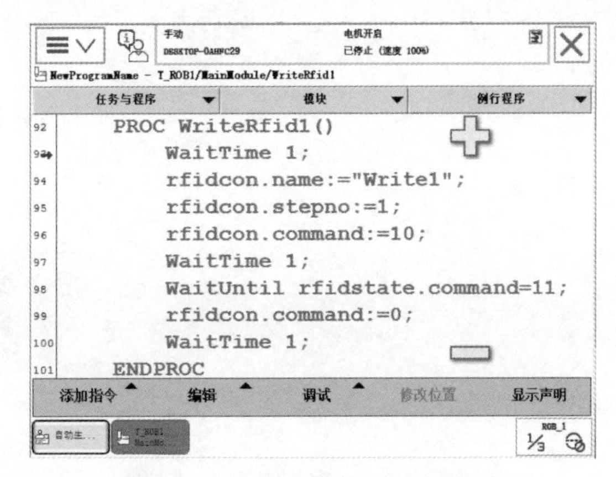

图 3-37　机器人端 RFID 写入程序

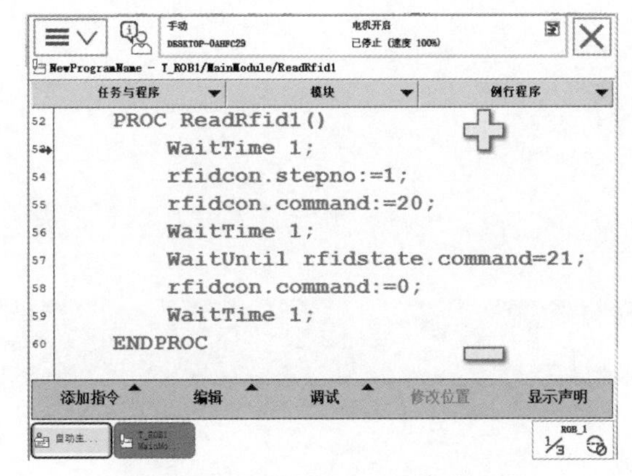

图 3-38　机器人端 RFID 读取程序

第4章

触摸屏的安装与调试

4.1 认识触摸屏

4.1.1 触摸屏的组成

在以 PLC 为核心的控制中，绝大多数情况都具有触摸屏或上位机。因为用 PLC 进行控制时，主要处理压力、温度、流量等模拟量，通过检测到的数值，根据相应条件控制设备上的元件，如电动阀、风机、水泵等。但这些数值不能从 PLC 上直接看到，想要看到这些数值，就要使用触摸屏或工控机（其实就是计算机），如图 4-1 所示。

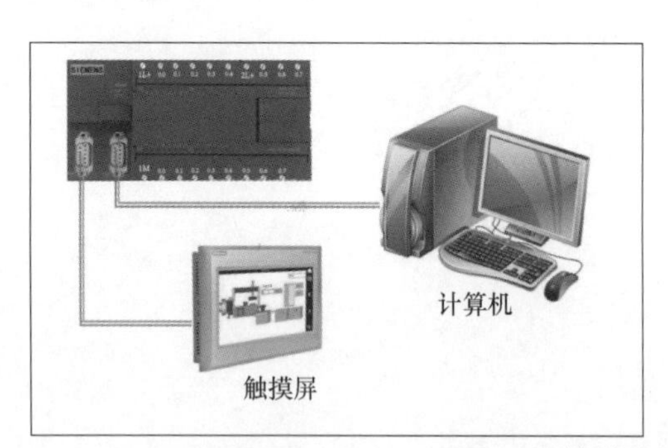

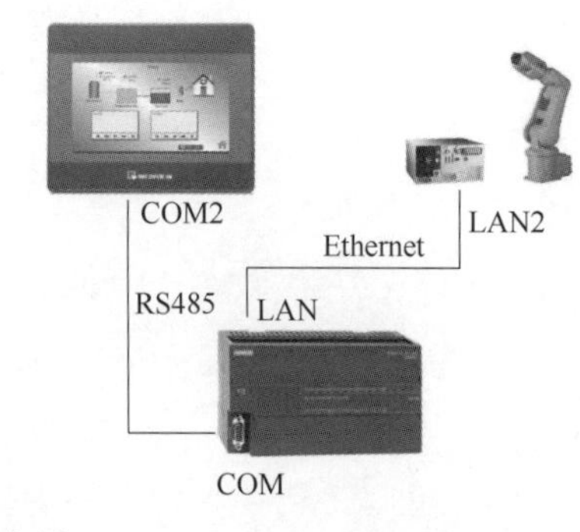

图 4-1 触摸屏的应用

一个基本的触摸屏包括通信接口单元、驱动单元、内存变量单元、显示单元四个主要组件。在与 PLC 等终端连接后，可组成一个完整的监控系统。

（1）通信接口单元

把驱动单元的数据，通过触摸屏背面的通信接口发送给 PLC。

(2)驱动单元

驱动单元里具有许多和PLC连接的通信文件，一个文件对应一种通信协议，比如西门子S7-200PLC使用PPI通信协议。

(3)内存变量单元

就是一块存储区，可以存放各种各样的数据，存放的数据类型大致可以分为数值型、开关型、字符型、特殊型。

(4)显示单元

显示单元就是通过触摸屏画面显示各种信息。例如要显示“锅炉水温”，只要在触摸屏的显示单元上，画一个显示框的部件，然后把这个部件和“锅炉水温”变量连接起来即可。

4.1.2 触摸屏的设计原则

(1)主画面的设计

一般情况，可用欢迎画面或被控系统的主系统画面作为主画面，该画面可进入到各分画面。各分画面均能一步返回主画面，如图4-2所示。若是将被控主系统画面作为主画面，则应在画面中显示被控系统的一些主要参数，以便在此画面上对整个被控系统有大致的了解。在主画面中，可以使用按钮、图形、文本框、切换画面等控件，实现信息提示、画面切换等功能。

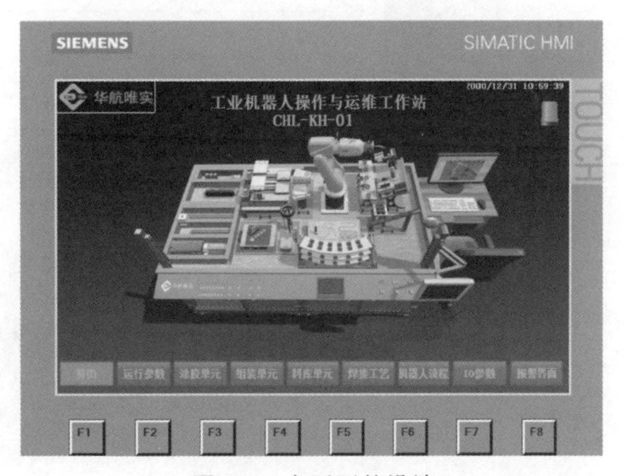

图4-2 主画面的设计

(2)控制画面的设计

控制画面主要用来控制被控设备的启停及显示PLC内部的参数，也可将PLC参数的设定做在其中。该画面的数量在触摸屏画面中占得最多，其具体画面数量由实际被控设备决定。在控制画面中，可以通过图形控件、按钮控件，采用连接变量的方式，改变图形的显示形式，从而反映出被控对象的状态变化，如图4-3所示。

(3)参数设置画面的设计

参数设置画面主要对PLC的内部参数进行设定，同时还应显示参数设定完成的情况。

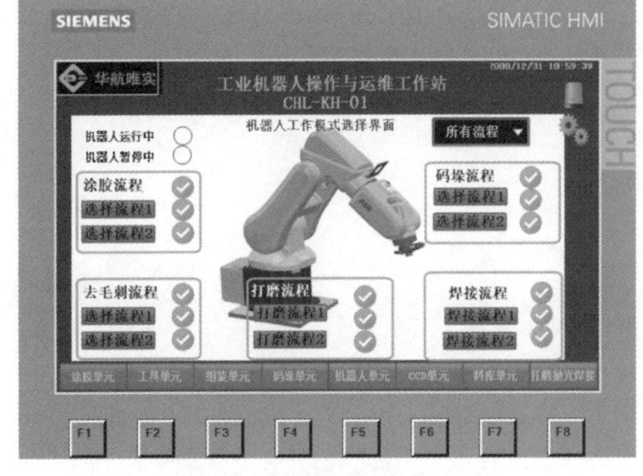

图4-3 控制画面的设计

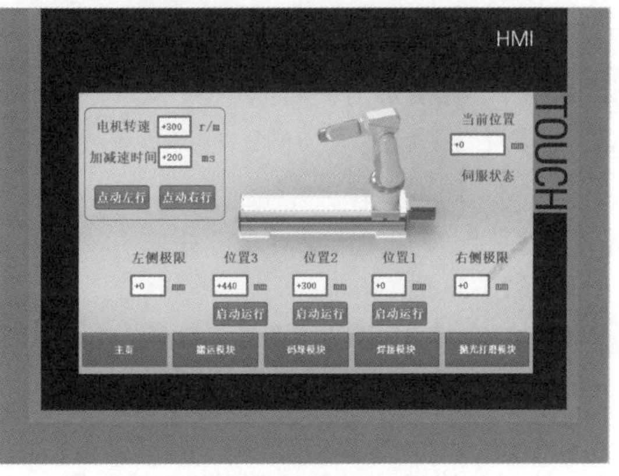

图4-4 参数设置画面的设计

实际制作时还应考虑加密的问题，限制闲散人员随意改动参数，对生产造成不必要的损失。在参数设置画面中，可以通过文本框、输入框等控件的使用，方便快捷地监控和修改设备的参数，如图 4-4 所示。

（4）实时趋势画面的设计

实时趋势画面主要以曲线记录的形式来显示被控值、PLC 模拟量的主要工作参数（如输出变频器频率、温度趋线值）等的实时状态。在该画面中常常使用趋势图控件或者柱形图控件，将被测变量数值图形化，方便直观地观察待测参数的变化量，如图 4-5 所示。

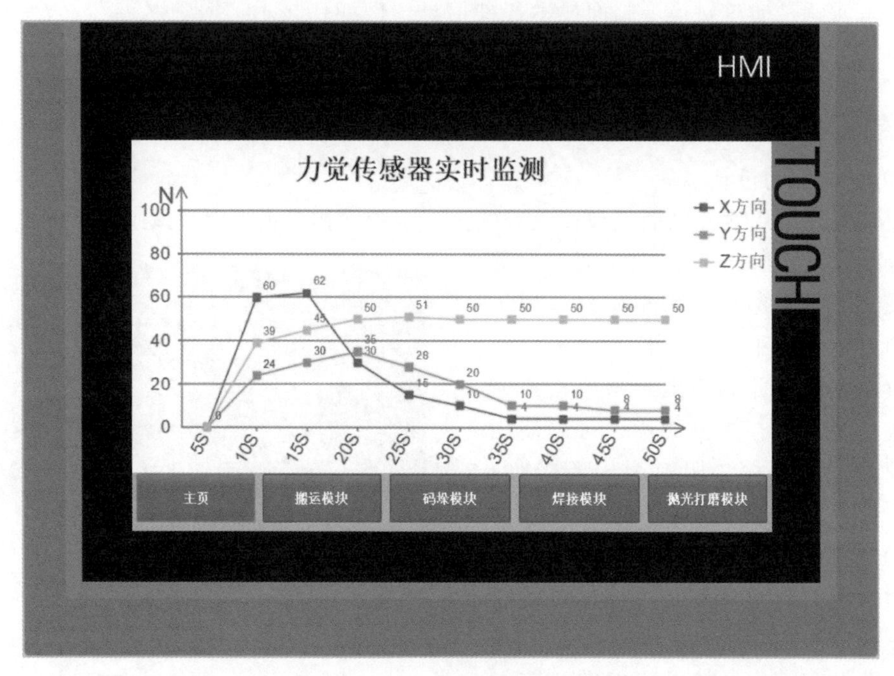

图 4-5　实时趋势画面的设计

4.2 触摸屏的硬件连接与软件设置

4.2.1 硬件连接

4.2.1.1 触摸屏的命名

以西门子触摸屏为例，西门子触摸屏命名规则如图 4-6 所示。

4.2.1.2 硬件连接

硬件连接较为简单，现介绍之。

（1）电缆

RS232/PPI 电缆如图 4-7 所示，USB/PPI 电缆图 4-8 所示。

（2）连接

① 将控制器连接到 Basic Panel DP 如图 4-9 所示。可通过 RS 422/485 接口将 Basic Panels DP 连接到以下 SIMATIC 控制器：SIMATIC S7-200、SIMATIC S7-300/400。

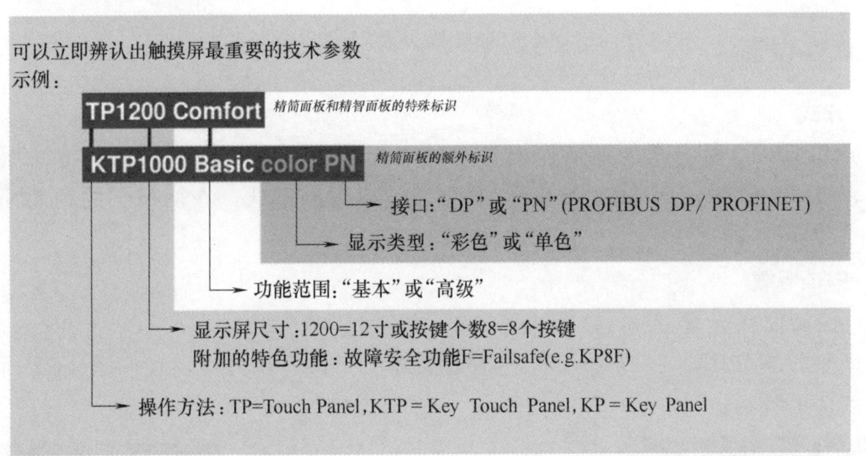

图 4-6 西门子触摸屏命名规则

图 4-7 RS232/PPI 电缆（6ES7901-3CB30-OXAO）

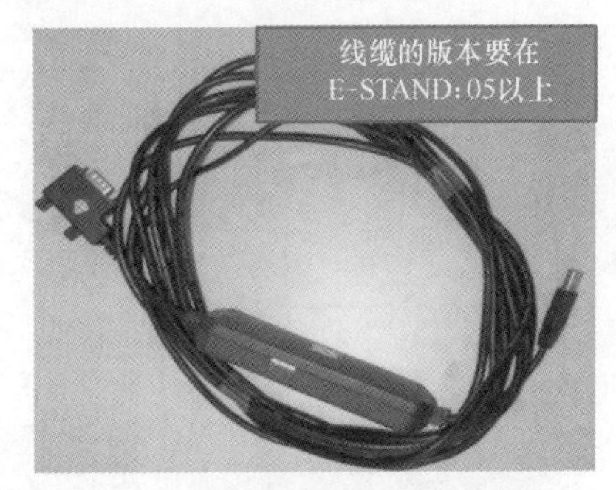

图 4-8 USB/PPI 电缆（6ES7901-3DB30-OXAO）

可通过附件中的变流器将 Basic Panels DP 连接到以下 SIMATIC 控制器：Modicon Modbus、所有的 Bradley DF1。

② 将控制器连接到 Basic Panel PN 如图 4-10 所示，Basic Panel PN 可与以下 SIMATIC

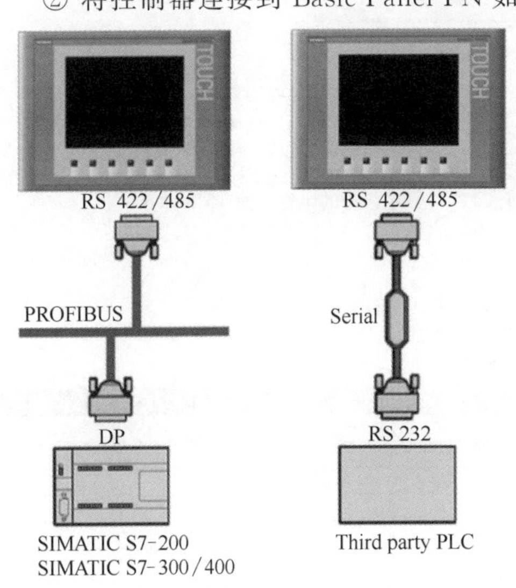

图 4-9 将控制器连接到 Basic Panel DP

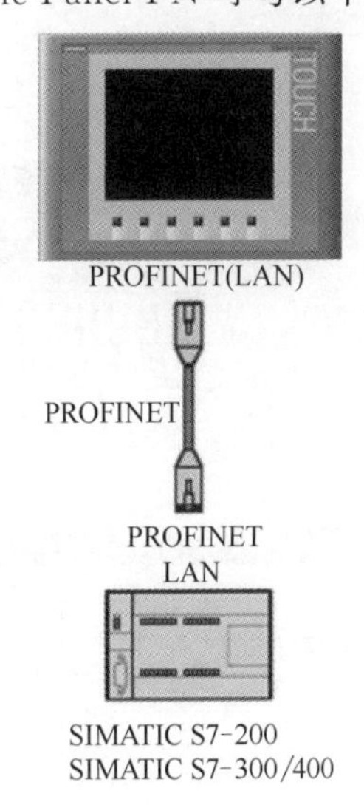

图 4-10 将控制器连接到 Basic Panel PN

控制器相连：SIMATIC S7-200、SIMATICS7-300/400、配有 PROFINET 接口的 SIMATICS7。连接通过 PROFINET/LAN 实现。

4.2.2 软件设置

4.2.2.1 方式

触摸屏和 PLC、计算机的通信连接有 4 种方式 。PPI 下载在西门子的精简面板中只适用于一代，即 KTP600；而 MPI 下载、DP 下载、以太网下载，在西门子的精简面板一代和二代（ KTP700 ）都适用。

4.2.2.2 PPI 下载

（1）控制面板设置

控制面板设置如图 4-11 所示，电缆适配器的 8 个拨码开关的设置如图 4-12 所示，比特率设置如表 4-1 所示。

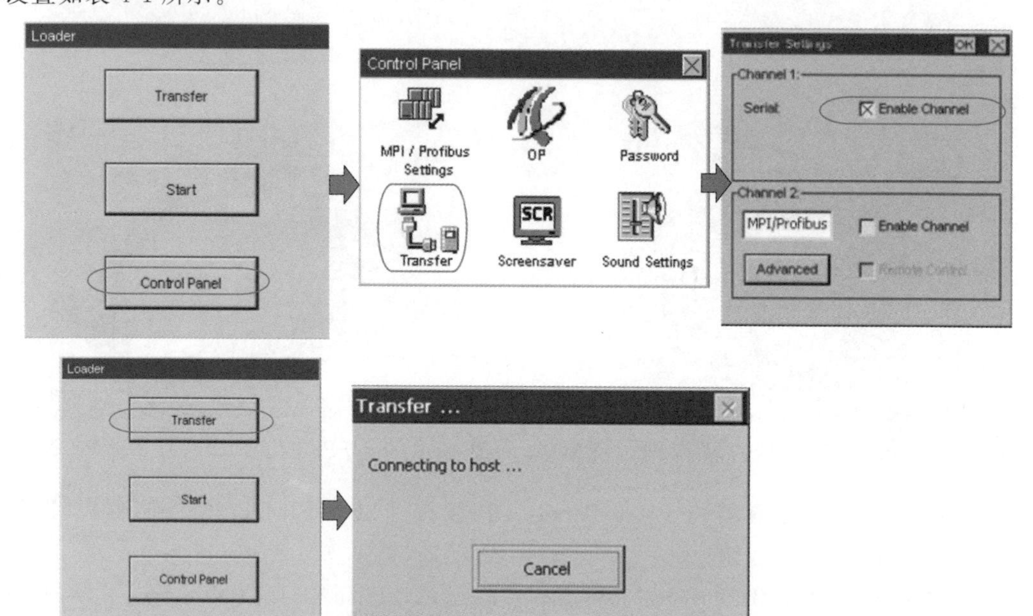

图 4-11 控制面板设置

与在WinCC中一样，将DIL开关1～3灵活设置为相同的值。DIL开关4～8必须位于“0”。图中设置的比特率为115.2kbit/s
1
0
1 2 3 4 5 6 7 8

图 4-12 电缆适配器的 8 个拨码开关的设置

表 4-1 比特率设置

比特率/(kbit/s)	DIL 开关 1	DIL 开关 2	DIL 开关 3
115.2	1	1	0
57.6	1	1	1
38.4	0	0	0
19.2	0	0	1
9.6	0	1	0
4.8	0	1	1
2.4	1	0	0
1.2	1	0	1

（2） Wincc（TIA 博途）软件中设置

① 如图 4-13 所示，在弹出来的对话框中选择协议、接口或项目的目标路径。

② 如图 4-14 所示，进行接口与通信设置。

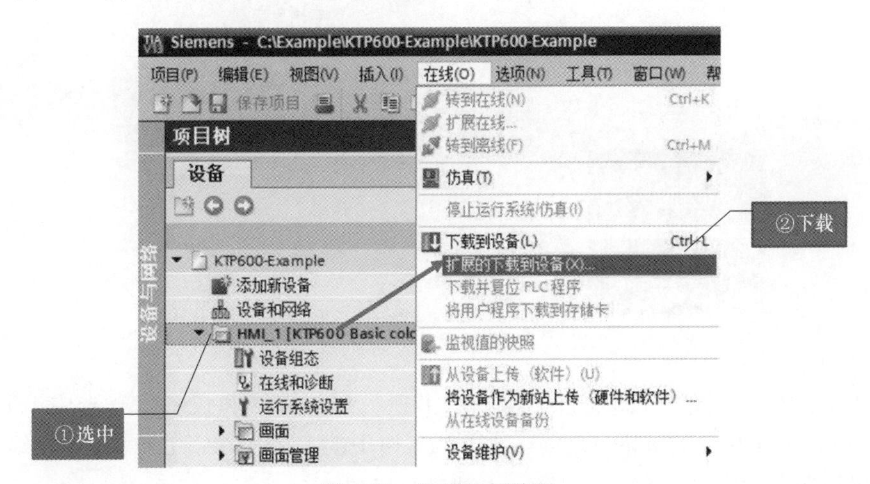

图 4-13 选择目标路径

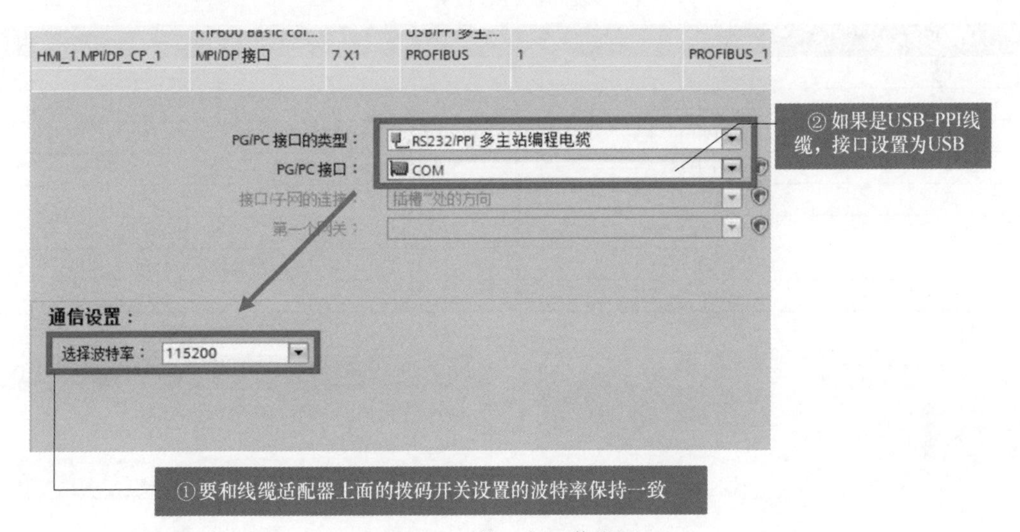

图 4-14 接口与通信设置

4.2.2.3 MPI 下载

（1）控制面板设置

① 下载。如图 4-15 所示，面板上电→windows CE 操作系统→setting→双击“Transfer Setting”。

② 设置。如图 4-16 所示，返回控制面板，双击“Network interface”，设置参数如图 4-15 所示，然后关闭控制面板，单击“Transfer”，显示“waiting for transfer”。

（2） PC 设置

PC 设置如表 4-2 所示。按开始菜单→控制菜单→双击打开“Set PG/PC interface”→设置参数→单击“Properties...”按钮，如图 4-17 所示。如图 4-18 所示，继续进行参数设置。

（3） Wincc（TIA 博途）软件中设置

按项目树→双击设备组态→选中 KTP700 MPI/DP 接口→在属性窗口中设计参数（图

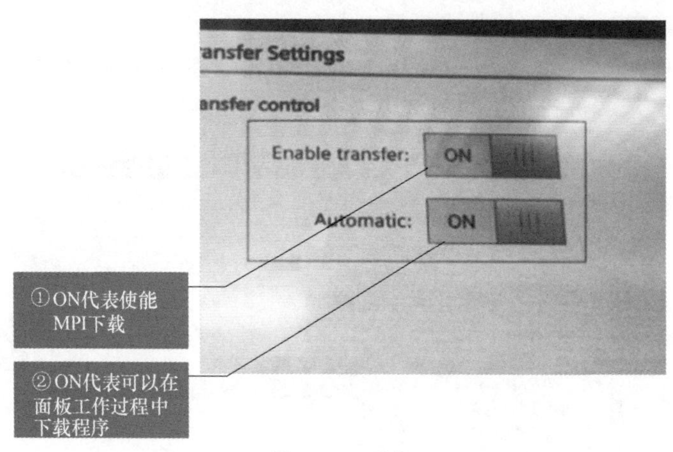

图 4-15　下载

4-19）→单击“Properties”→添加新子网→双击项目树“网络和设备”→选中 KTP 700 的 MPI 连线→设置 MPI 参数（图 4-20）→选中项目树中的 KTP 700　DP→菜单在线→下载到设备→设置设备参数（图 4-21）→编译→下载进行设置。

表 4-2　PC 设置

序号	CP	序号	CP
1	CP5512	9	CP5614 FO
2	CP5611	10	CP5621
3	CP5611 A2	11	CP5623
4	CP5613	12	CP5624
5	CP5613 A2	13	CP5711
6	CP5613 FO	14	PC Adapter
7	CP5614	15	PC Adapter USB A2
8	CP5614 A2		

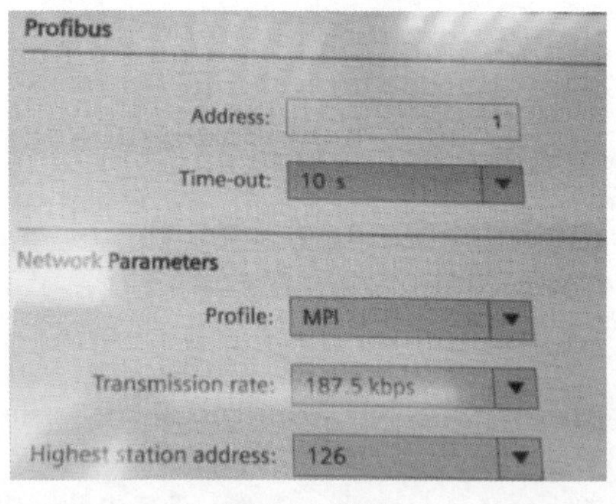

图 4-16　设置

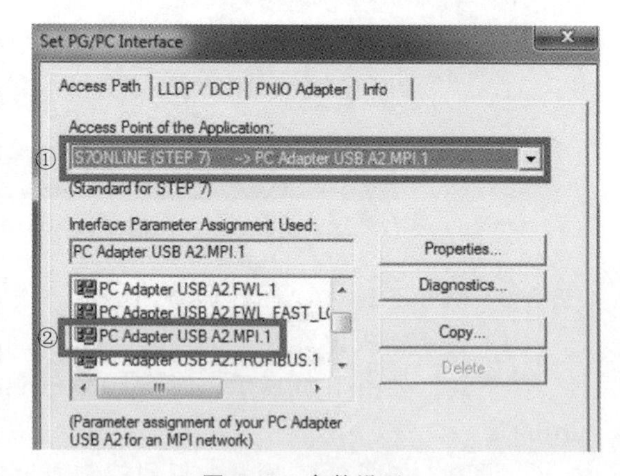

图 4-17　参数设置一

4.2.2.4　DP 下载

（1）PC 设置（以 PC adapter USB 2 适配器为例）

与 MPI 的下载方式比较，不同的部分如下。

① 触摸屏控制面板的“Network interface”参数设置，将“Profile”选为“DP”。

② 组态 PC PG/PC interface 的参数设置如图 4-22 所示。

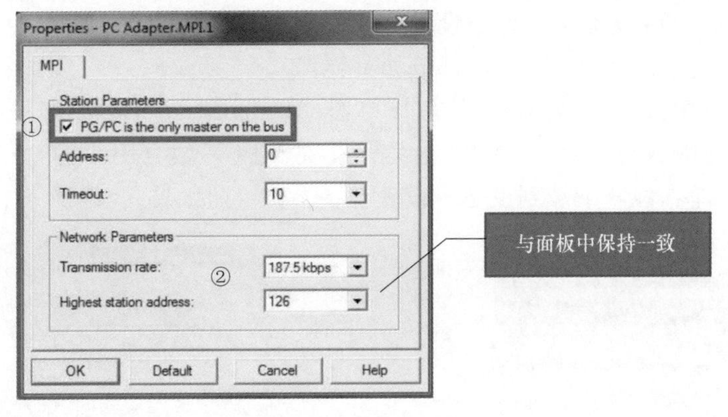

图 4-18　参数设置二

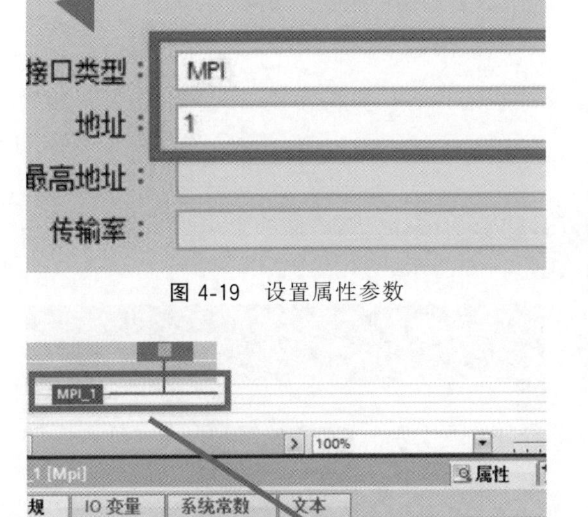

图 4-19　设置属性参数

图 4-20　设置 MPI 参数

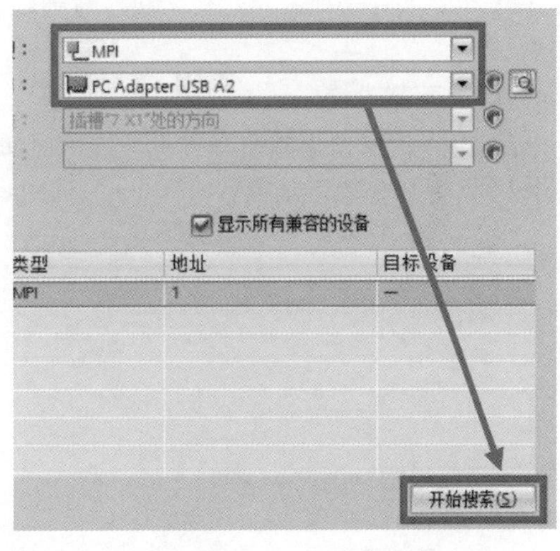

图 4-21　设置设备参数

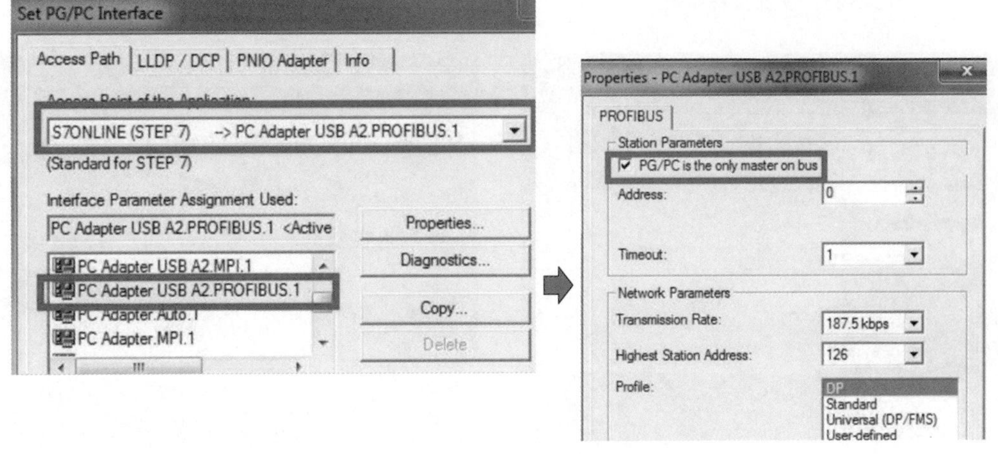

图 4-22　参数设置

（2） Wincc（TIA 博途）软件中设置

与 MPI 的下载方式比较，不同的部分如下：

按在属性窗口中设计参数（图 4-23）→单击“Properties”→添加新子网→双击项目树“网络和设备”→选中 KTP 700 的 MPI 连线→设置 MPI 参数（图 4-24）→选中项目树中的 KTP 700 DP→菜单在线→下载到设备→设置设备参数（图 4-25）→编译→下载进行设置。

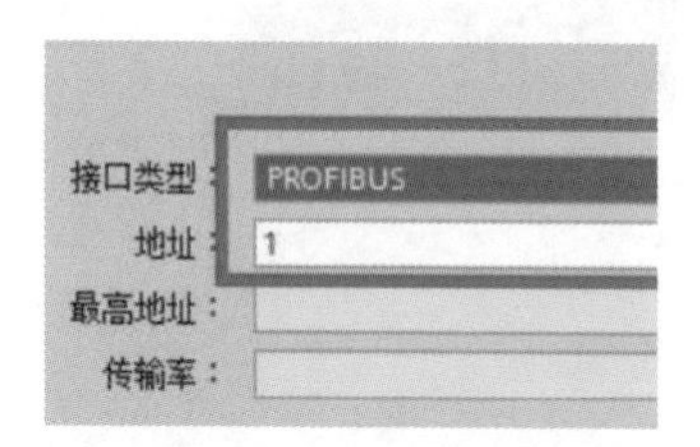

图 4-23　设置属性参数

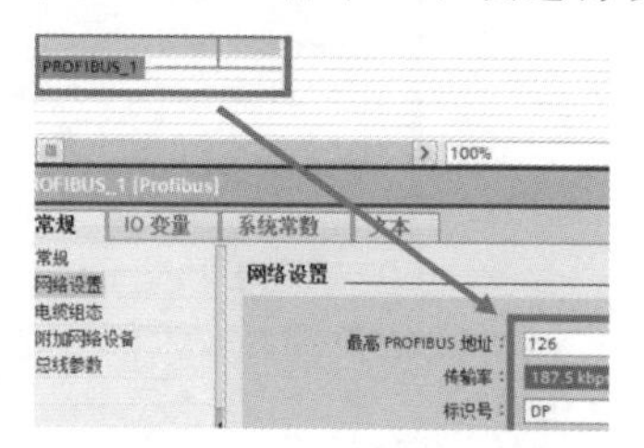

图 4-24　设置 MPI 参数

4.2.2.5　以太网下载

物理要求有三种方式：交叉线、直通线或交换机连接；计算机安装以太网卡；设置相关参数。

（1）下载设置

① 进入控制面板画面。对于二代精简面板 KTP700 Basic PN，面板上电后，进入 Windows CE 操作系统，选择“Settings”选项，如图 4-26 所示。

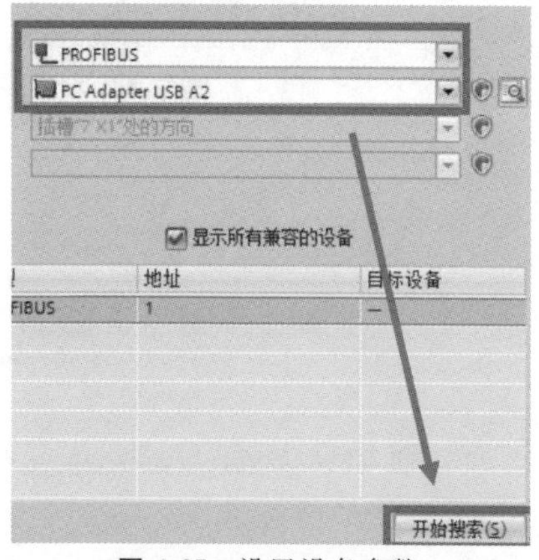

图 4-25　设置设备参数

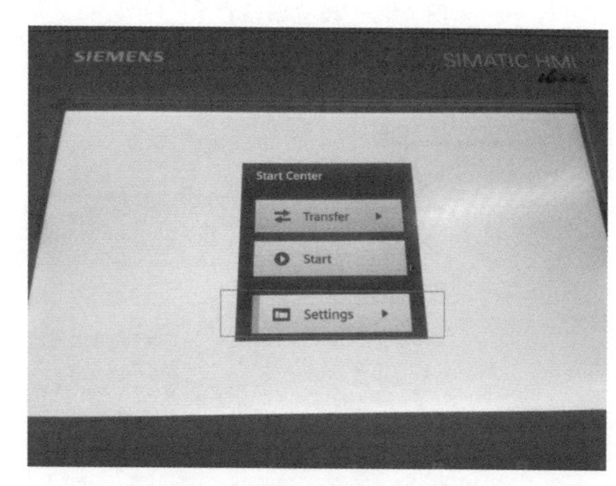

图 4-26　选择“Settings”选项

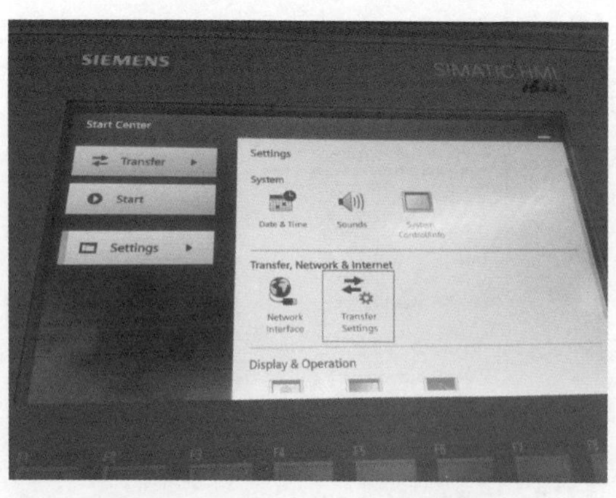

图 4-27　双击“Transfer Settings”

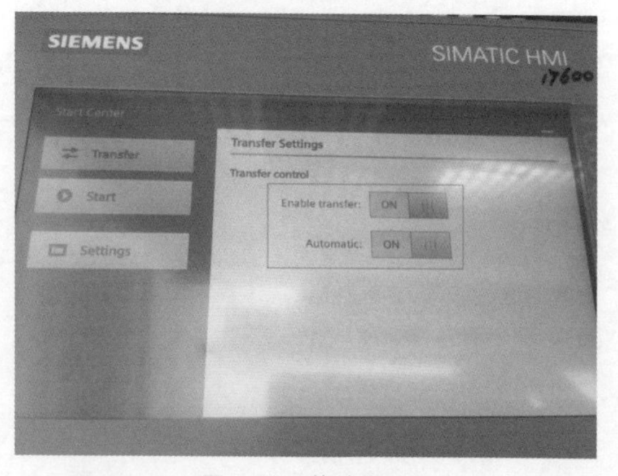

图 4-28　传输设置

② 打开传输设置。双击“Transfer Settings”，如图 4-27 所示。

③ 进行传输设置。将“Enable transfer”设为 ON，使能以太网 DP 下载。如果“Automatic”设置为 ON，可以实现在面板运行过程中下载程序，可根据实际需求进行设置，如图 4-28 所示。

④ 以太网参数设置。返回控制面板，单击“Network Interface”，将“DHCP”设置为 OFF，则“IP address”和“Subnet mask”可以输入，输入此面板的 IP 地址（该地址与下载计算机的 IP 地址须在同一网段），其他不用指定，如图 4-29 所示。

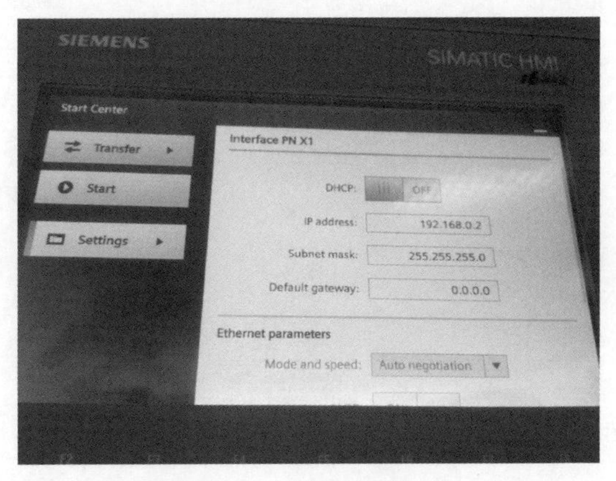

图 4-29　以太网参数设置

⑤ 关闭控制面板进行传输。单击“Transfer”，画面将显示“Waitingfor transfer...”，表明面板进入传送模式，面板设置完毕。

（2） PC 的相关设置

① 在控制面板中，选中“大图标”显示，即可找到“Set PG/PC Interface”，双击打开，如图 4-30 所示。

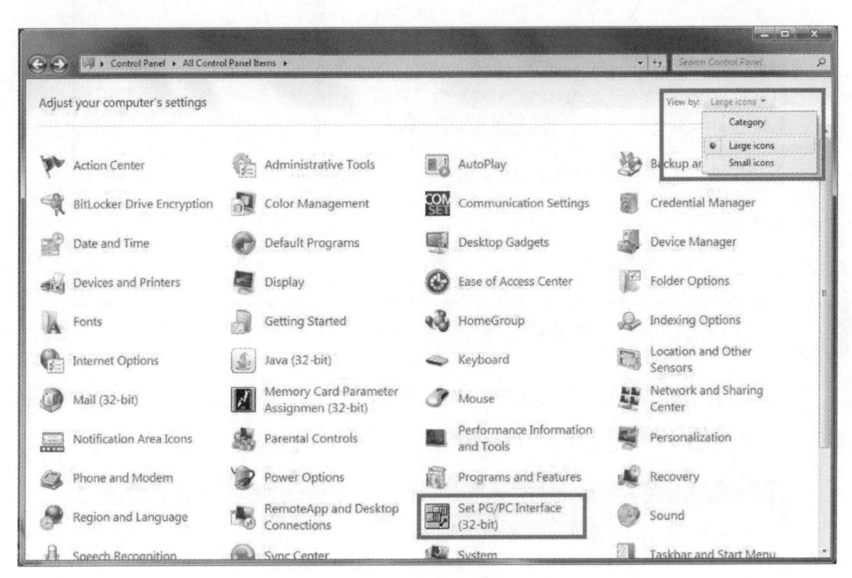

图 4-30　打开“Set PG/PC Interface”

② 在“Access Point of the Application”（应用程序访问点）的下拉列表中选择“S7ONLINE (STEP7)”，如图 4-31 所示。在“Interface Parameter Assignment Used”中选择“Broadcom NetLink (TM) Gigabit Ethernet. TCPIP. 11”（注意：应根据与面板相连的网卡名进行选择，务必选择不带 Auto 的），然后“Access Point of the Application”显示“S7ONLINE (STEP 7)→Broadcom NetLink (TM) Gigabit Ethernet. TCPIP. 1”即可。

③ 在控制面板中，双击“Network and Sharing Center”图标，然后双击“Change adapter settings”图标进入以太网列表，如图 4-32 所示。

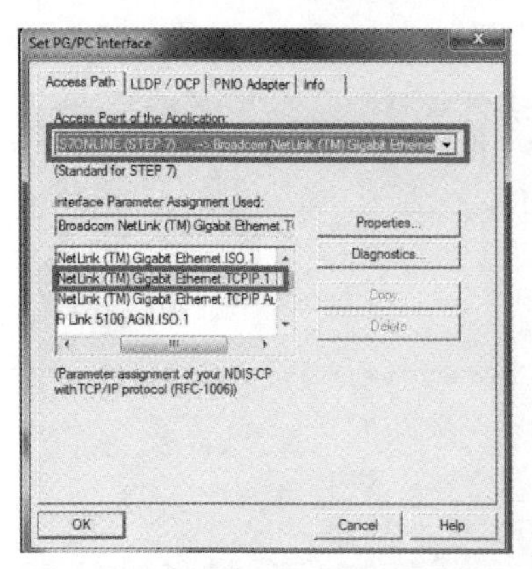

图 4-31　选择“S7ONLINE（STEP7）”

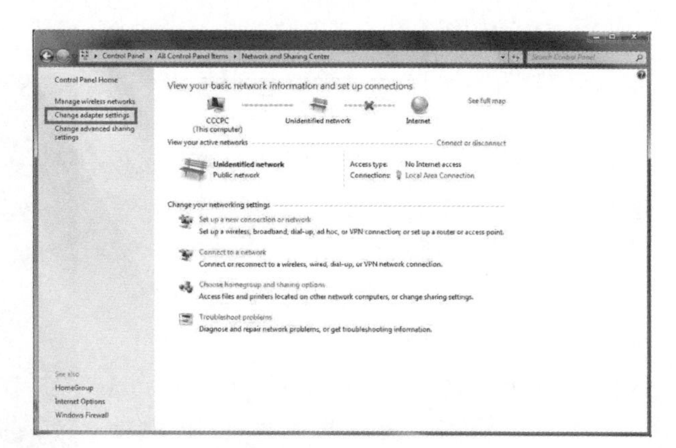

图 4-32　进入以太网列表

④ 双击连接西门子面板的以太网卡图标。单击“Properties”按钮，系统弹出“Local Area Connection...”的属性对话框，如图 4-33 所示。

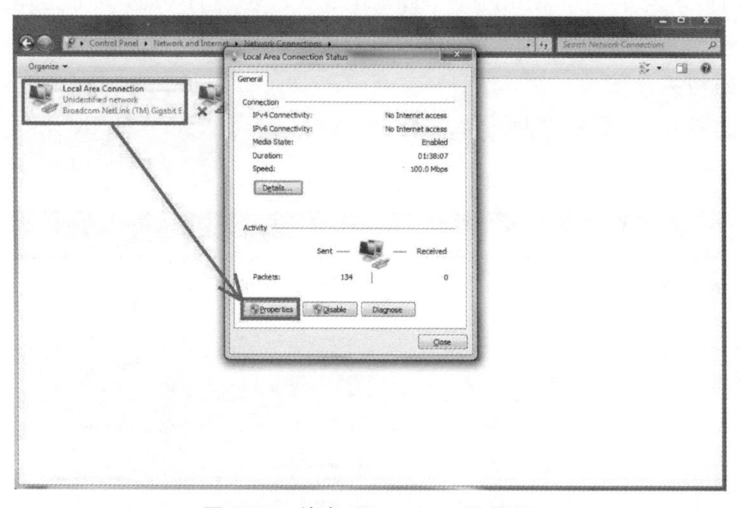

图 4-33　单击“Properties”按钮

⑤ 选择“Internet Protocol Version4（TCP/IPv4）”双击，指定 IP 地址和子网掩码，该 IP 地址必须和面板的 IP 地址在一个网段，如图 4-34 所示。

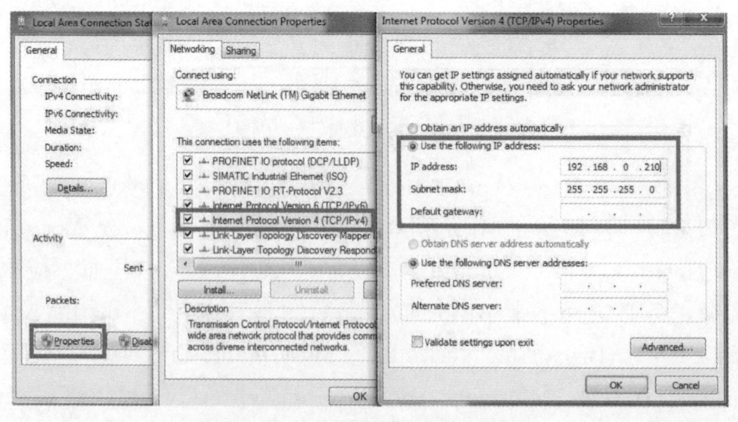

图 4-34　指定 IP 地址和子网掩码

（3）以太网下载-Wincc（TIA 博途）软件中设置

与 MPI 的下载方式比较，不同的部分如下。

① 选中 KTP700 basic color PN 的以太网口→在属性窗口中设置参数，如图 4-35 所示。

② KTP700 的 PN 设置如图 4-36 与图 4-37 所示。

（4）以太网连接检测

选择开始菜单→搜索框中输入 cmd→DOS 界面输入命令“Ping 192.168.0.2”→然后按回车键，如图 4-38 所示。

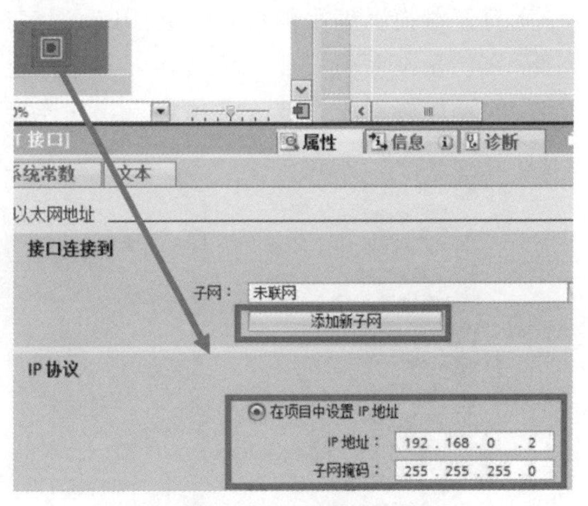

图 4-35　设置参数

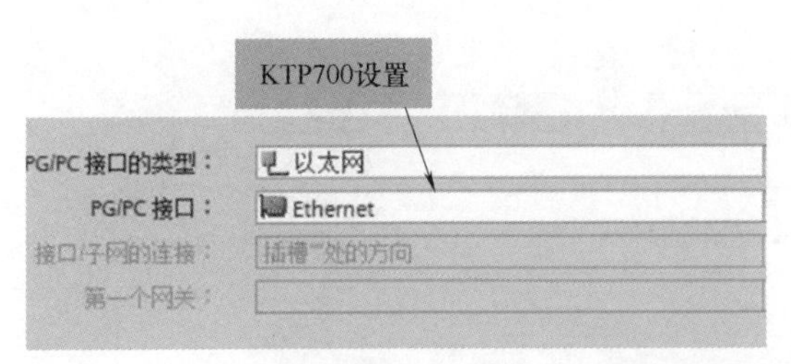

图 4-36　PG/PC 接口

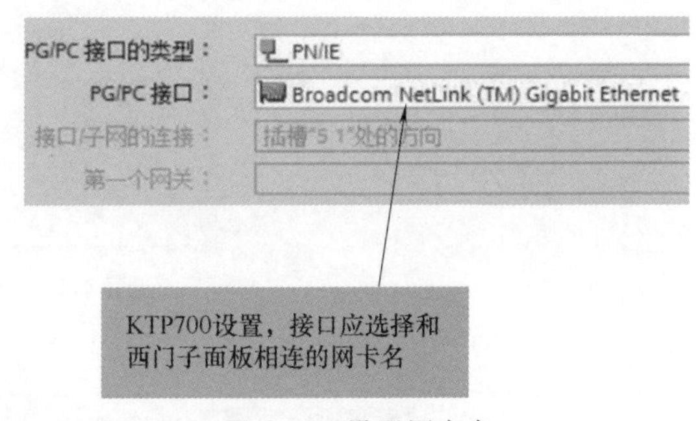

图 4-37　设置网卡名

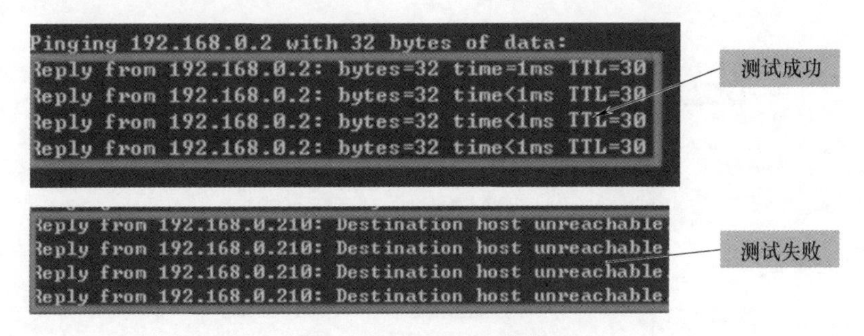

图 4-38　以太网连接检测

4.3　触摸屏的应用

4.3.1　设置

以 PLC 与触摸屏的 Modbus-Tcp 设置为例介绍之。

① 设置 PLC IP 地址为 192.168.1.16，勾选“自定义”选项，通过 USB 将程序下载到 PLC 中，如图 4-39 所示。

② 打开触摸屏编程软件，建立 PLC 通信连接，如图 4-40 所示。

③ 在初始画面中，建立位转换开关，并连接变量 M100，如图 4-41 所示。

④ 在初始画面中，建立数值输入，并连接变量 D100，如图 4-42 所示。

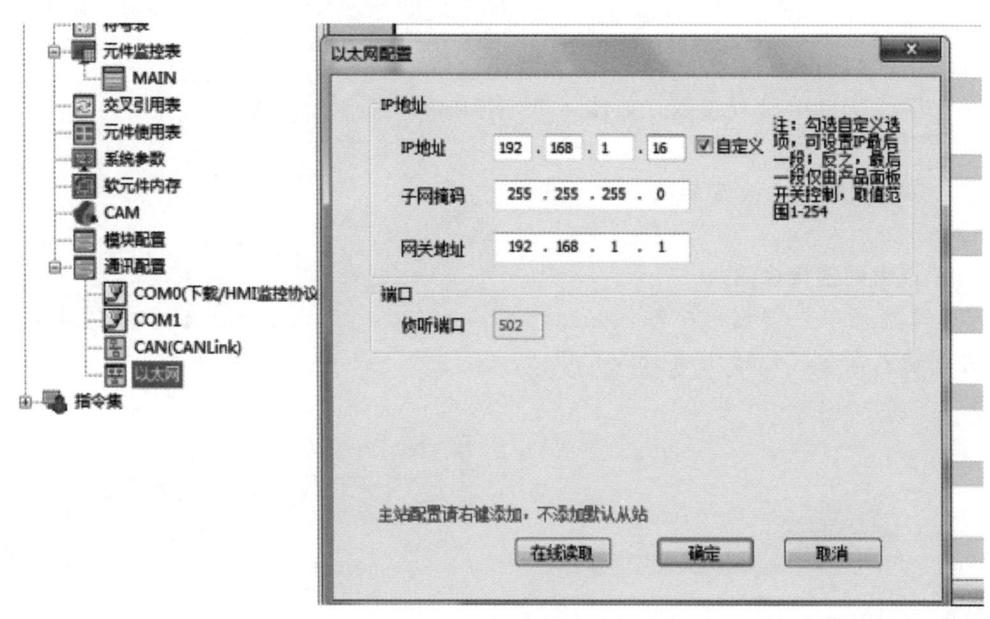

图 4-39　设置 IP 地址

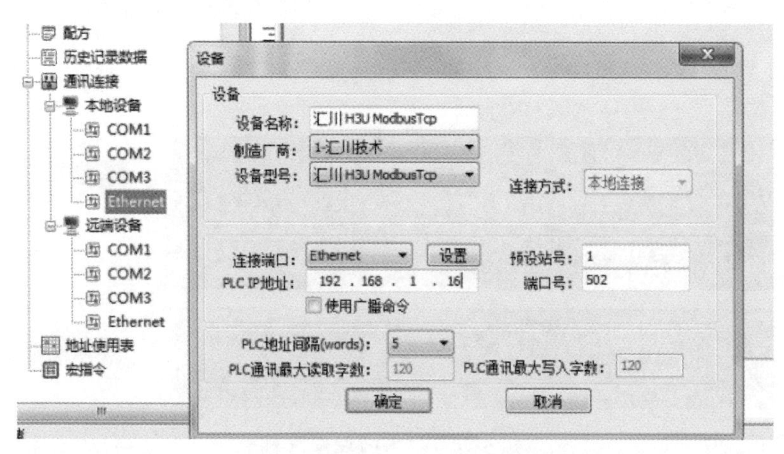

图 4-40　建立 PLC 通信连接

⑤ 将触摸屏、PLC、PC 通过交换机相连接。

⑥ 将触摸屏程序下载到触摸屏中。

⑦ 按下触摸屏中位转换开关，观察 PLC 监控表中 M100 的变化。修改数值输入中的值，观察监控表中 D100 值的变化。

4.3.2　以太网通信与多台触摸屏联机

4.3.2.1　两台触摸屏间的通信

触摸屏之间通信可在“系统参数设置”中新增一个远程 HMI 设备即可。以两台触摸屏的通信为例（HMI A 与 HMI B），假设 HMI A 欲使用位状态设定元件控制 HMI B 的“LB-

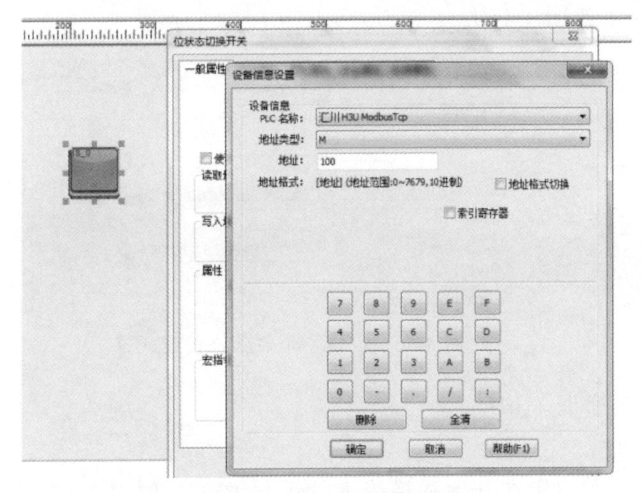

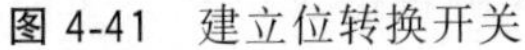

图 4-41　建立位转换开关

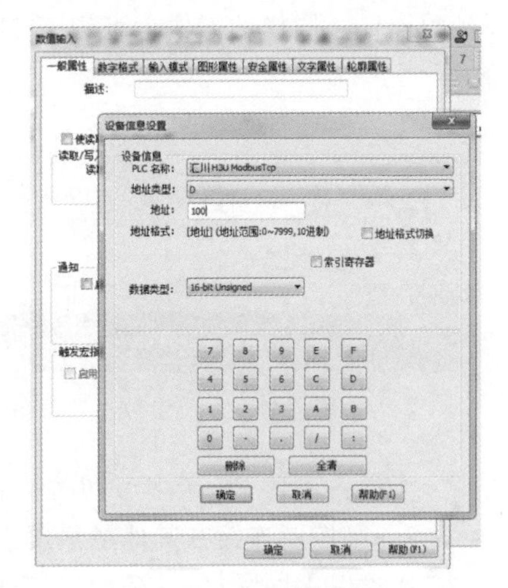

图 4-42　建立数值输入

0”地址的内容，则 HMI A 工程文件的设定步骤如下。

① 设定各台触摸屏的 IP 地址，假设 HMI A IP 地址为 192.168.1.1，HMI B IP 地址为 192.168.1.2，如图 4-43 所示。

② 自“系统参数设置”→“设备列表”，新增一台远程 HMI，即为 HMI B（IP：192.168.1.2），如图 4-43 所示。

③ 设定一个位状态元件，在“PLC 名称”中选择“HMI B”，即可控制远程触摸屏的地址，如图 4-44 所示。

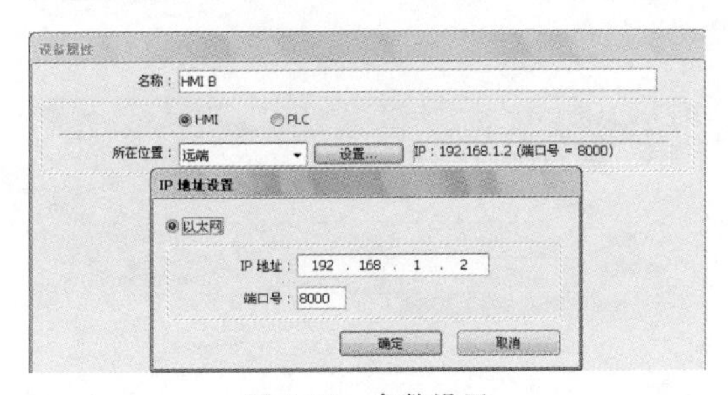

图 4-43　参数设置

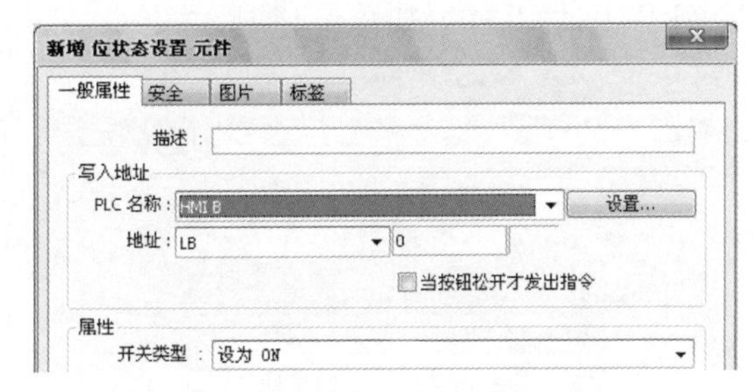

图 4-44　设定一个位状态元件

注意：一台 HMI 最多可同时处理来自 64 个不同触摸屏的访问要求。一台 CMT-SVR 最多可同时处理来自 32 个不同触摸屏的访问要求。

4.3.2.2　PC 与触摸屏间的通信

通过在线模拟功能，PC 可以由以太网撷取触摸屏上的数据，并保存在 PC 上。假设 PC 欲通信的设备为两台触摸屏（HMI A 与 HMI B），则 PC 端所使用工程文件的设定步骤如下。

① 设定各台触摸屏的 IP 地址，假设 HMI A IP 地址为 192.168.1.1，HMI B IP 地址为 192.168.1.2，如图 4-45 所示。

② 自“系统参数设置”→“设备列表”，新增两台远程 HMI，分别为 HMI A（IP：192.168.1.1）与 HMI B（IP：192.168.1.2），如图 4-45 所示。

③ 设定一个位状态设定元件，在“PLC 名称”中选择“HMI A”，即可控制远程触摸屏

A 的地址。同样的方式也可用于 HMI B，如图 4-46 所示。

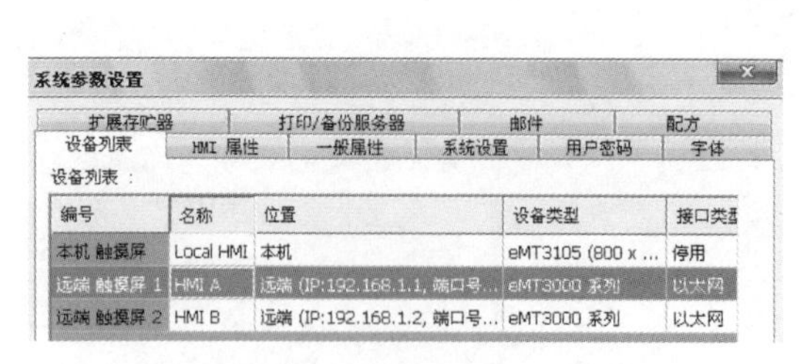

图 4-45　系统参数设置设备

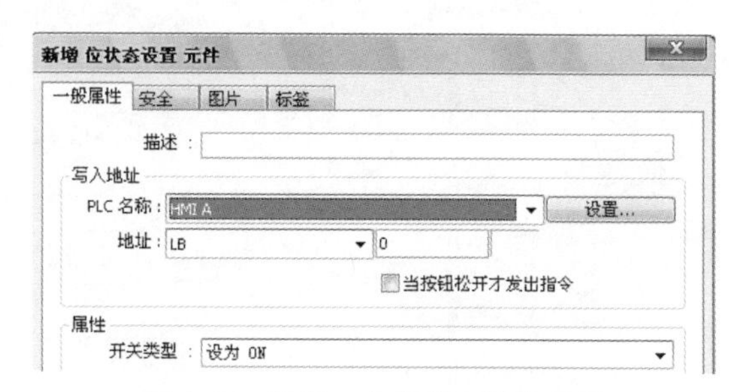

图 4-46　设定一个位状态设定元件

注意：一台 PC 最多可同时控制 64 台远程 HMI。

4.3.2.3　控制连接在其他触摸屏上的 PLC

通过以太网联机，PC 或触摸屏可以操作连接在其他触摸屏上的远程 PLC。假设现在一台 PLC 连接到 HMI B 的 COM 1，当 PC 或 HMI A 欲读取此台 PLC 上的数据，则 PC 端或 HMI A 上所使用工程文件设定步骤如下。

（1） eMT/cMT-HD 系列的设定方法

① 设定 HMI B 的 IP 地址为 192.168.1.2。

② 自"系统参数设置"→"设备列表"，新增一台远程 PLC，将"名称"设为"PLC on HMI B"并正确设定 PLC 的相关通信参数。因此该台 PLC 是连接在远程 HMI B 上，所以将远程 IP 地址指向 HMI B（IP：192.168.1.2），如图 4-47 所示。

③ 设定一个位状态设定元件，在"PLC 名称"中选择"PLC on HMI B"，即可控制远程 HMI B 上的 PLC，如图 4-48 所示。

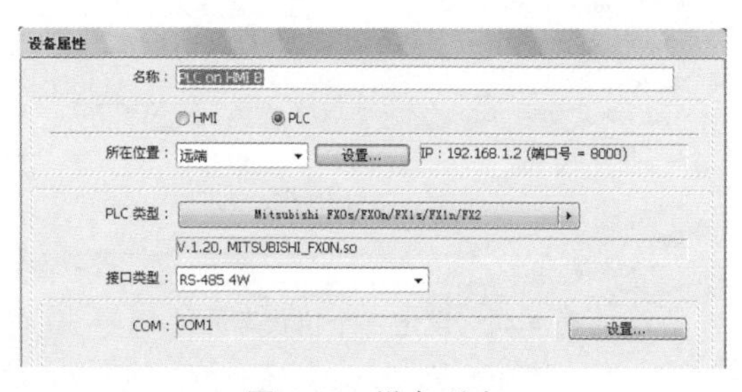

图 4-47　设备列表

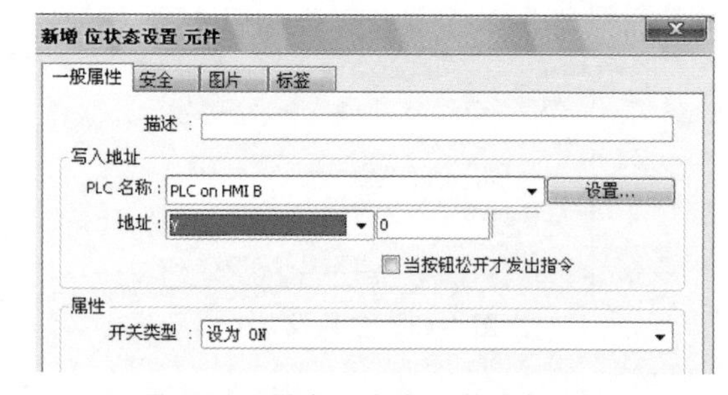

图 4-48　设定一个位状态设定元件

（2） CMT-SVR 系列的设定方法

① 设定触摸屏 B 的 IP 地址为 192.168.1.2。

② 自"系统参数设置"中，"新增 HMI"并设定 HMI B 的 IP 地址为 192.168.1.2，如图 4-49 所示。

③ 在 HMI B 底下点选"新增 PLC"，新增一台远程 PLC，将名称设为"PLC on HMI B"并正确设定 PLC 的相关通信参数，如图 4-50 所示。

④ 建立完成后，可以看到一台远程的 PLC 被建立在"远端触摸屏 1"下面。"本机触摸屏"代表的是 HMI A，"远端触摸屏 1"代表的是 HMI B，"远端 PLC 1"则是 HMI B 所连接的 PLC，如图 4-51 所示。

⑤ 设定一个位状态设定元件，在"PLC 名称"中选择"PLC on HMI B"，即可控制远端

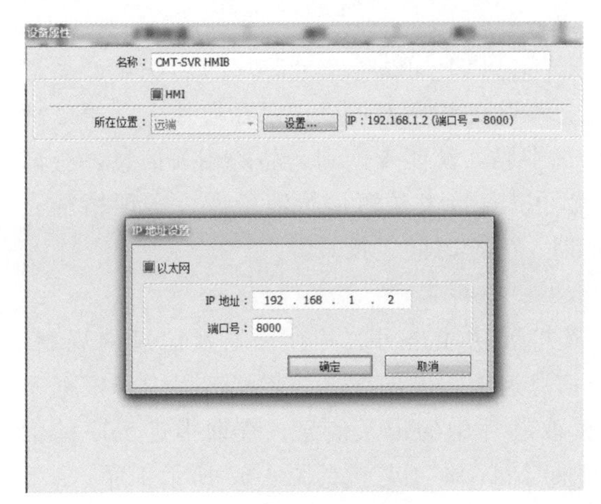

图 4-49　新增 HMI

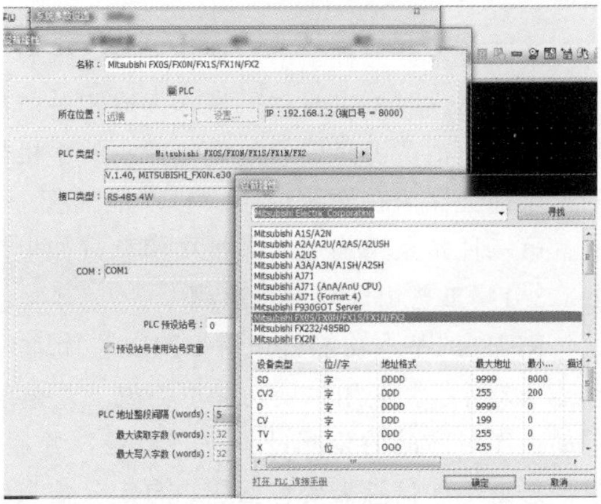

图 4-50　新增一台远程 PLC

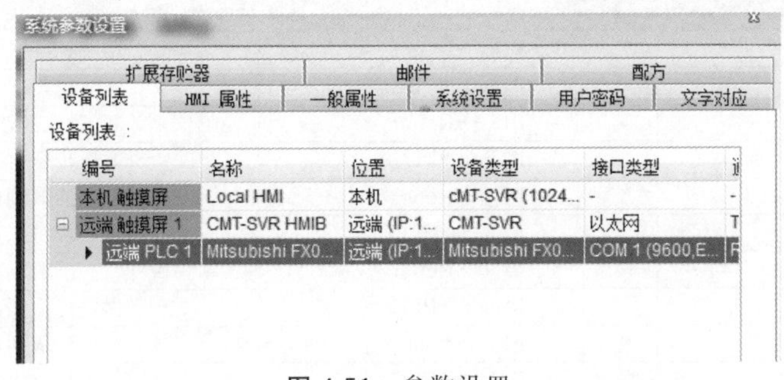

图 4-51　参数设置

触摸屏 B 上的 PLC，如图 4-52 所示。

注意：CMT-SVR 系列的远端 HMI 限制只能为 CMT-SVR 系列，故无法与 eMT/cMT-HD 系列上的 PLC 进行通信。

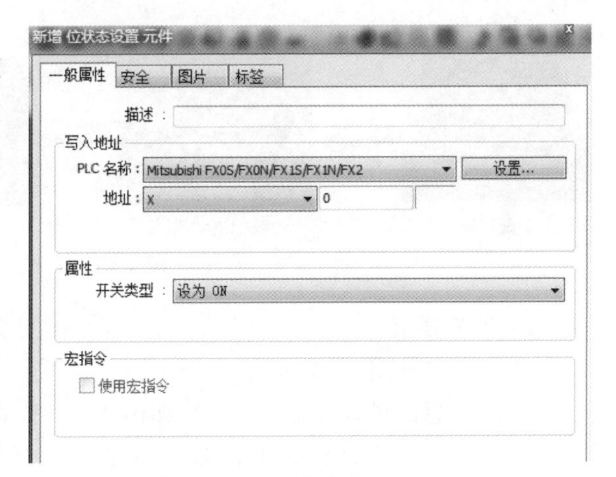

图 4-52　新增位状态设定元件

4.3.3　产品溯源

产品追溯是将当前先进的物联网技术、自动控制技术、自动识别技术和互联网技术综合利用，通过专业的机器设备对单件产品赋予唯一的追溯码作为防伪身份证，实现“一物一码”，然后可对产品的生产、仓储、分销、物流运输、市场稽查、销售终端等各个环节采集数据并追踪，构成产品的生产、仓储、销售、流通和服务的一个全生命周期管理。

追溯码的构成一般涵盖贯穿产品生产全过程的信息，如产品类别、生产日期、有效期、批号等。在产品生产过程中，它可以追溯到：哪个零件被安装于成品中了，产生了哪些需要控制的关键参数，是否都合格等。当产品发生质量事故时，可以知道具体是哪些产品出现问题及问题产品的批次、生产日期、生产车间、具体负责人，并可只针对有问题的产品进行召回。

溯源技术分三种：第一种是RFID技术，在产品包装上加贴一个带芯片的标识，产品进出仓库和运输时可以自动采集和读取相关的信息，产品的流向都可以记录在芯片中；第二种是二维码，消费者只要通过带摄像头的手机拍摄二维码，就能查询到产品的相关信息，查询的记录都会保留在系统内，一旦产品需要召回就可以直接发送短信给消费者，实现精准召回；第三种是条码加上产品批次信息（如生产日期、生产时间、批号等）。

4.3.3.1　工艺记录与信息追溯

RFID的基本功能就是对RFID芯片读写；其扩展功能是对芯片存储器及信息的规划，如表4-3所示。应用扩展功能可完成工艺记录与信息追溯。例如在工件装配过程中，根据不同的工序对产品的装配过程进行记录，并通过读取芯片中的记录信息，查询指定工序的信息。每道工序信息需要包括用户自定义信息与记录时间，本工艺包括图4-53所示工序。

表4-3　RFID扩展功能

接口	类型	功能描述
RFID状态	PLC→Robot	命令的执行状态
RFID命令	Robot→PLC	读写复位等操作
工序	PLC→Robot	读取的步骤信息
工序	Robot→PLC	工作步骤(信息存储区)
日期	PLC→Robot	读取到的日期
日期	Robot→PLC	待写入的日期
时间	PLC→Robot	读取到的时间
时间	Robot→PLC	待写入的时间
信息	PLC→Robot	读取到的信息
信息	Robot→PLC	待写入的信息

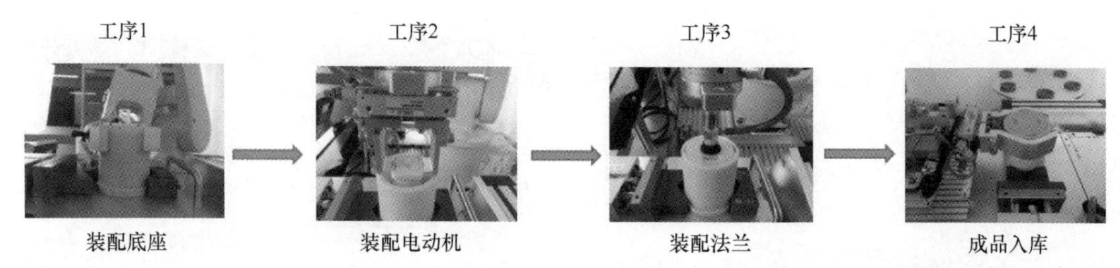

图4-53　工艺内容

（1）工艺要求

① 工序信息如图4-54所示。

② 工序信息的最大长度（Byte）如图4-55所示。

③ 单道工序在产品信息寄存器中的起始地址如图4-56所示。

（2）工序记录与查询

工序信息在芯片中进行记录和查询，芯片信息读写均为全区操作。

① 寄存器规划。创建“Step_Write”“Step_Search”寄存器，用于当前工序信息和对应工序查询结果的数据存储；创建“Write”“Read”寄存器，用于芯片写入和读取数据的存储，如图4-57所示。

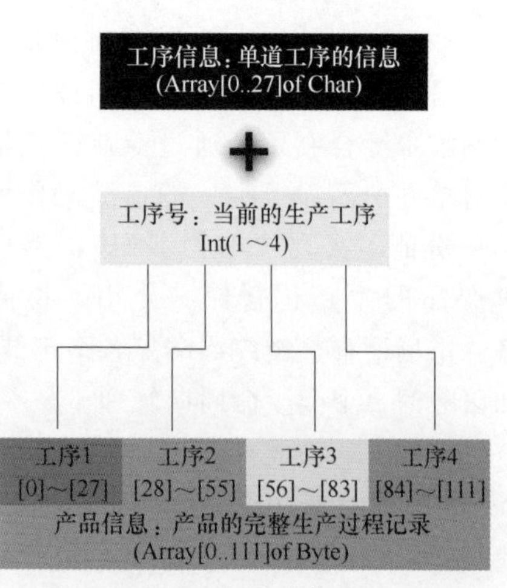

图4-54　工序信息

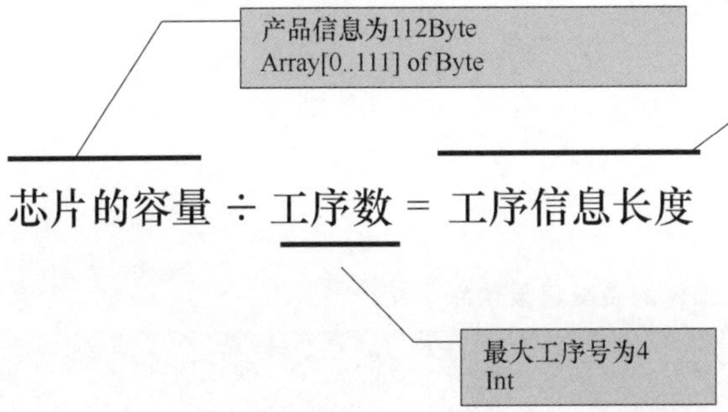

产品信息为112Byte
Array[0..111] of Byte

工序信息为28Byte
Array[0..27] of Char

芯片的容量 ÷ 工序数 = 工序信息长度

最大工序号为4
Int

图 4-55　工序信息的最大长度

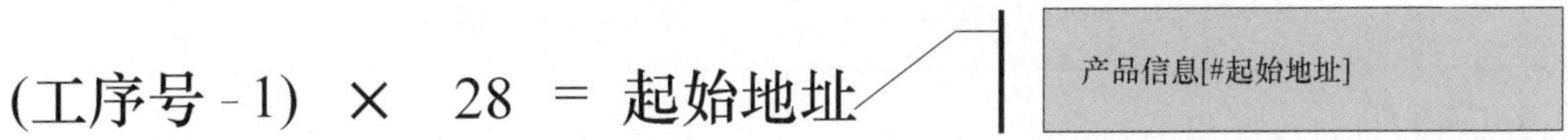

(工序号 - 1) × 28 = 起始地址

产品信息[#起始地址]

图 4-56　单道工序起始地址

② 程序示例如下：

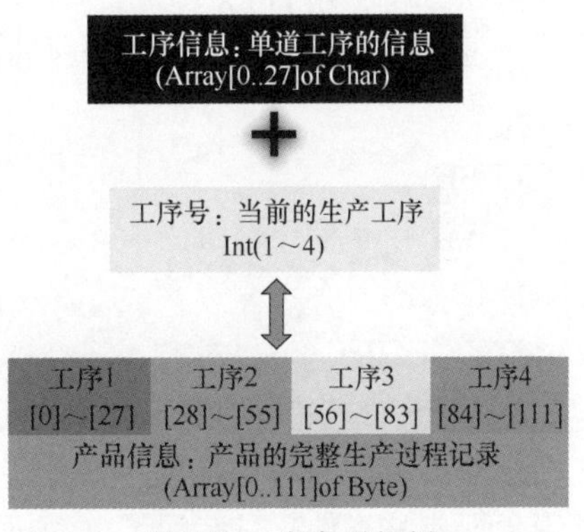

图 4-57　寄存器规划

＊读写命令，＝10 工序信息记录；＝20 工序信息查询＊

Step_Write 数据类型：Array[0..27] of Char ；Step_Search 数据类型：Array[0..27] of Char ；Write 数据类型：Array[0..111] of Byte ；Read 数据类型：Array[0..111] of Byte 。

IF ＃读写命令＝10　AND　0＜＃工序号 AND　5＞＃工序号 THEN //信息记录；

＃写入起始位：=(＃工序号- 1) ＊ 28；

FOR ＃i：=0 TO 27 DO　＃Write[＃写入起始位＋＃i]：=＃Step_Write[＃i]；

END_FOR；

ELSIF ＃读写命令 =20 AND 0＜＃工序号　AND　5＞＃工序号 THEN //信息查询

＃读取起始位：=(＃工序号- 1) ＊ 28；

FOR ＃i：=0 TO 27 DO；

＃Step_Search：=＃Read[＃读取起始位 ＋＃i]；

END_FOR；

END_IF；

③ 当前工序的装配记录。工序的装配记录信息如表 4-4 所示。对于用户自定义的信息，有效信息小于 9 个字符时，用“＊”位；在不进行补位时，由于用数组进行存储，不影响信息的写入和查询，但在需要以字符串进行触摸屏显示时，空字符之后的信息将不进行显示。

注意：信息补位由机器人或 PLC 任意一方进行即可。

a. 机器人补位程序实例：

//name length part；

IF Strlen(rfidcon. name)＜9 THEN

```
rfidcon.name:= rfidcon.name + StrPart("*********",1,9Strlen(rfidcon.name));
ELSEIF  Strlen(rfidcon.name)>9 THEN
rfidcon.name:=StrPart(rfidcon.name,1,9);
ENDIF;
```

表 4-4　工序的装配记录信息

工序信息 Array[0..27] of Char			
工序信息组成	字节长度/B	数组元素地址	格式说明
用户自定义信息	9	[0]~[8]	
日期	10	[9]~[18]	"yyyy-mm-dd"
时间	8	[19]~[26]	"hh-mm-ss"
分隔符	1	[27]	"|"

b. PLC 补位程序实例：

```
//信息补位
FOR #i:=0 TO 8 DO
IF #Step_Write[#i] <> '$00' THEN #Write[#写入起始位+#i]:=#Step_Write[#i];
ELSE;
#Write[#写入起始位+#i]:='*';
END_IF;
END_FOR;
```

4.3.3.2　电动机装配追溯应用编程

电动机工件的装配流程一共有三个装配状态，分别为装配了电动机转子和端盖的电动机外壳，即成品工件；只装配了电动机转子的电动机外壳，即半成品工件；没有装配电动机转子和端盖的电动机外壳，即毛坯工件，如图 4-58 所示。对照工序信息的区间划分方式，将它们的装配信息分别记录在工序 1、工序 2、工序 3 中，如表 4-5 所示。

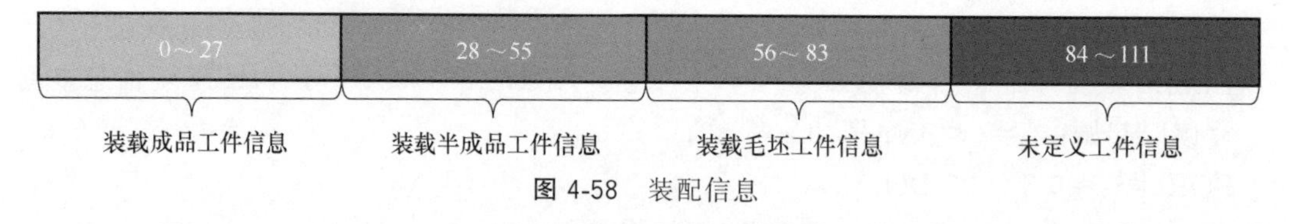

图 4-58　装配信息

表 4-5　装配步骤信息说明

序号	工序号定义	装配步骤说明	用户名称定义	颜色信息说明
1	1	电动机成品工件	red	装配工件为红色
2	2	电动机半成品工件	yellow	装配工件为黄色
3	3	电动机毛坯工件	blue	装配工件为蓝色

（1）过程

如图 4-59 所示，其过程分为写入、读取、复位三个步骤。

① 通过写入功能。将机器人的指定端口数据信息，发送到 PLC 的指定数据缓存区，将这些数据进行处理后，写入到芯片中，实现工序信息的记录。

② 通过读取功能。将芯片中的所有信息读取到 PLC 端指定的数据缓存区，将这些数据

拆分处理后，将指定的工序信息发送到机器人的指定端口，实现数据查询。

③ 通过复位功能。复位 RFID 读写器的状态，使其实现读取或写入功能。

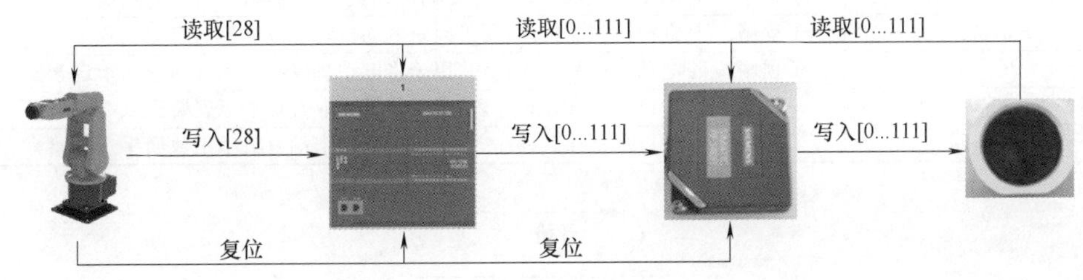

图 4-59 过程

根据工序信息的划分方式，可将每 28 位 byte 划分为一道工序信息，即 0～8 位写入用户自定义信息，9～18 位写入日期信息，19～26 位写入时间信息，第 27 位写入分隔符，如图 4-60 所示。HIM 端状态显示，如图 4-61 所示。

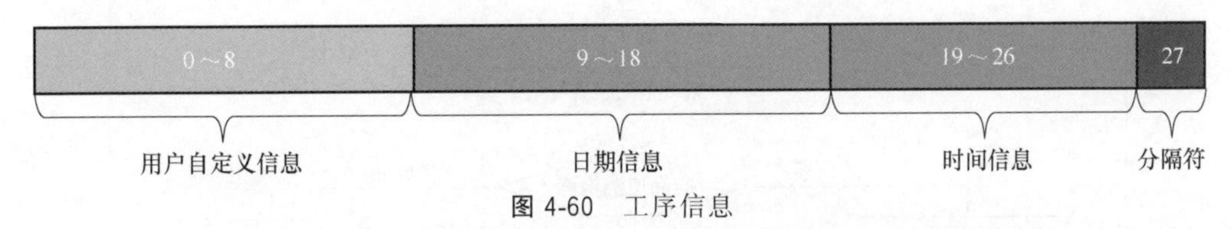

图 4-60 工序信息

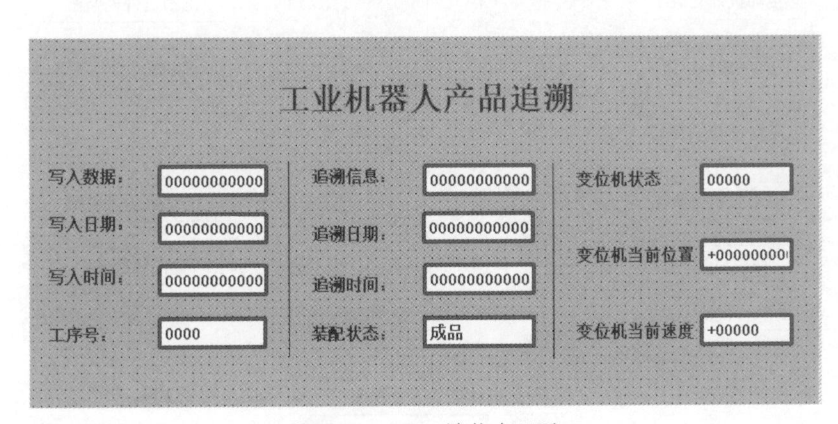

图 4-61 HIM 端状态显示

（2）程序编制

① 任务流程如图 4-62 所示。

② 机器人程序名如表 4-6 所示。

表 4-6 机器人程序名

序号	程序名称	程序类型	说明
1	Main	主程序	调用其他子程序，运行任务总流程
2	Stack_Pick	子程序	电动机外壳抓取程序，用于从仓库抓取电动机外壳工件
3	Rotor_Pick	子程序	电动机转子抓取程序，用于从电动机装配模块抓取电动机转子工件
4	Cover_Pick	子程序	电动机端盖抓取程序，用于从电动机装配模块抓取电动机端盖工件
5	Motor_Assembly	子程序	电动机外壳装配程序，用于将电动机外壳装配在变位机上
6	Part_Assembly	子程序	电动机部件装配程序，用于将电动机转子或端盖装配到电动机外壳中
7	Assembly_Pick	子程序	电动机产品抓取程序，用于从变位机抓取电动机成品工件
8	Rfid_Ascend	子程序	电动机产品追溯程序，用于判断读出的 RFID 追溯信息

续表

序号	程序名称	程序类型	说明
9	Rfid_Write	子程序	RFID信息录入，用于更新电动机工件的装配状态信息
10	Sorting_Color	子程序	电动机产品程序，用于判断电动机转子或端盖的抓取位置
11	Put_Storage	子程序	电动机产品入库程序，用于将电动机成品放入立体仓库指定仓位
12	Qu_GongJu	子程序	平口手爪安装程序，用于机器人抓取直口手爪安装到末端
13	Fang_GongJu	子程序	平口手爪卸载程序，用于机器人将末端直口手爪放回手爪支架

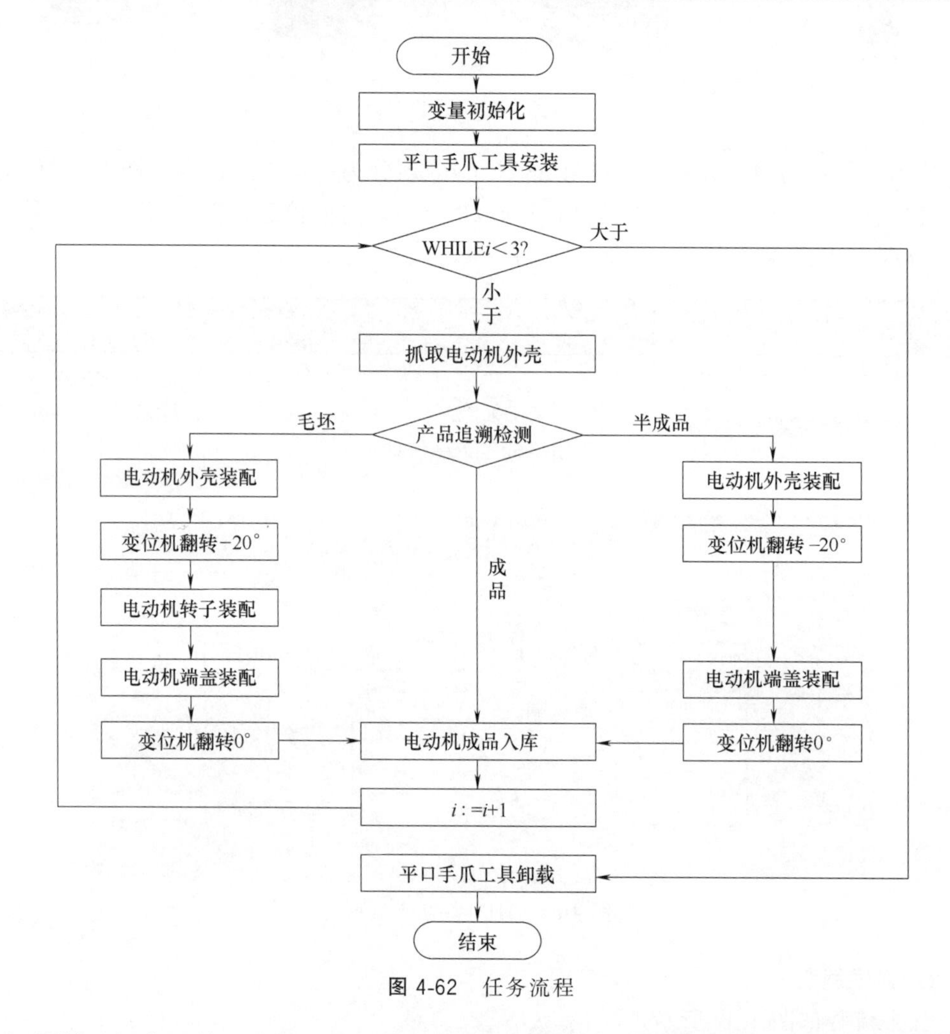

图 4-62　任务流程

③ 关键目标点示教。机器人基于RFID的电动机装配追溯程序的关键目标点包括平口手爪工具取放点、电动机外壳抓取点、电动机转子抓取点、电动机端盖抓取点、RFID芯片检测点、工件装配点、装配体取放点、成品入库点、原点、装配到位点、工具到位点及取放偏移点。关键目标点定义及其说明如表4-7所示。

④ 主程序设计。基于RFID的电动机装配追溯流程主程序设计的流程为：机器人安装平口手爪工具，从立体库模块抓取电动机外壳工件，然后在RFID模块进行产品追溯，其中产品追溯结果分为毛坯、半成品、成品三个装配状态。

根据产品追溯结果，做相应流程处理。如果电动机产品需装配，将电动机产品放置在变位机模块上，然后变位机面向机器人一侧翻转－20°角度，配合机器人完成电动机外壳成品装配，变位机再回到0°水平位置。

表 4-7 关键目标点定义及其说明

序号	目标点	存储类型	获取方式	说明
1	Stack_MotorBase	变量	示教	立体库模块电动机外壳抓取点
2	RFID_Pos	变量	示教	在 RFID 模块的产品追溯点
3	Assembly_Pos	变量	示教	在装配模块上的电动机外壳装配点及成品抓取点共用
4	Rotor_Base	变量	示教	电动机搬运模块抓取转子基点
5	Part_Asy	变量	示教	电动机转子、端盖工件装配点
6	Cover_Base	变量	示教	电动机搬运模块抓取端盖基点
7	Storage	变量	示教	立体库模块成品入库点
8	Tool_InPlace	常量	直接输入数值	工具到位 J1～J6:[－90,－20,0,0,90,0]
9	Assembly_InPlace	常量	直接输入数值	装配到位 J1～J6:[90,－20,0,0,90,0]
10	Home	常量	直接输入数值	原点 J1～J6:[O,－20,0,0,90,0]
11	TempPos	变量	未知	未知点偏移

之后机器人将成品入库，依次循环完成其他电动机外壳产品追溯及入库管理。最后机器人卸载平口手爪工具，回到原点，流程结束。主程序结构设计如表 4-8 所示。（注意：对于通用性程序，就不再赘述，依据前面相关知识点进行编写。）

表 4-8 主程序结构设计

行号	程序	说明
1	PROC Main()	主程序
2	i:=0;	i 变量复位
3	Qu_GongJu;	调用平口手爪工具安装程序
4	WHILE i<3 DO Stack_Pick;	进入 WHILE 循环，并且 i<3 调用电动机外壳抓取程序
5	RiSd_Ascend;	调用电动机产品追溯程序
6	Sort ing_Color;	调用电动机产品分拣程序
7	IF ProductStatus=3 THEN	生产状态等于 3 时，生产毛坯配件
8	Motor_Assembly;	调用电动机外壳装配程序
9	Rotor_Pick;;	调用电动机转子抓取程序
10	Part_As s embly;	调用电动机部件装配程序
11	Cover_Pick;	调用电动机端盖抓取程序
12	Part_Assembly;	调用电动机部件装配程序
13	Assembly_Pick;	调用电动机产品抓取程序
14	ENDIF	IF 判断结束
15	IF ProductStatus=2 THEN Motor_Assembly;	生产状态等于 2 时，生产半成品 调用电动机外壳装配程序
16	Cover_Pick;	调用电动机端盖抓取程序
17	Part_As sembly;	调用电动机部件装配程序
18	Assembly_Pick;	调用电动机产品抓取程序
19	ENDIF	IF 判断结束
20	Put_Storage;	调用电动机成品入库程序
21	i:=i+1;	i 变量加 1，依次循环判断
22	ENDWHILE	WHILE 循环结束
23	Fang_GongJu;	调用平口手爪工具卸载程序
24	ENDPROC	程序结束

⑤ 电动机产品追溯程序。从立体库模块抓取电动机外壳，运行至 RFID 模块上方进行电动机外壳产品数据追溯，并根据电动机外壳装配信息，做相应工艺流程处理，包括生产产品状态、产品分拣处理，其程序如表 4-9 所示。

⑥ 电动机产品分拣程序。根据产品所追溯到数据信息，进行相应流程装配。如果检测到需要生产毛坯，则进行毛坯所需部件装配；如果检测到需要生产半成品，则进行半成品所需部件装配；如果检测到需要生产成品，则进行成品所需部件装配，其程序如表 4-10 所示。

表 4-9　电动机产品追溯程序

行号	程序	说明
1	PROC Rfid_Ascend()	电动机产品追溯程序
2	MoveAbsJ Homek\NoEOffS,v200,fine,tool0;	运行到原点
3	MoveAbsJ RFID_transk\NoEOffs,v200,fine,tool0;	RFID 模块过渡点
4	MoveL Offs(RFID_Pos,0,0,100),v200,fine,tool0;	偏移 100mm
5	MoveL Ofrs(RFID_Pos,0,0,0),v200,fine,tool0;	运行到 RFID 模块点
6	N:=3;	N 变量赋值为 3
7	WHILE TRUE DO	进入循环体
8	rfidcon. stepno:=N;	N 的值赋值给 Command
9	rfidcon. command:=2 0;	追溯命令
10	Wai tUnt i l rfidstate. command=2 1;	等待追溯完成状态
11	rfidcon. command:=0;	追溯命令清零
12	WaitTime 1;	等待 1s
13	IF rfidstate. name<>""THEN　ProductStatus:=N;	如果数据不为空,生产产品状态
14	IF rfidstate. name="Red"* * * * * *"THEN ProductColor:=3;	如果追溯数据为 Red,生产毛坯配件
15	GOTO Laber1;	跳转至标签处
16	ELSEIF rfidstate. name:"Yellow* * * THEN ProductColor:=2;	如果追溯数据为 Yellow,生产半成品配件
17	GOTO Laber1;	跳转至标签处
18	ELSEIF rfidstate. name:"Blue* * * * * *"THEN ProductColor:=1;	如果追溯数据为 Blue,生产成品配件
19	GOTO Laber1;	跳转至标签处
20	ENDIF	IF 判断结束
21	ELSE	都不满足
22	ProductStatus:=0;	则不生产电动机配件
23	ENDIF	IF 判断结束
24	N:=N-1;	从 3-N 依次循环追溯
25	ENDWHILE	循环体结束
26	Laber1;	运行标签处
27	MoveL Offs(RF 工 D. POS,0,0,100),v200,fine,tool0;	偏移 100mm
28	MoveAbsJ RFID_trans\NoEOfFs,v2 00,fine,tool0;	RFID 模块过渡点
29	MoveAbsJ Home\ NoEOfFs,v200,fine,tool0;	运行到原点
30	ENDPROC	程序结束

表 4-10　电动机产品分拣程序

行号	程序	说明
1	PROC Sort ing_Color()	电动机产品分拣程序
2	IF ProductColor=3 THEN　Pick_Rotor:=Rotor_Base;	如果需生产毛坯,抓取电动机搬运模块上第一行转子
3	Pi ck_Cover:=Cover Base;	抓取电动机搬运模块上第一行端盖
4	ELSEIF ProductColor=2 THEN=Pick_Rotor:=Rotor_Base;	如果需生产半成品,将电动机转子原点赋值给 Pick_Rotor 对象
5	Pick_Rotor. trans. y:=Rotor_Base. trans. y-75;	基于原点 Y 负方向偏移 75mm,抓取第二行
6	Pick_Cover:=Cover_Base;	将电动机端盖原点赋值给 Pick_Rotor 对象
7	Pick_Cover. trans. y:=Pick_Cover. trans. y-7 5;	基于原点 Y 负方向偏移 75mm,抓取第二行
8	ELSEIF ProductColor=1 THEN　Pick_Rotor:=Rotor_Base;	如果需生产成品,将电动机转子原点赋值给 Pick_Rotor 对象
9	Pick_Rotor. trans. y:=Rotor_Base. trans. y-150;	基于原点 Y 负方向偏移 150mm,抓取第三行
10	Pick_Cover:=Cover Base;	将电动机端盖原点赋值给 Pick_Rotor 对象
11	Pick_Cover. trans. y:=Pick_Cover. trans. y-150;	基于原点 Y 负方向偏移 150mm,抓取第三行
12	ENDIF	IF 判断结束
13	ENDPROC	程序结束

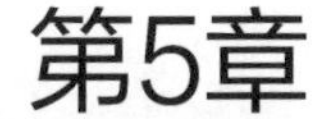

第5章 工业机器人视觉编程

5.1 视觉的安装与调试

如图 5-1 所示，一般机器视觉系统包括了照明系统、镜头、摄像系统和图像处理系统。从功能上来看，典型的机器视觉系统可以分为图像采集部分、图像处理部分和运动控制部分。

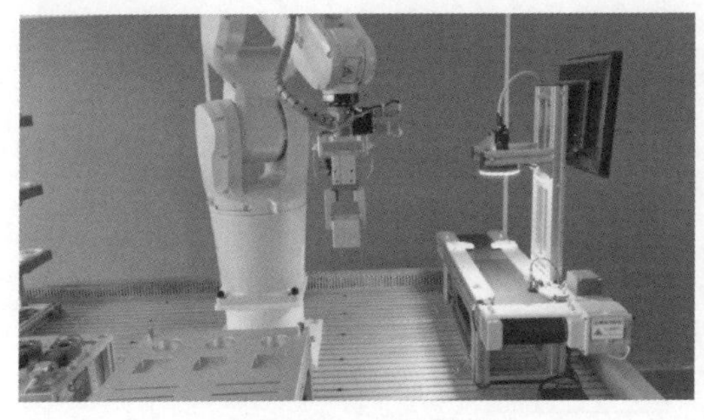

(a) 串联机器人的视觉系统

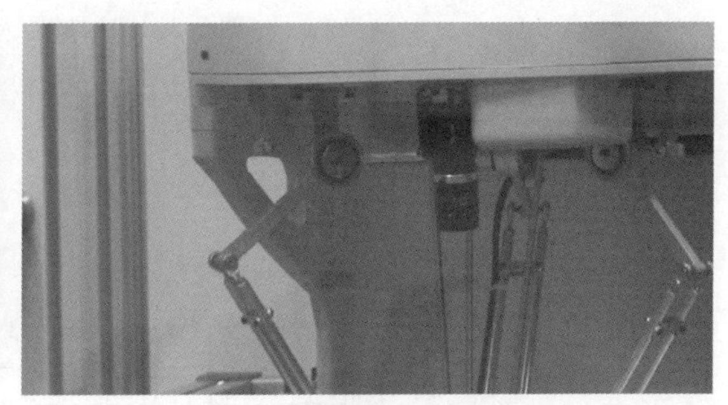

(b) 并联机器人的视觉系统

图 5-1　具有智能视觉检测系统的工业机器人系统

5.1.1　视觉系统功能

（1）种类

如图 5-2 所示，视觉系统的功能是根据设备功能需求采用 CCD 相机，结合处理器对六自由度工业机器人抓取的物体进行视觉识别，并且把被识别物体的颜色、形状、位置等特征信息发送给中央控制器和机器人控制器，则根据被识别物体具有的不同特征而执行不同的相对应的动作，从而完成整个工作站流程。如图 5-3 所示，搬运机器人视觉传感系统，可通过位置视觉伺服系统（图 5-4）与图像视觉伺服系统（图 5-5）来实现。

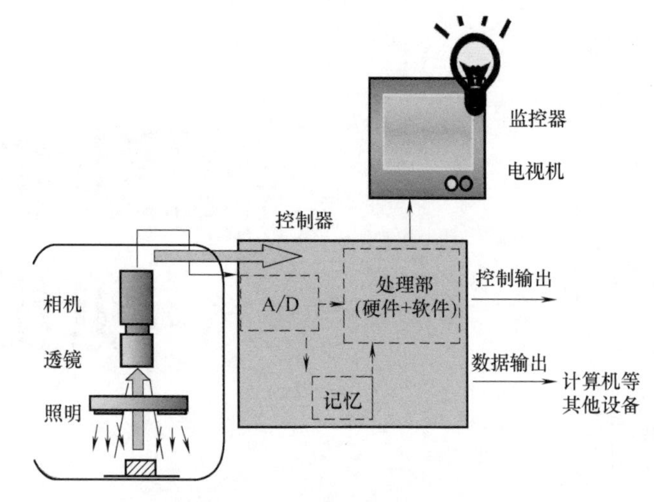

图 5-2 视觉系统的功能

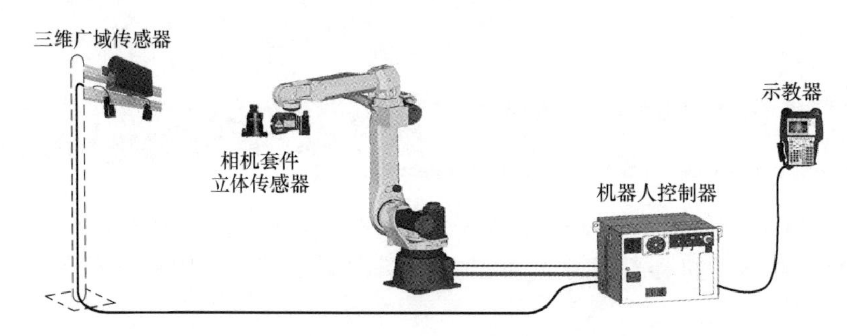

图 5-3 搬运机器人视觉传感系统

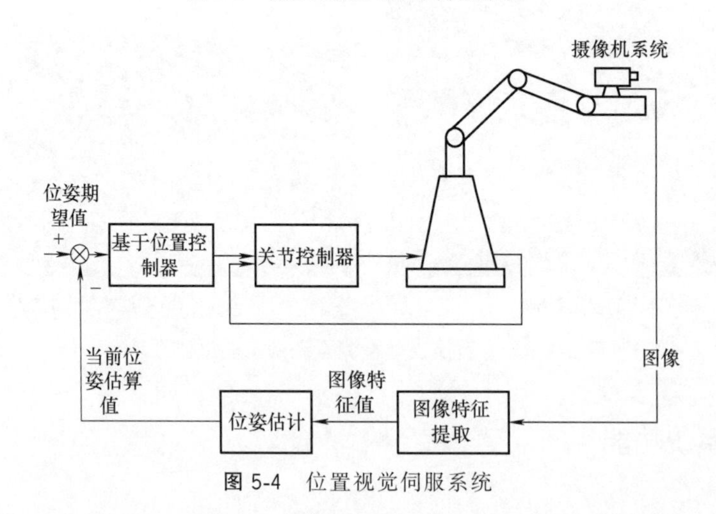

图 5-4 位置视觉伺服系统

机器人视觉系统的主要功能是模拟人眼视觉成像与人脑智能判断和决策功能，采用图像传感技术获取目标对象的信息，通过对图像信息提取、处理并理解，最终用于机器人系统对目标实施测量、检测、识别与定位等任务，或用于机械人自身的伺服控制。

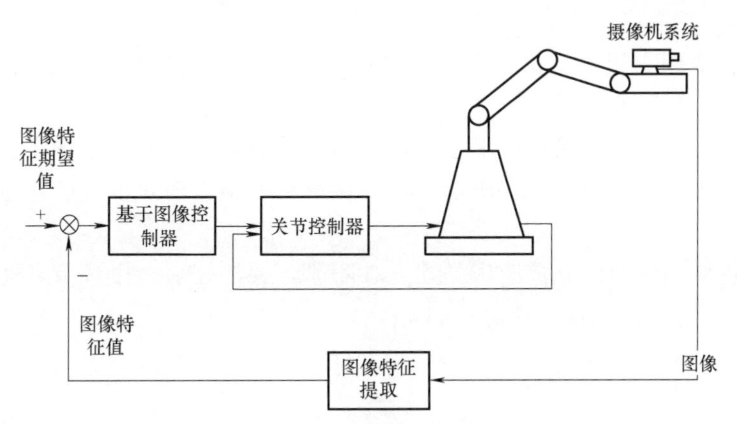

图 5-5　图像视觉伺服系统

在工业应用领域，最具有代表性的机器人视觉系统就是机器人手眼系统。根据成像单元安装方式不同，机器人手眼系统分为两大类：固定成像眼看手系统（eye-to-hand）与随动成像眼在手系统（eye-in-hand，or hand-eye），如图 5-6 所示。

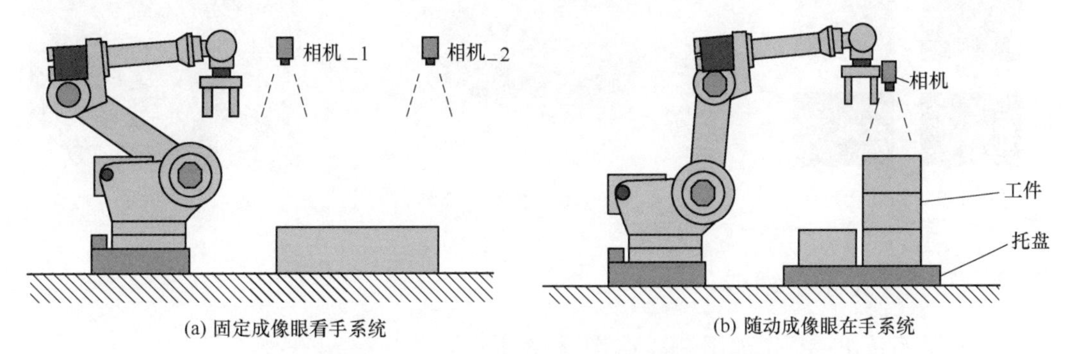

(a) 固定成像眼看手系统　　(b) 随动成像眼在手系统

图 5-6　两种机器人手眼系统的结构形式

（2）工业视觉系统典型应用

工业视觉主要有图像识别、图像检测、视觉定位、物体测量和物体分拣五大典型应用，这五大典型应用也基本可以概括出工业视觉技术在工业生产中所起到的作用。

① 图像识别应用　图像识别，是利用工业视觉对图像进行处理、分析和理解，以识别各种不同模式的目标和对象，如图 5-7 所示。

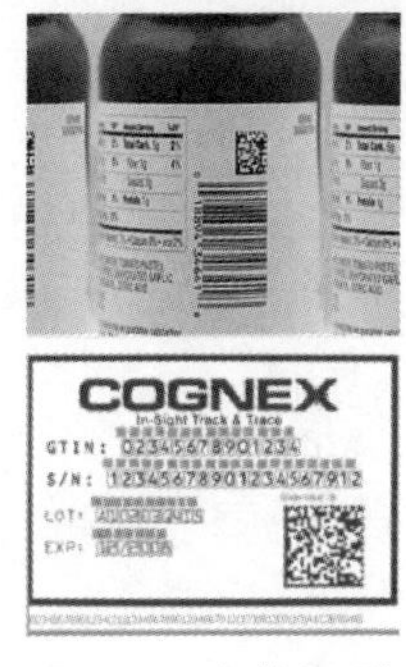

图 5-7　字符识别

图 5-8　焊缝检测

② 图像检测应用　图像检测是工业视觉最主要的应用之一，几乎所有产品都需要检测，

如图 5-8 所示。

③ 视觉定位应用　视觉定位要求工业视觉系统能够快速准确地找到被测零件并确认其位置，如图 5-9 所示。

④ 物体测量应用　工业视觉在工业应用的最大特点就是其非接触测量技术，同样具有高精度和高速度的性能，如图 5-10 所示。但非接触无磨损，消除了接触测量可能造成的二次损伤隐患。

⑤ 物体分拣应用　物体分拣应用是建立在识别、检测之后一个环节，通过工业视觉系统将图像进行处理，实现分拣，如图 5-11 所示。

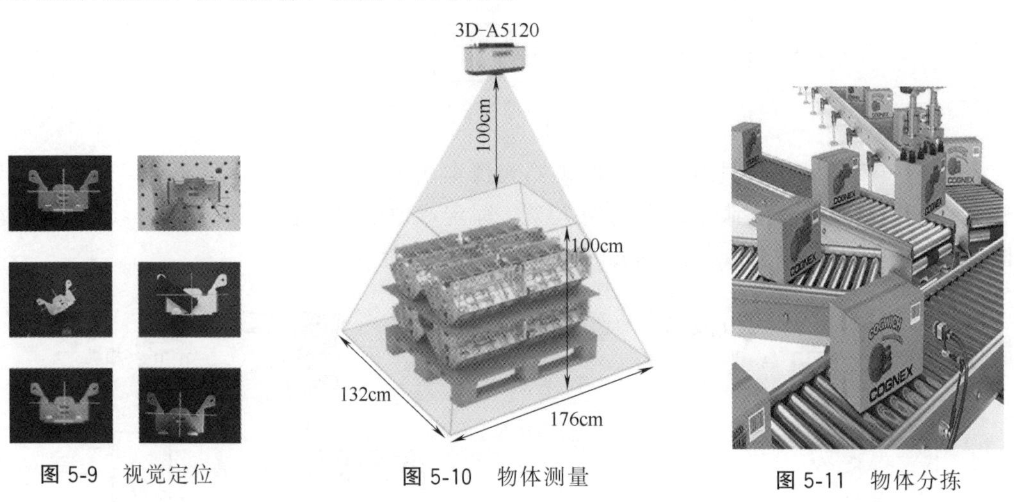

图 5-9　视觉定位　　图 5-10　物体测量　　图 5-11　物体分拣

5.1.2　工业视觉系统组成

工业视觉系统组成框图如图 5-12 与图 5-13 所示。

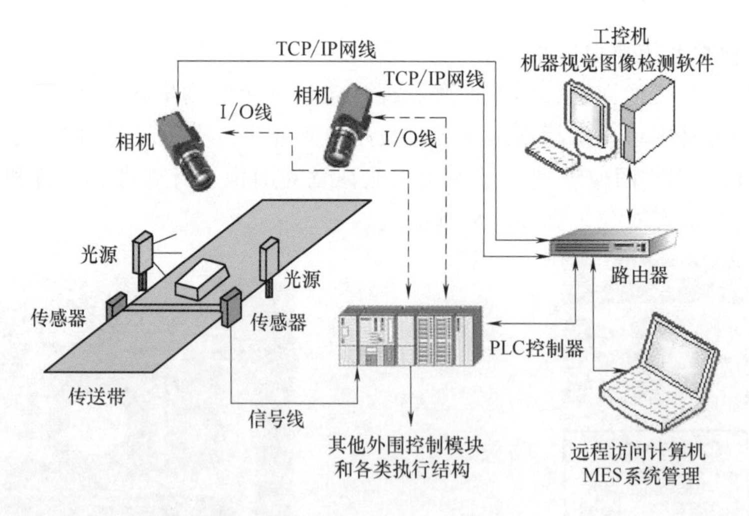

图 5-12　工业视觉系统的组成

5.1.2.1　工业相机与工业镜头

工业相机与工业镜头属于成像器件，通常的视觉系统都是由一套或者多套成像系统组成的。如果有多路相机，可能由图像卡切换来获取图像数据，也可能由同步控制同时获取多相机通道的数据。根据应用的需要，相机可能是输出标准的单色视频（RS-170/CCIR）、复合信号（Y/C）、RGB 信号，也可能是非标准的逐行扫描信号、线扫描信号、高分辨率信号等。

（1） 工业相机

如图 5-14 所示，视觉相机根据采集图片的芯片可以分成两种，分别是 CCD、CMOS。CCD（Charge Coupled Device）是电荷耦合器件图像传感器。它使用一种高感光度的半导体材料制成，能把光线转变成电荷，通过模/数转换器芯片转换成数字信号，数字信号经过压缩以后由相机内部的闪速存储器或内置硬盘卡保存。

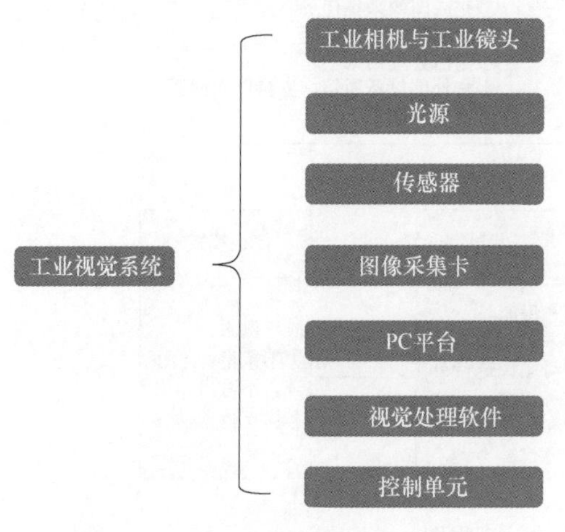

图 5-13 工业视觉系统的组成框图

图 5-14 视觉相机

CMOS（Complementary Metal Oxide Semiconductor）是互补金属氧化物半导体，芯片主要是利用硅和锗这两种元素所制成的半导体，通过 CMOS 上带负电和带正电的晶体管来实现处理的功能。这两个互补效应所产生的电流即可被处理芯片记录和解读成影像。

CMOS 容易出现噪点，容易产生过热的现象；而 CCD 抑噪能力强、图像还原性高，但制造工艺复杂，导致相对耗电量高、成本高。

① 智能相机结构。如图 5-15 所示，智能相机结构包括采集模块、处理模块、存储模块和通信接口。通信接口有以太网通信、RS485 串行接口、通用输入/输出接口等。

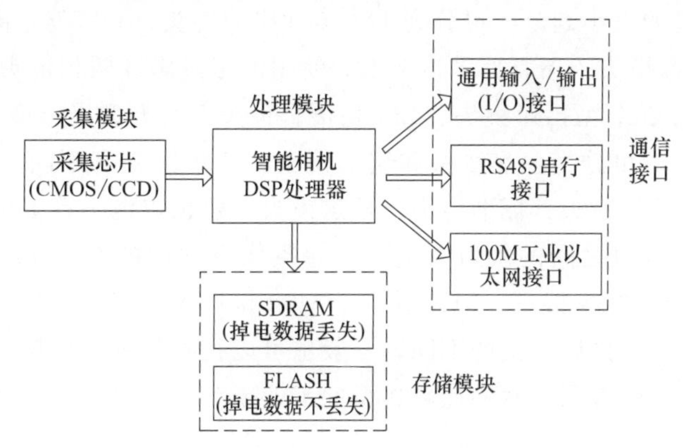

图 5-15 智能相机结构框图

② 智能相机执行流程。相机上电后，首先执行 BOOTLOADER 程序，对相机的硬件、

系统程序代码进行检查，并执行固件更新等功能。执行完 BOOT 程序后，将执行系统 SYS 程序，实现图像的采集、处理、结果输出、通信等功能。智能相机执行流程图如图 5-16 所示。

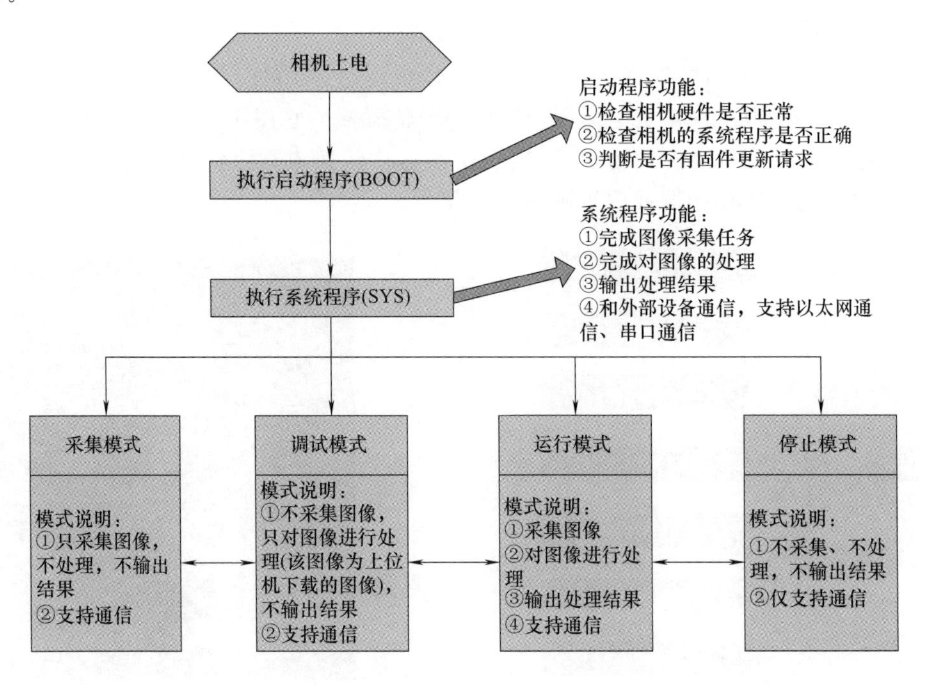

图 5-16　智能相机执行流程图

（2）工业镜头

工业镜头是机器视觉系统中的重要组件，对成像质量起着关键性的作用。它对成像质量的几个最主要指标都有影响，包括分辨率、对比度、景深及各种像差。可以说，工业镜头在机器视觉系统中起到了关键性的作用。

工业镜头的选择一定要慎重，因为镜头的分辨率直接影响到成像的质量。选购工业镜头时首先要了解镜头的相关参数：分辨率、焦距、光圈大小、明锐度、景深、有效像场、接口形式等。工业镜头常用的有如下几种分类方式。

① 根据有效像场的大小划分。可分为 1/3 英寸摄像镜头、1/2 英寸摄像镜头、2/3 英寸摄像镜头、1 英寸摄像镜头，还有许多情况下会使用电影摄影及照相镜头，如 35mm 摄影镜头、135 型摄影镜头、127 型摄影镜头、120 型摄影镜头以及大型摄影镜头。

② 根据焦距划分。可分为变焦镜头和定焦镜头。变焦镜头有不同的变焦范围；定焦镜头可分为鱼眼镜头、短焦镜头、标准镜头、长焦镜头、超长焦镜头等多种型号。

③ 根据镜头和摄像机之间的接口分类。工业摄像机常用的有 C 接口、CS 接口、F 接口、V 接口、T2 接口、徕卡接口、M42 接口、M50 接口等。接口类型的不同与镜头性能及质量并无直接关系，只是接口方式的不同，一般也可以找到各种常用接口之间的转接口。

工业视觉检测系统中常用的六种比较典型的工业镜头，如表 5-1 所示。

5.1.2.2　光源

光源是辅助成像器件。如果采用单色 LED 照明，使用滤光片隔绝环境干扰，采用几何学原理来考虑样品、光源和相机位置，考虑光源形状和颜色以加强测量物体和背景的对比度。

表 5-1 六种比较典型的工业镜头

镜头规格	百万像素(megapixel)低畸变镜头	微距(macro)镜头	广角(wide-angle)镜头
镜头照片			
特点及应用	工业镜头里最普通,种类最齐全,图像畸变也较小,价格比较低,所以应用最为广泛,几乎适用于任何工业场合	一般是指成像比例为2∶1～1∶4范围内的特殊设计的镜头。在对图像质量要求不是很高的情况下,一般可采用在镜头和摄像机之间加近摄接圈的方式或在镜头前加近拍镜的方式达到放大成像的效果	镜头焦距很短,视角较宽,而景深却很深,图形有畸变,介于鱼眼镜头与普通镜头之间。主要用于对检测视角要求较宽、对图形畸变要求较低的检测场合
镜头规格	鱼眼(fisheye)镜头	远心(telecentric)镜头	显微(micro)镜头
镜头照片			
特点及应用	鱼眼镜头的焦距范围在6～16mm(标准镜头是50mm左右)。鱼眼镜头与鱼眼有相似的形状、作用。视场角等于或大于180°,有的甚至可达230°;图像有桶形畸变,画面景深特别大,可用于管道或容器的内部检测	主要是为纠正传统镜头的视差而特殊设计的镜头。它可以在一定的物距范围内,使得到的图像放大倍率不会随物距的变化而变化,这对被测物不在同一物面上的情况是非常重要的应用	一般被成像比例大于10∶1的拍摄系统所用,但由于现在的摄像机的像元尺寸已经做到3μm以内,所以一般成像比例大于2∶1时也会选用显微镜头

相似颜色（或色系）混合变亮，相反颜色混合变暗。三基色为红、绿、蓝。互补色为黄和蓝、红和青、绿和品红。常见的机器视觉专用光源分类如表5-2所示。

5.1.2.3 传感器

传感器通常以光纤开关、接近开关等的形式出现，用以判断被测对象的位置和状态，告知图像传感器进行正确的采集。

5.1.2.4 图像采集卡

图像采集卡通常以插入卡的形式安装在PC中，图像采集卡的主要工作是把相机输出的图像输送给PC主机。它将来自相机的模拟或数字信号转换成一定格式的图像数据流，同时它可以控制相机的一些参数，如触发信号、曝光/积分时间、快门速度等。图像采集卡通常有不同的硬件结构以针对不同类型的相机，同时也有不同的总线形式，如PCI、PCI64、Compact PCI、PC104、ISA等。

表 5-2　常见的机器视觉专用光源分类

名称	图片	类型特点	应用领域
环形光源		环形光源提供不同照射角度、不同颜色组合,更能突出物体的三维信息;高密度 LED 阵列,高亮度;多种紧凑设计,节省安装空间;解决对角照射阴影问题;可选配漫射板导光,光线均匀扩散	PCB 基板检测 IC 元件检测 显微镜照明 液晶校正 塑胶容器检测 集成电路印字检查
背光源		用高密度 LED 阵列可提供高强度背光照明,能突出物体的外形轮廓特征,尤其适合作为显微镜的载物台。红白两用背光源,红蓝多用背光源,能调配出不同颜色,满足不同被测物多色要求	机械零件尺寸的测量,电子元件、IC 的外形检测,胶片污点检测,透明物体划痕检测等
同轴光源		同轴光源可以消除物体表面不平整引起的阴影,从而减少干扰部分采用分光镜设计,减少光损失,提高成像清晰度均匀照射物体表面	此种光源最适合用于反射度极高的物体,如金属、玻璃、胶片、晶片等表面的划伤检测;芯片和硅晶片的破损检测;Mark 点定位,包装条码识别
条形光源		条形光源是较大方形结构被测物的首选光源。颜色可根据需求搭配,自由组合;照射角度与安装随意可调	金属表面检查 图像扫描 表面裂缝检测 LCD 面板检测等
线形光源		超高亮度,采用柱面透镜聚光,适用于各种流水线连续监测场合	线阵相机照明专用; AOI 专用
RGB 光源		不同角度的三色光照明,照射凸显焊锡三维信息,外加漫散射板导光,减少反光 RIM 不同角度组合	专用于电路板焊锡检测

续表

名称	图片	类型特点	应用领域
球积分光源		具有积分效果的半球面内壁，均匀反射从底部360°发射出的光线，使整个图像的照度十分均匀	适用于曲面、表面凹凸、弧面表面检测金属、玻璃表面反光较强的物体表面检测
条形组合光源		四边配置条形光，每边照明独立可控；可根据被测物要求调整所需照明角度，适用性广	PCB基板检测 焊锡检查 Mark点定位 显微镜照明 包装条码照明 IC元件检测
对位光源		对位速度快，视场大，精度高，体积小，亮度高	全自动电路板 印刷机对位
点光源		大功率LED，体积小，发光强度高，是光纤卤素灯的替代品，尤其适合作为镜头的同轴光源。高效散热装置，大大提高光源的使用寿命	配合远心镜头使用 用于芯片检测、Mark点定位、晶片及液晶玻璃基底校正

5.1.2.5 PC平台

PC是一个PC式视觉系统的核心，在这里完成图像数据的处理和绝大部分的控制逻辑。对于检测类型的应用，通常都需要较高频率的CPU，这样可以减少处理的时间。同时，为了减少工业现场电磁、振动、灰尘、温度等的干扰，必须选择工业级PC。

5.1.2.6 视觉处理软件

视觉处理软件用来完成输入的图像数据的处理，然后通过一定的运算得出结果，这个输出的结果可能是PASS/FAIL信号、坐标位置、字符串等。常见的视觉处理软件以C/C++图像库、ActiveX控件、图形式编程环境等形式出现，可以是专用功能的（比如仅仅用于LCD检测、BGA检测、模板对准等），也可以是通用目的的（包括定位、测量、条码/字符识别、斑点检测等）。

5.1.2.7 控制单元

控制单元包含I/O、运动控制、电平转化单元等，一旦视觉处理软件完成图像分析（除非仅用于监控），紧接着需要和外部单元进行通信以完成对生产过程的控制。简单的控制可以直接利用部分图像采集卡自带的I/O，相对复杂的逻辑/运动控制则必须依靠附加可编程逻辑控制单元/运动控制卡来实现必要的动作。

5.1.3 工业视觉系统主要参数

常见的工业视觉系统主要参数有焦距、光圈、景深、分辨率、曝光方式、图像亮度、图像对比度、图像饱和度、图像锐化等。

（1）焦距

焦距就是从镜头的中心点到胶平面（胶片或CCD）上所形成的清晰影像之间的距离。需要注意相机的焦距与单片凸透镜的焦距是两个概念，因为相机上安装的镜头是由多片薄的凸透镜组成的，单片凸透镜的焦距是平行光线汇聚到一点，这一点到凸透镜中心的距离。焦距的大小决定着视角大小，焦距数值小，视角大，所观察的范围也大；焦距数值大，视角小，所观察的范围也小。

（2）光圈

光圈是一个用来控制光线通过镜头，进入机身内感光面光量的装置，它通常在镜头内。对于已经制造好的镜头，不可以随意地改变，但是可以通过在镜头内部加入多边形或者圆形且面积可变的孔径光栅来达到控制镜头通光量，这个装置就是光圈。当光线不足时，可把光圈调大，自然可以让更多光线进入相机，反之亦然。除了调整通光量之外，光圈还有一个重要的作用：调整画面的景深。

（3）景深

景深是指在被摄物体聚焦清楚后，在物体前后一定距离内，其影像仍然清晰的范围。景深随镜头的光圈值、焦距、拍摄距离而变化，光圈越大，景深越小（浅）；光圈越小，景深越大（深）。焦距越长，景深越小；焦距越短，景深越大。距离拍摄物体越近时，景深越小；拍摄距离越远时，景深越大。

（4）分辨率

图像分辨率可以看成是图像的大小，分辨率高，图像就大，更清晰；反之，分辨率低，图像就小。图像分辨率指图像中存储的信息量，是每英寸图像内有多少个像素点，单位为PPI（Pixels Per Inch），因此放大图像便会增强图像的分辨率，图像分辨率大，图像更大，更清晰。例如：一张图片分辨率是500×200，也就是说这张图片在屏幕上按1∶1放大时，水平方向有500个像素点（色块），垂直方向有200个像素点（色块）。

（5）曝光方式

线阵相机都是逐行曝光的方式，可以选择固定行频和外触发同步的采集方式，曝光时间可以与行周期一致，也可以设定一个固定的时间；面阵工业相机有帧曝光、场曝光和滚动行曝光等几种常见方式，数字工业相机一般都提供外触发采图的功能。

（6）图像亮度

图像亮度通俗理解便是图像的明暗程度，数字图像 $f(x, y)=i(x, y)r(x, y)$，如果灰度值在［0，255］之间，则 f 值越接近0，亮度越低，f 值越接近255，亮度越高。

（7）图像对比度

图像对比度指的是图像暗和亮的落差值，即图像最大灰度级和最小灰度级之间的差值。

（8）图像饱和度

图像饱和度指的是图像颜色种类的多少，图像的灰度级是 $[L_{min}, L_{max}]$，则在 L_{min}、

L_{max} 的中间值越多，便代表图像的颜色种类多，饱和度也就更高，外观上看起来图像更鲜艳。调整饱和度，可以修正过度曝光或者未充分曝光的图片。

（9）图像锐化

图像锐化是补偿图像的轮廓，增强图像的边缘及灰度跳变的部分，使图像变得清晰。图像锐化在实际图像处理中经常用到，因为在做图像平滑、图像滤波处理时经常会丢失图像的边缘信息，通过图像锐化便能够增强突出图像的边缘、轮廓。

5.1.4 工业机器人视觉硬件连接

（1）连接原理

图 5-17 为某工业机器人视觉电路连接图，图 5-18 为视觉信号连接图。

（2）信号说明

① CCD-RUN（对应机器人程序中数字输入信号 CCD_Running） 相机在静态运行模式下为 1，在动态运行模式下为 0，相机在动态下是不可以进行正常拍照检测工作的。因此正确的使用方法为编辑流程时将“图像模式”调整为动态，当需要运行程序时，要手动将“图像模式”调整为静态。即在 CCD _ Running 为 1 的状态下，CCD_Finish 信号和 CCD_OK 信号才可以正常工作，否则全部判断结果均为 NG。

② CCD_FINISH（对应机器人程序中的数字输入信号 CCD_Finish） CCD_Finish 为 CCD 中的 GATE 信号，信号为检测流程后综合判定的输出信号，提前于拍照结果 OR 信号（CCD_OK）发出。在实际运用中，如果 CCD_Finish 为 0，就意味着场景的综合判定不正常，那么输出的拍照结果信号（CCD_OK）的值便不能作为检测依据使用。只有当 CCD_Finish 为 1 时，才表明综合判定正常，输出的拍照结果信号（CCD_OK）才是可用的。所以程序内必须确认等待当 CCD_Finish 为 1 时，才能对 CCD_OK 的判定结果做处理。需要注意的是，只有当 CCD 检测流程中的“并行数据”输出，添加了【TJG】的表达式，CCD_Finish 才会正常输出，否则该信号的值永远为 0。

③ CCD_OK（对应机器人程序中的数字输入信号 CCD_Finish） 此信号是判定检测产品 NG 和 OK 后的一个输出信号。当产品检测 OK 时，CCD_OK 输出结果为 1，NG 时为 0。但该信号为脉冲信号，只有拍照执行信号（对应机器人输出信号 allowphoto）触发，判定 OK 后会输出一个 1000ms 的高电平，以及 CCD_OK 值为 1 。

综上所述，3 个信号都是常用的 CCD 输出信号，程序逻辑顺序为：场景调用→场景确认→等待 CCD_Running 为 1 →拍照→等待 CCD_Finish 为 1→CCD_OK 结果输出→IF 指令对 CCD_OK 的结果进行处理。

（3）安装视觉模块

安装视觉模块包括如图 5-19 所示的内容，其步骤如下。

① 将视觉模块安装到如图 5-20 所示位置。

② 安装视觉模块的通信线，一端连接到通用电气接口板上 LAN2 接口位置，另一端连接到相机通信口，如图 5-21 所示。

③ 安装视觉模块的电源线，一端连接到通用电气接口板上 J7 接口位置，另一端连接到相机电源口，如图 5-22 所示。

④ 安装局域网网线，将 PC 和相机连接到同一局域网。网线一端接到 PC 的网口，网线另一端接到通用电气接口板上的 LAN1 网口，如图 5-23 所示。

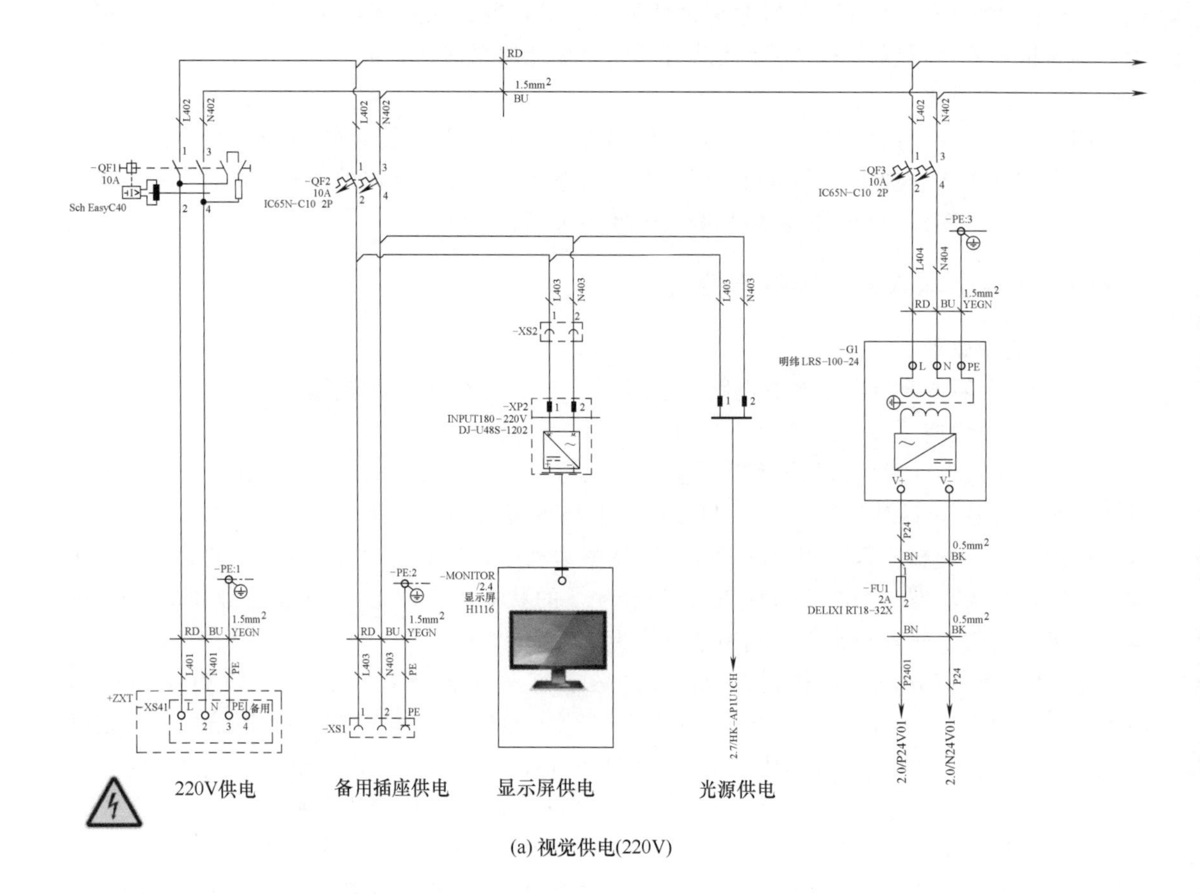

(a) 视觉供电(220V)

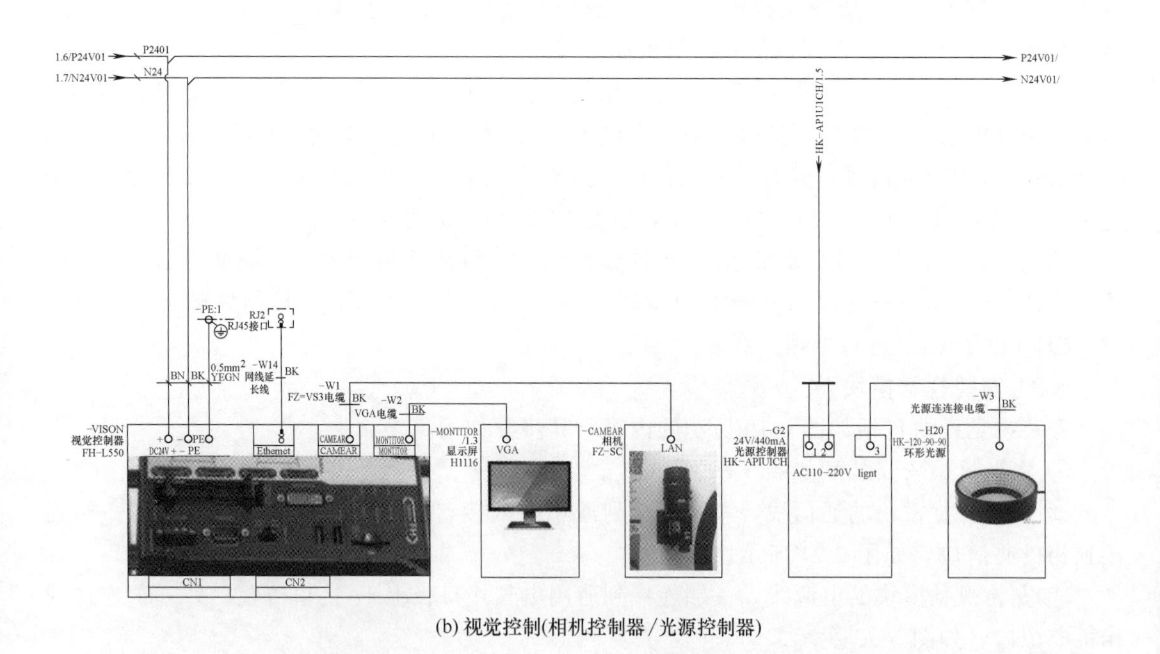

(b) 视觉控制(相机控制器/光源控制器)

图 5-17　某工业机器人视觉电路连接图

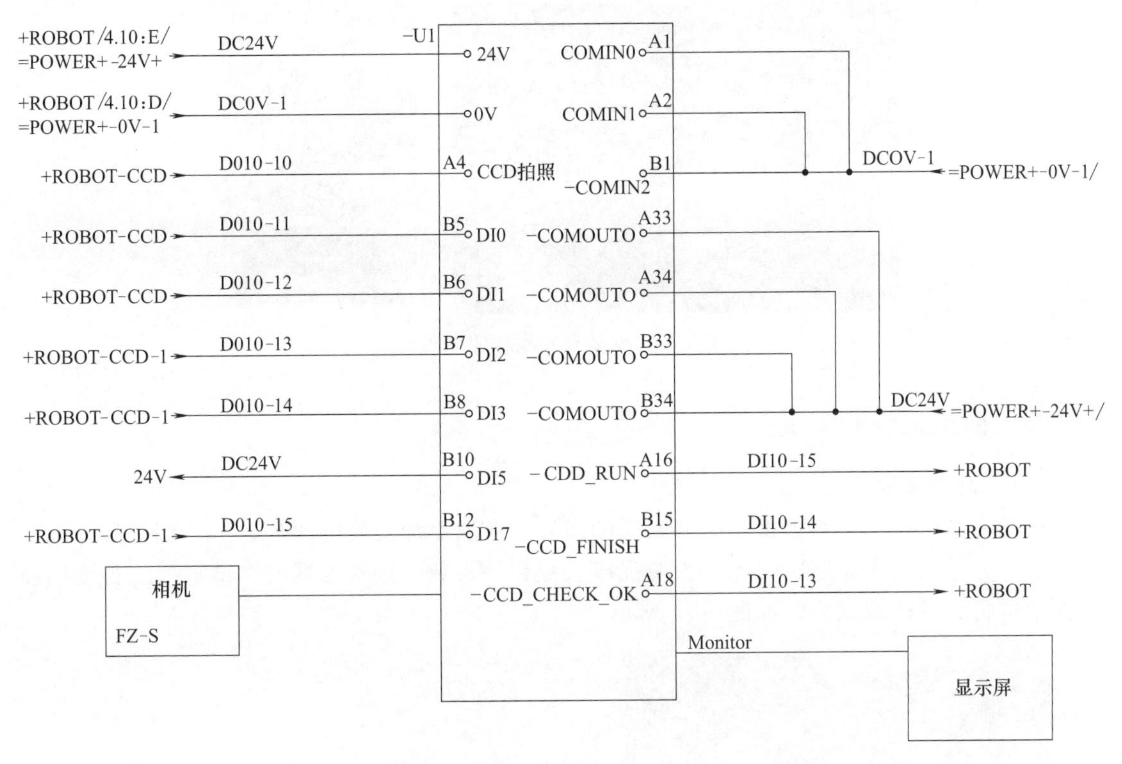

图 5-18　视觉信号连接图

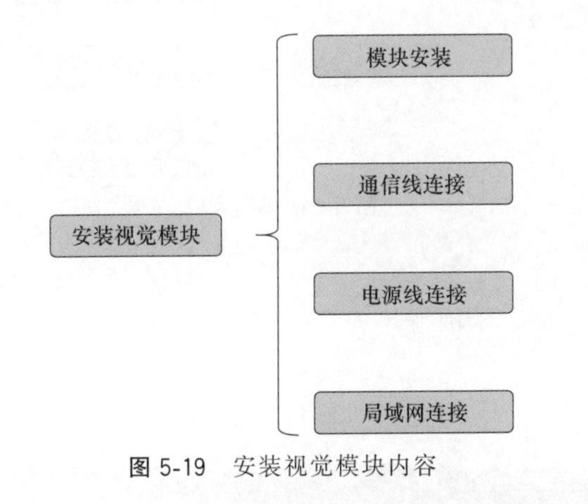

图 5-19　安装视觉模块内容

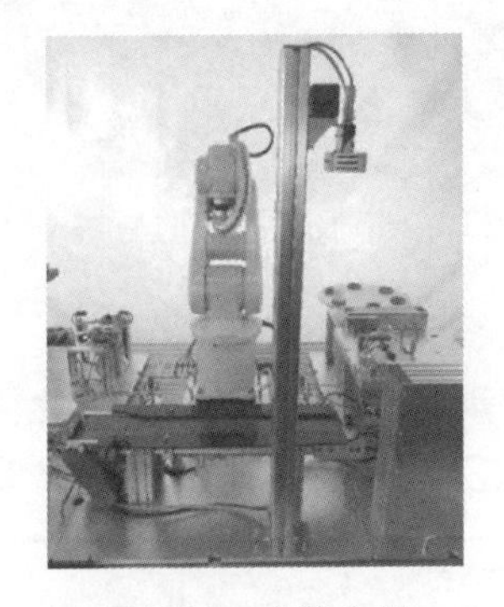

图 5-20　安装位置

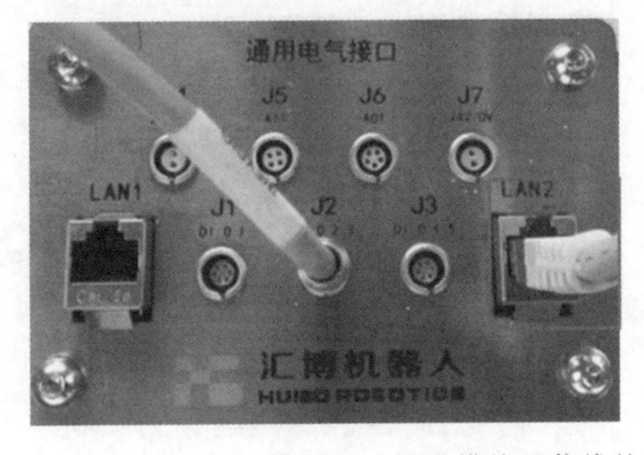

图 5-21　视觉模块通信线的安装

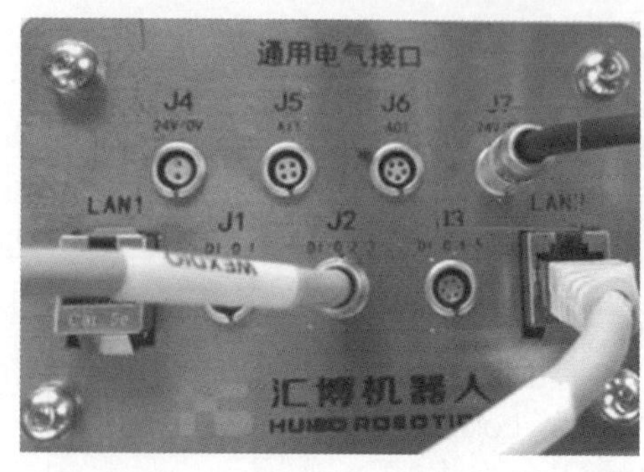

图 5-22　安装视觉模块的电源线

5.1.5　视觉系统的调试

5.1.5.1　调整视觉参数

视觉参数的调试是为了得到高清画质的图形，获取更加准确的图形数据。相机参数调试的主要任务包括图像亮度、曝光、光源强度、焦距等参数。这些参数的调试需要在视觉编程软件中进行，具体调试步骤如图 5-24 所示。

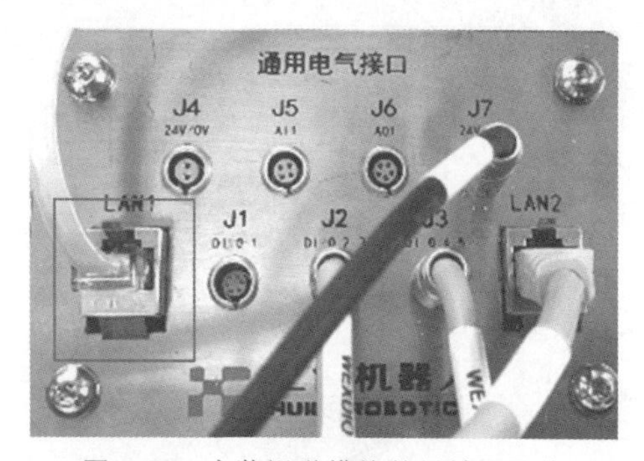

图 5-23　安装视觉模块的局域网网线

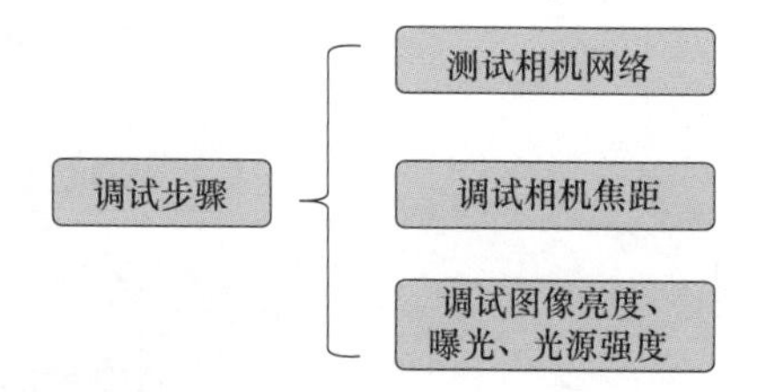

图 5-24　调整视觉参数步骤

（1）测试相机网络

① 手动将 PC 的 IP 地址设为 192.168.101.88，子网掩码为 255.255.255.0，单击“确定”按钮完成 IP 设置，如图 5-25 所示。

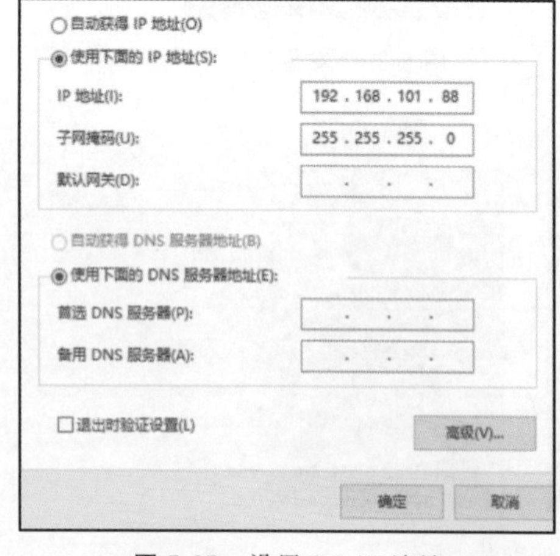

图 5-25　设置 PC IP 地址

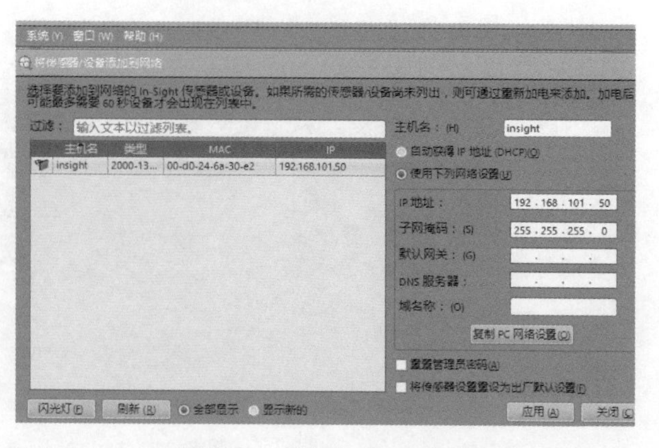

图 5-26　设置相机 IP 地址

② 打开 insight 软件，单击菜单栏中“系统”下的“将传感器添加到设备”，输入相机的 IP 地址 192.168.101.50，单击“应用”按钮，如图 5-26 所示。

③ 在开始运行中打开命令提示符窗口，输入 ping 192.168.101.50，测试 PC 与相机之间的通信。若能收发数据包，说明网络正常通信，如图 5-27 所示。

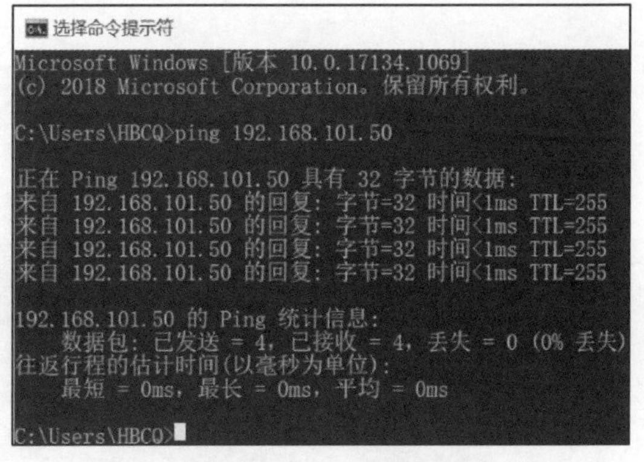

图 5-27　测试 PC 与相机之间的通信

(2) 调试相机焦距

① 打开视觉编程软件 In-Sight Explorer，如图 5-28 所示。

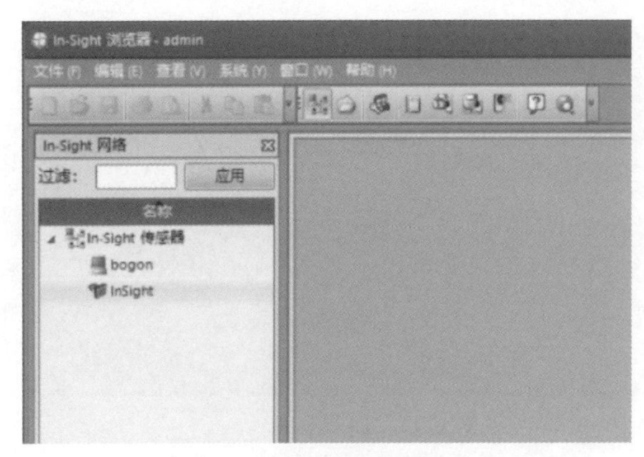

图 5-28　打开视觉编程软件

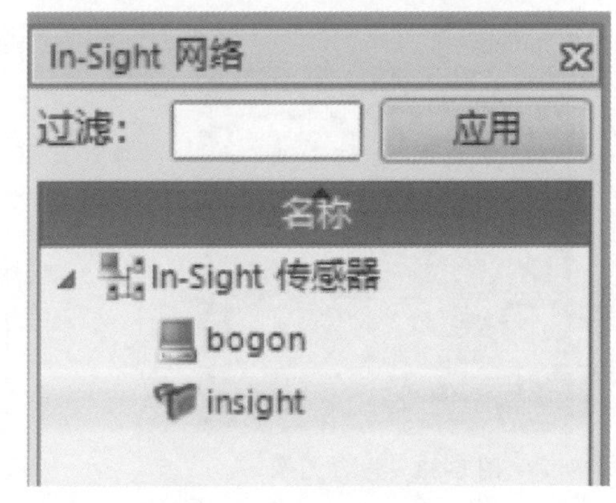

图 5-29　加载相机数据

② 双击“In-Sight 传感器”下的“insight”，自动加载相机中已保存的工程，如图 5-29 所示。

③ 相机模式设为实况视频模式，即相机进行连续拍照，如图 5-30 所示。

图 5-30　设置相机模式

④ 相机实况视频拍照如图 5-31 所示，当前焦点为 4.12。

⑤ 使用一字螺丝刀，顺逆时针旋转相机焦距调节器，直到相机拍照获得的图像清晰为止，如图 5-32 所示。当前焦点为 4.15。

(3) 图像高度

主要包括调试图像亮度、曝光和光源强度等。

① 单击“应用程序步骤”下的“设置图像”，如图 5-33 所示。

② 选择“灯光”下的“手动曝光”，然后调试“目标图像亮度”“曝光”“光源强

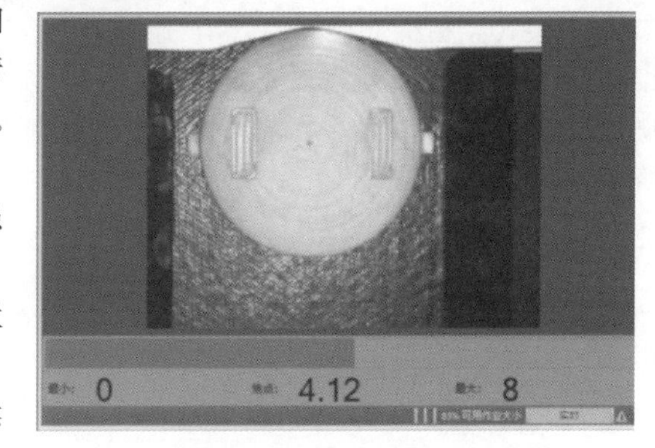

图 5-31　相机实况视频拍照

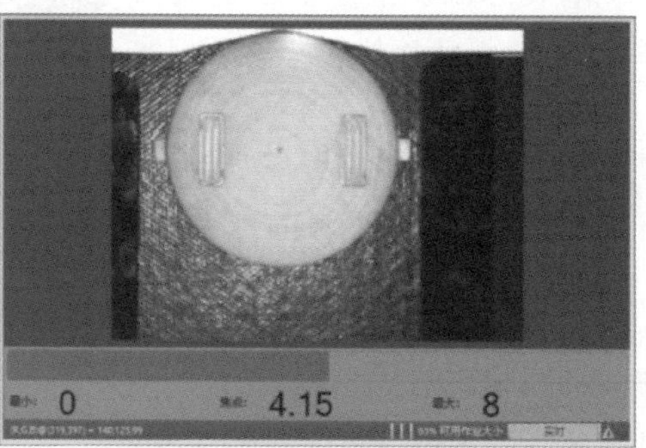

图 5-32　调焦距

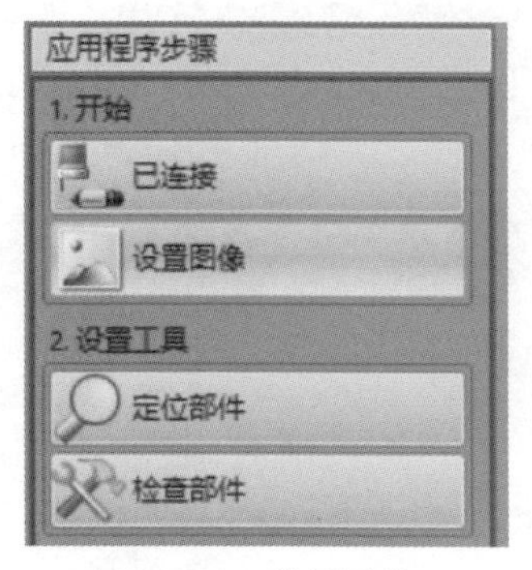

图 5-33　设置图像

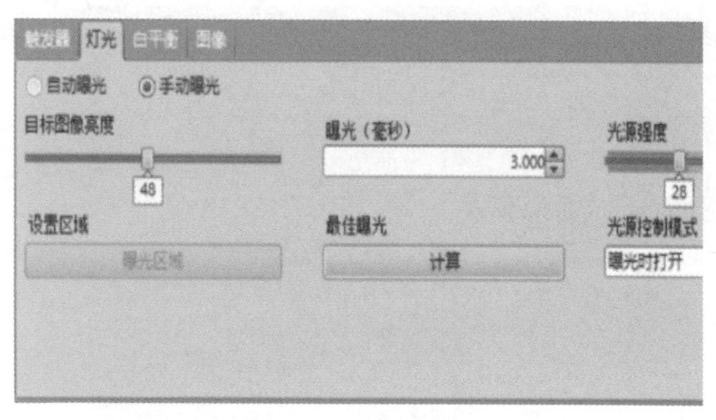

图 5-34　调节参数

度”参数，如图 5-34 所示。

③ 重复步骤②，直到图像颜色和形状的清晰度满足要求为止，如图 5-35 所示。

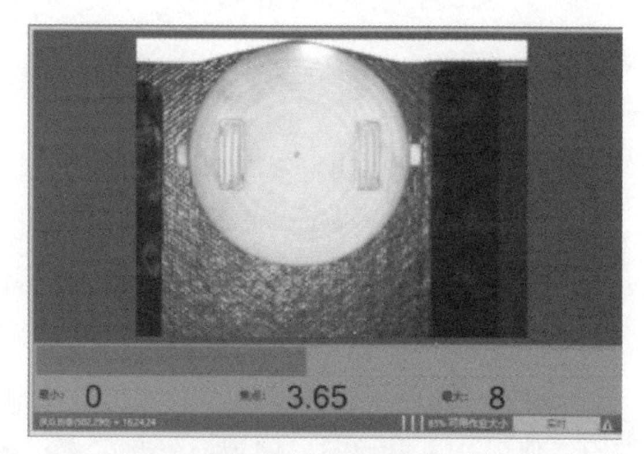

图 5-35　调节清晰度

5.1.5.2　测试视觉数据

下载 sscom 串口调试助手软件，测试相机通信数据，操作步骤如下。

① 在视觉编程软件中，单击联机按钮，切换到联机模式，如图 5-36 所示。

② 打开通信调试助手，选择“TCP Client”模式。相机进行 TCP _ IP 通信时，相机为服务器，工业机器人或其他设备为客户端。打开通信调试助手，输入相机的 IP 地址为 192.168.101.50，端口号为 3010，建立通信连接，如图 5-37 所示。

图 5-36　切换到联机模式

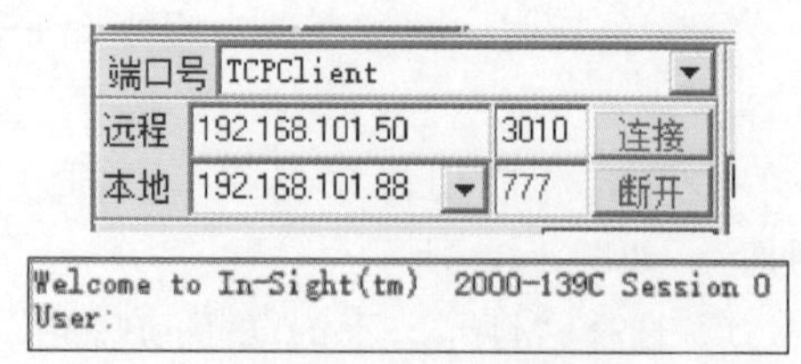

图 5-37　建立通信连接

③ 发送指令“admin”到相机。通信调试助手收到相机返回的数据“Password”，如图5-38所示。

④ 发送空格指令到相机，通信调试助手收到相机返回的数据“User Logged In”，如图5-39所示。

```
Welcome to In-Sight(tm)  2000-139C Session 0
User: Password:
```

图5-38　收到相机返回的数据“Password”

```
Welcome to In-Sight(tm)  2000-139C Session 0
User: Password: User Logged In
```

图5-39　收到相机返回的数据“User Logged In”

⑤ 发送指令“se8”到相机，控制相机执行一次拍照，通信调试助手收到相机返回的数据“1”，代表指令发送成功。

⑥ 发送“GVFlange. Fixture. X”到相机，通信调试助手收到相机返回的数据“1 156.105”。“1”代表指令发送成功，“156.105”代表工件在X方向的位置，如图5-40所示。

```
Welcome to In-Sight(tm)  2000-139C Session 0
User: Password: User Logged In
1
1
156.105
```

图5-40　收到相机返回的数据“1 156.105”

5.2　具有视觉功能的工作站现场编程

5.2.1　机器视觉系统的工作步骤

① 工件定位检测器探测到物体已经运动至接近摄像系统的视野中心，向图像采集部分发送触发脉冲。

② 图像采集部分按照事先设定的程序和延时，分别向摄像机和照明系统发出启动脉冲。

③ 摄像机停止目前的扫描，重新开始新的一帧扫描，或者摄像机在启动脉冲来到之前处于等待状态，启动脉冲到来后启动一帧扫描。

④ 摄像机开始新的一帧扫描之前打开曝光机构，曝光时间可以事先设定。

⑤ 另一个启动脉冲打开灯光照明，灯光的开启时间应该与摄像机的曝光时间匹配。

⑥ 摄像机曝光后，正式开始一帧图像的扫描和输出。

⑦ 图像采集部分接收模拟视频信号，并通过A/D转换将其数字化，或者直接接收摄像机数字化后的数字视频数据。

⑧ 图像采集部分将数字图像存放在处理器或计算机的内存中。

⑨ 处理器对图像进行处理、分析、识别，获得测量结果或逻辑控制值。

⑩ 处理结果控制流水线的动作、进行定位、纠正运动的误差等。

5.2.2　软件的操作

（1）工件颜色的识别

① 新建一个场景　单击“场景切换”，在对话框中选择一个场景，然后按“确定”按钮（图5-41），即可新建一个场景。

② 流程编辑　在主界面单击“流程编辑”（图5-42），进入流程编辑界面，如图5-43

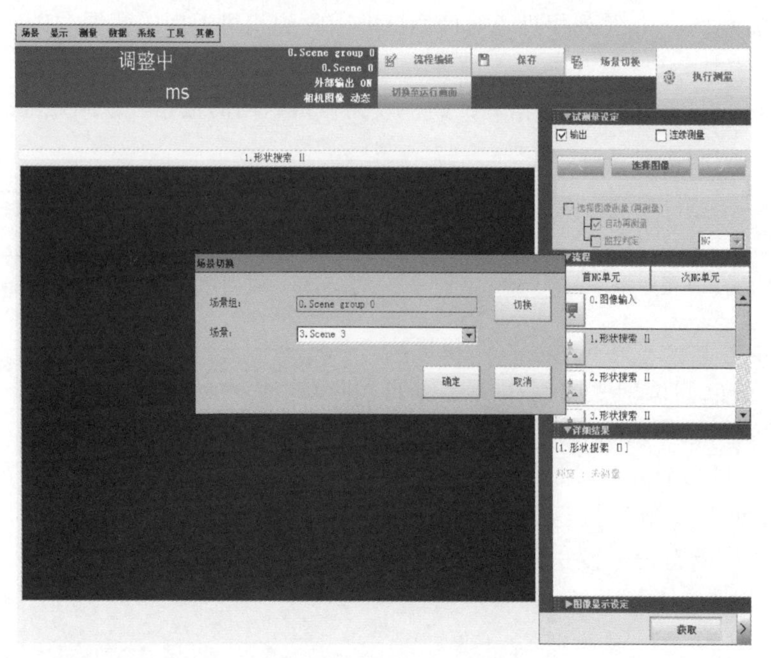

图 5-41 新建一个场景

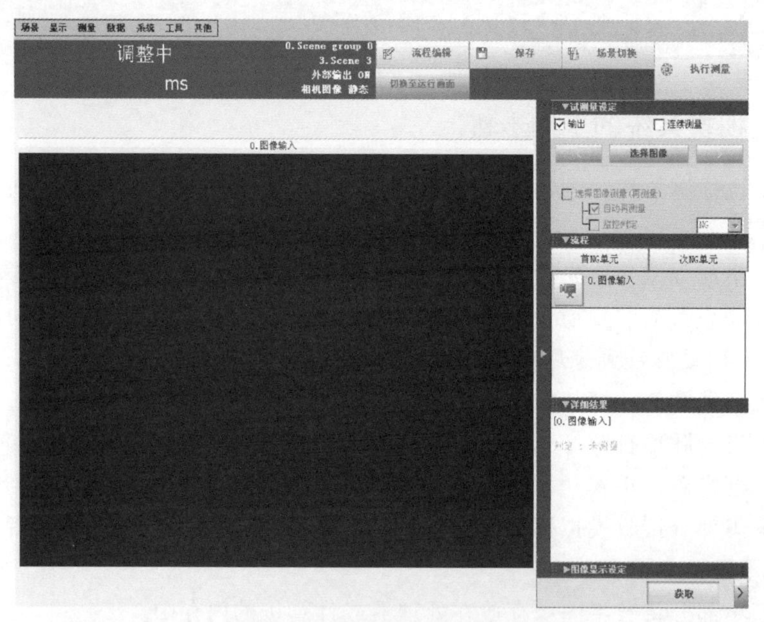

图 5-42 单击“流程编辑”

所示。

③ 输入图像 单击“图像输入”，进入“图像输入”界面，设置参数，如图 5-44 所示。镜头对准工件后，单击“确定”按钮，则图像获取完毕。

④ 模型登录 单击“分类”图标，进入设置界面。在“分类”界面先设置“模型参数”。在初始状态下设定，选择“旋转”，还要设定旋转范围、跳跃角度、稳定度和精度等，具体设置如图 5-45 所示。

在“分类”界面右边为分类坐标分布，分类坐标共有 36 行（标有数字部分为索引号），

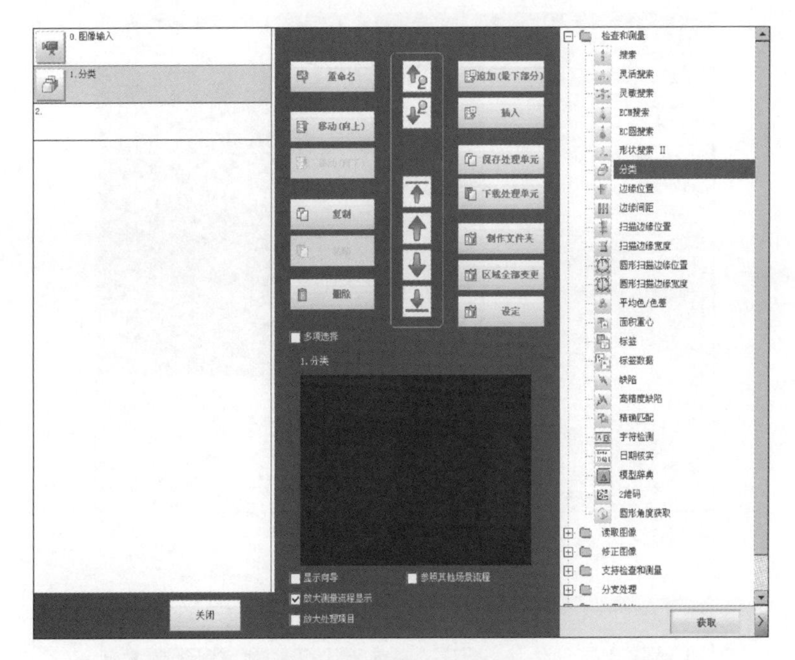

图 5-43　流程编辑界面

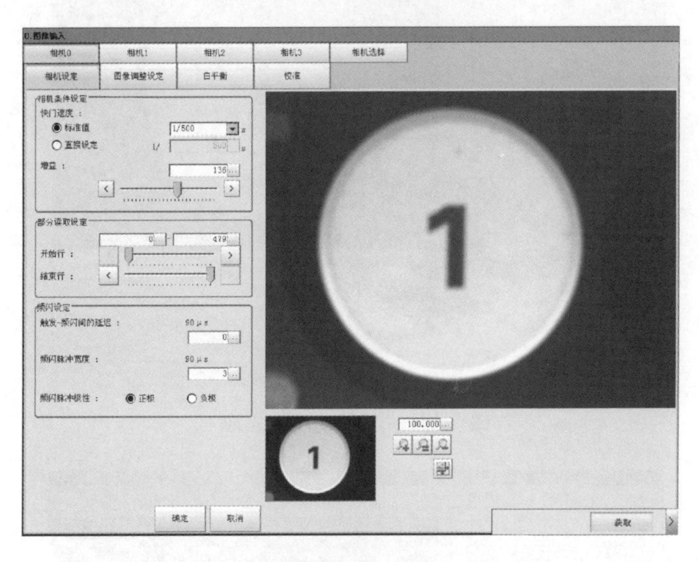

图 5-44　图像输入

编号分别为 0～35，每行共有 5 列（未标数字部分为模型编号），编号分别为 0～4。任意单击一个坐标位置，然后单击“模型登录”按钮，进入“模型登录”界面，如图 5-46 所示。单击左边的图形图标，在右边显示界面会出现一个圆圈，移动圆圈把数字圈在中间，设置测量区域，单击“确定”按钮可以回到“分类”界面。这样就录好了一个黄色的 1 号工件，如图 5-47 所示。通过这样的方法，可将印有黄、红、蓝、黑四种颜色的工件依次录入，如图 5-48 所示。全部录入完成后回到“模型登录”界面，单击“测量参数”按钮，进入“测量参数”界面（图 5-49），把“相似度”改成 95°～100°之间。最后单击“确定”按钮回到主界面。

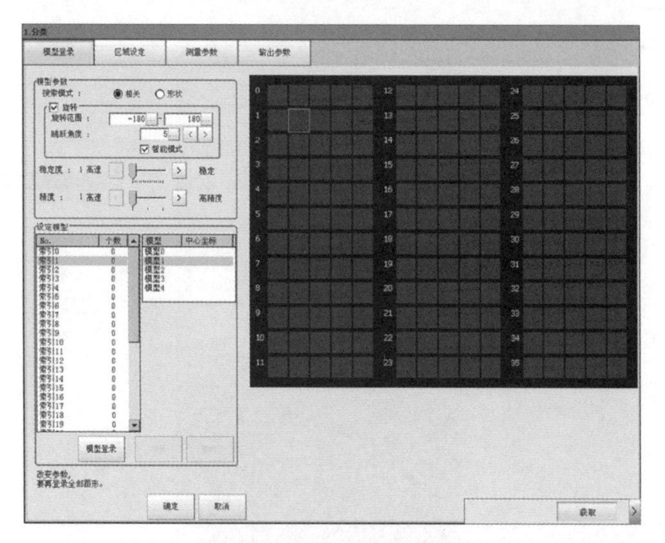

图 5-45　模型参数设置

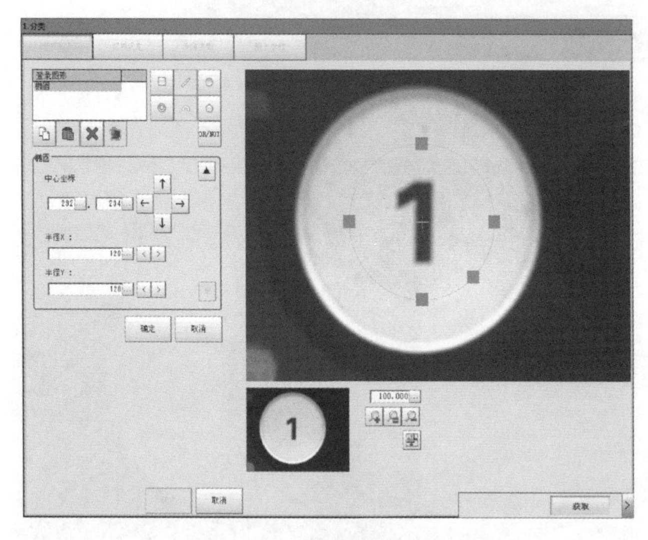

图 5-46　“模型登录”界面

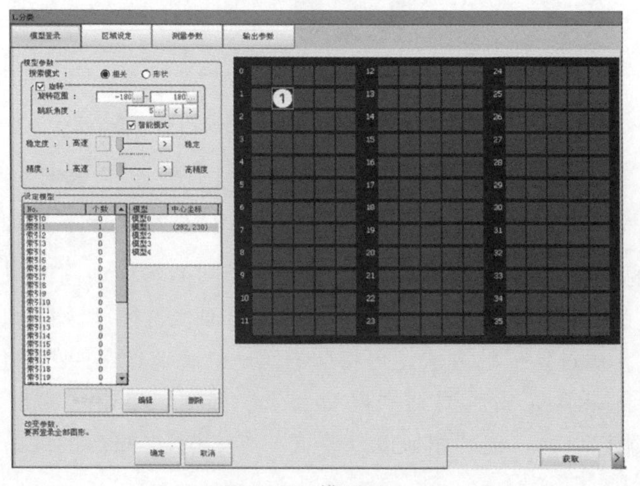

图 5-47　模型录入

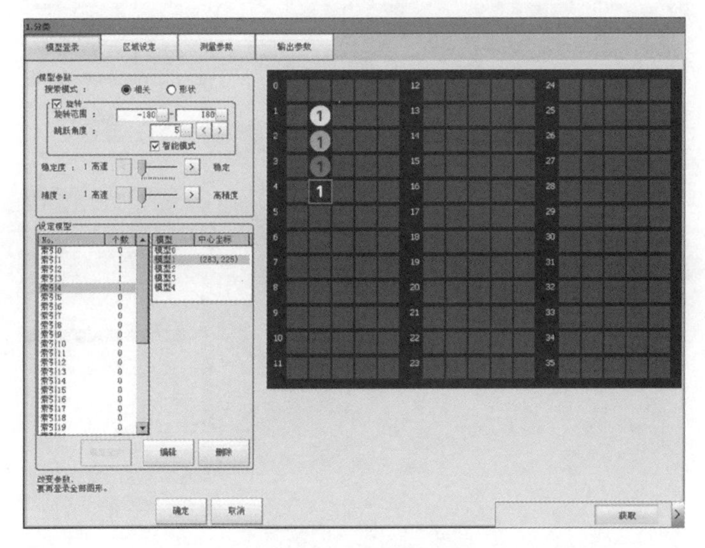

图 5-48　登录完成

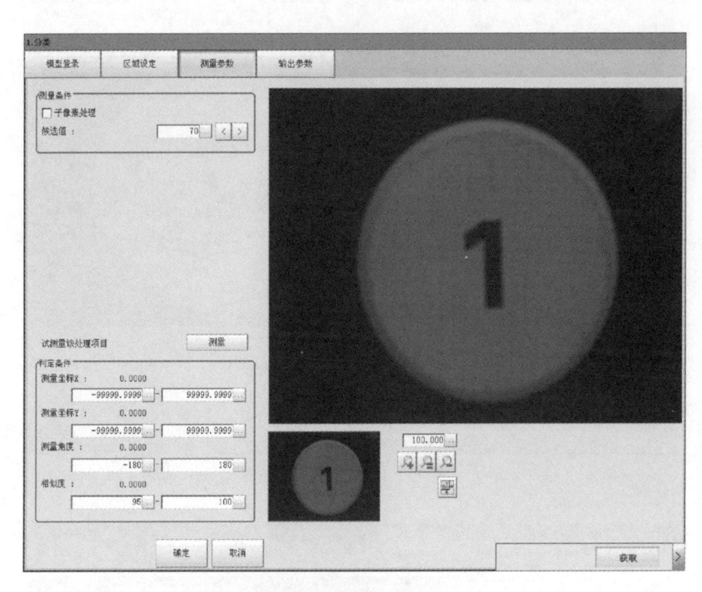

图 5-49　“测量参数”界面

⑤ 图像测量　回到主界面，镜头对准工件，单击“执行测量”，此时会在右下角对话框显示测量信息，如图 5-50 所示。

（2）工件编号的识别

① 流程编辑　在主界面单击“流程编辑”，进入“流程编辑”界面。在“流程编辑”界面的右侧从处理项目树中选择要添加的处理项目。选中要处理的项目后，单击“追加（最下部分）”，添加“分类”，将处理项目添加到单元列表中。

② 工件编号分类　单击“分类”图标，进入设置界面，将工件录入相应位置，比如将编号 2 录入“索引 1、模型 2”的位置，单击坐标位置，单击“模型登录”按钮（图 5-51），进入“模型登录”设置界面，依次登录其他数字，如图 5-52 所示。

③ 图像测量　全部录入完成后回到“模型登录”界面，单击“测量参数”，进入“测量

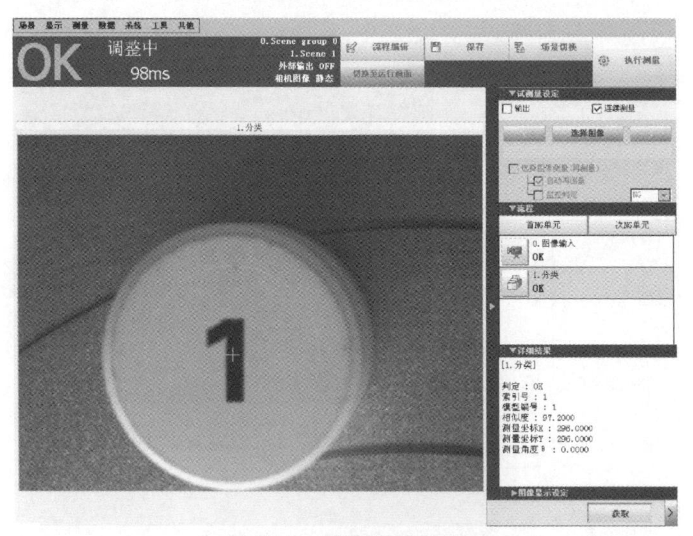

图 5-50　图像测量结果

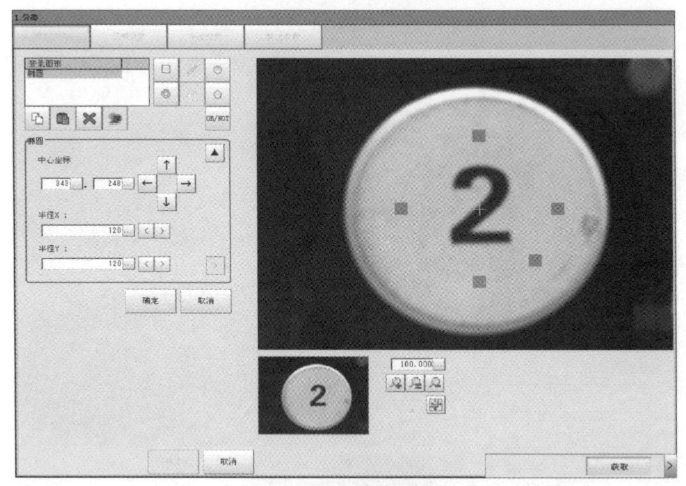

图 5-51　模型登录

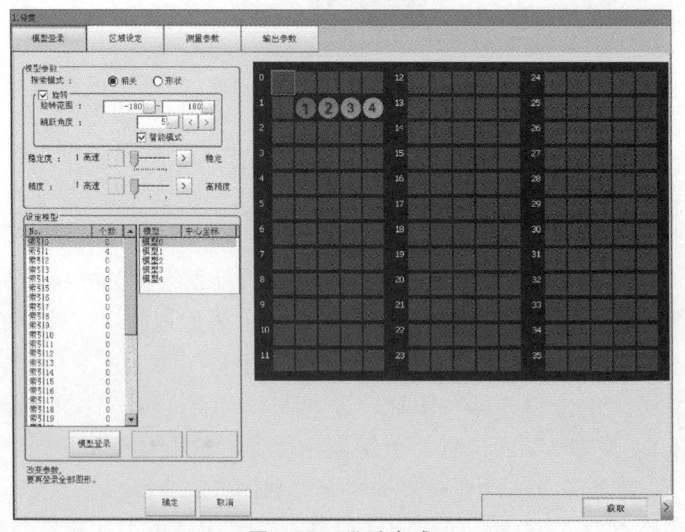

图 5-52　登录完成

参数”界面，把“相似度”改成90°～100°之间。最后单击“确定”按钮回到主界面。回到主界面，镜头对准工件，单击“执行测量”，此时会在右下角对话框显示测量信息，如图5-53所示。

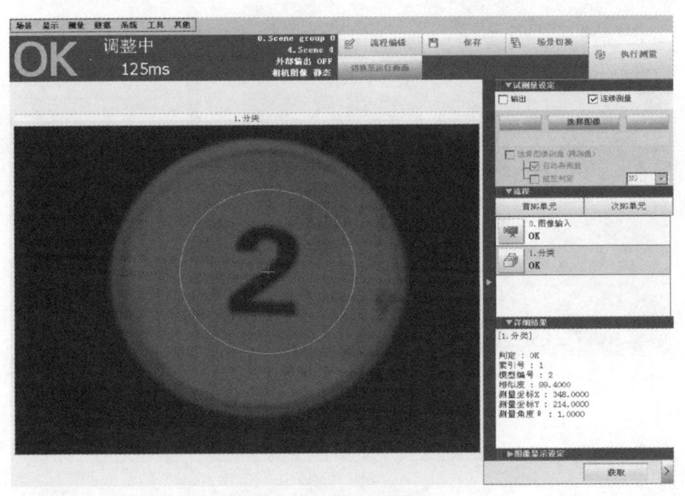

图 5-53　图像测量

（3）工件的角度识别

① 追加界面　在主界面单击“流程编辑”，进入“流程编辑”界面。在“流程编辑”界面的右侧从处理项目树中选择要添加的处理项目。选中要处理的项目后，单击“追加（最下部分）”。添加“形状搜索Ⅱ”，将处理项目添加到单元列表中，如图5-54所示。

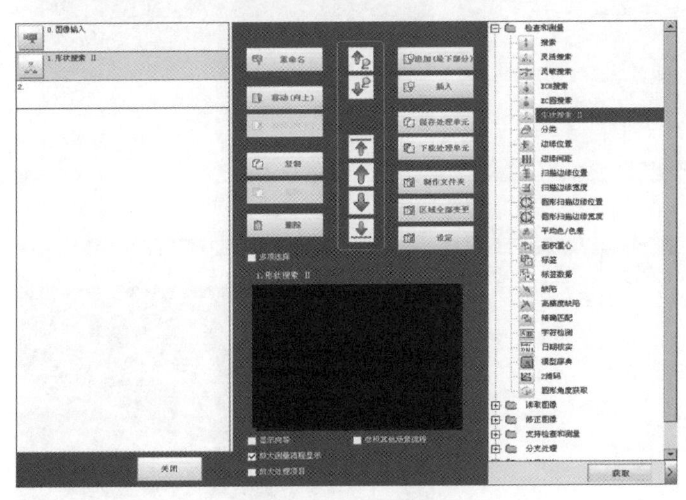

图 5-54　追加界面

② 输入图像　在单击“图像输入”，进入“图像输入”界面，镜头对准工件后，单击“确定”按钮，则图像获取完毕，如图5-55所示。

③ 模型登录　单击“1.形状搜索Ⅱ”，进行模型登录，单击左边图形图标，在右边显示界面会出现一个圆圈，移动圆圈把数字圈在中间，设置测量区域（图5-56），然后选中“保存模型登录图像”，单击“确定”按钮，即1号工件模型登录成功，如图5-57所示。之后将其他的工件依次全部登录。

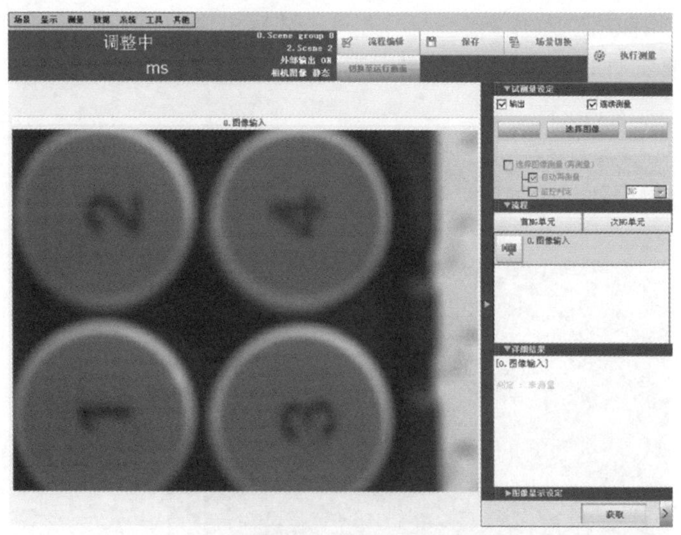

图 5-55　输入图像

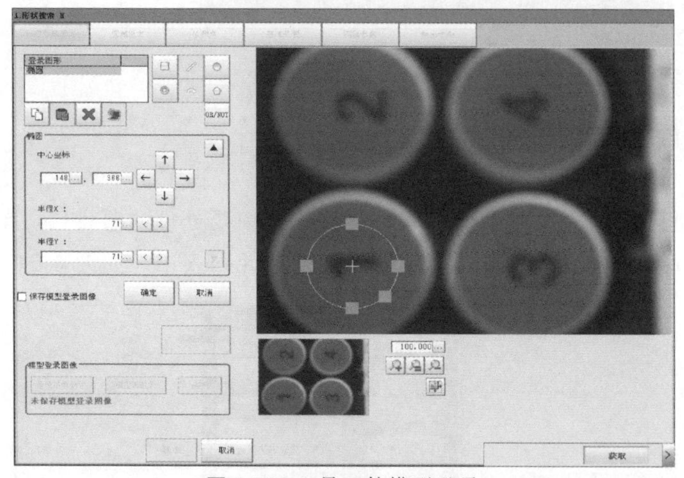

图 5-56　1 号工件模型登录

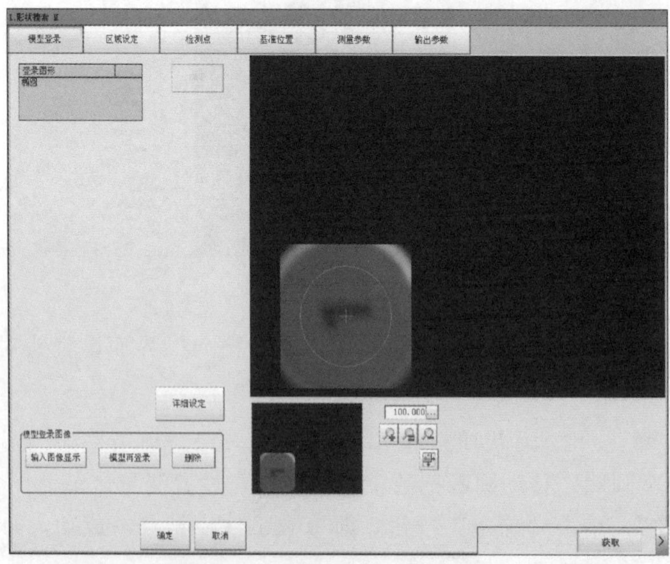

图 5-57　1 号工件模型登录成功

④ 测量参数的设置（图 5-58）。

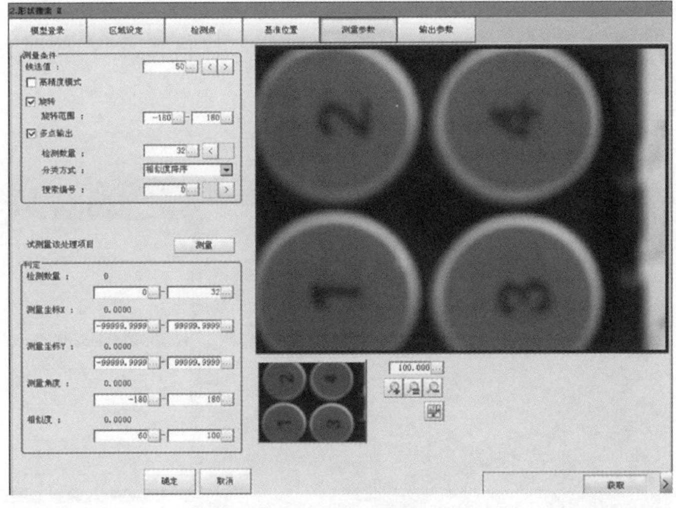

图 5-58　测量参数的设置

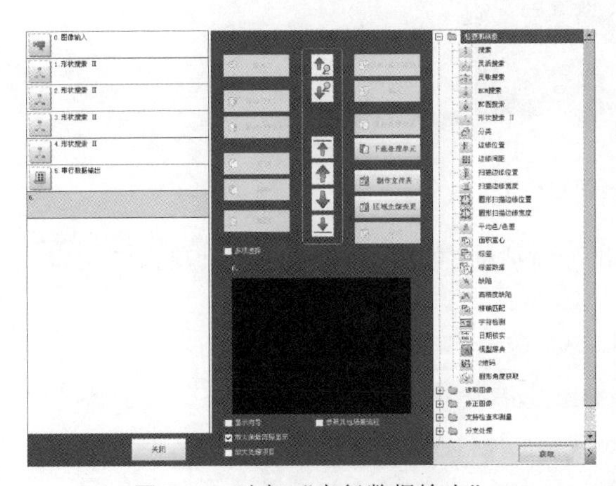

图 5-59　追加“串行数据输出”

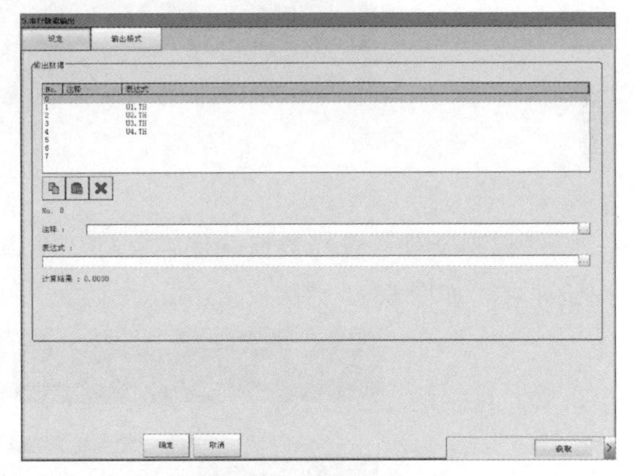

图 5-60　表达式的设定

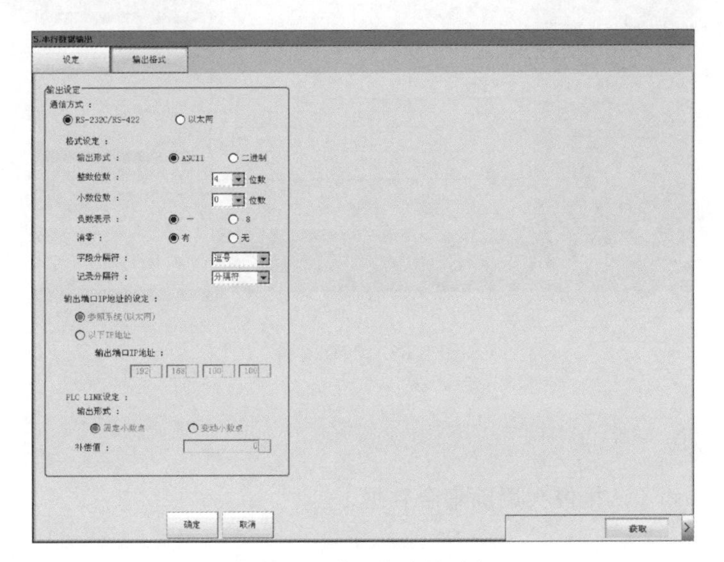

图 5-61　输出格式的设定

⑤ 追加“串行数据输出” 如图 5-59 所示，追加“串行数据输出”，然后输入表达式（图 5-60），接下来进行输出格式设定，如图 5-61 所示。

⑥ 图像测量 回到主界面，镜头对准工件，单击“执行测量”，此时会在右下角对话框显示测量信息，如图 5-62 所示。

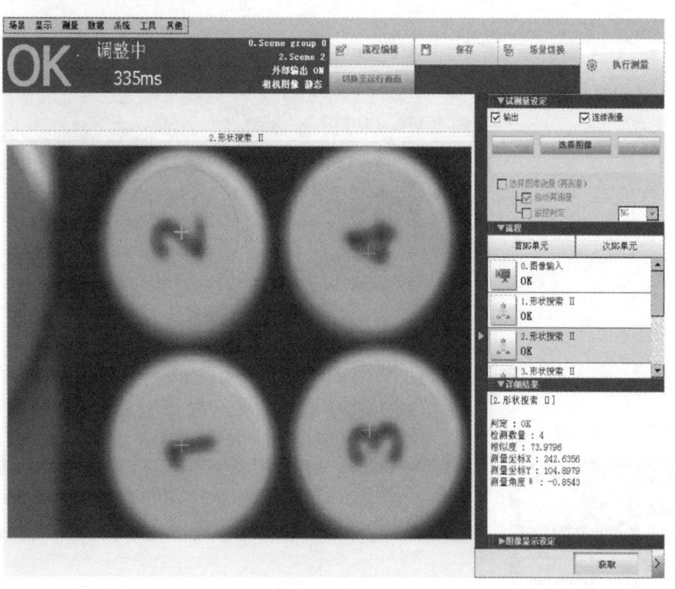

图 5-62 测量结果

⑦ 保存文件 选择数据→保存文件，在弹出的对话框中设置保存的位置，单击“确定”按钮即可，如图 5-63 所示。

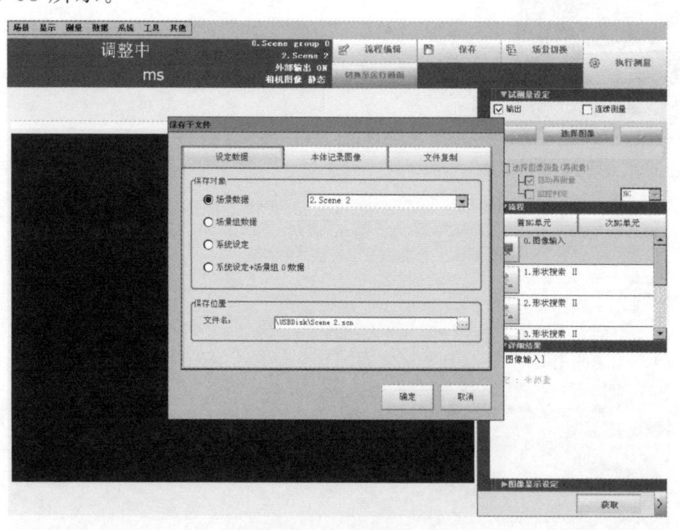

图 5-63 保存文件

5.2.3 指令简介

（1） CamFlush（从摄像头删除集合数据）

① 书写格式

CamFlush Camera

Camera：数据类型为 cameradev，摄像头名称。

② 应用

CamFlush mycamera；

摄像头的 mycamera 集合数据被删除。

（2） CamGetParameter（获取不同名称的摄像头参数）

① 书写格式

CamGetParameter Camera ParName [\Num] | [\Bool] | [\Str]

Camera：数据类型为 cameradev，摄像头名称。

ParName：Parameter Name，数据类型为 string，摄像头中参数的名称。

[\NumVar]：数据类型为 num，变量（VAR），用于存储所获取的数据对象的数字值。

[\BoolVar]：数据类型为 bool，变量（VAR），用于存储所获取的数据对象的布尔值（真假值）。

[\StrVar]：数据类型为 string，变量（VAR），用于存储所获取的数据对象的布尔值（真假值）。

② 应用

VAR bool mybool:=FALSE；

…

CamGetParameter mycamera,"Pattern_1. Tool_Enabled_Status"\BoolVar:=mybool；

TPWite "The current value of Pattern_1. Tool_Enabled_Status is："\Bool:=mybool；

获得命名的布尔参数 Pattern_1. Tool_Enabled_Status 并将值写在 FlexPendant 上。

③ 错误处理　可能会产生下列可恢复错误。错误可以由错误处理程序处理。系统变量 ERRNO 将按表 5-3 设置。

表 5-3　CamGetParameter 错误处理

名称	错误原因
ERR_CAM_BUSY	摄像头正忙于处理其他请求，无法执行当前命令
ERR_CAM_COM_TIMEOUT	与摄像头通信错误。摄像头可能已断开
ERR_CAM_GET_MISMATCH	用 CamGetParameter 指令从摄像头获取的参数的数据类型错误

（3） CamGetResult（从集合获取摄像头目标）

① 书写格式

CamGetResult Camera CamTarget [\SceneId] [\MaxTime]

Camera：数据类型为 cameradev，摄像头名称。

CamTarget：摄像头目标，数据类型为 cameratarget，作为图像结果保存位置的变量。

[\SceneId]：场景识别，数据类型为 num。SceneId 是一个识别程序，指定 CameraTarget 是从哪个图像生成的。

[\MaxTime]：数据类型为 num，程序执行可以等待的最大时间（以 s 为单位）。允许的最大值是 120s。

② 程序执行

CamGetResult 从图像结果集合获取摄像头目标。如果没有使用 SceneId 或 MaxTime，则不会获取结果，指令将永远停止。如果在 CamGetResult 中使用了 SceneId，则结果将在 CamReqImage 指令后生成。

SceneId 仅在已经从指令 CamReqImage 请求了图像时可用。如果图像是由外部 I/O 信号生成的，则 SceneId 不能在指令 CamGetResult 中使用。

③ 应用

```
VAR num mysceneid;
VAR cameratarget mycamtarget;
...
CamReqImage mycamera \SceneId: =mysceneid;
CamGetResult mycamera, mycamtarget \SceneId: =mysceneid;
```

命令摄像头 mycamera 采集图像。使用 SceneId 获取从图像生成的图像结果。

④ 错误处理（表 5-4）

表 5-4 CamGetResult 错误处理

名称	错误原因
ERR_CAM_BUSY	摄像头正忙于处理其他请求，无法执行当前命令
ERR_CAM_MAXTIME	在超时时间不能获取任何结果
ERR_CAM_NO_MORE_DATA	不能为已经使用的 SceneId 获取更多图像结果，否则在超时时间无法获取结果

（4） CamLoadJob（加载摄像头任务到摄像头）

① 书写格式

CamLoadJob Camera JobName [\KeepTargets] [\MaxTime]

Camera：数据类型为 cameradev，摄像头名称。

Name：数据类型为 string，加载到摄像头的作业名称。

[\KeepTargets]：数据类型为 switch，此参数用于指定是否保留摄像头产生的任何现有摄像头目标。

[\MaxTime]：数据类型为 num，程序执行可以等待的最大时间（以 s 为单位）。允许的最大值是 120s。

② 程序执行 CamLoadJob 的执行将会等到作业加载完毕或经过超时错误失败。如果使用可选参数 KeepTargets，则保留指定摄像头的集合数据。默认的操作是删除（清空）旧集合数据。

③ 应用

```
CamSetProgramMode mycamera;
CamLoadJob mycamera,"myjob.job";
CamSetRunMode mycamera;
```

作业 myjob 加载到名为 mycamera 的摄像头。

④ 错误处理（表 5-5）

表 5-5 CamLoadJob 错误处理

名称	错误原因
ERR_CAM_BUSY	摄像头正忙于处理其他请求，无法执行当前命令
ERR_CAM_COM_TIMEOUT	与摄像头通信错误，摄像头可能已断开
ERR_CAM_MAXTIME	摄像头作业不会在超时时间加载
ERR_CAM_NO_PROGMODE	摄像头未处于编程模式

⑤ 限制 当摄像头设置为编程模式时，才可以执行 CamLoadJob。使用指令 CamSet-

ProgramMode 可将摄像头设置为编程模式。为了能加载作业，作业文件必须存储在摄像头的闪存盘中。

（5） CamReqImage（命令摄像头采集图像）

① 书写格式

CamReqImage Camera [\SceneId] [\KeepTargets] [\AwaitComplete]

Camera：数据类型为 cameradev，摄像头名称。

[\SceneId]：数据类型为 num，场景识别。

可选参数 SceneId 是所采集图像的一个标识符。这是由 CamReqImage 加上可选变量 SceneId 执行生成的。标识符是一个 1～8388608 之间的整数。如果没有使用 SceneId，则标识符值设置为 0。

[\KeepTargets]：数据类型为 switch，此参数用于指定是否保留指定摄像头的旧集合数据。

[\AwaitComplete]：数据类型为 switch，如果指定可选参数\AwaitComplete，则指令等待，直至已经收到来自图像的结果。如果未产生任何结果，例如因为图像中没有一个部分，则会产生错误 ERR_CAM_REQ_IMAGE。当使用\AwaitComplete 时，必须将相机触发类型设置为外部。

② 程序执行 CamReqImage 用于命令指定摄像头采集图像。如果使用了可选参数 SceneId，则所采集图像的可用图像结果使用该指令生成的唯一数字标记。如果使用可选参数 KeepTargets，则保留指定摄像头的旧集合数据。默认的操作是删除（清空）所有旧集合数据。

③ 应用 CamReqImage mycamera；

命令摄像头 mycamera 采集图像。

④ 错误处理（表 5-6）

表 5-6 CamReqImage 错误处理

名称	错误原因
ERR_CAM_BUSY	摄像头正忙于处理其他请求，无法执行当前命令
ERR_CAM_COM_TIMEOUT	与摄像头通信错误，摄像头可能已断开
ERR_CAM_NO_RUNMODE	摄像头未处于运行模式
ERR_CAM_REQ_IMAGE	相机无法生成任何图像结果

⑤ 限制 当摄像头设置为运行模式时，才可以执行 CamReqImage。使用指令 CamSetRunMode 可将摄像头设置为运行模式。

（6） CamSetExposure（设置具体摄像头的数据）

① 书写格式

CamSetExposure Camera [\ExposureTime] [\Brightness] [\Contrast]

Camera：数据类型为 cameradev，摄像头名称。

[\ExposureTime]：数据类型为 num，如果使用了本可选参数，则摄像头的曝光时间会更新。该值以毫秒（ms）为单位。

[\Brightness]：数据类型为 num，如果使用了本可选参数，则将更新摄像头的亮度设置。其值通常以 0～1 之间的刻度表示。

[\Contrast]：数据类型为 num，如果使用了本可选参数，则将更新摄像头的对比度设置。其值通常以 0～1 之间的刻度表示。

② 程序执行

如果具体摄像头的对应参数可能更新，则此指令更新曝光时间、亮度和对比度。如果摄像头不支持某个设置，则会向用户显示错误消息，程序停止执行。

③ 应用

CamSetExposure mycamera \ExposureTime：=10；

命令摄像头 mycamera 将曝光时间修改为 10ms。

④ 错误处理

ERR_CAM_COM_TIMEOUT，与摄像头通信错误，摄像头可能已断开。

（7） CamSetParameter（设置不同名称的摄像头参数）

① 书写格式

CamSetParameter Camera ParName [\Num] | [\Bool] | [\Str]

Camera：数据类型为 cameradev，摄像头名称。

ParName：数据类型为 string，摄像头中参数的名称。

[\ NumVal]：数据类型为 num，摄像头的数值在参数 ParName 设置名称时设置。

[\ BoolVal]：数据类型为 bool，摄像头的布尔值在参数 ParName 设置名称时设置。

[\ StrVal]：数据类型为 string，摄像头的字符串值在参数 ParName 设置名称时设置。

② 应用

CamSetParameter mycamera，"Pattern_1. Tool_Enabled" \BoolVal：=FALSE；

CamSetRunMode mycamera；

名为"Pattern_1. Tool_Enabled"的参数被设为假，这表示在采集到图像时不应执行指定的图像工具。这将使图像工具的执行更快。但是，工具仍然用最后一次有效执行得到的值产生结果。为了不使用这些目标，应将它们从 RAPID 程序中剔除出去。

③ 错误处理（表 5-7）

表 5-7 CamSetParameter 错误处理

名称	错误原因
ERR_CAM_BUSY	摄像头正忙于处理其他请求，无法执行当前命令
ERR_CAM_COM_TIMEOUT	与摄像头通信错误，摄像头可能已断开
ERR_CAM_SET_MISMATCH	使用命令 CamSetParameter 写入摄像头的参数数据类型错误，或者其值超出范围

（8） CamSetProgramMode（命令摄像头进入编程模式）

① 书写格式

CamSetProgramMode Camera

Camera：数据类型为 cameradev，摄像头名称。

② 程序执行 当使用 CamSetProgramMode 指令命令摄像头进入编程模式时，可以修改设置并加载作业到摄像头。

③ 应用

CamSetProgramMode mycamera；

CamLoadJob mycamera，"myjob. job"；

CamSetRunMode mycamera；

…

首先将摄像头改为编程模式，接着加载 myjob 到摄像头，然后命令摄像头进入运行模式。

（9） CamSetRunMode（命令摄像头进入运行模式）

① 书写格式

CamSetRunMode Camera

Camera：数据类型为 cameradev，摄像头名称。

② 程序执行

在使用 CamSetRunMode 命令摄像头进入运行模式时，可以开始采集图像。

③ 应用

```
CamSetProgramMode mycamera;
CamLoadJob mycamera, "myjob.job";
…
CamSetRunMode mycamera;
```

首先将摄像头改为编程模式，接着加载 myjob 到摄像头，然后使用 CamSetRunMode 指令命令摄像头进入运行模式。

（10） CamStartLoadJob（开始加载摄像头任务到摄像头）

① 书写格式

CamStartLoadJob Camera Name [\KeepTargets]

Camera：数据类型为 cameradev，摄像头名称。

Name：数据类型为 string，加载到摄像头的作业名称。

[\KeepTargets]：数据类型为 switch，此参数用于指定是否保留指定摄像头的旧集合数据。

② 程序执行

CamStartLoadJob 的执行将会命令开始加载，然后无需等待加载完成直接继续下一个指令，如果使用了可选参数 \KeepTargets，则不会删除指定摄像头的旧集合数据。默认操作是删除（清空）指定摄像头的旧集合数据。

③ 应用

```
…
CamStartLoadJob mycamera, "myjob.job";
MoveL p1, v1000, fine, tool2;
CamWaitLoadJob mycamera;
CamSetRunMode mycamera;
CamReqImage mycamera;
…
```

首先开始加载作业到摄像头，在加载进行时，执行了一个移动到位置 p1 的操作。当移动就绪后，加载也完成了，图像也采集好了。

④ 限制　当摄像头设置为编程模式时，才可以执行 CamStartLoadJob。使用指令 CamSetProgramMode 可将摄像头设置为编程模式。

当作业的加载在执行中时，无法使用任何其他指令或函数访问对应的摄像头。后续的摄像头指令或函数必须是一个 CamWaitLoadJob 指令。

为了能加载作业，作业文件必须存储在摄像头的闪存盘中。

（11） CamWaitLoadJob（等待摄像头任务加载完毕）

① 书写格式

CamWaitLoadJob Camera

Camera：数据类型为 cameradev，摄像头名称。

② 应用

```
…
CamStartLoadJob mycamera，"myjob. job"；
MoveL p1，v1000，fine，tool2；
CamWaitLoadJob mycamera；
CamSetRunMode mycamera；
CamReqImage mycamera；
…
```

首先开始加载作业到摄像头，在加载进行时，执行了一个移动到位置 p1 的操作。当移动就绪后，加载也完成了，图像也采集好了。

③ 错误处理

ERR_CAM_COM_TIMEOUT，与摄像头通信错误，摄像头可能已断开。

④ 限制

当摄像头设置为编程模式时，才可以执行 CamWaitLoadJob。使用指令 CamSetProgramMode 可将摄像头设置为编程模式。

当作业的加载在执行中时，无法使用任何其他指令或函数访问对应的摄像头。后续的摄像头指令或函数必须是一个 CamWaitLoadJob 指令。

5.2.4 函数

（1） CamGetExposure（获取具体摄像头的数据）

① 书写格式

CamGetExposure（Camera [\ExposureTime] [\Brightness] [\Contrast]）

Camera：数据类型为 cameradev，摄像头名称。

[\ExposureTime]：数据类型为 num，返回摄像头曝光时间，其值以毫秒（ms）为单位。

[\Brightness]：数据类型为 num，返回摄像头的亮度设置。

[\Contrast]：数据类型为 num，返回摄像头的对比度设置。

② 应用

```
VAR num exposuretime;
…
exposuretime:=CamGetExposure(mycamera \ExposureTime);
IF exposuretime = 10 THEN CamSetExposure mycamera \ExposureTime:=9.5;
ENDIF
```

如果当前曝光时间设置为 10ms，则命令摄像头 mycamera 将曝光时间改为 9.5ms。

③ 返回值

数据类型为 num，从摄像头以数值方式返回的曝光时间、亮度或对比度中的某个设置。

（2） CamGetLoadedJob（获取所加载摄像头任务的名称）

① 书写格式

CamGetLoadedJob (Camera)

Camera：数据类型为 cameradev，摄像头名称。

② 程序执行

CamGetLoadedJob 函数从摄像头获取当前加载的作业名称。如果没有作业加载摄像头，则返回空字符串。

③ 应用

```
VAR string currentjob;
…
currentjob:=CamGetLoadedJob(mycamera);
IF CurrentJob = "" THEN TPWrite "No job loaded in camera "+CamGetName(my-
camera);
ELSE  TPWrite "Job "+CurrentJob+" is loaded in camera "  "+CamGetName(my-
camera);
ENDIF
```

在 FlexPendant 上写入加载的作业名称。

④ 返回值

数据类型为 string，指定摄像头当前加载的作业名称。

（3） CamGetName（获取所使用摄像头的名称）

① 书写格式

CamGetName(Camera)

Camera：数据类型为 cameradev，摄像头名称。

② 应用

```
…
logcameraname camera1;
CamReqImage camera1;
…
logcameraname camera2;
CamReqImage camera2;
…
PROC logcameraname(VAR cameradev camdev)
TPWrite "Now using camera:"+CamGetName(camdev);
ENDPROC
```

③ 返回值

数据类型为 string，当前使用的摄像头的名称以字符串返回。

（4） CamNumberOfResults（获取可用结果的数量）

① 书写格式

CamNumberOfResults (Camera [\SceneId])

Camera：数据类型为 cameradev，摄像头名称。

[\SceneId]：数据类型为 num，场景识别。SceneId 是一个标识符，指定从哪个图像读取识别部件的编号。

② 程序执行

CamNumberOfResults 是读取可用图像结果数量，并将其以数值方式返回的函数。可以用于所有可用结果。

此功能被执行时直接返回队列级别。如果在请求图片后直接执行功能，则结果为 0，因为摄像头尚未完成图片处理。

③ 应用

```
VAR num foundparts;
…
CamReqImage mycamera;
WaitTime 1;
FoundParts := CamNumberOfResults(mycamera);
TPWrite "Number of identified parts in the camera image:"\Num:=foundparts;
```

采集图像。等待图像处理完成，在本例中为 1s。读取识别的部件并将其写入 FlexPendant。

④ 返回值

数据类型为 num，返回指定摄像头集合中结果的数量。

5.2.5 ABB 工业机器人与相机通信

ABB 工业机器人提供了丰富的 I/O 接口，如 ABB 标准通信，不仅可以与 PLC 的现场总线通信，还可以与工业视觉和 PC 进行通信，轻松实现与周边设备的通信。本节主要介绍 Socket 通信指令，实现 ABB 工业机器人与康耐视相机的数据通信。

5.2.5.1 Socket 通信相关指令

ABB 工业机器人在进行 Socket 通信编程时，其指令如表 5-8 所示。如图 5-64 所示为 Socket 指令在示教器中调用画面。

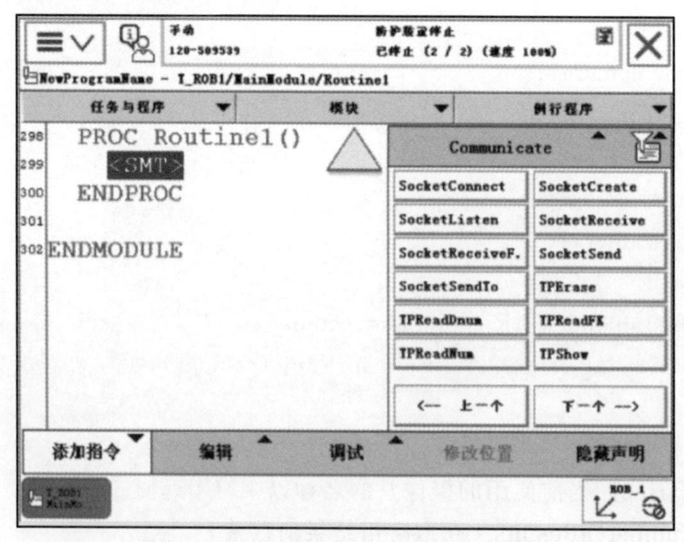

图 5-64 Socket 指令在示教器中调用画面

表 5-8　ABB 工业机器人 Socket 通信指令

<table>
<tr><th rowspan="2">指令</th><th colspan="2">说明</th><th colspan="2">参数及说明</th><th rowspan="2" colspan="2">示例</th></tr>
<tr><th>书写格式</th><th>功能</th><th>参数</th><th>说明</th></tr>
<tr><td>SocketClose</td><td>SocketClose Socket</td><td>关闭套接字</td><td>Socket</td><td>有待关闭的套接字</td><td>SocketClose Socket1</td><td>关闭套接字</td></tr>
<tr><td>SocketCreate</td><td>SocketCreate Socket</td><td>创建 Socket 套接字</td><td>Socket</td><td>用于存储系统内部套接字数据的变量</td><td>SocketCreate Socket1</td><td>SocketCreate Socket1;创建套接字 Socket1</td></tr>
<tr><td rowspan="3">SocketConnect</td><td rowspan="3">SocketConnect Socket, Address, Port</td><td rowspan="3">建立 Socket 连接</td><td>Socket</td><td>有待连接的服务器套接字,必须创建尚未连接的套接字</td><td rowspan="3">SocketConnect Socket1, "192.168.0.1", 1025;</td><td rowspan="3">尝试与 IP 地址 192.168.0.1 和端口 1025 处的远程计算机相连</td></tr>
<tr><td>Address</td><td>远程计算机的 IP 地址,不能使用远程计算机的名称</td></tr>
<tr><td>Port</td><td>位于远程计算机上的端口</td></tr>
<tr><td rowspan="2">SocketGetStatus</td><td rowspan="2">Socket-GetStatus (Socket)</td><td rowspan="2">获取套接字当前的状态</td><td>Socket</td><td>用于存储系统内部套接字数据的变量</td><td>state:=SocketGetStatus (Socket1);</td><td>返回 Socket1 套接字当前状态</td></tr>
<tr><td colspan="4">套接字状态:Socket_CREATED、Socket_CONNECTED、Socket_BOUND、Socket_LISTENING、Socket_CLOSED</td></tr>
<tr><td rowspan="2">SocketSend</td><td rowspan="2">SocketSend Socket[\Str]\[\RawData]\[\Data]</td><td rowspan="2">发送数据至远程计算机</td><td>Socket</td><td>在套接字接收数据的客户端应用中,必须已经创建和连接套接字</td><td rowspan="2">SocketSend Socket1 \Str := "Hello world";</td><td rowspan="2">将消息"Hello world"发送给远程计算机</td></tr>
<tr><td>[\Str]\[\RawData]\[\Data]</td><td>将数据发送到远程计算机。同一时间只能使用可选参数\Str、\RawData 或\Data 中的一个</td></tr>
<tr><td rowspan="2">SocketReceive</td><td rowspan="2">SocketReceive Socket[\Str]\[\RawData]\[\Data]</td><td rowspan="2">接收远程计算机数据</td><td>Socket</td><td>在套接字接收数据的客户端应用中,必须已经创建和连接套接字</td><td rowspan="2">SocketReceive Socket1 \Str:=str_data;</td><td rowspan="2">从远程计算机接收数据,并将其存储在字符串变量 str_data 中</td></tr>
<tr><td>[\Str]\[\RawData]\[\Data]</td><td>应当存储接收数据的变量。同一时间只能使用可选参数\Str、\RawData 或\Data 中的一个</td></tr>
<tr><td rowspan="3">StrPart</td><td rowspan="3">StrPart (Str ChPos Len)</td><td rowspan="3">获取指定位置开始长度的字符串</td><td>Str</td><td>字符串数据</td><td rowspan="3">Part :=StrPart ("Robotics", 1, 5);</td><td rowspan="3">变量 Part 的值为"Robot"</td></tr>
<tr><td>ChPos</td><td>字符串开始位置</td></tr>
<tr><td>Len</td><td>截取字符串的长度</td></tr>
<tr><td rowspan="2">StrToVal</td><td rowspan="2">StrToVal (Str Val)</td><td rowspan="2">将字符串转化为数值</td><td>Str</td><td>字符串数据</td><td rowspan="2">ok:=StrToVal ("3.14", nval);</td><td rowspan="2">变量 nval 的值为 3.14</td></tr>
<tr><td>Val</td><td>保存转换得到的数值的变量</td></tr>
<tr><td>StrLen</td><td>StrLen(Str)</td><td>获取字符串的长度</td><td>Str</td><td>字符串数据</td><td>len:=StrLen ("Robotics");</td><td>变量 len 的值为 8</td></tr>
</table>

5.2.5.2 相机通信程序流程

工业机器人与相机的通信采用后台任务执行的方式，即：工业机器人和相机的通信及数据交互在后台任务执行，工业机器人的动作及信号输入/输出在工业机器人系统任务执行，后台任务和工业机器人系统任务是并行运行的。后台任务中，工业机器人获取相机图像处理后的数据通过任务间的共有变量共享给工业机器人系统任务；工业机器人系统任务中，根据后台任务共享得到的数据，控制工业机器人执行相应的程序。某工业机器人与相机的通信流程如图 5-65 所示。

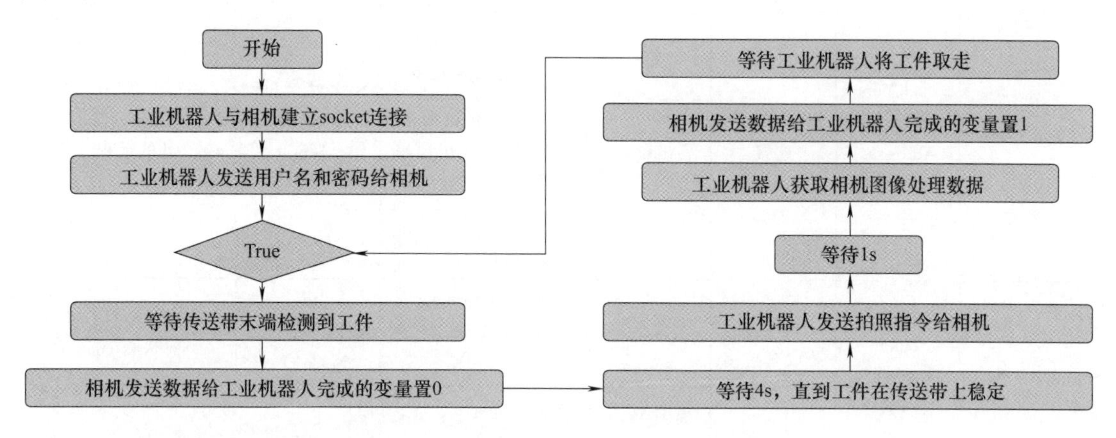

图 5-65　某工业机器人与相机的通信流程

（1）配置相机通信任务

配置相机通信任务具体操作步骤如下。

① 按顺序选择“主菜单”→“系统信息”→“系统属性”→“控制模块”→“选项”，确认系统中是否存在创建多个任务选项：“MultiTasking”，如图 5-66 所示。

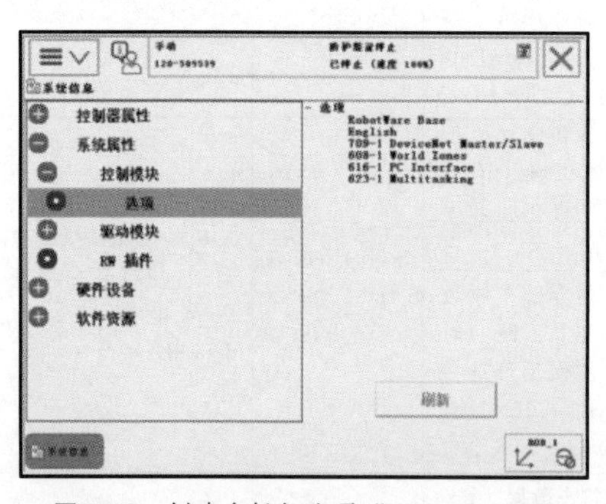

图 5-66　创建多任务选项“MultiTasking”

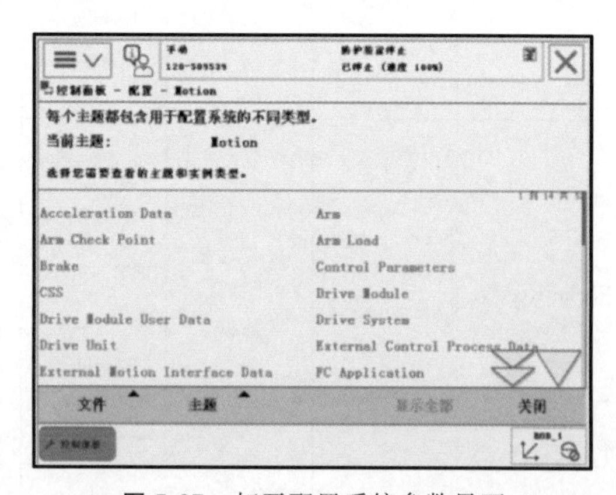

图 5-67　打开配置系统参数界面

② 依次选择“主菜单”→“控制面板”→“配置系统参数”，打开配置系统参数界面，如图 5-67 所示。

③ 单击“主题”，选择“Controller”，双击“Task”，如图 5-68 所示。

④ 进入“Task”任务界面，如图 5-69 所示。T_ROB1 是默认的工业机器人系统任务，用于执行工业机器人运动程序。

⑤ 单击“添加”，创建工业机器人与相机通信的后台任务，如图 5-70 所示。

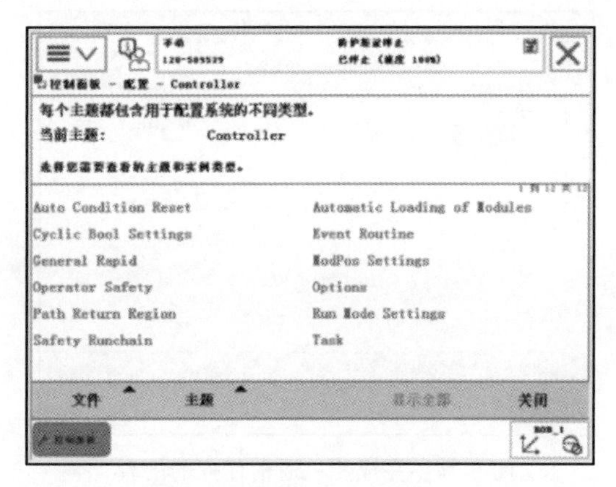

图 5-68 选择“Controller”

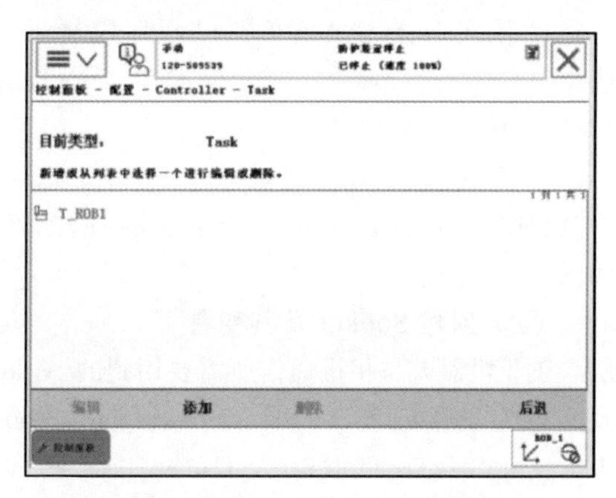

图 5-69 进入“Task”任务界面

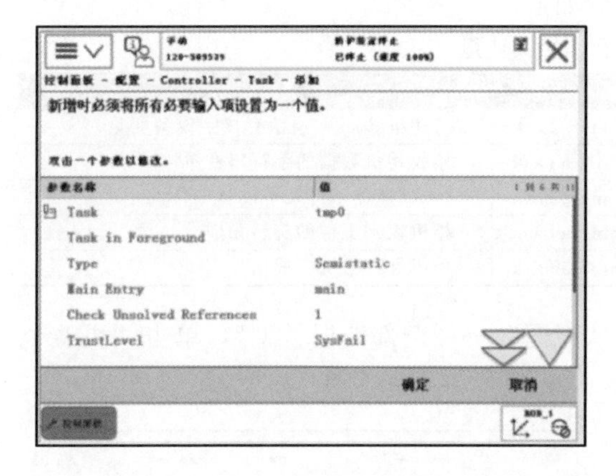

图 5-70 创建工业机器人与相机通信的后台任务

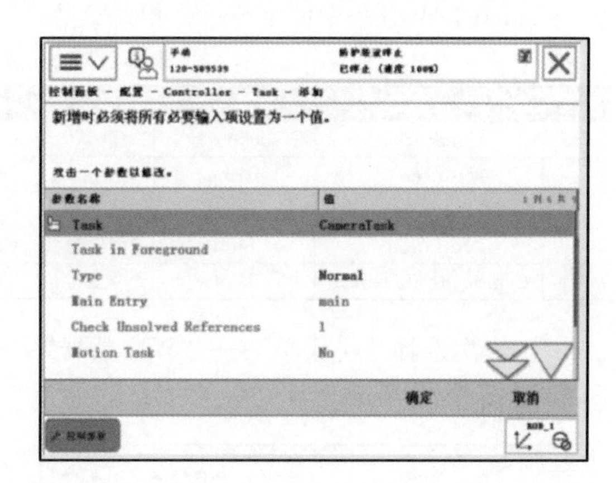

图 5-71 配置后台任务

⑥ 配置工业机器人与相机通信的后台任务，如图 5-71 所示。

Task:CameraTask

Type:Normal

其他参数默认。单击“确定”，重启工业机器人控制器。

⑦ 系统重启后，Task 参数中就多一个 CameraTask 任务，如图 5-72 所示。

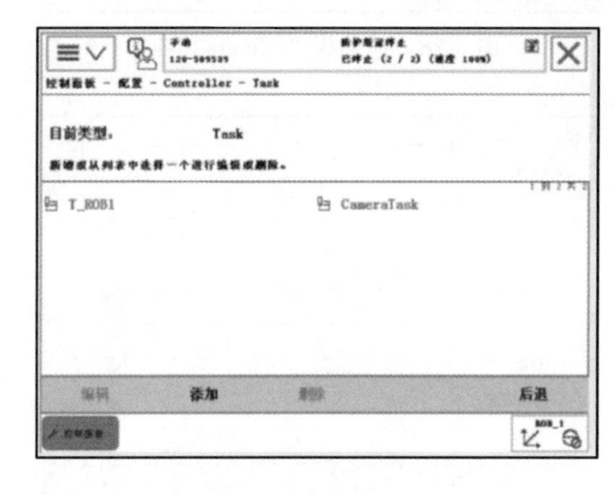

图 5-72 系统重启

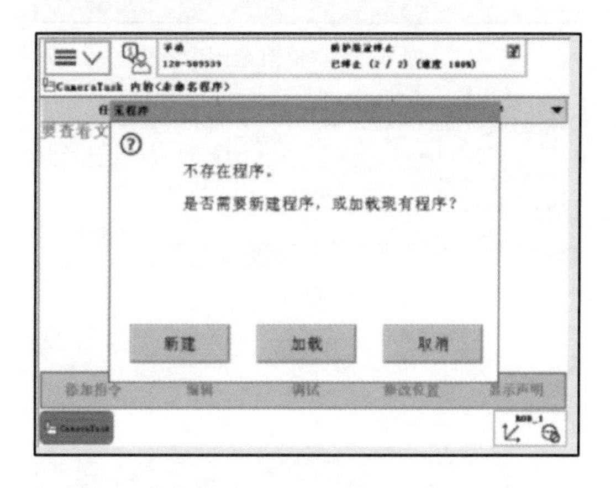

图 5-73 选择“新建”按钮

⑧ 依次选择“主菜单”→“程序编辑器”，选中“CameraTask”，在出现的界面中选择“新建”按钮，如图 5-73 所示。

⑨ 系统会自动新建模块“MainModule”以及程序“main”，完成相机通信任务的配置，如图 5-74 所示。

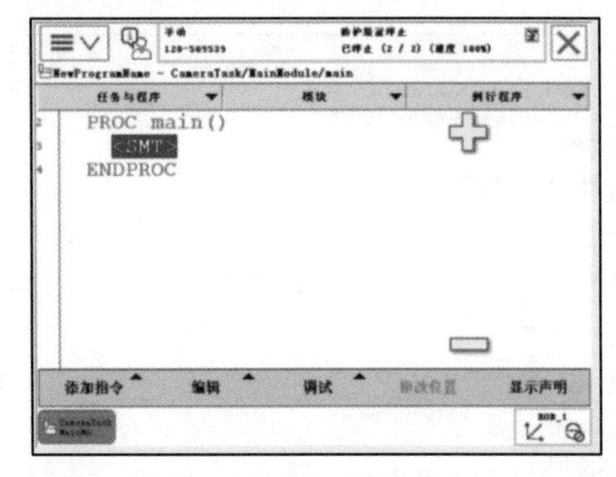

图 5-74　完成相机通信任务的配置

（2）创建 Socket 及其变量

工业机器人与相机通信所需要用到的 Socket 及其相关变量如表 5-9 所示。PartType、Rotation、CamSendDataToRob 为 CameraTask 和 T_ROB1 任务共享的变量，其存储类型必须为可变量。CameraTask 任务中创建 Socket 相关变量的步骤如下。

表 5-9　Socket 及其相关变量

序号	变量名称	变量类型	存储类型	所属任务	变量说明
1	ComSocket	socketdev	默认	CameraTask	与相机 Socket 通信套接字设备变量
2	strReceived	string	变量	CameraTask	接收相机数据的字符串变量
3	PartType	num	可变量	CameraTask	1—减速器工件，2—法兰工件
4	Rotation	num	可变量	CameraTask	相机识别工件的旋转角度
5	CamSendDataToRob	bool	可变量	CameraTask	相机处理数据完成信号

① 依次选择“主菜单”→“程序数据”→“视图”→“全部数据类型”，单击“更改范围”，如图 5-75 所示。

图 5-75　“更改范围”

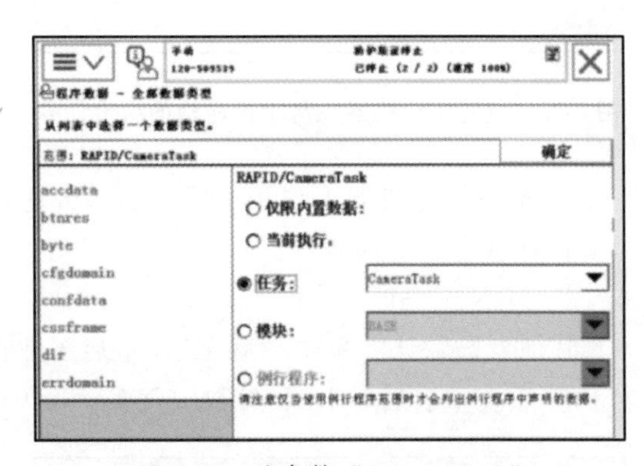

图 5-76　选参数“CameraTask”

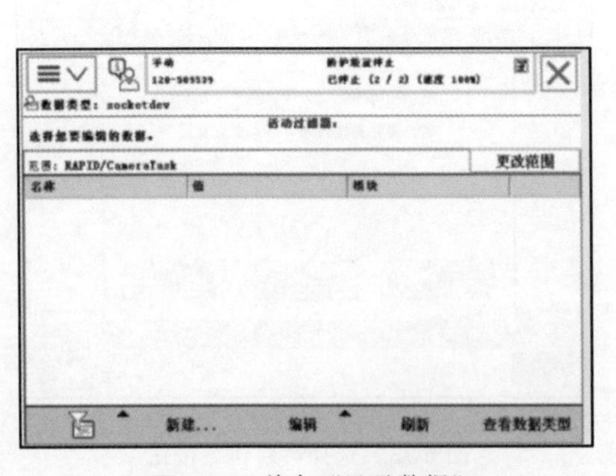

图 5-77　单击“显示数据”

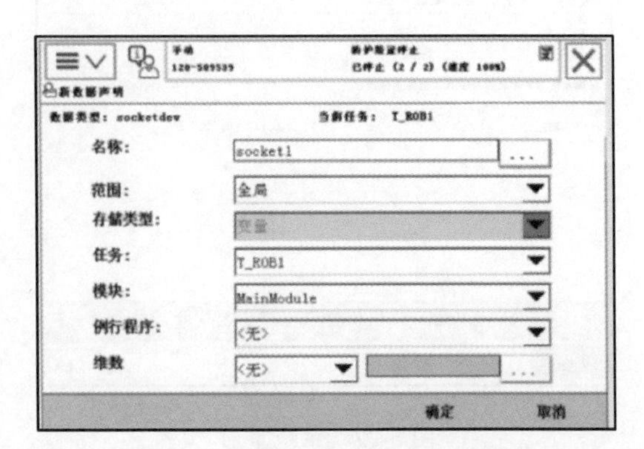

图 5-78　创建 Socketdev 类型变量

② 将“任务”参数选为“CameraTask”，单击“确定”，如图 5-76 所示。

③ 选中数据类型“Socketdev”，单击“显示数据”，如图 5-77 所示。

④ 单击“新建”，创建 Socketdev 类型变量，如图 5-78 所示。“名称”选为“ComSocket”，“范围”选为“全局”，“任务”选为“CameraTask”，“模块”选为“MainModule”，然后单击“确定”，如图 5-79 所示。

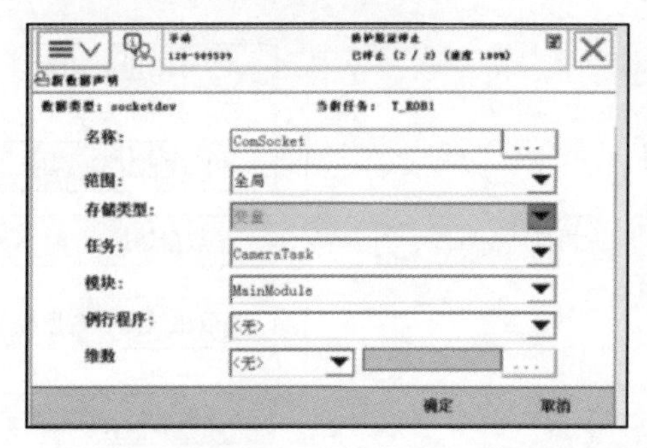

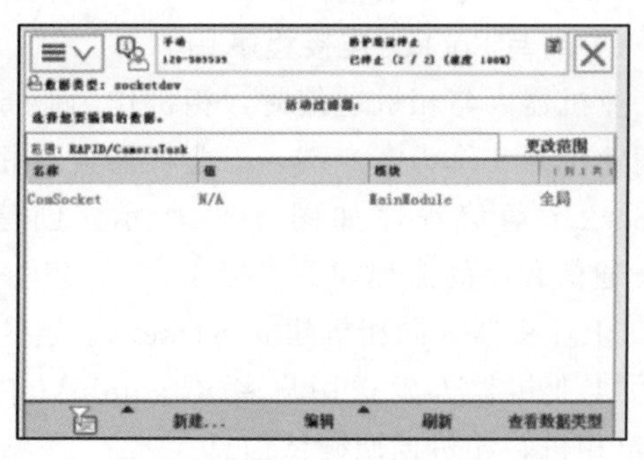

图 5-79　创建 ComSocket

⑤ 选中数据类型“string”，新建变量“strReceived”。变量“名称”选为“strReceived”，“存储类型”选为“变量”，“任务”选为“CameraTask”，如图 5-80 所示。

图 5-80　新建变量“strReceived”

图 5-81　新建变量“PartType”

⑥ 选中数据类型“num”，新建变量“PartType”。变量“名称”选为“PartType”，“存储类型”选为“可变量”，“任务”选为“CameraTask”，如图 5-81 所示。

⑦ 选中数据类型“num”，新建变量“Rotation”。变量“名称”选为“Rotation”，“存储类型”选为“可变量”，任务选为“CameraTask”，如图 5-82 所示。

图 5-82　新建变量“Rotation”

图 5-83　新建变量“CamSendDataToRob”

⑧ 选中数据类型“bool”，新建变量“CamSendDataToRob”。变量“名称”选为“CamSendDataToRob”，“存储类型”选为“可变量”，“任务”选为“CameraTask”，如图 5-83 所示。

5.2.5.3 编写相机通信程序

相机通信程序一般包括如图 5-84 所示的几种。

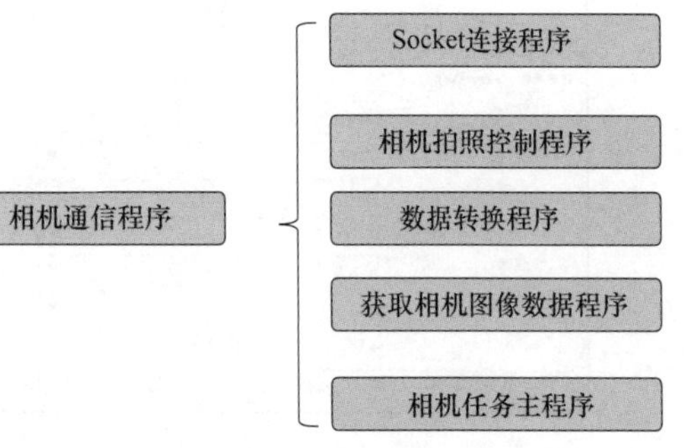

图 5-84 相机通信程序

（1）编写 Socket 连接程序

工业机器人与相机通信时，相机作为服务器，工业机器人作为客户端。工业机器人与相机的 Socket 通信程序如图 5-85 所示。创建 Socket 通信程序的流程如下。

① 工业机器人同相机建立 Socket 连接。

② 工业机器人发送用户名（“admin\0d\0a”）给相机，相机返回确认信息。

③ 工业机器人发送密码（“\0d\0a”）给相机，相机返回确认信息。

Socket 通信程序示例如表 5-10 所示。

(a) 新建RobConnectToCamera例行程序

(b) RobConnectToCamera子程序

图 5-85 工业机器人与相机的 Socket 通信程序流程

表 5-10 Socket 通信程序示例

行号	示例程序	程序说明
1	PROC RobConnectToCamera	RobConnectToCamera 例行程序开始
2	SocketClose ComSocket；	关闭套接字设备 ComSocket
3	SocketCreate ComSocket；	创建套接字设备 ComSocket
4	SocketConnect ComSocket,“192.168.101.50”,3010	连接相机 IP 为 192.168.101.50，端口号为 3010
5	SocketReceive ComSocket\Str：=strReceived；	接收相机数据并保存到变量 strReceived
6	TPWrite strReceived；	将 strReceived 数据显示在示教器界面上
7	SocketSend ComSocket\Str：=”admin\0d\0a”；	发送用户名 admin，\0d\0a 代表按回车键换行
8	SocketReceive ComSocket\Str：=strReceived；	接收相机数据并保存到变量 strReceived
9	TPWrite strReceived；	将 strReceived 数据显示在示教器界面上
10	SocketSend ComSocket\Str：=”\0d\0a”；	发送密码数据到相机，密码数据为\0d\0a
11	SocketReceive ComSocket\Str：=strReceived；	接收相机数据并保存到变量 strReceived
12	TPWrite strReceived；	将 strReceived 数据显示在示教器界面上
13	ENDPROC	RobConnectToCamera 例行程序结束

（2）编写相机拍照控制程序

创建相机拍照例行程序如图 5-86 所示，相机拍照控制程序示例如表 5-11 所示。

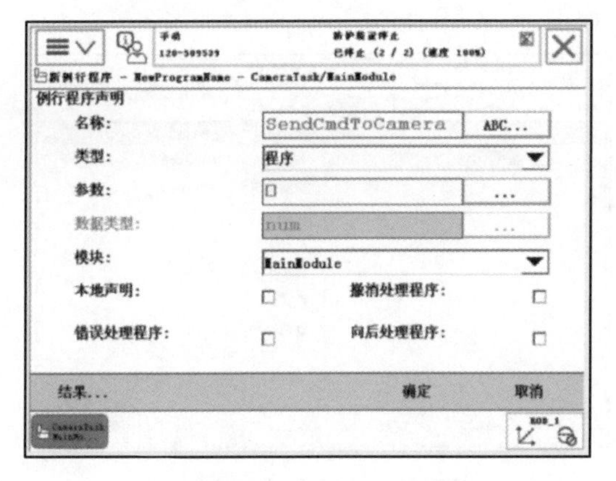

(a) 新建SendmdToCamera例行程序

(b) SendmdToCamera子程序

图 5-86　SendmdToCamera 程序

表 5-11　创建相机拍照例行程序示例

行号	示例程序	程序说明
1	PROC SendmdToCamera()	SendmdToCamera 例行程序开始
2	SocketSend ComSocket\Str:="se8\0d\0a";	发送相机拍照控制指令:se8\0d\0a
3	SocketReceive ComSocket\Str:=strReceived;	接收数据:1 拍照成功;不为 1 相机故障
4	IF strReceived <> "1\0d\0a" THEN	使用 IF 指令判断相机是否拍照成功示教盒画面清除
5	TPErase;	
6	TPWrite "Camera Error"	示教盒上显示"Camera Error"
7	STOP;	停止
8	ENDIF	判断结束
9	ENDPROC	SendmdToCamera 例行程序结束

（3）编写数据转换程序

数据转换程序示例如表 5-12 所示。

表 5-12　数据转换程序示例

行号	示例程序	程序说明
1	PROC num StringToNumData(string strData)	StringToNumData 例行程序开始
2	strData2 := StrPart(strData, 4, StrLen(strData)-3);	分割字符串,获取工件类型数据字符串
3	ok:=StrToVal(strData2,numData);	将工件类型数据字符串转化为数值
4	RETURN numData;	使用 RETURN 指令返回数据 numData
5	ENDPROC	StringToNumData 例行程序结束

① CameraTask 任务中新建功能程序“StringToNumData”，如图 5-87 所示。“类型”为“功能”，“数据类型”为“num”。

② 创建参数“strData”，如图 5-88 所示。类型为“string”。

③ 进入功能程序“StringToNumData”，添加指令“:=”，如图 5-89 所示。

④ <VAR>选择新建本地 string 类型变量：strData2，如图 5-90 所示。<EXP>选择 StrPart 指令，并输入相应的参数。StrPart 指令用于拆分字符串，并返回得到的字符串。strData：程序参数，strData2：程序本地变量。

⑤ 使用赋值指令将 string 数据类型转换成 num 数据类型，如图 5-91 所示。Str-

ToVal指令用于将字符串转换为数值，返回值为1代表转换成功，返回值为0代表转换失败。

⑥ 使用RETURN指令返回数据numData，如图5-92所示。

图5-87　新建功能程序

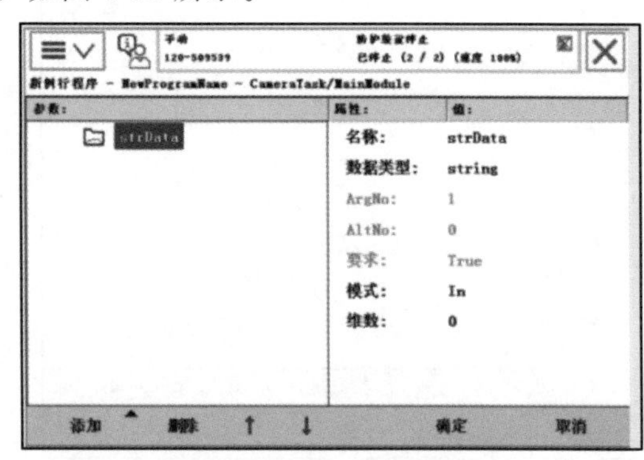

图5-88　创建参数strData

图5-89　进入功能程序

图5-90　新建本地string类型变量

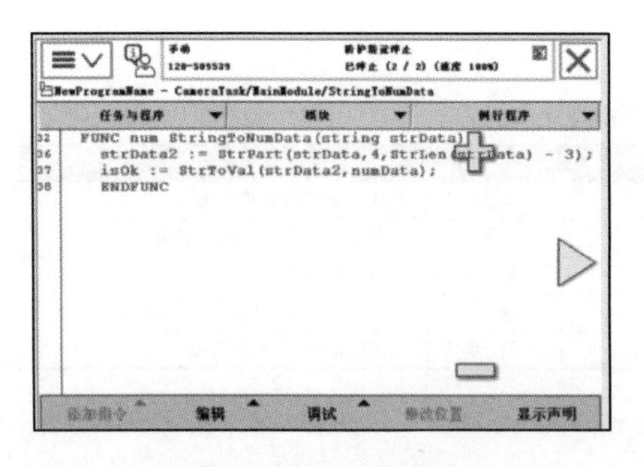

图5-91　换成num数据类型

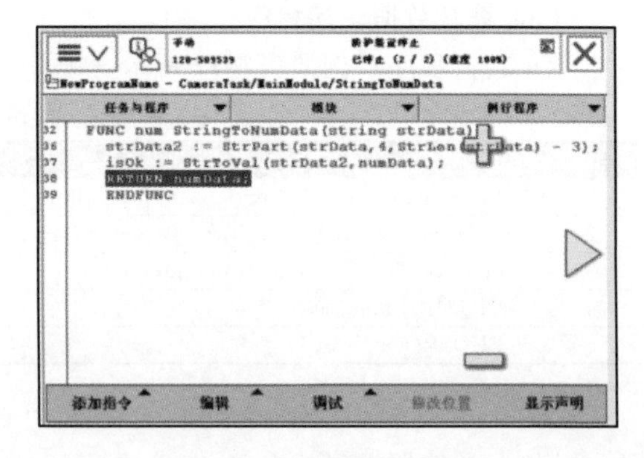

图5-92　返回数据numData

（4）编写获取相机图像数据程序

工业机器人要获取相机图像数据，必须向相机发送特定的指令，然后用数据转换程序将接收到的数据转换成想要的数据。CameraTask任务中新建例行程序“GetCameraData”，编程获取相机图像数据程序示例如表5-13所示。获取相机图像数据例行程序的创建如图5-93所示。

表 5-13　获取相机图像数据程序示例

行号	示例程序	程序说明
1	PROC GetCameraData()	GetCameraData 例行程序开始
2	SocketSend ComSocket\Str：="GVFlange. Pass\0d\0a"；	发送识别工件类型指令
3	SocketReceive ComSocket\Str：=strReceived；	接收相机数据并保存到 strReceived
4	numReceived ：= StringToNumData(strReceived)；	将数据转换并赋值给 numReceived
5	IF numReceived = 0　THEN	如果 numReceived 为 0
6	PartType：=1；	当前工件为减速器，PartType 设为 1
7	ELSEIF numReceived = 1　THEN	如果 numReceived 为 1
8	PartType：=2；	当前工件为法兰，PartType 设为 2
9	SocketSend ComSocket\Str：="GVFlange. Fixture. Angle\0d\0a"；	发送获取工件旋转角度指令
10	SocketReceive ComSocket\Str：=strReceived；	接收相机数据并保存到 strReceived
11	Rotation：= StringToNumData(strReceived)；	将接收到数据转换并赋值给 Rotation
12	ENDIF	判断结束
13	ENDPROC	GetCameraData 例行程序结束

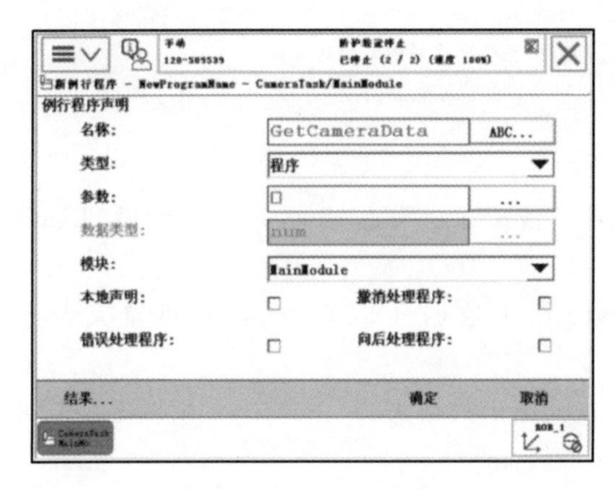

(a) 新建GetCameraData例行程序

(b) GetCameraData子程序

图 5-93　GetCameraData 程序

（5）相机任务主程序示例（表 5-14）

表 5-14　相机任务主程序示例

行号	示例程序	程序说明
1	ROC main ( )	相机任务(CameraTask)主程序开始
2	RobConnectToCamera；	调用例行程序“RobConnectToCamera”
3	WHILE　TRUE　DO	使用循环指令 WHILE，参数设为 TRUE
4	WaitDI　EXDI4，1；	等待传送带运输机前限光电开关信号置 1
5	CamSendDataToRob：= FALSE；	相机处理数据完成信号置 0
6	WaitTime 4；	等待 4s
7	SendCmdToCamera；	调用相机拍照控制程序
8	WaitTime 0. 5；	等待 0. 5s
9	GetCameraData；	调用获取相机图像数据程序
10	CamSendDataToRob：= TRUE；	相机处理数据完成信号置 1
11	WaitDI　EXDI4，0；	等待传送带运输机前限光电开关信号置 0
12	ENDWHILE	WHILE 循环结束
13	ENDPROC	main 主程序结束

5.2.5.4 关键信息与坐标系的转化

由于通常点位相对于坐标系关系不变，通过相机寻找物体特征点并调整工件坐标系的 Oframe 为常见做法，如图 5-94 所示。

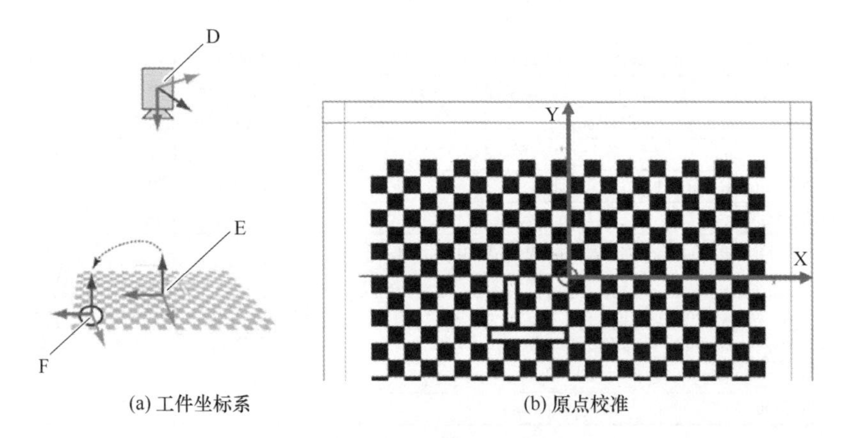

(a) 工件坐标系　　(b) 原点校准

图 5-94　调整工件坐标

D—相机；E—工件坐标系的 Uframe，通常和相机坐标系的 0 点对齐；

F—工件坐标系的 Oframe，即相机得到目标特征点的位置

5.2.5.5 相机 socket 机器人移动实例

① 使用两台机器人，一台做 socket 的 server（模拟相机发送坐标），另一台做 client，模拟正常机器人接收相机数据。

② client 向 server 请求拍照，第一次 server 给出数据（0，0，0），则机器人走到 workobject 坐标系下的（0，0，0）。

③ client 再次向 server 请求拍照，第二次 server 给出数据（20，0，45），则机器人走到 workobject 坐标系下的沿 x 方向移动 20，并且 z 旋转 45°。

④ 先运行 server 机器人，再运行 client 机器人。

5.2.6 具有视觉系统的工业机器人装配程序的编制

5.2.6.1 机器人获取相机图像数据程序

工业机器人为了获取相机图像数据，必须向相机发送特定的指令，然后用数据转换程序将接收到的数据转换成想要的数据，其程序“GetCameraData”如下。

PROC GetCameraData()；GetCameraData 例行程序开始

SocketSend ComSocket\Str:="GVFlange. Pass\0d\0a"；发送相机指令“GVFlange. Pass\0d\0a”

SocketReceive ComSocket\Str:=strReceived；接收相机数据并保存到变量 strReceived

strData:=StrPart(strReceived, 4, StrLen(strReceived)-3)；分割字符串后赋值给 strData

IsOk:=StrToVal(strData, nData)；strData 转换为数值并赋值给 nData

IF nData = 0 THEN PartType:=1；如果 nData 为 0，当前工件为减速器，PartType 设为 1

ELSEIF nData = 1 THEN PartType:=2；如果 nData 为 1，当前工件为法兰，PartType 设为 2

SocketSend ComSocket \ Str: = " GVFlang. Fixture. Angle \ 0d \ 0a "；发送

"GVFlang. Fixture. Angle\0d\0a"

SocketReceive ComSocket\Str：=strReceived；接收相机数据并保存到变量 strReceived

strData：=StrPart(strReceived，4，StrLen(strReceived)-3)；分割字符串后赋值给 strData

IsOk：=StrToVal(strData，Rotation)；strData 转换为数值并赋值给 Rotation

ENDIF；判断结束

ENDPROC；GetCameraData 例行程序结束

5.2.6.2 相机通信主程序

按照工业机器人与相机通信流程要求，工业机器人与相机通信的主程序如下。

PROC main()；Main 主程序开始

RobConnectToCamera；工业机器人与相机建立连接

WHILE TRUE DO；循环开始

WaitDI EXDI4，1；等待信号 EXDI4 置 1

CameraDataFinish：=FALSE；相机处理数据完成信号置 0

WaitTime 4；等待 4s

SendCmdToCamera；机器人发送控制指令给相机

WaitTime 0.5；等待 0.5s

GetCameraData；机器人获取相机处理数据

CameraDataFinish：=TRUE；相机处理数据完成信号置 1

WaitDI EXDI4，0；等待 EXDI4 置 0

ENDWHILE；循环结束

ENDPROC；Main 主程序结束

5.2.6.3. 基于视觉的法兰装配程序

（1）基于视觉的关节装配流程（图 5-95）

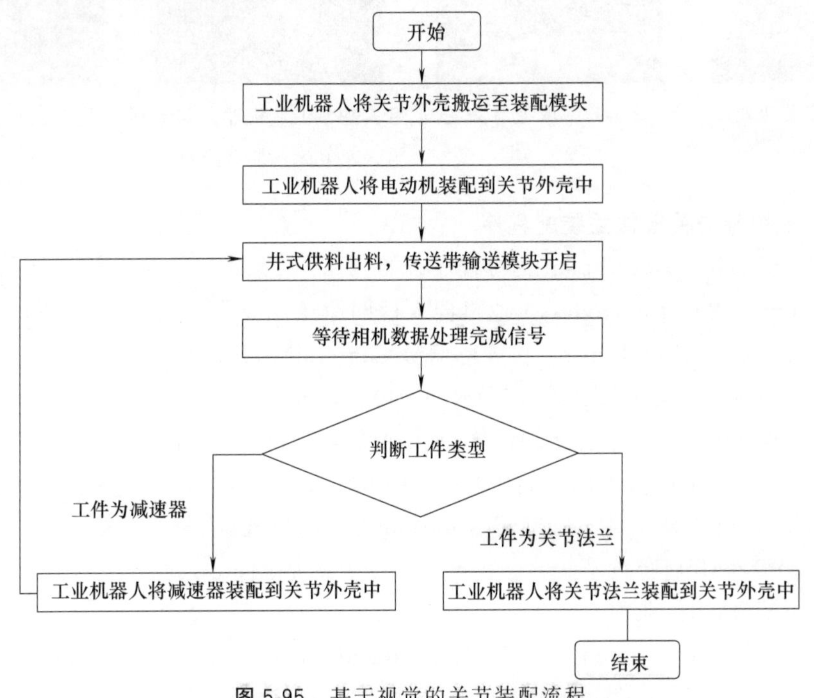

图 5-95　基于视觉的关节装配流程

注意：关节法兰在传送带上的角度不固定，井式供料出料有两种工件，分别是减速器和关节法兰。工件经传送带输送模块到达传送带末端时，工件的位置是固定的，而工件的旋转角度是不固定的。减速器的旋转角度对减速器装配没有影响，而关节法兰的旋转角度将影响关节法兰的装配。所以采用相机识别工件的类型，并将识别到的关节法兰的旋转角度发送给工业机器人，工业机器人调整抓取关节法兰时的位姿，完成将关节法兰装配到关节外壳中。

（2）调整抓取目标点的方法

① 工业机器人先示教关节法兰抓准取基准点以及关节法兰装配点。

② 然后在此抓取基准点的基础上，结合相机识别得到的关节法兰的旋转角度，调整工业机器人抓取关节法兰时的目标点。

③ 工业机器人完成关节法兰的抓取，并装配到关节外壳中。

（3）工业机器人示教关节法兰抓取基准点的步骤

① 将吸盘工具手动安装到工业机器人末端主盘工具上，如图 5-96 所示。

② 手动将关节法兰放到传送带末端，摆放要求如图 5-97 所示。

③ 手动操作工业机器人移动到关节法兰抓取位置，示教器机器人抓取当前法兰的目标点，如图 5-98 所示。

④ 工业机器人抓取法兰，然后手动操作工业机器人，移动到关节法兰装配位置，示教当前工业机器人的目标点，如图 5-99 所示。

图 5-96　安装吸盘

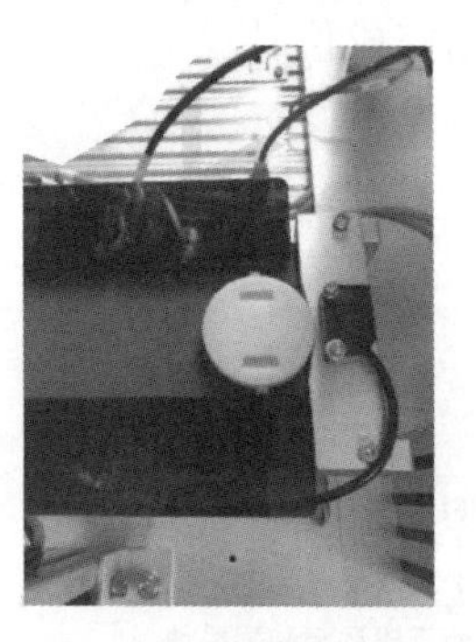

图 5-97　放关节法兰

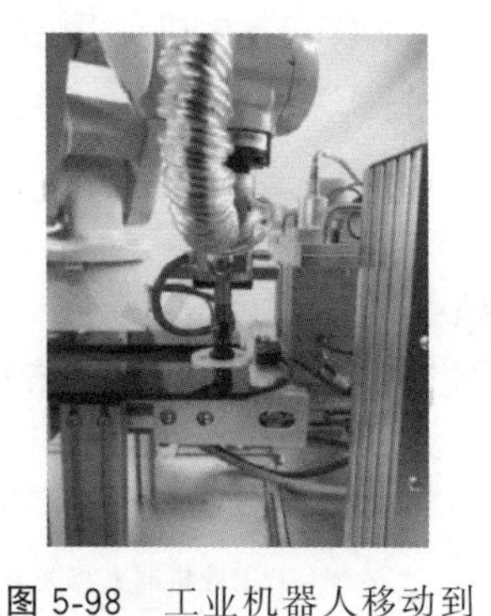

图 5-98　工业机器人移动到关节法兰抓取位置

图 5-99　工业机器人抓取法兰

（4）基于视觉的关节法兰装配程序

PROCAsmFalan()；AsmFalan 例行程序开始

MoveJ home，v200，fine，tool0；工业机器人返回原点

WaitUntil CameraDataFinish，1；等待信号 CameraDataFinish 变量为 1

MoveJ RelTool(pick_falan，0，0，50\Rz：=Rotation)，v200，z10，tool_xipan；工业机器人移动到相对 pick_falan 点沿工具 z 轴偏移 50 以及旋转 Rotation 角度的位置

MoveL RelTool(pick_falan，0，0，0\Rz：=Rotation)，v20，fine，tool_xipan；工业机器人移动到相对 pick_falan 点绕工具 z 轴旋转 Rotation 角度的位置

SetDO YV5，1；开启吸盘

WaitTime\InPos，1；延时 1s

MoveL RelTool(pick_falan，0，0，50\Rz：=Rotation)，v20，fine，tool_xipan；机器人移动到相对 pick_falan 点绕工具 z 轴旋转 Rotation 角度的位置

MoveJ home,v200,z10,tool0;工业机器人返回原点

…

ENDPROC;AsmFalan 例行程序结束

5.2.7 分拣应用编程

5.2.7.1 获取工件形状及位置数据

工业机器人获取工件形状和位置的步骤如下。

① 工业机器人向相机发送拍照指令。

② 工业机器人向相机发送指令，获取指定工件形状识别结果。

③ 如果识别到指定工件形状后，工业机器人向相机发送获取工件位置指令，得到工件在相机坐标系下的像素坐标值。

注意：获取工件形状和位置的指令和相机工程中形状识别工具的名称要保持一致。工业机器人获取工件形状及位置程序中所需的变量如表 5-15 所示，工业机器人获取工件形状及位置的程序如表 5-16 所示。

表 5-15 工业机器人获取工件形状及位置程序中所需的变量

序号	变量名称	变量类型	存储类型	变量说明
1	x_pixel	num	变量	工件在相机坐标系下 x 轴方向上的像素值
2	y_pixel	num	变量	工件在相机坐标系下 y 轴方向上的像素值
3	IsPass	bool	变量	字符串数据转换为数值数据是否成功

表 5-16 工业机器人获取工件形状及位置的程序

程序行号	程序	程序说明
1	PROC GetPartPosition()	GetPartPosition 例行程序开始
2	SocketSend CamSocket\Str:="GVFALAN. Pass\0D\0A";	向相机发送获取工件形状指令
3	SocketReceive CamSocket\Str:=strRec;	接收相机数据并保存到变量 strRec 中
4	IF strRec="1\0D\0A1. 000\0D\0A" THEN	如果识别工件形状通过
5	SocketSend CamSocket\Str:="GVFALAN. Fixture. X\0D\0A";	向相机发送获取 x 位置数据指令
6	SocketReceive CamSocket\Str:=strRec;	接收相机数据并保存到变量 strRec 中
7	strRec:=StrPart(strRec,4,StrLen(strRec)-5);	拆分字符串，得到相应的位置数据
8	IsPass:=StrToVal(strRec,x_pixel);	将得到的字符串数据转换为数值数据
9	SocketSend CamSocket\Str:="GVFALAN. Fixture. Y\0D\0A";	向相机发送获取 y 位置数据指令
10	SocketReceive CamSocket\Str:=strRec;	接收相机数据并保存到变量 strRec 中
11	strRec:=StrPart(strRec,4,StrLen(strRec)-5);	拆分字符串，得到相应的位置数据
12	IsPass:=StrToVal(strRec,y_pixel);	将得到的字符串数据转换为数值数据
13	ENDIF	IF 判断结束
14	ENDPROC	GetPartPosition 例行程序结束

5.2.7.2 获取工件颜色数据

工业机器人获取工件颜色的方法是：工业机器人分别向相机发送获取红色、黄色、蓝色识别指令，根据相机返回的数据，设置工件的类型。注意：颜色识别指令必须和相机工程中对应颜色识别工具的名称保持一致，例如红色识别工具的名称为 RedColor，黄色识别工具的名称为 YellowColor，蓝色识别工具的名称为 BlueColor。工业机器人获取工件颜色程序中所需的变量如表 5-17 所示，工业机器人获取工件颜色的程序如表 5-18 所示。

表 5-17　工业机器人获取工件颜色程序中所需的变量

序号	变量名称	变量类型	存储类型	变量说明
1	strRecRed	string	变量	相机识别红色工件的结果:1—通过,0—不通过
2	strRecYellow	string	变量	相机识别黄色工件的结果:1—通过,0—不通过
3	strRecBlue	string	变量	相机识别蓝色工件的结果:1—通过,0—不通过
4	PartType	num	变量	工件类型:1—红色工件,2—黄色工件,3—蓝色工件

表 5-18　工业机器人获取工件颜色的程序

程序行号	程序	程序说明
1	PROC GetPartColor()	GetPartColor 例行程序开始
2	SocketSend CamSocket\Str:="GVRedColor. Pass\0D\0A";	向相机发送红色工件识别指令
3	SocketReceive CamSocket\Str:=strRecRed;	接收相机数据并保存到 strRecRed 中
4	SocketSend CamSocket\Str:="GVYellowColor. Pass\0D\0A";	向相机发送黄色工件识别指令
5	SocketReceive CamSocket\Str:=strRecYellow;	接收相机数据并保存到 strRecYellow 中
6	SocketSend CamSocket\Str:="GVBlueColor. Pass\0D\0A";	向相机发送蓝色工件识别指令
7	SocketReceive CamSocket\Str:=strRecBlue;	接收相机数据并保存到 strRecBlue 中
8	IF strRecRed="1\0D\0A1. 000\0D\0A" THEN	如果红色工件识别通过
9	PartType:=1;	PartType 设为 1,为红色工件
10	ELSEIF strRecYellow="1\0D\0A1. 000\0D\0A" THEN	如果黄色工件识别通过
11	PartType:=2;	PartType 设为 2,为黄色工件
12	ELSEIF strRecBlue="1\0D\0A1. 000\0D\0A" THEN	如果蓝色工件识别通过
13	PartType:=3;	PartType 设为 3,为蓝色工件
14	ENDIF	IF 判断结束
15	ENDPROC	GetPartColor 例行程序结束

5.2.7.3　分拣

（1）工件识别分拣流程（图 5-100）

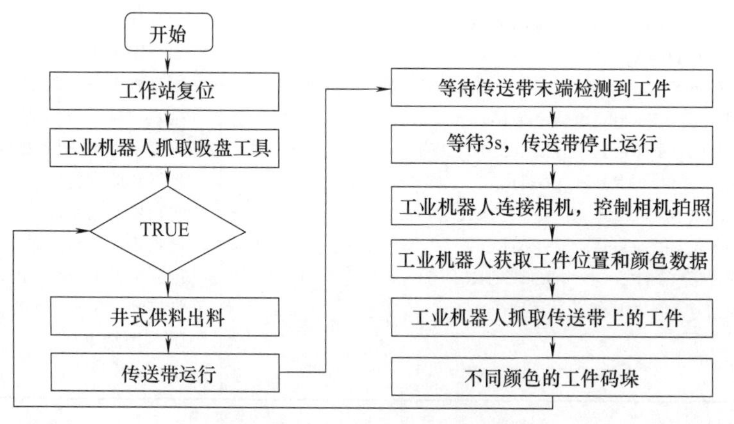

图 5-100　工件识别分拣流程

（2）工件程序变量（表 5-19）

表 5-19　建立基于视觉的工业机器人抓取工件程序中所需的变量

序号	变量名称	变量类型	存储类型	变量说明
1	x_pixel	num	变量	工件在相机坐标系下 x 方向的像素值
2	y_pixel	num	变量	工件在相机坐标系下 y 方向的像素值

续表

序号	变量名称	变量类型	存储类型	变量说明
3	mm_per_pixel	num	变量	实际尺寸与像素比
4	off_x	num	变量	抓取点相对于抓取参考点在 x 方向上的偏移
5	off_y	num	变量	抓取点相对于抓取参考点在 y 方向上的偏移
6	pick_ref	robtarget	变量	工件抓取参考点
7	pick	robtarget	变量	工件抓取点

（3）工件抓取程序（表 5-20）

表 5-20　工件抓取程序

程序行号	程序	程序说明
1	PROC PickPartFromConveyor()	PickPartFromConveyor 例行程序开始
2	off_x:=(y_pixel-382.9) * mm_per_pixel;	抓取点相对于抓取参考点在 x 方向上的偏移
3	off_y:=-1 * (x_pixel-203.2) * mm_per_pixel;	抓取点相对于抓取参考点在 y 方向上的偏移
4	pick:=pick_ref;	抓取参考点赋值给抓取点
5	pick:=Offs(pick_ref,off_x,off_y,0);	抓取点相对于抓取参考点进行偏移
6	MoveJ offs(pick,0,0,50),v300,z10,tool_xipan;	工业机器人移动到抓取点上方 50mm 处
7	MoveL pick,v50,fine,tool_xipan;	工业机器人移动到抓取点
8	set yv5;	吸盘吸取工件
9	WaitTime 0.5;	等待 0.5s
10	MoveL offs(pick,0,0,50),v300,z10,tool_xipan;	工业机器人返回抓取点上方 50mm 处
11	MoveAbsJ jhome\NoEOffs,v200,fine,tool0;	工业机器人返回 home 点
12	ENDPROC	PickPartFromConveyor 例行程序结束

（4）工件码垛编程

① 不同颜色工件码垛程序所用的变量如表 5-21 所示。

表 5-21　不同颜色工件码垛程序所用的变量

序号	变量名称	变量类型	存储类型	变量说明
1	PartType	num	变量	工件类型
2	put_red	robtarget	变量	红色工件第一层码垛位置
3	put_yellow	robtarget	变量	黄色工件第一层码垛位置
4	put_blue	robtarget	变量	蓝色工件第一层码垛位置
5	put	robtarget	变量	工件放置点
6	num_red	num	变量	红色工件码垛数量
7	num_yellow	num	变量	黄色工件码垛数量
8	num_blue	num	变量	蓝色工件码垛数量

② 工件码垛程序如表 5-22 所示。

表 5-22　工件码垛程序

程序行号	程序	程序说明
1	PROC Palletizing()	Palletizing 例行程序开始
2	IF PartType=1 THEN	如果工件是红色工件
3	put:=Offs(put_red, 0, 0, num_red * 10);	将红色工件码垛位置赋值给 put
4	num_red: =num_red+1;	红色工件码垛数量加 1
5	ELSEIF PartType=2 THEN	如果工件是黄色工件
6	put: =Offs (put_yellow, 0, 0, num_yellow * 10);	将黄色工件码垛位置赋值给 put

续表

程序行号	程序	程序说明
7	num_yellow：=num_yellow+1；	黄色工件码垛数量加1
8	ELSEIF PartType=3 THEN	如果工件是蓝色工件
9	put：=Offs（put_blue，0，0，num_blue*10）；	将蓝色工件码垛位置赋值给put
10	num_blue：=num_blue+1；	蓝色工件码垛数量加1
11	ENDIF	结束IF判断
12	MoveJ offs（put，0，0，50），v200，z10，tool0；	工业机器人移动到码垛位置上方50mm处
13	MoveL put，v50，fine，tool0；	工业机器人移动到码垛位置
14	Reset YV5；	关闭吸盘吸气
15	Set YV4；	打开吸盘吹气
16	WaitTime 0.2；	等待0.2s
17	Reset YV4；	关闭吸盘吹气
18	MoveL offs（put，0，0，50），v200，z10，tool0；	工业机器人返回码垛位置上方50mm处
19	MoveAbsJ jhome\NoEOffs，v200，fine，tool0；	工业机器人返回home点
20	ENDPROC	Palletizing例行程序结束

（5）工件识别分拣

① 工件识别分拣主程序名称如表5-23所示。

表5-23 工件识别分拣主程序名称

序号	程序名称	程序功能	序号	程序名称	程序功能
1	main	主程序	6	ConnectCamera	工业机器人连接相机并控制拍照程序
2	ResetStation	调用工作站复位程序	7	GetPartPosition	工业机器人获取工件位置程序
3	PickXipanTool	工业机器人取吸盘工具程序	8	GetPartColor	工业机器人获取工件颜色程序
4	JingshiControl	井式供料出料程序	9	PickPartFromConveyor	机器人抓取工件程序
5	ConveyorControl	传送带运行程序	10	Palletizing	机器人码垛工件程序

② 工件识别分拣主程序如表5-24所示。

表5-24 工件识别分拣主程序

程序行号	程序	程序说明
1	PROC main()	main例行程序开始
2	ResetStation；	调用工作站复位程序
3	PickXipanTool；	调用工业机器人取吸盘工具程序
4	WHILE TRUE DO	WHILE循环开始
5	JingshiControl；	调用井式供料出料程序
6	ConveyorControl；	调用传送带运行程序
7	WaitTime 2；	等待2s
8	ConnectCamera；	调用工业机器人连接相机并控制拍照程序
9	GetPartPosition；	调用工业机器人获取工件位置程序
10	GetPartColor；	调用工业机器人获取工件颜色程序
11	PickPartFromConveyor；	调用工业机器人抓取工件程序
12	Palletizing；	调用工业机器人码垛工件程序
13	ENDWHILE；	WHILE循环结束
14	ENDPROC；	main例行程序结束

③ 工业机器人连接相机并控制拍照程序如表 5-25 所示。

表 5-25 工业机器人连接相机并控制拍照程序

程序行号	程序	程序说明
1	PROC ConnectCamera()	连接相机程序开始
2	SocketClose CamSocket;	关闭套接字
3	SocketCreate CamSocket;	创建套接字
4	SocketConnect CamSocket, "192.168.101.50", 3010;	连接相机地址为 192.168.101.50,端口号为 3010
5	SocketReceive CamSocket\Str:=strrecv;	地址和端口号给相机模块
6	TPWrite strrecv;	示教器显示收到的数据
7	SocketSend CamSocket\Str:="admin\0d\0a";	工业机器人发送 admin\0d\0a
8	SocketReceive CamSocket\Str:=strrecv;	相机模块收到数据
9	TPWrite strrecv;	示教器显示收到的数据
10	SocketSend CamSocket\Str:="\0d\0a";	工业机器人发送空字符
11	SocketReceive CamSocket\Str:=strrecv;	相机模块收到数据
12	TPWrite strrecv;	示教器显示收到的数据
13	SocketSend CamSocket\Str:="sw8\0d\0a";	工业机器人发送相机拍照指令
14	SocketReceive CamSocket\Str:=strrecv;	相机模块收到数据
15	IF strrecv <> "1\0d\0a" THEN	如果收到数据错误,将示教器上数据清除
16	TPErase;	
17	TPWrite "CameraError";	并显示 CameraError
18	Stop;	停止运行
19	ENDIF	IF 判断结束
20	ENDPROC	程序结束

5.3 具有视觉功能的工作站综合程序的编制

5.3.1 中断指令

5.3.1.1 CONNECT（中断连接）

（1）书写格式

CONNECT　Interrupt　WITH　Trap routine

Interrupt:　　　　中断数据名称（intnum）

Trap routine:　　中断处理程序（Identifier）

（2）应用

将工业机器人相应中断数据连接到相应的中断处理程序是工业机器人中断功能必不可少的组成部分，必须同指令 ISignalDI 、ISignalDO 、ISignalAI 、ISignalAO 、或 ITmer 联合使用，编程实例如下。

```
VAR intnum intInspect
Proc main( )
…
CONNECT intInpect WITH rAlarm;
ISignalDI di01_Vacuum, 0, intInspect;
```

```
…
ENDPROC
TRAP rAlarm  TPWrite "Grip Error";
    Stop;
    WaitDI di01_Vacuum, 1;
ENDTRAP
```

（3）限制

① 中断数据的数据类型必须为变量（VAR）。

② 一个中断数据不允许同时连接到多个中断处理程序，但多个中断数据可以共享一个中断处理程序。

③ 当一个中断数据完成连接后，这个中断数据不允许再次连接到任何中断处理程序（包括已经连接的中断处理程序）。如果需要再次连接到任何中断处理程序，必须先使用指令IDelete将原连接去除。

（4）报警处理

① ERR_ALRDYCNT：中断数据已经被连接到中断处理程序。

② ERR_CNTNOTVAR：中断数据的数据类型不是变量。

③ ERR_INOMAX：没有更多的中断数据可以使用。

5.3.1.2 IDelete（取消中断）

（1）书写格式

IDelete Interrupt

Interrupt：中断数据名称 （intnum）

（2）应用

将工业机器人相应中断数据与相应的中断处理程序之间的连接去除，程序实例如下。

```
……
CONNECT IntInspect WITH  rAlarm;
ISingalDI  di01_Vacuum, 0, intInspect;
…
IDelete intInspect;
```

（3）限制

① 执行指令IDelete后，当前中断数据的连接被完全清除。如需再次使用这个中断数据，必须重新使用指令CONNECT连接到相应的中断处理程序。

② 在下列情况下，中断程序将自动去除：

重载新的运行程序；工业机器人运行程序被重置，程序指针回到主程序的第一行（Start From Beginning）；工业机器人程序指针被移到任意一个例行程序的第一行（Move PP to Routine）。

5.3.1.3 ISignalDI（数字输入信号触发中断）

（1）书写格式

ISingalDI [\Single],Signal,TriggValue,Interrupt

[\Single]： 单次中断信号开关 （switch）

Signal： 触发中断信号(singaldi)

TriggValue：　　　触发信号值（dionum）

Interrupt：　　　中断数据名称（intnum）

（2）应用

使用相应的数字输入信号触发相应的中断功能，必须同指令 CONNECT 联合使用，如图 5-101 所示。程序实例如下。

```
…
CONNECT int1 WITH iroutine1;
IsignalDI\single di01,1,int1;中断功能在单次触发后失效
…
CONNECT int2 WITH iroutine2;
ISignalDI  di02,1,int1;中断功能持续有效,只有在程序重置或运行指令 IDelete 后才失效
```

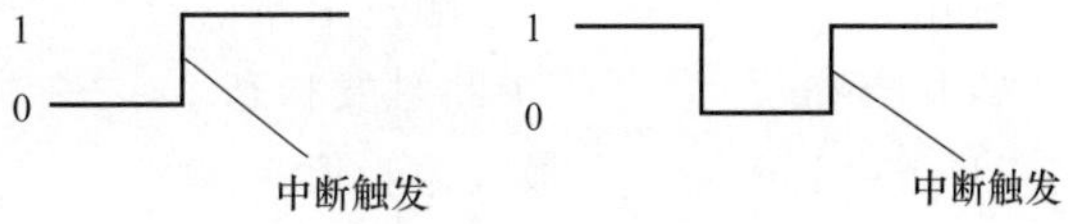

图 5-101　中断触发

（3）限制

当一个中断数据完成连接后，这个中断数据不允许再次连接到任何中断处理程序（包括已经连接的中断处理程序）。如果需要再次连接到任何中断处理程序，必须先使用指令 IDelete 将原连接去除。程序实例如下。

```
PROC main( )
CONNECT int1 WITH  r1;
ISignalDI  di01,1,int1;
…
IDelete int1;
ENDPROC
PROC main( )
CONNECT int1 WITH  r1;
ISignalDI  di01,1,int1;
WHILE TRUE DO
…
ENDWHILE
ENDPROC
```

5.3.1.4　ISignalDO（数字输出信号触发中断）

（1）书写格式

ISingalDO [\Single],Signal,TriggValue,Interrupt

[\Single]：　　　单次中断信号开关　（switch）

Signal：　　　触发中断信号（singaldi）

TriggValue：　　　触发信号值（dionum）

Interrupt：　　　中断数据名称（intnum）

（2）说明

使用相应的数字输入信号触发相应的中断功能，必须同指令 CONNECT 联合使用；其他与 ISignalDI 相同。

5.3.1.5 ISignalAI（模拟输入信号触发中断）

（1）书写格式

ISingalAI [\Single],Signal,Condition,HighValue

LowValeu,DeltaValue,[\Dpos][\DNeg],Interrupt

[\Single]：　　单次中断信号开关　（switch）

Signal：　　触发中断信号　（singaldi）

Condition：　　中断触发状态　（aiotrigg）

HighValue：　　最大逻辑值　（num）

LowValue：　　最小逻辑值　（num）

DeltaValue：　　中断恢复差值　（num）

[\DPos]：　　正值中断开关　（switch）

[\DNeg]：　　负值中断开关　（switch）

Interrupt：　　中断数据名称　（intnum）

（2）中断触发状态

① AIO_ABOVE_HIGH：仿真量信号逻辑值大于最大逻辑值（HighValue）。

② AIO_BELOW_HIGH：仿真量信号逻辑值小于最大逻辑值（HighValue）。

③ AIO_ABOVE_LOW：仿真量信号逻辑值大于最小逻辑值（LowValue）。

④ AIO_BELOW_LOW：仿真量信号逻辑值小于最小逻辑值（LowValue）。

⑤ AIO_BETWEEN：仿真量信号逻辑值处于最小逻辑值（LowValue）和最大逻辑值（HighValue）之间。

⑥ AIO_OUTSIDE：仿真量信号逻辑值大于最大逻辑值（HighValue）或者小于最小逻辑值（LowValue）。

⑦ AIO_ALWAYS：总是触发中断，与仿真量信号逻辑值处于最小逻辑值（LowValue），与最大逻辑值（HighValue）无关。

（3）应用

使用相应的仿真量输入信号触发相应的中断功能，必须同指令 CONNECT 联合使用，如图 5-102 所示。程序实例如下。

```
…
CONNECT  int1 WITH iroutine1;
ISignalAI\Single ai1,AIO_BETWEEN, 2, 1, 0, int1; 中断功能在单次触发后失效
…
CONNECT  int2 WITH iroutine2;
ISignalAI  ai2, AIO_BETWEEN, 1.5, 0.5, 0, int1;
…
CONNECT  int3 WITH iroutine3;
ISignalAI  ai3, AIO_BETWEEN, 1.5, 0.5, 0.1, int3; 中断功能持续有效，只有在程序重置或运行 IDelete 后才失效。
```

（4）限制

① 当前最大逻辑值（HighValue）与最小逻辑值（LowValue）必须在仿真量信号所定义的逻辑值范围内。

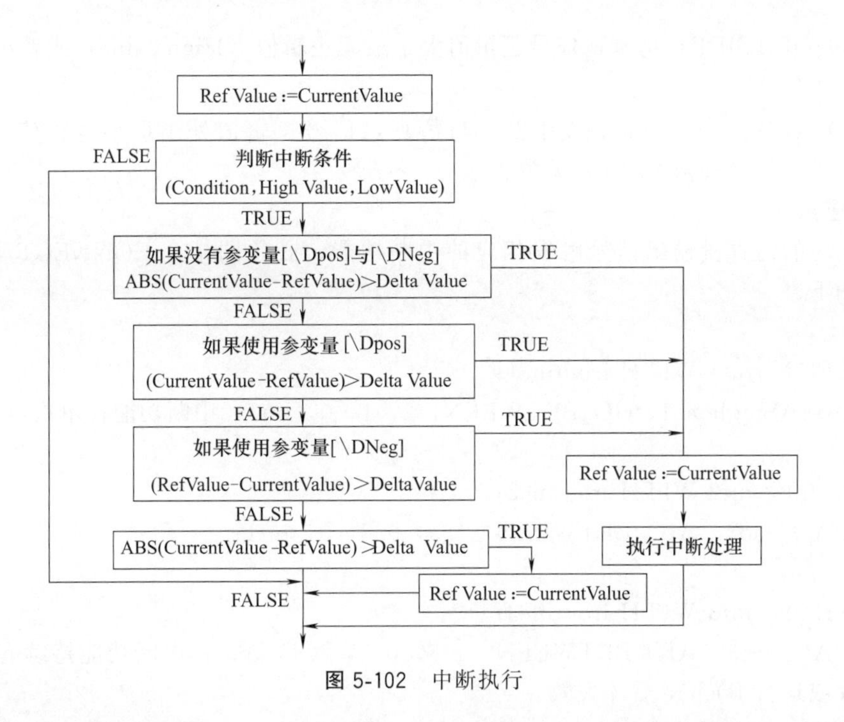

图 5-102 中断执行

② 最大逻辑值（HighValue）必须大于最小逻辑值（LowValue）。

③ 中断复位差值（DeltaValue）必须为正数或 0。

④ 指令 ISignalDI 的限制，仍然适用。

5.3.1.6 ISignalAO（模拟输出信号触发中断）

（1）书写格式

ISingalAO [\Single],Signal,Condition,HighValue

LowValeu,DeltaValue,[\Dpos][\DNeg],Interrupt

[\Single]： 单次中断信号开关 （switch）

Signal： 触发中断信号 （singaldi）

Condition： 中断触发状态（aiotrigg）

HighValue： 最大逻辑值 （num）

LowValue： 最小逻辑值（num）

DeltaValue：中断恢复差值（num）

[\DPos]： 正值中断开关（switch）

[\DNeg]： 负值中断开关（switch）

Interrupt： 中断数据名称 （intnum）

（2）中断触发状态

① AIO_ABOVE_HIGH：仿真量信号逻辑值大于最大逻辑值（HighValue）。

② AIO_BELOW_HIGH：仿真量信号逻辑值小于最大逻辑值（HighValue）。

③ AIO_ABOVE_LOW：仿真量信号逻辑值大于最小逻辑值（LowValue）。

④ AIO_BELOW_LOW：仿真量信号逻辑值小于最小逻辑值（LowValue）。

⑤ AIO_BETWEEN：仿真量信号逻辑值处于最小逻辑值（LowValue）和最大逻辑值（HighValue）之间。

⑥ AIO_OUTSIDE：仿真量信号逻辑值大于最大逻辑值（HighValue）或者小于最小逻辑值（LowValue）。

⑦ AIO_ALWAYS：总是触发中断，与仿真量信号逻辑值处于最小逻辑值（LowValue）与最大逻辑值（HighValue）无关。

（3）应用

使用相应的仿真量输出信号触发相应的中断功能，必须同指令 CONNECT 联合使用；程序实例如下。

```
…
CONNECT  int1 WITH iroutine1;
ISignalAO\Single ao1,AIO_BETWEEN，2，1，0，int1；中断功能在单次触发后失效
……
CONNECT  int2 WITH iroutine2;
ISignalAO  ao2，AIO_BETWEEN，1.5，0.5，0，int1;
…
CONNECT  int3 WITH iroutine3;
ISignalAO  ao3，AIO_BETWEEN，1.5，0.5，0.1，int3；中断功能持续有效，只有在程序重置或运行 IDelete 后才失效
```

5.3.1.7 ISleep（关闭中断）

（1）书写格式

ISleep   Interrupt;

Interrupt：中断数据名称   (intnum)

（2）应用

使机器人相应中断数据暂时失效，直到执行指令 IWatch 后才恢复。程序实例如下。

```
…
CONNECT  intInspect WITH  rAlarm  ISingalDI di01_Vacuum，0，intInspect;
…  中断监控
ISleep  intInspect;
… 中断失效
IWatch  intInspect;
… 中断监控
```

（3）报警处理

ERR_UNKINO：无法找到当前的中断数据。

5.3.1.8 IWatch（激活中断）

（1）书写格式

IWatch   Interrupt;

Interrupt：中断数据名称   (intnum)

（2）应用

激活机器人已失效的相应中断数据，正常情况下与指令 ISleep 配合使用。

5.3.1.9 IDisable（关闭所有中断）

（1）书写格式

IDisable   Interrupt;

Interrupt：　中断数据名称　　（intnum）

（2）应用

使机器人相应中断功能暂时不执行，直到执行 IEnable 后，才进入中断处理程序。此指令用于机器人正在执行不希望被打断的操作期间，例如通过通信口读写数据。程序实例如下。

```
…
IDisable;
FOR i FROM 1 TO  DO character[i]:=ReadBin(sensor);
ENDFOR
IEnable;
…
```

5.3.1.10　IEnable（激活所有中断）

（1）书写格式

IEnable　　Interrupt；

Interrupt：　中断数据名称　　（intnum）

（2）应用

开始执行被机器人暂停的相应中断功能，正常情况下与指令 IDisable 配合使用。此指令用于机器人正在执行不希望被打断的操作期间，例如通过通信口读写数据。程序实例如下。

```
…
IDisable;
FOR i FROM 1 TO  DO character[i]:=ReadBin(sensor);
ENDFOR
IEnable;
…
```

5.3.1.11　ITimer（计时中断）

（1）书写格式

IWatch　[\Single],Time,Interrupt；

[\Single]：　单次中断开关　　（switch）

Time：　　触发中断时间 s　　（num）

Interrupt：　中断数据名称　　（intnum）

（2）应用

定时处理机器人相应中断数据，此指令常用于通过通信口读写数据等场合。程序实例如下。

```
…
CONNECT timeint WITH check_serialch;
ITimer 60, timeint;
…
Trap check_serialch WriteBin ch1, buffer, 1;
IF ReadBin (ch1 \ Time: =5) <0 THEN TPWrite "Communication is broken";
```

```
EXIT;
ENDIF;
ENDTRAP;
```

5.3.1.12 中断程序的建立

现以对一个传感器的信号进行实时监控为例编写一个中断程序。在正常的情况下，di1的信号为0；如果di1的信号从0变为1，就对reg1数据进行加1的操作。其操作如表5-26所示。

表 5-26 中断程序的建立

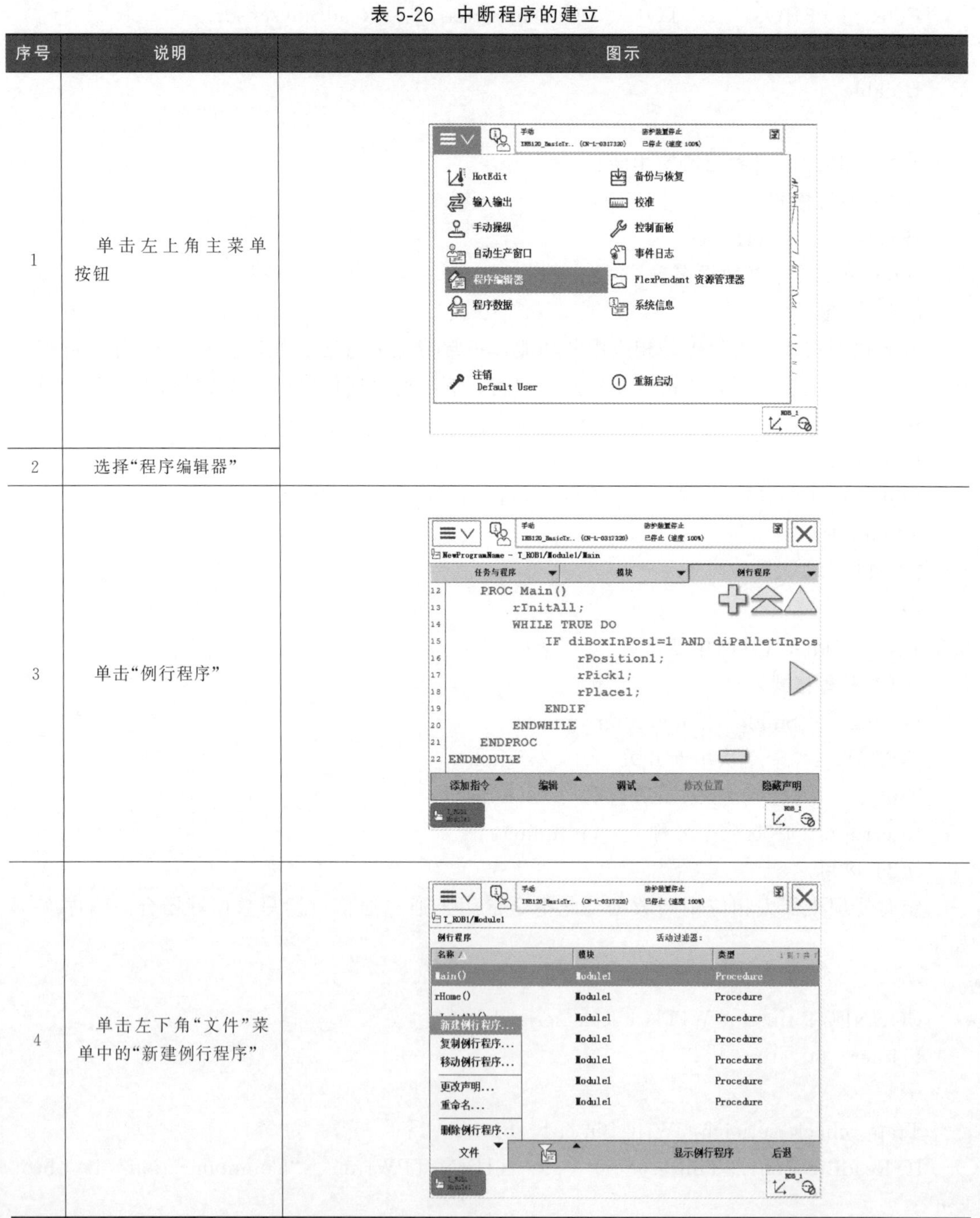

序号	说明	图示
1	单击左上角主菜单按钮	
2	选择“程序编辑器”	
3	单击“例行程序”	
4	单击左下角“文件”菜单中的“新建例行程序”	

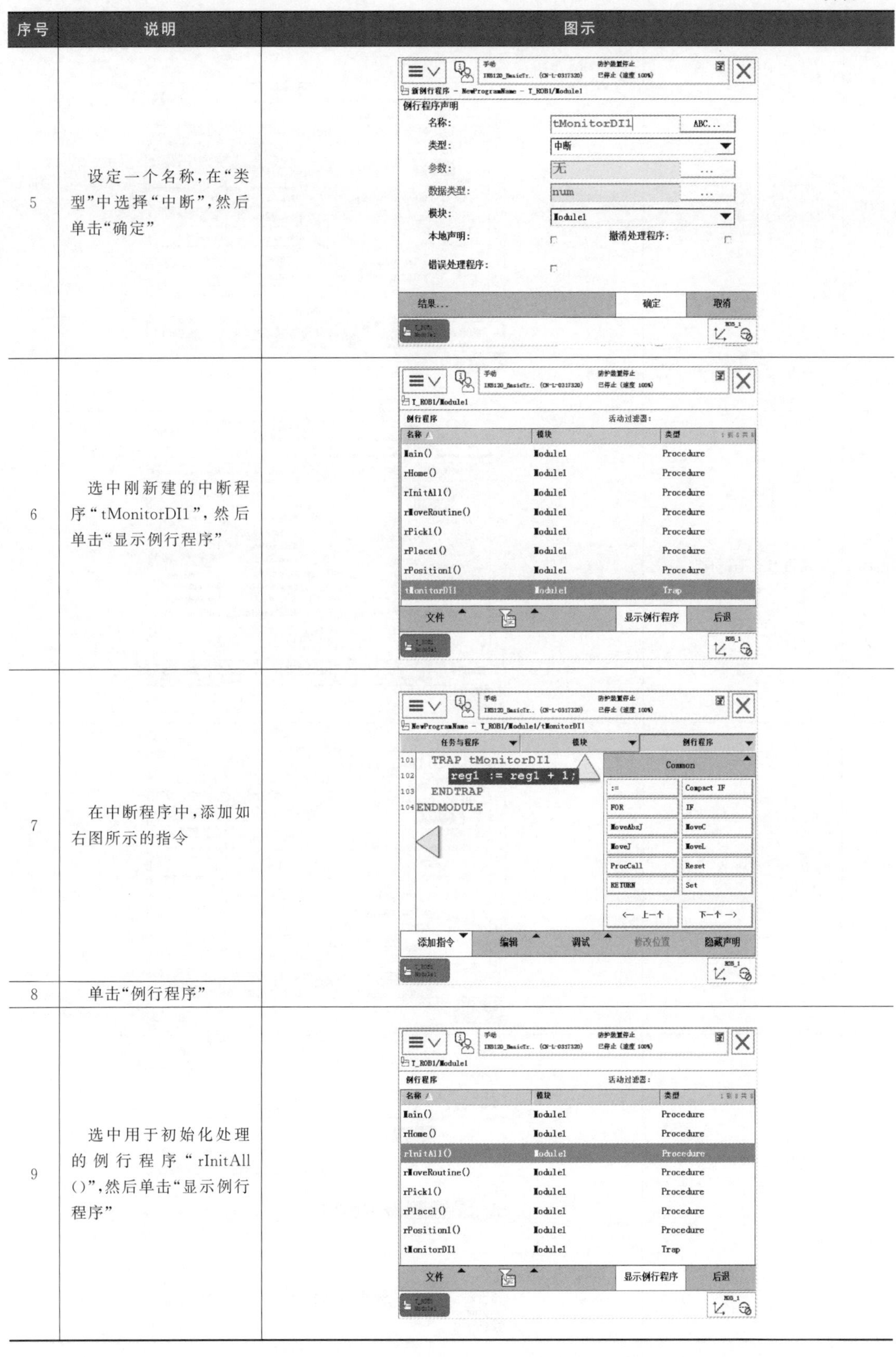

序号	说明	图示
5	设定一个名称，在"类型"中选择"中断"，然后单击"确定"	
6	选中刚新建的中断程序"tMonitorDI1"，然后单击"显示例行程序"	
7	在中断程序中，添加如右图所示的指令	
8	单击"例行程序"	
9	选中用于初始化处理的例行程序"rInitAll()"，然后单击"显示例行程序"	

续表

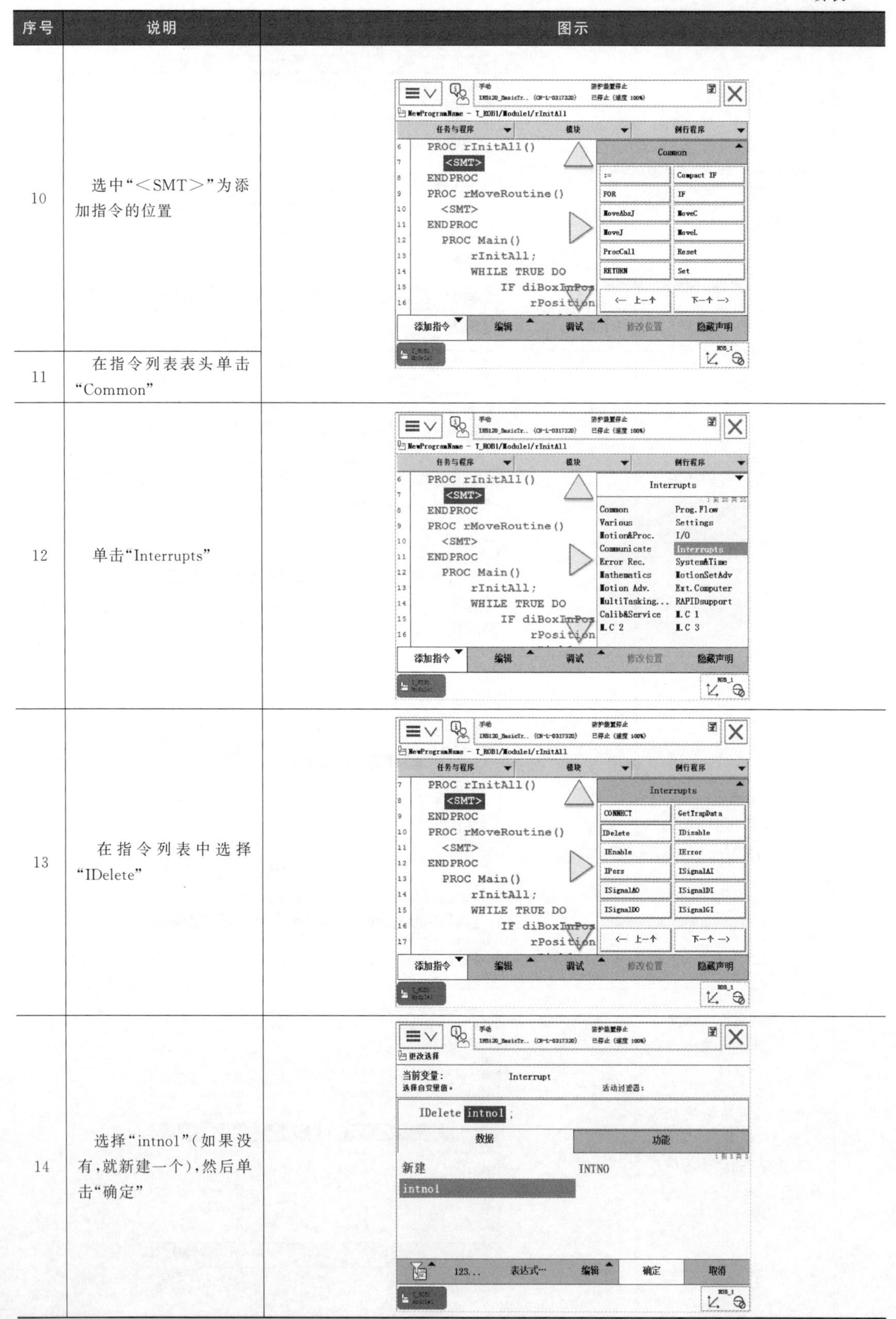

序号	说明	图示
10	选中“＜SMT＞”为添加指令的位置	
11	在指令列表表头单击“Common”	
12	单击“Interrupts”	
13	在指令列表中选择“IDelete”	
14	选择“intno1”(如果没有,就新建一个),然后单击“确定”	

续表

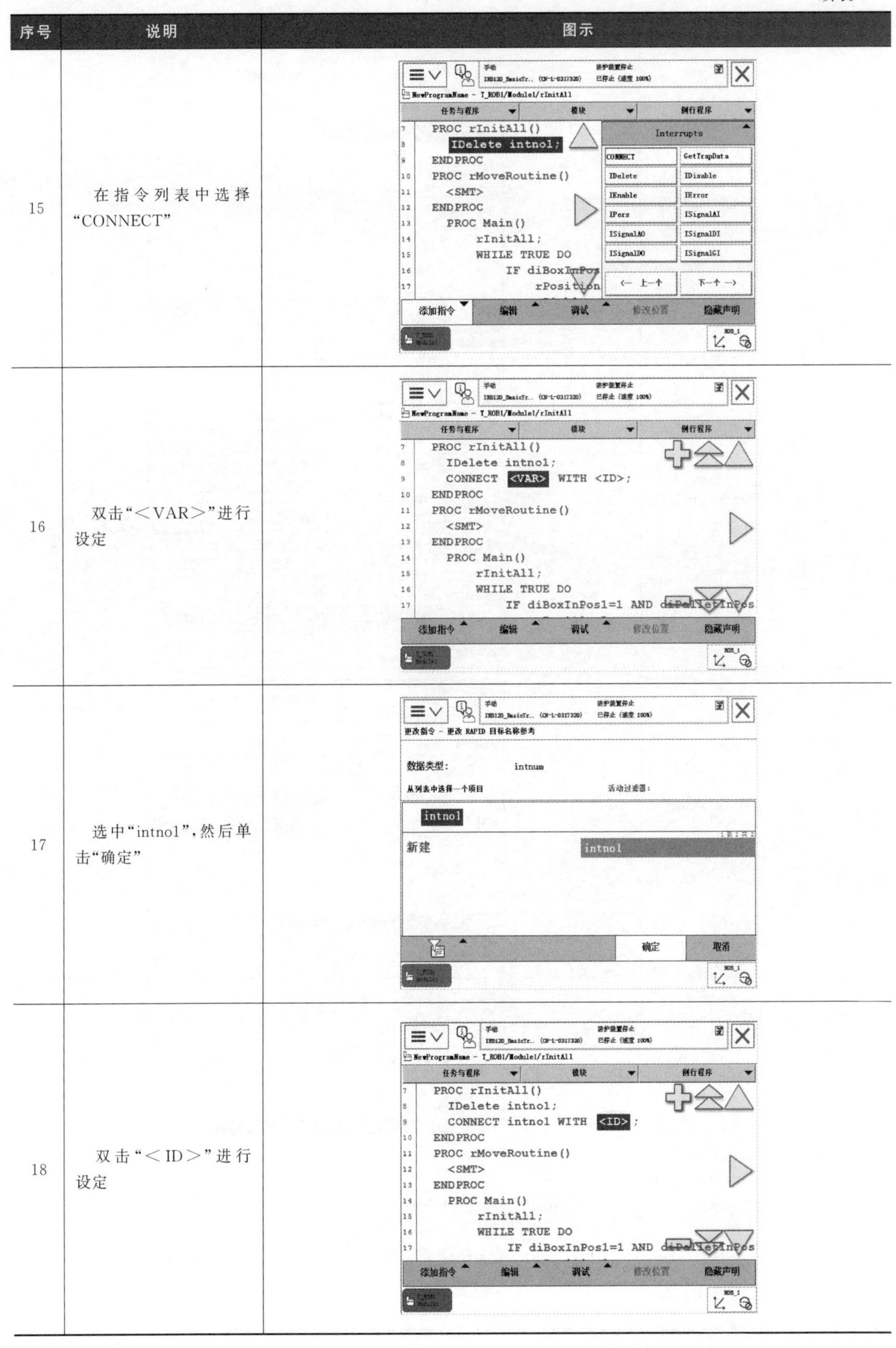

序号	说明	图示
15	在指令列表中选择“CONNECT”	
16	双击“<VAR>”进行设定	
17	选中“intno1”，然后单击“确定”	
18	双击“<ID>”进行设定	

续表

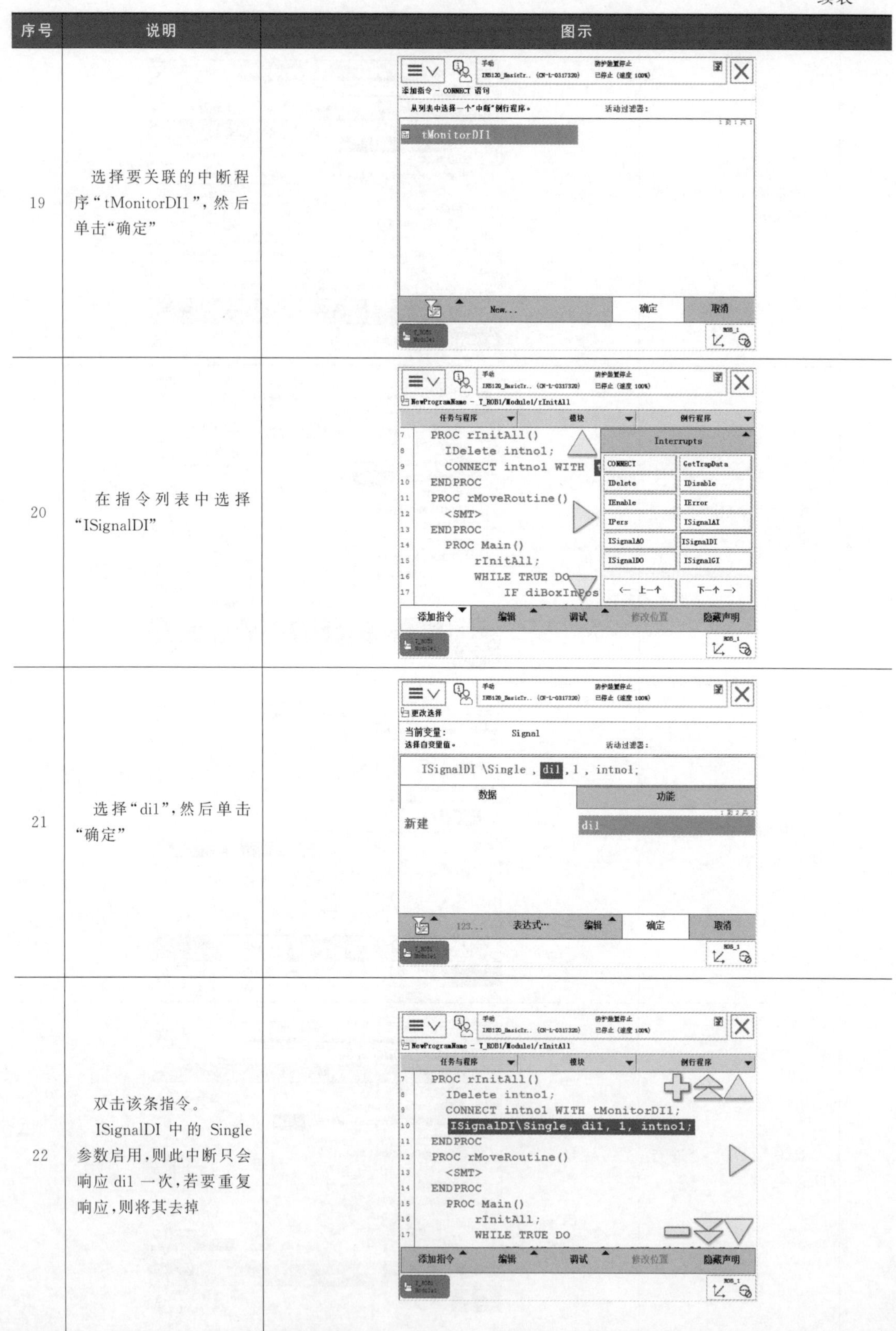

序号	说明	图示
19	选择要关联的中断程序“tMonitorDI1”，然后单击“确定”	
20	在指令列表中选择“ISignalDI”	
21	选择“di1”，然后单击“确定”	
22	双击该条指令。 ISignalDI 中的 Single 参数启用，则此中断只会响应 di1 一次，若要重复响应，则将其去掉	

续表

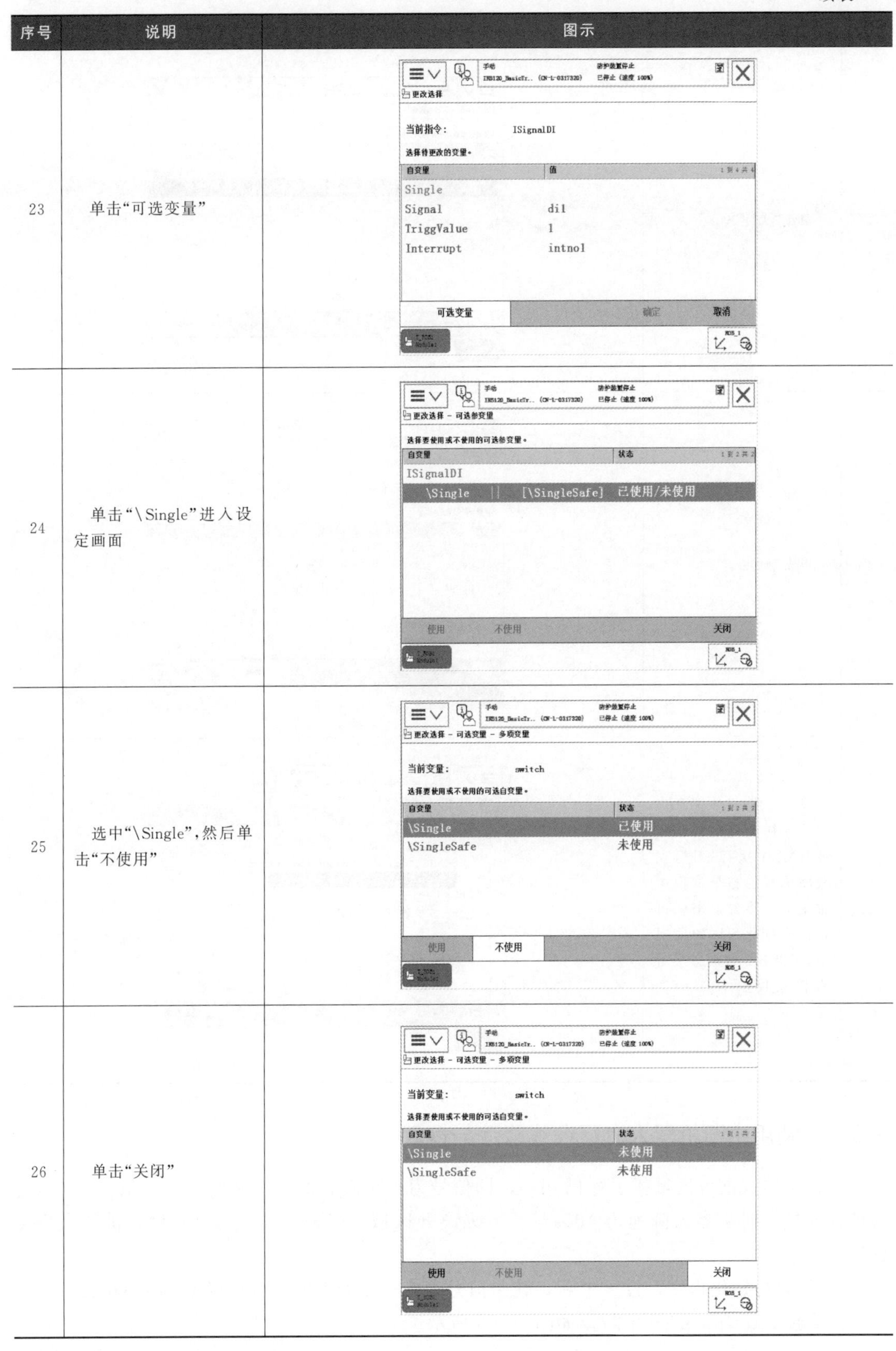

序号	说明	图示
23	单击“可选变量”	
24	单击“\Single”进入设定画面	
25	选中“\Single”，然后单击“不使用”	
26	单击“关闭”	

续表

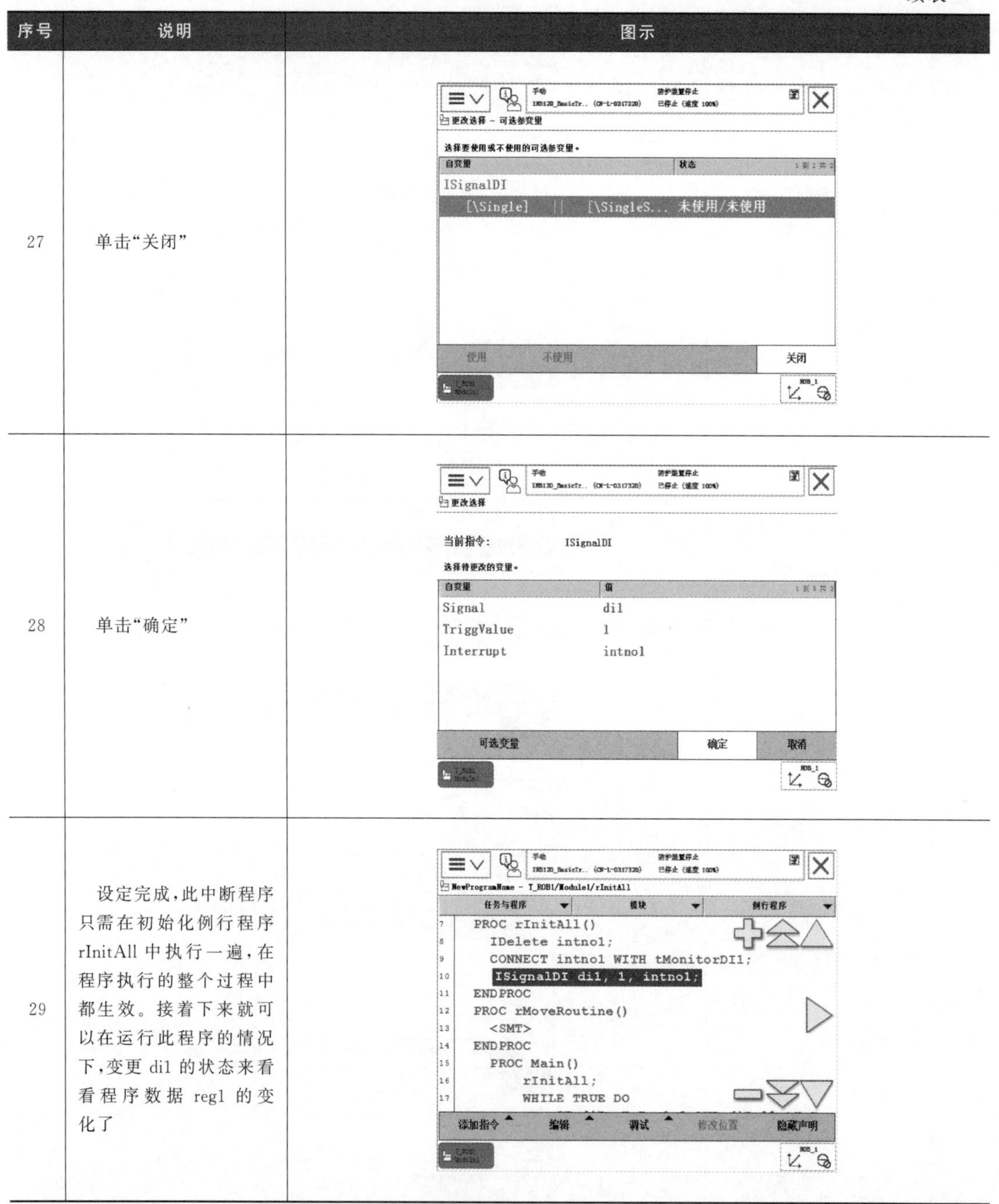

序号	说明	图示
27	单击“关闭”	
28	单击“确定”	
29	设定完成，此中断程序只需在初始化例行程序rInitAll中执行一遍，在程序执行的整个过程中都生效。接着下来就可以在运行此程序的情况下，变更di1的状态来看看程序数据reg1的变化了	

5.3.2 利用中断机器人进行在线降速与恢复

假设机器人前方区域接了光栅di_0，即信号为1时机器人正常速度运行，信号为0（有人挡住光栅）时机器人降速为10%运行。人离开区域（光栅恢复信号1）后，机器人恢复运行。

① 创建初始化程序，设置中断，其中信号1变0时触发机器人中断tr_low speed，信号0变1时触发tr_fullspeed中断，如图5-103所示。

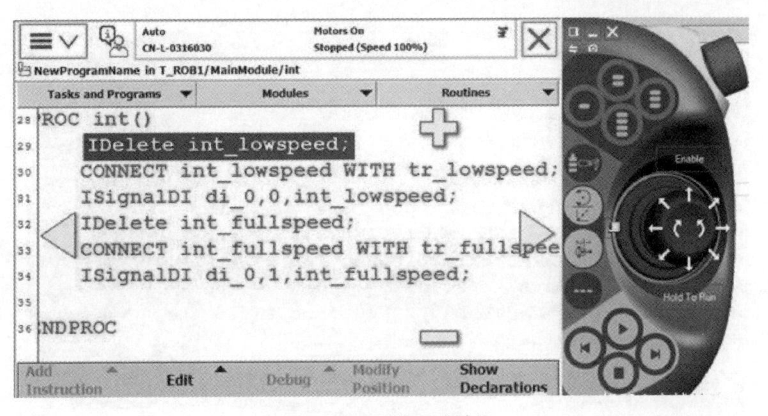

图 5-103　设置中断

② 两个中断程序如图 5-104 所示。

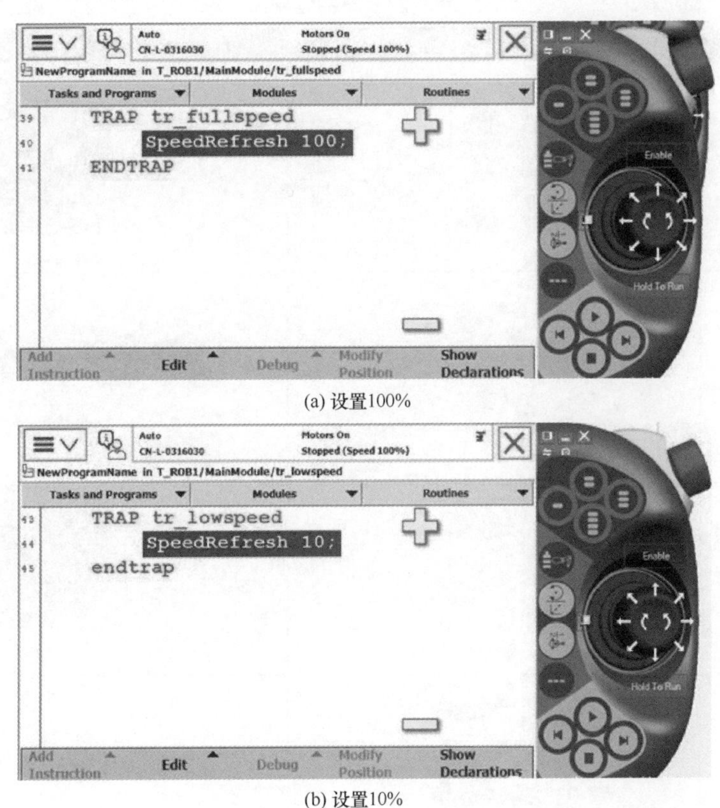

(a) 设置100%

(b) 设置10%

图 5-104　中断程序

③ 主程序如图 5-105 所示。

5.3.3　产品定制应用编程

以礼盒包装为基础，结合视觉应用对产品的颜色和类型进行定制，同时使用 RFID 对产品的生产过程进行追溯。定制产品零件有 3 种，即电动机外壳、转子和端盖，颜色同样有红色和蓝色。每种零件可单独作为产品放入礼盒进行包装，也可自由组合形成新的产品备选，如表 5-27 所示。

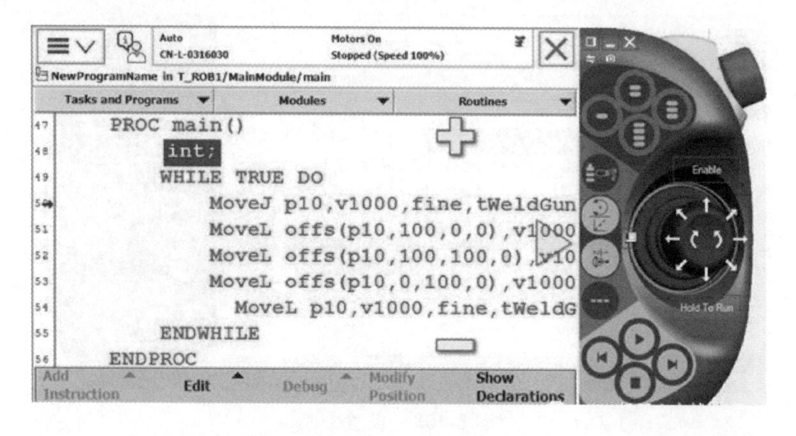

图 5-105　主程序

表 5-27　产品定制

名称		图示	用途
机器人工具	V形抓		抓取礼品盒基座
	矩形抓		抓取电动机各零件
	吸盘		抓取端盖
工件存储	立体库		存储礼品盒基座及包装完成成品
	储物架		存储电动机零件
	放物板		存储端盖、临时区

续表

名称	图示		用途
工艺物	视觉	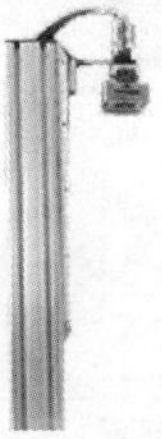	检测产品的颜色和类型
	运输带		运输
	夹具		礼品盒和产品的装配包装
	FIRD		产品生产过程的跟踪及追溯
	称重机构	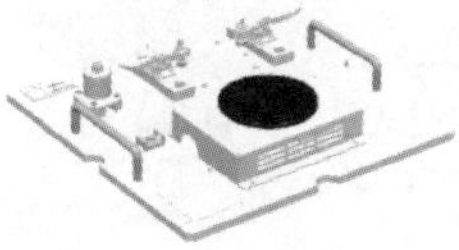	判断产品类型进行分拣

（1）工作流程规划

工作流程规划如图 5-106 所示。

（2） I/O 配置

I/O 配置如表 5-28 所示。

表 5-28　I/O 配置

模块	接口功能	信号名称
变位机	RS485 通信	
RFID	RS422 通信	
立体仓库	以太网、24V 电源	
工具支架	数字输入	DI2、DI3、DI4、DI5
装配	数字输入/输出	DI12、DI13、DO12、DO13
输送带	数字输入/输出	DI16、DO16、DI7、DI8
视觉	以太网、24V 电源	
称重模块	模拟量输入	AI2

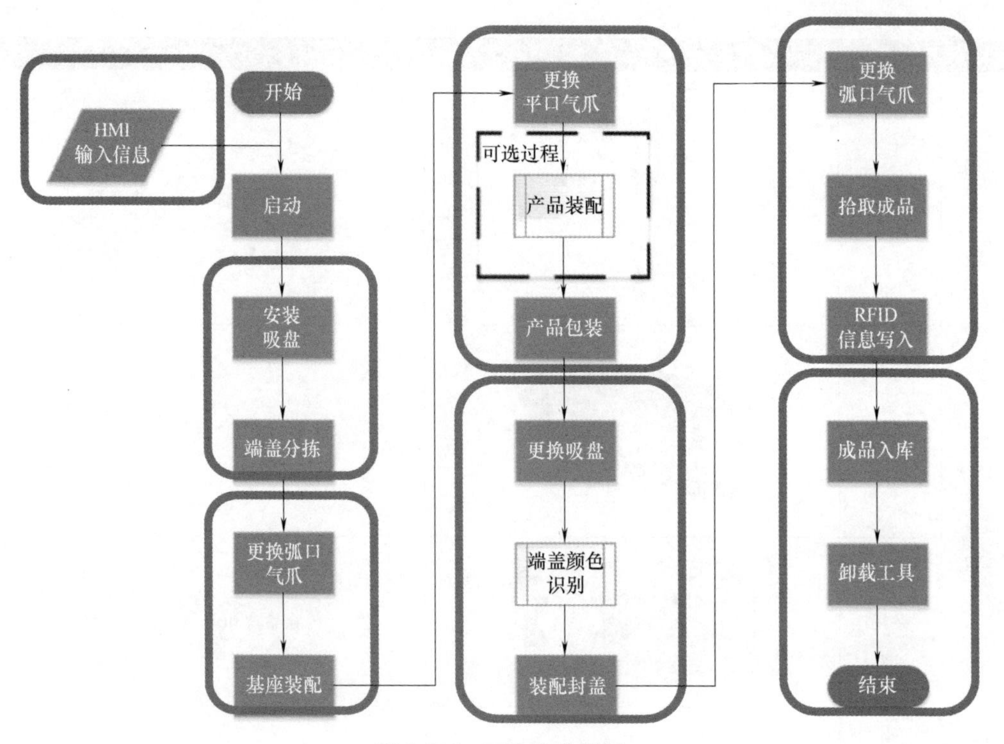

图 5-106 工作流程规划

(3) PLC 程序组态

PLC 程序组态如图 5-107 所示。

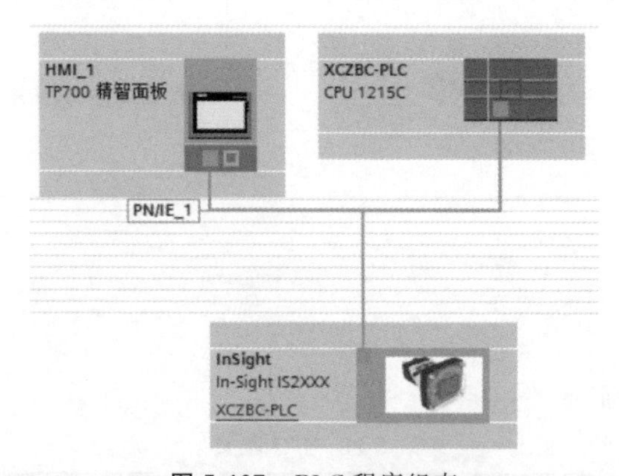

图 5-107 PLC 程序组态

(4) PLC 程序编制

① 机器人通信程序见图 5-108。

② 立体仓库通信程序见图 5-109。

③ 相机控制程序见图 5-110。

④ RFID 控制和数据处理程序见图 5-111。

⑤ MAIN 见图 5-112。

(5) HMI 界面创建

① HMI 创建文本列表见图 5-113。

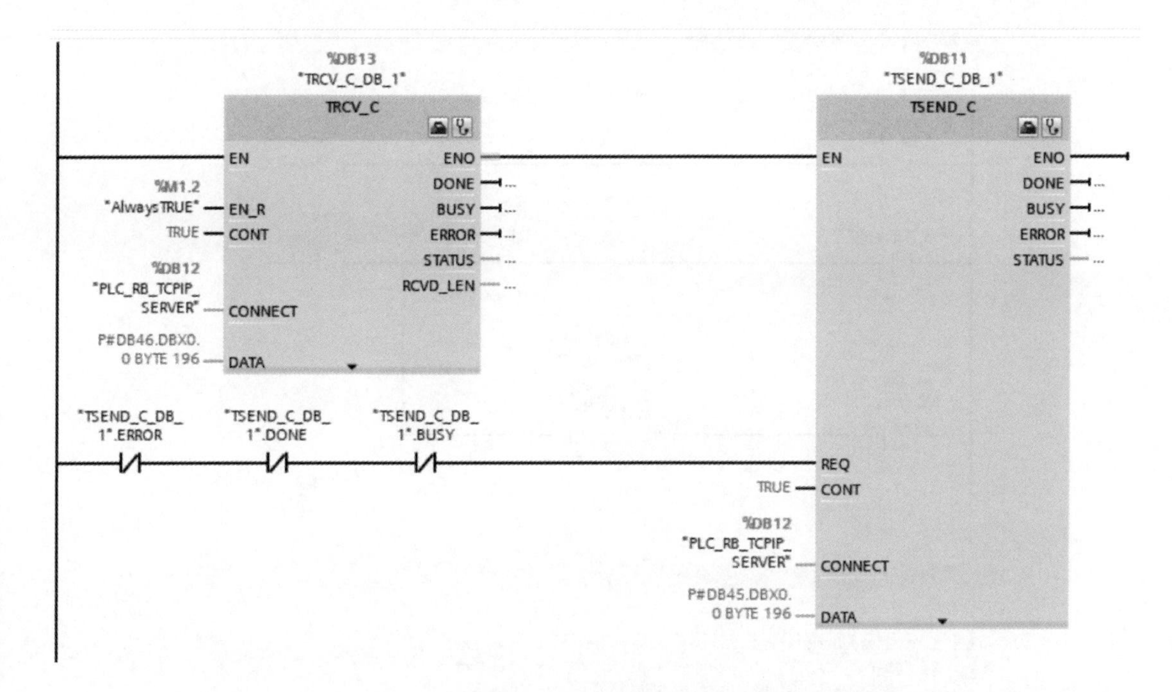

图 5-108　机器人通信程序

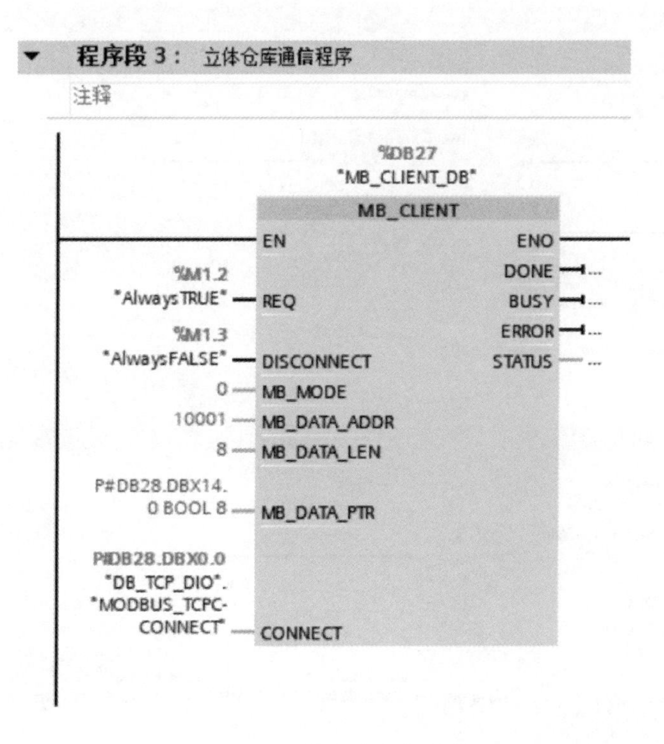

图 5-109　立体仓库通信程序

▼ 程序段 2： 相机拍照

注释

%M1.2 "AlwaysTRUE" — %Q2.0 "Cam_Enable"

%M200.0 "HMI_手动拍照" — %Q2.1 "Cam_Trigger"

%DB46.DBW356 "DB_RB_CMD".RB_CMD.相机命令[0] == Int 1 — %DB2 "IEC_Timer_0_DB" TP Time IN Q; t#500ms — PT ET — ...

▼ 程序段 3： 数据处理

注释

```
1  "DB_PLC_STATUS".PLC_Status.相机数据[0] := "Cam_Angle";
2  "DB_PLC_STATUS".PLC_Status.相机状态[0] := "Cam_Red";
3  "DB_PLC_STATUS".PLC_Status.相机状态[1] := "Cam_Blue";
```

图 5-110　相机控制程序

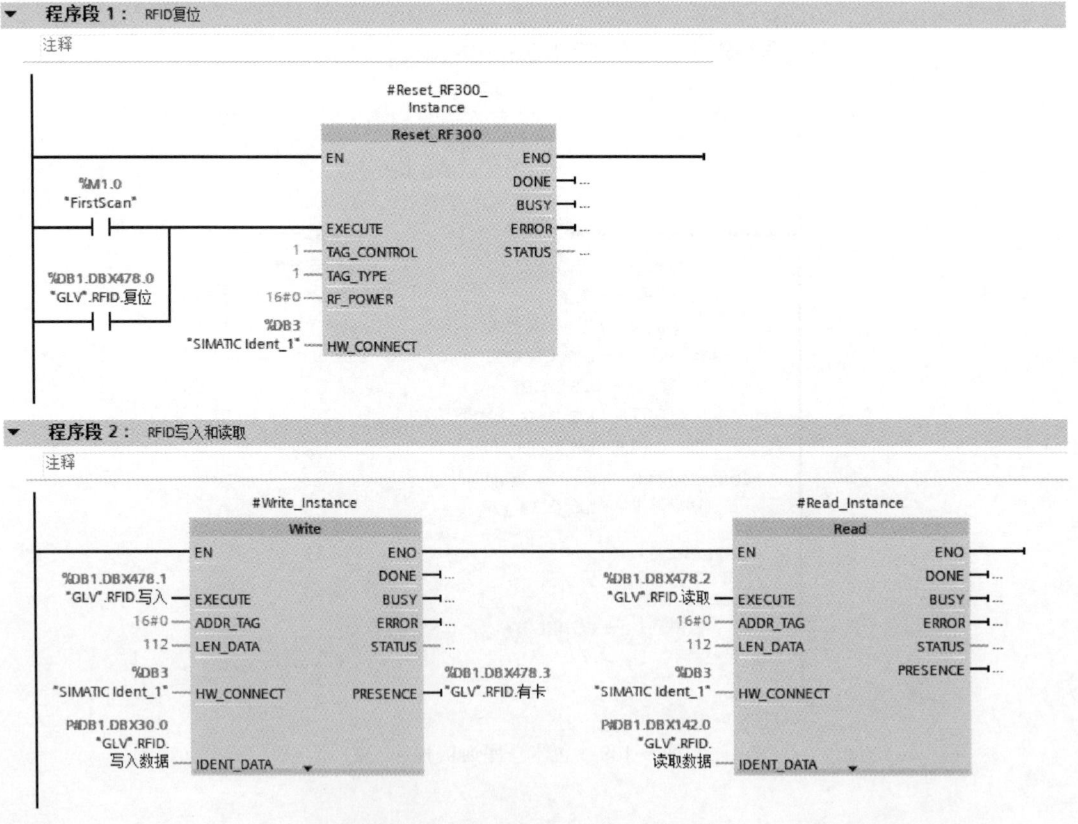

图 5-111　RFID 控制和数据处理程序

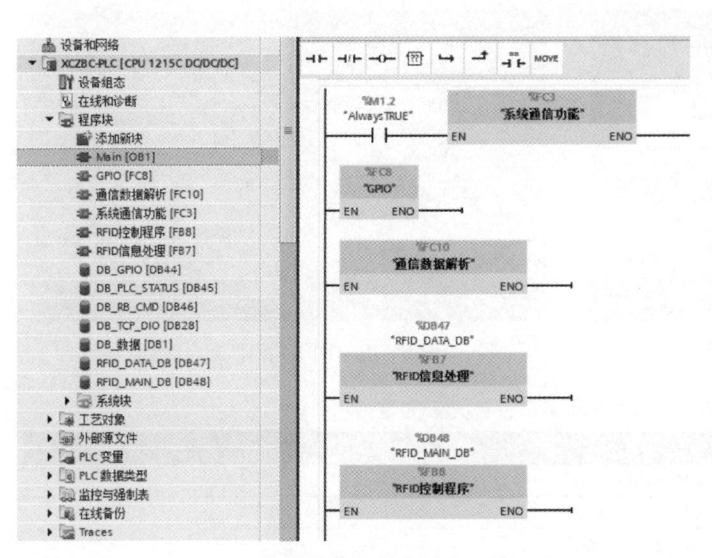

图 5-112 MAIN

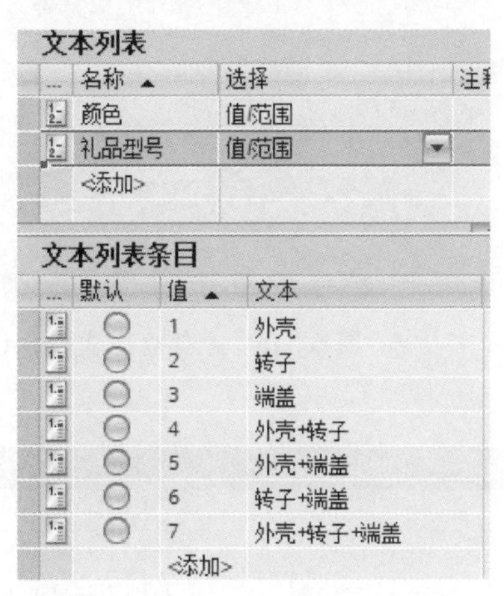

图 5-113 HMI 创建文本列表

② 产品定制窗口设计见图 5-114、表 5-29。

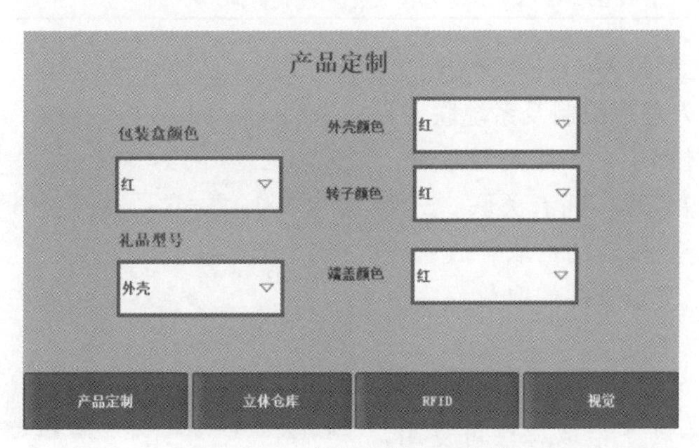

图 5-114 产品定制窗口设计

表 5-29 产品定制窗口设计元素变量

HMI 元素	绑定变量
包装盒颜色	DB_PLC_STATUS_PLC_Status_PLC 自定义数据 int {0}
礼品型号	DB_PLC_STATUS_PLC_Status_PLC 自定义数据 int {1}
外壳颜色	DB_PLC_STATUS_PLC_Status_PLC 自定义数据 int {2}
转子颜色	DB_PLC_STATUS_PLC_Status_PLC 自定义数据 int {3}
端盖颜色	DB_PLC_STATUS_PLC_Status_PLC 自定义数据 int {4}

③ 立体仓库窗口设计见图 5-115、表 5-30。

表 5-30　立体仓库窗口设计元素变量

HMI 元素	绑定变量	HMI 元素	绑定变量
库位 1 指示灯	DB_TCP_DIO_DI {0}	库位 4 指示灯	DB_TCP_DIO_DI {3}
库位 2 指示灯	DB_TCP_DIO_DI {1}	库位 5 指示灯	DB_TCP_DIO_DI {4}
库位 3 指示灯	DB_TCP_DIO_DI {2}	库位 6 指示灯	DB_TCP_DIO_DI {5}

④ RFID 手动窗口设计见图 5-116、表 5-31。

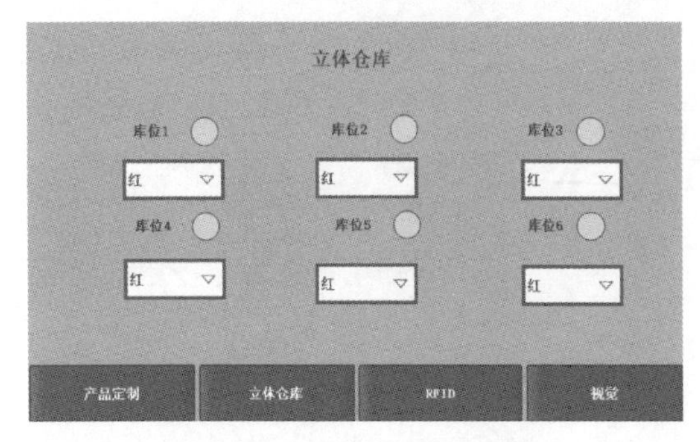

图 5-115　立体仓库窗口设计

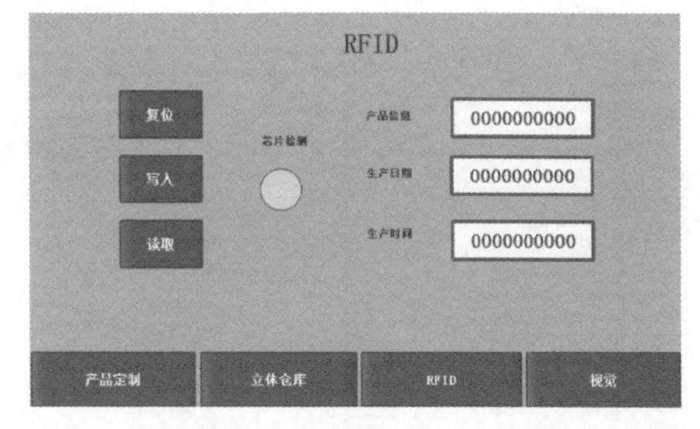

图 5-116　RFID 手动窗口设计

表 5-31　RFID 手动窗口设计元素变量

HMI 元素	绑定变量
复位	RFID_MAIN_DB_RFID_RST
读取	RFID_MAIN_DB_RFID_Read
芯片检测	RFID_MAIN_DB_芯片检测
产品信息	RFID_MAIN_DB_显示读取数据_产品信息
生产日期	RFID_MAIN_DB_显示读取数据_生产日期
生产时间	RFID_MAIN_DB_显示读取数据_生产时间

⑤ RFID 工序追溯见图 5-117。

（6）工业机器人程序编制及系统联调

在产品的包装过程中，产品类型共有 7 种，但各个产品的包装程序间有关联。3 种基础工件外壳、转子、端盖的拾取和放置程序是必需的。其余 4 个组合件的取放程序可以利用一部分基础程序进行。

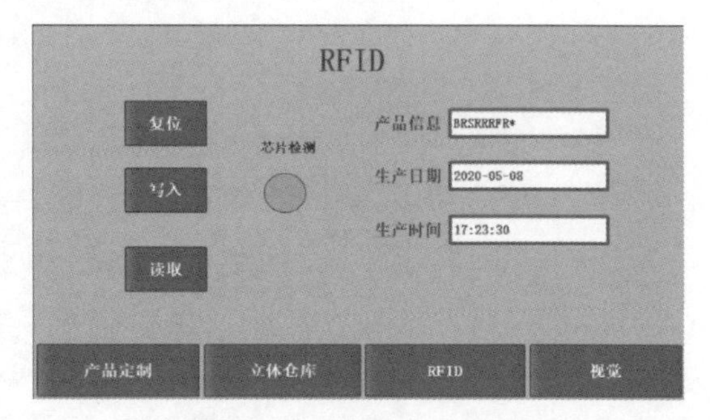

图 5-117　RFID 工序追溯

① 外壳和转子的组合。组合过程为将转子装入外壳。其中转子拾取程序可复用，转子的放置程序需新增。整体的拾取及放置程序与单个外壳相同。

② 外壳与端盖的组合。组合过程为将端盖装入外壳。其中端盖拾取程序可复用，端盖的放置程序需新增。整体的拾取及放置程序与单个外壳相同。

③ 转子与端盖的组合。组合过程为将端盖装入转子。其中端盖拾取程序可复用，端盖的放置程序需新增。整体的拾取及放置程序与单个转子相同。

④ 外壳、转子与端盖的组合。组合过程为先将转子装入外壳，再将端盖装入外壳。其中转子和端盖拾取及放置程序都可复用。整体的拾取及放置程序与单个外壳相同。可以将工业机器人程序结构按照表 5-32 设计。

表 5-32　工业机器人程序结构

序号	名称	功能描述
1	Main	主程序，描述工作流程，根据需要调用其他程序
2	Toolpick	3 种工具的拾取
3	Toolput	3 种工具的放置
4	Weiggh	称重并分拣封盖
5	BaseAss	将基座从仓库取出并装配到装配模块
6	Shellpick	将外壳从电动机搬运模块拾取到过渡位置
7	Shellput	将外壳从过渡位置放置到基座中
8	Rotorpick	将转子从电动机搬运模块拾取到过渡位置
9	Rotorput	将转子从过渡位置放置到基座中
10	Flangepick	将端盖从电动机搬运模块拾取到过渡位置
11	Flangeput	将端盖从过渡位置放置到基座中
12	RtoShell	将转子从过渡位置放置到外壳中
13	FtoShell	将端盖从过渡位置放置到外壳中
14	FtoRotor	将端盖从过渡位置放置到转子上
15	CapAss	封盖的出库拾取及安装
16	CapRetum	封盖的退库
17	BoxAss	成品的拾取，信息写入及入库

需要根据产品的构成写入相应的产品信息，描述各个部件的颜色。以“B＊S＊R＊F＊”的形式描述颜色构成，其中 B、S、R、F 分别是 Box、shell、Rotor、Flange 的缩写，表示礼品盒、外壳、转子、端盖。“＊”则是颜色的描述，红色用 Red 的缩写 R 表示，蓝色用 Blue 的缩写 B 表示，如果产品中不含该部件则使用 Null 的缩写 N。例如红色礼品盒、蓝色外壳、红色端盖构成的产品为“BRSBRNFR”。

根据产品定制信息生成相应的字符串，需要按照顺序逐个在字符串变量中添加，同时使用条件判断，程序如表 5-33 所示。主程序可以按照工作流程设计调用相应的子程序，完成工作任务，如表 5-34 所示。

表 5-33　产品信息构成字符串生成

序号	程序	说明
1	rfidcon. name:="B";	字符串初始化，第 1 个必为 B(基座)
2	IF datain. data1=1 THEN rfidcon. name:=rfidcon. name+"R";	如果基座颜色设定值为 1(红色) 字符串末尾添加 R(Red)
3	ELSE IF datain. data1=2 THEN rfidcon. name:=rfidcon. name+"B";	如果基座颜色设定值为 2(蓝色) 字符串末尾添加 B(Blue)
4	ENDIF	
5	rfidcon. name:=rfidcon. name+"S";	字符串末尾添加 S(外壳)
6	IF datain. daTa3=1 THEN rfidcon. name:=rfidcon. name+" R ";	如果外壳颜色设定值为 1(红色) 字符串末尾添加 R(Red)
7	ELSEIF datain. data3=2　THEN rfidcon. name:=rfidcon. name+"B";	如果外壳颜色设定值为 2(蓝色) 字符串末尾添加 B(Blue)
8	ELSE rfidcon. name:="N";	如果为其他值 字符串末尾添加 N(Null)
9	ENDIF	
10	rfidcon. name:=rfidcon. name+" R ";	字符串末尾添加 R(转子)
11	IF datain. data4=1 THEN rfidcon. name:=rfidcon. name+" R ";	如果转子颜色设定值为 1(红色) 字符串末尾添加 R(Red)
12	ELSEIF datain. data4=2 THEN rfidcon. name:=rfidcon. name+"B";	如果转子颜色设定值为 2(蓝色) 字符串末尾添加 B(Blue)
13	ELSE rfldcon. name:=rfidcon. name+"N";	如果为其他值 字符串末尾添加 N(Null)

续表

序号	程序	说明
14	ENDIF	
15	rfidcon. name:=rfidcon. name+"F";	字符串末尾添加F(端盖)
16	IF datain. data5=1 THEN rfidcon. name:=rfidcon. name+" R ";	如果端盖颜色设定值为1(红色) 字符串末尾添加R(Red)
17	ELSEIF datain. data5=2 THEN rfidcon. name:=rfidcon. name+"B";	如果端盖颜色设定值为2(蓝色) 字符串末尾添加B(Blue)
18	ELSE	如果为其他值
19	rfidcon. name:= rfidcon. name+"N";	字符串末尾添加N(Null)
20	ENDIF	

表5-34 主程序及其说明

序号	程序	说明
1	PROC main()	主程序开始
2	T:=TOOL_POS{3};	工具取放位置设为吸盘工具
3	QU_GONGJU;	调用取工具程序
4	Weigh;	调用封盖称重分拣程序
5	FANG_GONGJU;	调用放工具程序
6	T:=TOOL_POS(1);	工具取放位置设为弧口手爪工具
7	QU_GONGJU;	调用取工具程序
8	BASE_ASSEMBLE;	调用基座装配程序
9	FANG_GONGJU;	调用放工具程序
10	T:=TOOL_POS{2};	工具取放位置设为平口手爪工具
11	QU_GONGJU;	调用取工具程序
12	IF datain. data2=1 THEN ShellPick;	如果产品类型设定为1,调用外壳拾取程序
13	Shellput;	调用外壳装配程序
14	ELSIF datain. data2=2 THEN Rotorpick;	如果产品类型设定为2,调用转子拾取程序
15	Rotorput;	调用转子装配程序
16	ELSIF datain. data2=3 THEN Flangepick;	如果产品类型设定为3,调用端盖拾取程序
17	Flangeput;	调用端盖装配程序
18	ELSIF datain. data2=4 THEN RtoShell;	如果产品类型设定为4,调用转子装配至外壳程序
19	ShellPick;	调用外壳抓取程序
20	Shellput;	调用外壳放置程序
21	ELSIF datain. data2=5 THEN FtoShell;	如果产品类型设定为5,调用端盖装配至外壳程序
22	ShellPick;	调用外壳抓取程序
23	Shellput;	调用外壳放置程序
24	ELSIF datain. data2=6 THEN FtoShell;	如果产品类型设定为6,调用端盖装配转子程序
25	R0torPick;	调用转子抓取程序
26	Rotorput;	调用转子放置程序
27	ELSIF datain. data2=7 THEN RtoShell;	如果产品类型设定为7,调用转子装配至外壳程序
28	FtoShell;	调用端盖装配至外壳程序
29	Shellpick;	调用外壳抓取程序
30	Shellput;	调用外壳放置程序
31	END_IF	
32	T:=ToolPos{3};	工具取放位置设为吸盘
33	QU_GONGJU;	调用取工具程序
34	CapAss()	调用封盖装配程序
35	FANG GONGJU;	调用放工具程序
36	T:=ToolPosl	工具取放位置设为弧口手爪工具
37	QU_GONGJU;	调用取工具程序
38	CALL BoxAss()	调用成品入库程序
39	FANG_GONGJU;	调用放工具程序
40	ENDPROC	程序结束

第6章 轨迹类离线程序的编制

6.1 认识机器人的离线编程

随着大批量工业化生产向单件、小批量、多品种生产方式转化，生产系统越来越趋向于柔性制造系统（FMS）和集成制造系统（CIMS）。因此一些系统包含数控机床、机器人等自动化设备，结合CAD/CAM技术，由多层控制系统控制，具有很大的灵活性和很高的生产适应性。这些系统是一个连续协调工作的整体，其中任何一个生产要素停止工作都必将迫使整个系统的生产工作停止。例如用示教编程来控制机器人时，示教或修改程序需让整体生产线停下来，占用了生产时间，所以这种在线编程方式不适用于正在运行的生产系统。

另外FMS和CIMS是大型的复杂系统，如果用机器人语言编程，编好的程序不经过离线仿真就直接用在生产系统中，很可能引起干涉、碰撞，有时甚至造成生产系统的损坏，所以需要独立于机器人在计算机系统上进行编程，这时机器人离线编程方法就应运而生了。

6.1.1 机器人离线编程的特点

机器人离线编程系统是在机器人编程语言的基础上发展起来的，是机器人语言的拓展。它利用机器人图形学的成果，建立起机器人及其作业环境的模型，再利用一些规划算法，通过对图形的操作和控制，在离线的情况下进行轨迹规划。

与其他编程方法相比，离线编程具有下列优点。

（1）减少机器人的非工作时间

当机器人在生产线或柔性系统中进行正常工作时，编程人员可对下一个任务进行离线编程仿真，这样编程不占用生产时间，提高了机器人的利用率，从而提高了整个生产系统的工作效率。

（2）使编程人员远离危险的作业环境

由于机器人是一个高速的自动执行工作的装置，而且作业现场环境复杂，如果采用示教这样的编程方法，编程人员必须在作业现场靠近机器人末端执行器才能很好地观察机器人的位姿，这样机器人的运动可能会给操作者带来危险，而离线编程不必在作业现场进行，增加了编程操作的安全性。

（3）使用范围广

同一个离线编程系统可以适应各种机器人的编程。

（4）便于构建 FMS 和 CIMS

FMS 和 CIMS 中有许多搬运、装配等工作需要由预先进行离线编程的机器人来完成，机器人与 CAD/CAM 系统结合，做到机器人及 CAD/CAM 的一体化。

（5）可实现复杂系统的编程

可使用高级机器人语言对复杂系统及任务进行编程。

机器人离线编程系统已被证明是一个有力的工具，用以增加安全性、减小机器人非工作时间和降低成本等。表 6-1 给出了示教编程和离线编程两种方式的比较。

表 6-1　两种机器人编程的比较

示教编程	离线编程
需要实际机器人系统和工作环境	需要机器人系统和工作环境的图形模型
编程时机器人停止工作	编程不影响机器人工作
在实际系统上试验程序	通过仿真试验程序
编程的质量取决于编程者的经验	可用 CAD 方法，进行最佳轨迹规划
很难实现复杂的机器人运动轨迹	可实现复杂运动轨迹的编程

6.1.2　机器人离线编程的过程

机器人离线编程不仅需要掌握机器人的有关知识，还需要掌握数学、计算机及通信的有关知识，另外必须对生产过程及环境了解透彻，所以它是一个复杂的工作过程。机器人离线编程大约需要经历如下的一些过程。

① 对生产过程及机器人作业环境进行全面的了解。

② 构造出机器人及作业环境的三维实体模型。

③ 选用通用或专用的基于图形的计算机语言。

④ 利用几何学、运动学及动力学的知识，进行轨迹规划、算法检查、屏幕动态仿真，检查关节超限及传感器碰撞的情况，规划机器人在动作空间的路径和运动轨迹。

⑤ 进行传感器接口连接和仿真，利用传感器信息进行决策和规划。

⑥ 实现通信接口，完成离线编程系统所生成的代码到各种机器人控制柜的通信。

⑦ 实现用户接口，提供有效的人机界面，便于人工干预和进行系统操作。

最后完成的离线编程及仿真还需考虑理想模型和实际机器人系统之间的差异。可以预测两者的误差，然后对离线编程进行修正，直到将误差控制在容许范围内。

6.1.3　机器人离线编程的分类

人们常说的机器人离线编程软件，大概可以分为以下两类。

① 通用型离线编程软件。这类软件一般都由第三方软件公司负责开发和维护，不单独依赖某一品牌机器人。换句话说，通用型离线编程软件，可以支持多款机器人的仿真、轨迹编程和后置输出。这类软件优缺点很明显，优点是可以支持多款机器人，缺点就是对某一品牌的机器人的支持力度不如专用型离线编程软件的支持力度高。

通用型离线编程软件常见的有 RobotArt、RobotMaster、Robomove、RobotCAD、DELMIA。

② 专用型离线编程软件。这类软件一般由机器人本体厂家自行或者委托第三方软件公司开发和维护。这类软件有一个特点，就是只支持本品牌的机器人仿真、轨迹编程和后置输出。由于开发人员可以拿到机器人底层数据通信接口，所以这类离线编程软件可以有更强大和实用的功能，与机器人本体兼容性也更好。专用型离线编程软件常见的有 RobotStudio、RoboGuide、KUKASim。

6.1.4 机器人离线编程系统的结构

机器人离线编程系统的结构框图如图 6-1 所示，主要由用户接口、机器人系统的三维几何构造、运动学计算、轨迹规划、三维图形动力学仿真、传感器仿真、并行操作、通信接口和误差校正九部分组成。

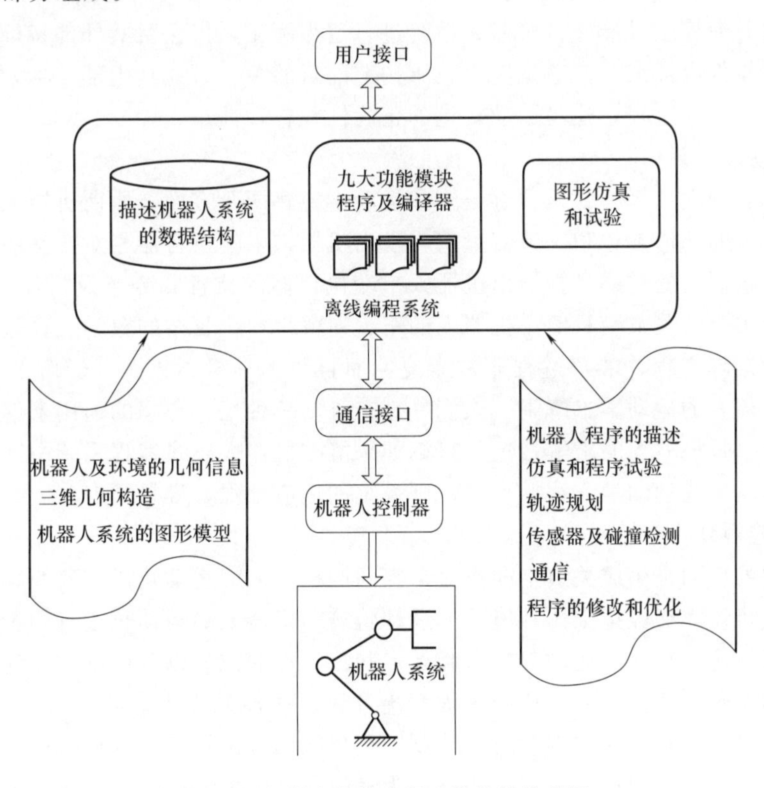

图 6-1　机器人离线编程系统的结构框图

(1) 用户接口

用户接口即人机界面，是计算机和操作人员之间信息交互的唯一途径，它的方便与否直接决定了离线编程系统的优劣。设计离线编程系统方案时，就应该考虑建立一个方便实用、界面直观的用户接口，通过它产生机器人系统编程的环境并快捷地进行人机交互。

离线编程的用户接口一般要求具有图形仿真界面和文本编辑界面。文本编辑界面用于对机器人程序的编辑、编译等，而图形仿真界面用于对机器人及环境的图形仿真和编辑。用户可以通过操作鼠标等交互工具改变屏幕上机器人及环境几何模型的位置和形态。通过通信接口及联机至用户接口可以实现对实际机器人的控制，使之与屏幕机器人的位姿一致。

（2）机器人系统的三维几何构造

三维几何构造是离线编程的特色之一，正是有了三维几何构造模型才能进行图形及环境的仿真。

三维几何构造的方法有结构立体几何表示、扫描变换表示及边界表示三种。其中边界表示最便于形体的数字表示、运算、修改和显示，扫描变换表示便于生成轴对称图形，而结构立体几何表示所覆盖的形体较多。机器人的三维几何构造一般采用这三种方法的综合。

三维几何构造时要考虑用户使用的方便性，构造后要能够自动生成机器人系统的图形信息和拓扑信息，便于修改，并保证构造的通用性。

三维几何构造的核心是机器人及其环境的图形构造。作为整个生产线或生产系统的一部分，构造的机器人、夹具、零件和工具的三维几何图形最好用现成的 CAD 模型从 CAD 系统获得，这样可实现 CAD 数据共享，即离线编程系统作为 CAD 系统的一部分。如离线编程系统独立于 CAD 系统，则必须有适当的接口实现与 CAD 系统的连接。

构建三维几何模型时最好将机器人系统进行适当简化，仅保留其外部特征和构件间的相互关系，忽略构件内部细节。这是因为三维构造的目的不是研究其内部结构，而是用图形方式模拟机器人的运动过程，检验运动轨迹的正确性和合理性。

（3）运动学计算

机器人的运动学计算分为运动学正解和运动学逆解两个方面。所谓机器人的运动学正解是指已知机器人的几何参数和关节变量值，求出机器人末端执行器相对于基座坐标系的位置和姿态。所谓机器人的逆解是指给出机器人末端执行器的位置和姿态及机器人的几何参数，反过来求各个关节的关节变量值。机器人的正、逆解是一个复杂的数学运算过程，尤其是逆解需要解高阶矩阵方程，求解过程非常繁复，而且每一种机器人正、逆解的推导过程又不同。所以在机器人的运动学求解中，人们一直在寻求一种正、逆解的通用求解方法，这种方法能适用于大多数机器人的求解。这一目标如果能在机器人离线编程系统中加以解决，即在该系统中能自动生成运动学方程并求解，则系统的适应性强，容易推广。

（4）轨迹规划

轨迹规划的目的是生成关节空间或直角空间内机器人的运动轨迹。离线编程系统中的轨迹规划是生成机器人在虚拟工作环境下的运动轨迹。机器人的运动轨迹有两种：一种是点到点的自由运动轨迹，这样的运动只要求起始点和终止点的位姿以及速度和加速度，对中间过程机器人运动参数无任何要求，离线编程系统自动选择各关节状态最佳的一条路径来实现；另一种是对路径形态有要求的连续路径控制，当离线编程系统实现这种轨迹时，轨迹规划器接受预定路径和速度、加速度要求，如路径为直线、圆弧等形态时，除了保证路径起始点和终止点的位姿及速度、加速度以外，还必须按照路径形态和误差的要求用插补方法求出一系列路径中间点的位姿及速度、加速度。在连续路径控制中，离线系统还必须进行障碍物的防碰撞检测。

（5）三维图形动力学仿真

离线编程系统根据运动轨迹要求求出机器人运动轨迹，理论上能满足路径的轨迹规划要求。当机器人的负载较轻或空载时，确实不会因机器人动力学特性的变化而引起太大误差。但当机器人处于高速或重载的情况下时，机器人的机构或关节可能产生变形而引起轨迹位置和姿态的较大误差。这时就需要对轨迹规划进行机器人动力学仿真，对过大的轨迹误差进行修正。

动力学仿真是离线编程系统实时仿真的重要功能之一，因为只有模拟机器人实际的工作环境（包括负载情况）后，仿真的结果才能用于实际生产。

（6）传感器仿真

传感器信号的仿真及误差校正也是离线编程系统的重要内容之一。仿真的方法也是通过几何图形仿真。例如，对于触觉信息的获取，可以将触觉阵列的几何模型分解成一些小的几何块阵列，然后通过对每一个几何块和物体间干涉的检查，将所有和物体发生干涉的几何块用颜色编码，通过图形显示而获得接触信息。

（7）并行操作

有些应用工业机器人的场合需用两台或两台以上的机器人，还可能有其他与机器人有同步要求的装置，如传送带、变位机及视觉系统等，这些设备必须在同一作业环境中协调工作。这时不仅需要对单个机器人或同步装置进行仿真，还需要同一时刻对多个装置进行仿真，也即所谓的并行操作。所以离线编程系统必须提供并行操作的环境。

（8）通信接口

一般工业机器人提供两个通信接口：一个是示教接口，用于示教编程器与机器人控制器的连接，通过该接口把示教编程器的程序信息输出；另一个是程序接口，该接口与具有机器人语言环境的计算机相连，离线编程也通过该接口输出信息给控制器。所以通信接口是离线编程系统和机器人控制器之间信息传递的桥梁，利用通信接口可以把离线系统仿真生成的机器人运动程序转换成机器人控制器能接受的信息。

通信接口的发展方向是接口的标准化。标准化的通信接口能将机器人仿真程序转化为各种机器人控制器均能接受的数据格式。

（9）误差校正

由于离线编程系统中的机器人仿真模型与实际的机器人模型之间存在误差，所以离线编程系统中误差校正的环节是必不可少的。误差产生的原因很多，主要有以下几个方面。

① 机器人的几何精度误差：离线编程系统中的机器人模型是用数字表示的理想模型，同一型号机器人的模型是相同的，而实际环境中所使用的机器人由于制造精度误差其尺寸会有一定的出入。

② 动力学变形误差：机器人在重载的情况下因弹性形变导致机器人连杆的弯曲，从而导致机器人的位置和姿态误差。

③ 控制器及离线系统的字长：控制器和离线编程系统的字长决定了运算数据的位数，字长越长则精度越高。

④ 控制算法：不同的控制算法其运算结果具有不同的精度。

⑤ 工作环境：在工作空间内，有时环境与理想状态相比变化较大，使机器人位姿产生误差，如温度变化产生的机器人变形。

6.1.5 机器人离线编程与仿真核心技术

以弧焊机器人为例，特征建模、对工件和机器人工作单元的标定、自动编程技术等是弧焊机器人离线编程与仿真的核心技术；稳定高效的标定算法和传感器集成是焊接机器人离线编程系统实用化的关键技术，具体内容如下所述。

（1）支持CAD的CAM技术

在传统的CAD（Computer Aided Design，计算机辅助设计）系统中，几何模型主要用来显示图形。而对于CAD/CAM集成化系统，几何模型更要为后续的加工生产提供信息，支持CAM（Computer Aided Manufacturing，计算机辅助制造）。CAM的核心是计算机数值控制（简称数控），是将计算机应用于制造生产过程或系统。对于机器人离线编程系统，不仅要得到工件的几何模型，还要得到工件的加工制造信息（如焊缝位置、形态、板厚、坡口等）。通过实体模型只能得到工件的几何要素，不能得到加工信息，而从实体几何信息中往往不能正确或根本无法提取加工信息，所以，无法实现离线编程对焊接工艺和焊接机器人路径的推理和求解。这同其他CAD/CAM系统面临的问题是一样的，因此，必须从工件设计上进行特征建模。焊接特征为后续的规划、编程提供了必要的信息，如果没有焊接特征建模技术支持，后续的规划、编程就失去了根基，另外，焊接特征建模的实现是同实体建模平台紧密联系在一起的。目前，在CAD/CAM领域，为解决CAD/CAM信息集成的问题，对特征建模技术的研究主要包括自动特征识别和基于特征的设计。

在机器人离线编程系统中，焊接工件的特征模型需要为后续的焊接参数规划、焊接路径规划等提供充分的设计数据和加工信息，所以，特征是否全面准确地定义与组织，就成为直接影响后续程序使用的重要问题。国内对焊接工件特征建模技术的研究主要应用装配建模的理论，通过装配关系组建焊接结构。哈尔滨工业大学以SolidWorks为平台开发了焊接特征建模系统，具有操作简单、功能强大、开放性好的特点，并根据焊接接头设计要求及离线编程系统的需要，对焊接特征重新分类，采用特征链方法对焊接接头特征进行组织，并给出焊接特征建模系统的系统结构。该系统实现了焊缝的几何造型，有效地提取了焊接特征，为后面焊接无碰路径规划及焊接参数规划提供了丰富的信息。

（2）自动编程技术

自动编程技术是指机器人离线编程系统采用任务级语言编程，即允许使用者对工作任务要求到达的目标直接下命令，不需要规定机器人所做的每一个动作的细节。编程者只需告诉编程器"焊什么"（任务），而自动编程技术确定"怎么焊"。采用自动编程技术，系统只需利用特征建模获得工件的几何描述，通过焊接参数规划技术和焊接机器人路径规划技术给出专家化的焊接工艺知识以及机器人与变位机的自动运动学安排。面向任务的编程是弧焊离线编程系统实用化的重要支持。

焊接机器人路径规划主要涉及焊缝放置规划、焊接路径规划、焊接顺序规划、机器人放置规划等。弧焊接机器人运动规划要在很好地控制机器人完成焊接作业任务的同时，避免机器人奇异空间、增大焊接作业的可达姿态灵活度、避免关节碰撞等。焊接参数规划对于机器人弧焊离线编程非常必要，对焊接参数规划的研究经历了从建立焊接数据库到开发基于规则推理的焊接专家系统，再到基于事例与规则混合推理的焊接专家系统，再后来基于人工神经网络的焊接参数规划系统，人工智能技术有效地提高了编程效率和质量。哈尔滨工业大学综合应用焊接结构特征建模、焊接工艺规划和运动规划技术，实现机器人弧焊任务级离线编程，并以提高焊接质量和焊接效率为目标，对机器人焊接顺序规划和机器人放置规划进行了研究，改善了编程合理性，提高了系统的自动编程能力。

（3）标定及修正技术

在机器人离线编程技术的研究与应用过程中，为了保证离线编程系统采用机器人系统的图形工作单元模型与机器人实际环境工作单元模型的一致性，需要进行实际工作单元的标定工作。因此，为了使编程结果很好地符合实际情况，并得到真正的应用，标定技术成为弧焊机器人离线编程实用化的关键问题。

标定工作包括机器人本体标定和机器人变位机关系标定及工件标定。其中，对机器人本体标定的研究较多，大致可分为利用测量设备标定和利用机器人本身标定两类。对于工作单元，机器人本体标定和机器人/变位机关系标定只需标定一次即可。而每次更换焊接工件时，都需进行工件标定。最简单的工件标定方法是利用机器人示教得到实际工件上的特征点，使之与仿真环境下得到的相应点匹配。

Cunnarsson 研究了利用传感器信息进行标定，针对触觉传感的方式研究实际工件和模型间的修正技术。通过在实际表面上测量数据，进行 CAD 数据描述与工件表面的匹配，于是就可以采用低精度且通用的夹具，从而适应柔性小批量生产的要求。而 WorkSpace 的技术则利用机器人本身作为对工件的测量工具，其进行修正的原理是定义平面，利用平面间的相交重新定义棱边，或者重新定义模型上已知的位置。

（4）机器人接口

国外商品化离线编程系统都有多种商用机器人的接口，可以方便地上传或下载这些机器人的程序。而国内离线编程系统主要停留在仿真阶段，缺少与商用机器人的接口。大部分机器人厂商对机器人接口程序源码不予公开，制约着离线编程系统实用化的进程。

实际上，所有机器人都是用某种类型的机器人编程语言编程的，目前还不存在通用机器人语言标准。因此，每个机器人制造商都在开发自己的机器人语言，每种语言都有其自己的语法和数据结构。这种趋势注定还将持续下去。目前，国内研发的离线编程系统很难实现将离线编程系统编制的程序和所有厂商的实际机器人程序进行转换。而弧焊离线编程结果必须能够用于实际机器人的编程才有现实意义。

哈尔滨工业大学提出了将运动路径点数据转换为各机器人编程人员都易理解的运动路径点位姿的数据格式，实际机器人程序根据此数据单独生成的方法。离线编程系统实用化的目标就是应用于商用机器人。虽然不同的机器人对应的机器人程序文件格式不同，但是对于这种采用机器人程序文件作为离线编程系统同实际机器人系统接口的方式，其实现方法是相同的。

6.1.6 常用离线编程软件简介

6.1.6.1 RobotArt

RobotArt 是北京华航唯实推出的一款国产离线编程软件。虽然与国外同类的 RobotMaster、DELMIA 相比，RobotArt 功能稍逊一些，但是在国内离线编程软件中是出类拔萃的。采用一站式解决方案，从轨迹规划、轨迹生成、仿真模拟到后置代码，使用简单，学习起来比较容易上手，其操作界面如图 6-2 所示，这也是本书所要介绍的重点。

（1）优点

① 支持多种格式的三维 CAD 模型，可导入扩展名为 step、igs、stl、x_t、prt（UG）、prt（ProE）、CATPart、sldpart 等格式。

② 支持多种品牌工业机器人离线编程操作，如 ABB、KUKA、Fanuc、Yaskawa、

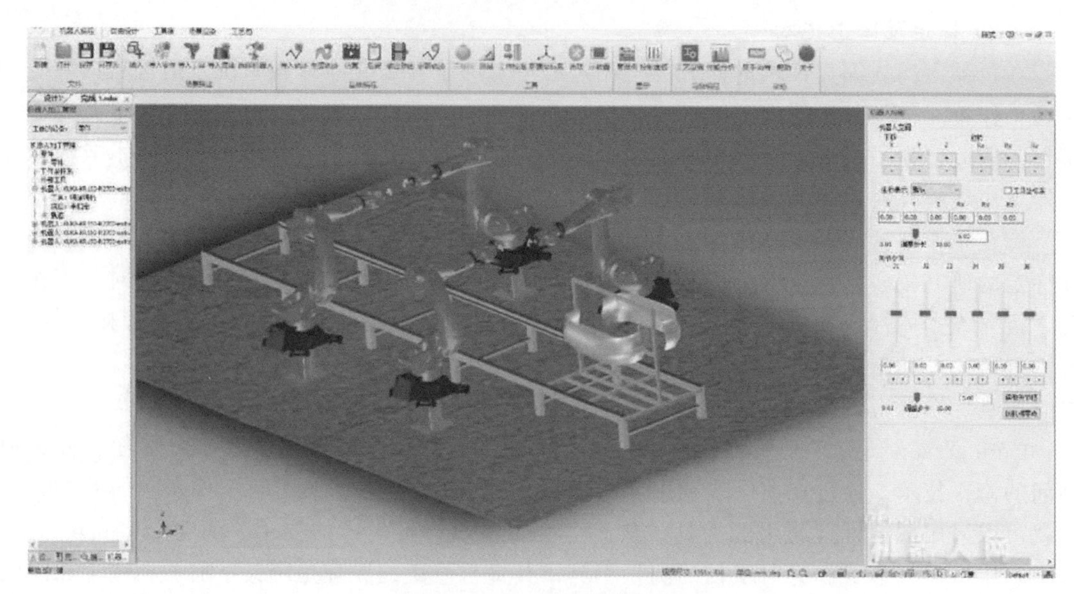

图 6-2　RobotArt 操作界面

Staubli、KEBA 系列、新时达、广数等。

③ 拥有大量航空航天高端应用经验。

④ 自动识别与搜索 CAD 模型的点、线、面信息生成轨迹。

⑤ 轨迹与 CAD 模型特征关联，模型移动或变形，轨迹自动变化。

⑥ 一键优化轨迹与几何级别的碰撞检测。

⑦ 支持多种工艺包，如切割、焊接、喷涂、去毛刺、数控加工。

⑧ 支持将整个工作站仿真动画发布到网页、手机端。

（2）缺点

软件不支持整个生产线仿真，对国外小品牌机器人也不支持。

6.1.6.2　RobotMaster

RobotMaster 来自加拿大，是目前国外离线编程软件中的顶尖软件，支持市场上绝大多数机器人品牌（KUKA、ABB、Fanuc、Motoman、史陶比尔、珂玛、三菱、DENSO、松下……），其操作界面如图 6-3 所示。

（1）功能

RobotMaster 在 Mastercam 中无缝集成了机器人编程、仿真和代码生成功能，提高了机器人编程速度。

（2）优点

可以按照产品数模生成程序，适用于切割、铣削、焊接、喷涂等。独家的优化功能，运动学规划和碰撞检测非常精确，支持外部轴（直线导轨系统、旋转系统），并支持复合外部轴组合系统。

（3）缺点

暂时不支持多台机器人同时模拟仿真（就是只能做单个工作站），基于 Mastercam 做的二次开发，价格昂贵，企业版在 20 万元左右。

6.1.6.3　RobotWorks

RobotWorks 是来自以色列的机器人离线编程仿真软件，与 RobotMaster 类似，是

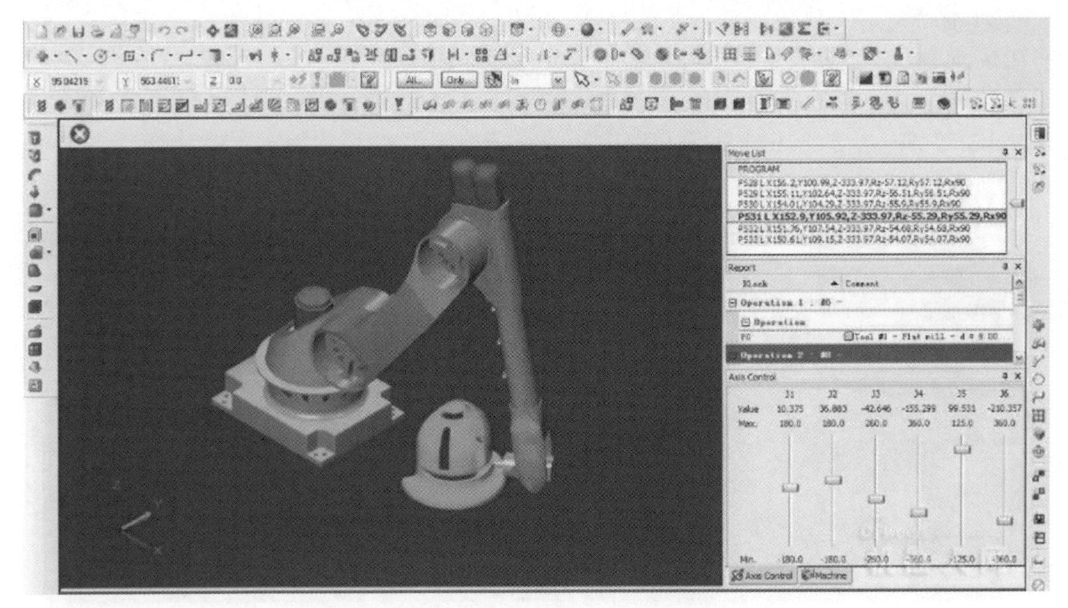

图 6-3　Robot Master 操作界面

基于 SolidWorks 做的二次开发，其操作界面如图 6-4 所示。使用时，需要先购买 SolidWorks。

（1）功能

① 全面的数据接口：RobotWorks 是基于 SolidWorks 平台开发的，SolidWorks 可以通过 IGES、DXF、DWG、PrarSolid、Step、VDA、SAT 等标准接口进行数据转换。

② 强大的编程能力：从输入 CAD 数据到输出机器人加工代码只需四步。

第一步：从 SolidWorks 直接创建或直接导入其他三维 CAD 数据，选取定义好的机器人工具与要加工的工件组合成装配体。所有装配夹具和工具客户均可以用 SolidWorks 自行创建调用。

第二步：RobotWorks 选取工具，然后直接选取曲面的边缘或者样条曲线进行加工产生数据点。

第三步：调用所需的机器人数据库，开始做碰撞检查和仿真，在每个数据点均可以自动修正，包含工具角度控制，引线设置，增加减少加工点，调整切割次序，在每个点增加工艺参数。

第四步：RobotWorks 自动产生各种机器人代码，包含笛卡儿坐标数据、关节坐标数据、工具与坐标系数据、加工工艺等，按照工艺要求保存不同的代码。

③ 强大的工业机器人数据库：系统支持市场上主流的大多数工业机器人，提供工业机器人各个型号的三维数模。

④ 完美的仿真模拟：独特的机器人加工仿真系统可对机器人手臂、工具与工件之间的运动进行自动碰撞检查、轴超限检查、自动删除不合格路径并调整，还可以自动优化路径，减少空跑时间。

⑤ 开放的工艺库定义：系统提供了完全开放的加工工艺指令文件库，用户可以按照实际需求自行定义添加设置自己的独特工艺，添加的任何指令都能输出到机器人加工数据里面。

（2）优点

生成轨迹方式多样、支持多种机器人、支持外部轴。

（3）缺点

RobotWorks 基于 SolidWorks，SolidWorks 本身不带 CAM 功能，编程烦琐，机器人运动学规划策略智能化程度低。

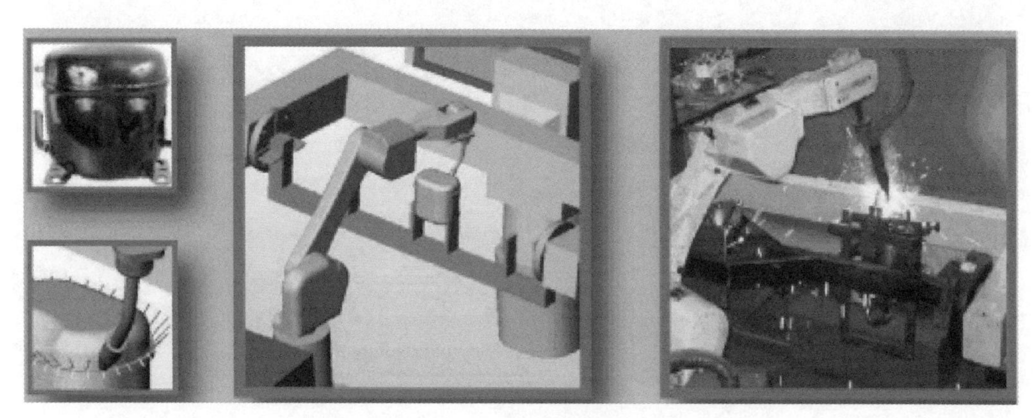

图 6-4 RobotWorks 操作界面

6.1.6.4 ROBCAD

ROBCAD 是 SIEMENS 旗下的软件，软件较庞大，重点在生产线仿真，价格也是同软件中顶尖的。ROBCAD 软件支持离线点焊、多台机器人仿真、非机器人运动机构仿真，做到精确的节拍仿真。ROBCAD 主要应用于产品生命周期中的概念设计和结构设计两个前期阶段，其操作界面如图 6-5 所示。

（1）特点

① 与主流的 CAD 软件（如 NX、CATIA、IDEAS）无缝集成。

② 实现工具工装、机器人和操作者的三维可视化。

③ 制造单元、测试以及编程的仿真。

（2）功能

① Workcelland Modeling：对白车身生产线进行设计、管理和信息控制。

② Spotand OLP：完成点焊工艺设计和离线编程。

③ Human：实现人因工程分析。

④ Application 中的 Paint、Arc、Laser 等模块：实现生产制造中喷涂、弧焊、激光加工等工艺的仿真验证及离线程序输出。

⑤ ROBCAD 的 Paint 模块：喷漆的设计、优化和离线编程，其功能包括喷漆路线的自动生成、多种颜色喷漆厚度的仿真、喷漆过程的优化。

（3）缺点

价格昂贵，离线功能较弱，Unix 移植过来的界面人机交互不友好，而且已经不再更新。

6.1.6.5 DELMIA

DELMIA 是法国达索旗下的 CAM 软件。DELMIA 有 6 大模块，其中 Robotics 解决方案涵盖汽车领域的发动机、总装和白车身（body-in-white），航空领域的机身装配、维修维护，以及一般制造业的制造工艺。

DELMIA 的机器人模块 Robotics 是一个可伸缩的解决方案，利用强大的 PPR 集成

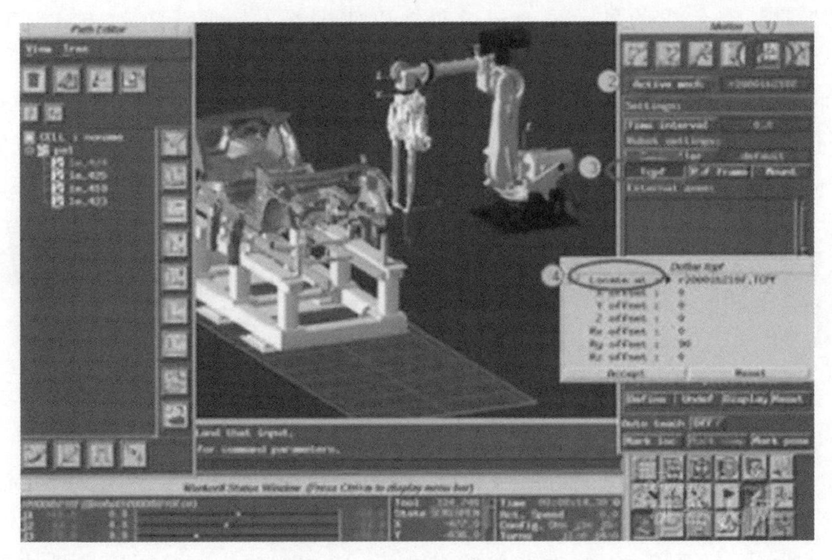

图 6-5 ROBCAD 操作界面

中枢快速进行机器人工作单元建立、仿真与验证，是一个完整的、可伸缩的、柔性的解决方案。

（1）功能

① 从可搜索的含有 400 种以上的机器人的资源目录中，下载机器人和其他的工具资源。

② 利用工厂布置规划工程师所完成的工作。

③ 将加入工作单元中的工艺所需的资源进一步细化布局。

（2）缺点

DELMIA 和 Process&Simulate 等都属于专家型软件，操作难度太高，不适合高职学生学习，需要机器人专业研究生以上学生使用。DELMIA、Process&Simulte 功能虽然十分强大，但是工业正版单价在百万级别。

6.1.6.6 RobotStudio

RobotStudio 是瑞士 ABB 公司配套的软件，是机器人本体商中做得最好的一款软件。RobotStudio 支持机器人的整个生命周期，使用图形化编程、编辑和调试机器人系统来创建机器人的运行，并模拟优化现有的机器人程序，其操作界面如图 6-6 所示（这也是本书所要介绍的重点）。

（1）功能

① CAD 导入。可方便地导入各种主流 CAD 格式的数据，包括 IGES、STEP、VRML、VDAFS、ACIS 及 CATIA 等。机器人程序员可依据这些精确的数据编制精度更高的机器人程序，从而提高产品质量。

② Auto Path 功能。该功能通过使用待加工零件的 CAD 模型，仅在数分钟之内便可自动生成跟踪加工曲线所需要的机器人位置（路径），而这项任务以往通常需要数小时甚至数天。

③ 程序编辑器。可生成机器人程序，使用户能够在 Windows 环境中离线开发或维护机器人程序，可显著缩短编程时间，改进程序结构。

④ 路径优化。如果程序包含接近奇异点的机器人动作，RobotStudio 可自动检测出来并发出报警，从而防止机器人在实际运行中发生这种现象。仿真监视器是一种用于机器人运动

优化的可视工具，红色线条显示可改进之处，以使机器人按照最有效方式运行。可以对TCP速度、加速度、奇异点或轴线等进行优化，缩短周期时间。

⑤ 可到达性分析。通过Autoreach可自动进行可到达性分析，使用十分方便。用户可通过该功能任意移动机器人或工件，直到所有位置均可到达，在数分钟之内便可完成工作单元平面布置验证和优化。

⑥ 虚拟示教台。是实际示教台的图形显示，其核心技术是Virtual Robot。从本质上讲，所有可以在实际示教台上进行的工作都可以在虚拟示教台上完成，因而是一种非常出色的教学和培训工具。

⑦ 事件表。一种用于验证程序的结构与逻辑的理想工具。程序执行期间，可通过该工具直接观察工作单元的I/O状态。可将I/O连接到仿真事件，实现工位内机器人及所有设备的仿真。该功能是一种十分理想的调试工具。

⑧ 碰撞检测。碰撞检测功能可避免设备碰撞造成的严重损失。选定检测对象后，RobotStudio可自动监测并显示程序执行时这些对象是否会发生碰撞。

⑨ VBA功能。可采用VBA改进和扩充RobotStudio功能，根据用户具体需要开发功能强大的外接插件、宏，或定制用户界面。

⑩ 直接上传和下载。整个机器人程序无需任何转换便可直接下载到实际机器人系统。该功能得益于ABB独有的Virtual Robot技术。

（2）缺点

只支持ABB品牌机器人，机器人间的兼容性很差。

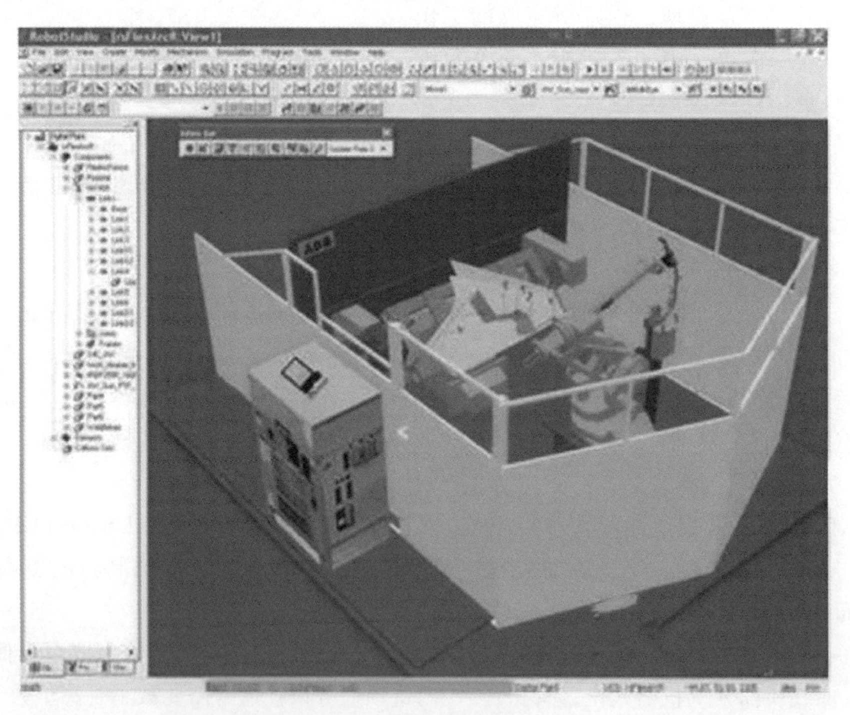

图6-6 RobotStudio操作界面

6.1.6.7 Robomove

Robomove来自意大利，同样支持市面上大多数品牌的机器人，机器人加工轨迹由外部CAM导入。与其他软件不同的是，Robomove走的是私人定制路线，根据实际项目进行定制。Robomove 的软件优点是操作自由，功能完善，支持多台机器人仿真；其缺点是需要操作者对机器人有较为深厚的理解，策略智能化程度与 RobotMaster 有较大差距。Robomove 操作现场如图 6-7 所示。

6.1.6.8 RoboGuide

RoboGuide 来自美国，以过程为中心的软件包允许用户在三维中创建、编程和模拟机器人工作单元，而无需原型工作单元设置的物理需求和费用。借助虚拟机器人和工作单元模型，通过 RoboGuide 进行的离线编程可通过在实际安装之前实现单个和多个机器人工作单元布局的可视化来降低风险。其缺点是只支持本公司品牌机器人，机器人间的兼容性很差。RoboGuide 操作界面如图 6-8 所示。

图 6-7 Robomove 操作现场

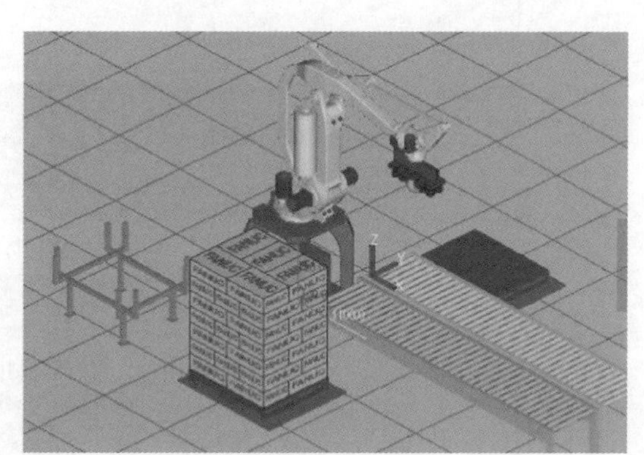

图 6-8 RoboGuide 操作界面

还有一些其他离线编程软件比如 SprutCAM、RobotSim、川思特、亚龙、旭上、汇博等，它们通常也有着不错的离线仿真功能，但是由于技术储备之类的原因，尚还属于第二梯队。

6.1.7 机器人离线编程系统实用化技术研究趋势

（1）传感器接口与仿真功能

由于多传感器信息驱动的机器人控制策略已经成为研究热点，因此结合实用化需求，传感器的接口和仿真工作将成为离线编程系统实用化的研究热点。通过外加焊缝跟踪传感器来动态调整焊缝位置偏差，保证离线编程系统达到实焊要求。目前，传感器很少应用的主要原因在于难于编制带有传感器操作的机器人程序。德国的 DaiWenrui 研究了离线编程系统中对传感器操作进行编程的方法，在仿真焊缝寻找功能时，给出起始点和寻找方向，系统仿真出机器人的运动结果。

（2）高效的标定技术

机器人离线编程系统的标定精度直接决定了最后的焊接质量。哈尔滨工业大学针对机器人离线编程技术应用过程中工件标定问题进行了研究，提出正交平面工件标定、圆形基准四点工件标定和辅助特征点三点标定三种工件标定算法。实用化要求更精确的标定精度来保证焊接质量，故精度更高的标定方法成为重要研究方向。

在不需要变位机进行中间变位或协调焊接的情况下，工作单元简单，经过标定后的离线编程程序下载给机器人执行，得到的结果都很满意。而在有变位机协调焊接的情况下，如何把变位机和机器人的空间位置关系标得很准还需要深入地研究。

6.2 离线编程软件开发环境介绍

6.2.1 RobotArt 离线编程软件界面

进入 RobotArt 软件后，看到的软件界面全景如图 6-9 所示。其作用如表 6-2 所示。

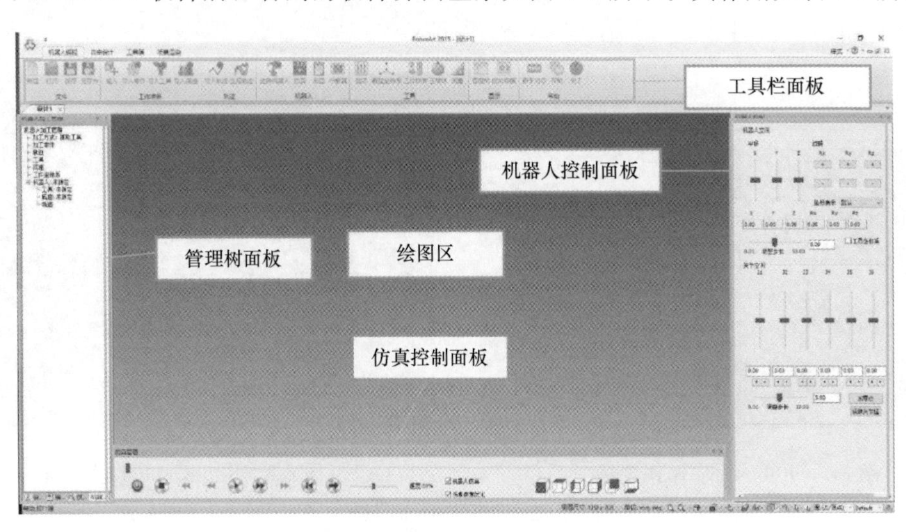

图 6-9 RobotArt 软件界面

表 6-2 RobotArt 离线编程软件界面的构成

序号	名称	说明
1	工具栏面板	“工具栏”面板位于主界面上侧，菜单栏中的菜单项对应不同的工具栏内容。该区域是进行机器人编程操作的主要功能区
2	管理树面板	“管理树”面板位于主界面左侧，在该面板中可以找到与不同设计相关的各种属性值。该面板共有四个选项卡，分别为“设计环境”“属性”“搜索”“机器人加工管理”
3	仿真控制面板	“仿真控制”面板位于主界面底侧，是对机器人编程仿真的相关控制操作
4	机器人控制面板	“机器人控制”面板位于主界面右侧，该区域是对机器人及工具的相关控制操作
5	绘图区	“绘图区”是软件操作及编辑的主界面，软件所有操作均反映在绘图区内

6.2.2 RobotArt 软件界面各部分详细介绍

6.2.2.1 命令界面

RobotArt 软件的命令界面，包括菜单栏和工具栏。如图 6-10 所示，菜单栏包括“机器人编程”“自由设计”“工具箱”及“场景渲染”。根据所针对对象的不同，可以分为两个大类：机器人编程和三维模型设计。

（1）“机器人编程”菜单选项

该选项功能模块是 RobotArt 软件中用户使用最频繁的菜单，单击该菜单即可出现对应的工具栏。

图 6-10 RobotArt 软件的“机器人编程”命令界面

“机器人编程”菜单选项卡，包含文件、工作准备、轨迹、机器人、工具、显示和帮助类别选项。

①“文件”选项，包含新建、打开、保存和另存为选项。

②“工作准备”选项，包含输入、导入零件、导入工具和导入底座选项。

③“轨迹”选项，包含导入轨迹、生成轨迹选项。

④“机器人”选项，包含选择机器人、仿真、后置和示教器选项。

⑤“工具”选项，包含选项、新建坐标系、工件校准、三维球和测量选项。

⑥“显示”选项，包含管理树、控制面板选项。

“机器人编程”中功能按钮的详细说明如表 6-3 所示。

表 6-3 “机器人编程”中功能按钮的详细说明

项目名称及标识	说明
新建	新建一个空白的工程文件
打开	打开一个已建立好的工程文件
保存	将做好的工程文件进行保存
另存为	可以将做好的工程文件进行另存为
输入	该功能主要是为了解决从外部导入多种文件后的格式转换。目前软件不仅支持从 Catia、Solidworks、UG、Pro/E、CAXA 等三维建模软件导出的三维文件格式，还支持从电子图板、AutoCAD 等二维绘图软件导出的二维文件格式
导入零件	在空白的工程文件中导入想要进行加工的零件

续表

项目名称及标识	说明
导入工具	在空白的工程文件中导入需要进行作业的工具
导入底座	在空白的工程文件中导入机器人需要的底座
导入轨迹	从外部导入一条轨迹。这条外部导入的轨迹可能是自己之前生成的，也可能是别人软件生成的
生成轨迹	在导入的零件上生成用户需要的轨迹
选择机器人	在空白的工程文件中导入需要工作的机器人
仿真	模拟真实机器人的工作路径和姿态
后置	RobotArt 通过后置处理生成的运行文件有两种，分别是以 . src 和 . dat 为后缀的程序文件。机器人可以直接读取这些程序文件，并进行轨迹加工处理
示教器	根据所选择的机器人品牌，加载相应的模拟示教器。通过示教器功能，离线模拟机器人的示教过程
选项	通过选项可以对生成的轨迹以及相应的轨迹点进行操作
新建坐标系	可以重新建立一个工件坐标系
工件校准	使虚拟环境中工件的位置和现实环境中工件的位置保持一致
三维球	在虚拟环境中对工件进行平移及旋转
测量	测量工件的长度

续表

项目名称及标识	说明
管理树	可以对导入的零件、工具、机器人以及生成的轨迹进行操作
控制面板	显示机器人各轴的角度及机器人的坐标
NEW 新手向导	介绍了一些快捷键和常用功能
帮助	软件的各个功能的详述
关于	产品的说明，版本号和切换账号

(2)“自由设计”菜单选项

该选项功能模块用于绘制三维模型使用，如图 6-11 所示。

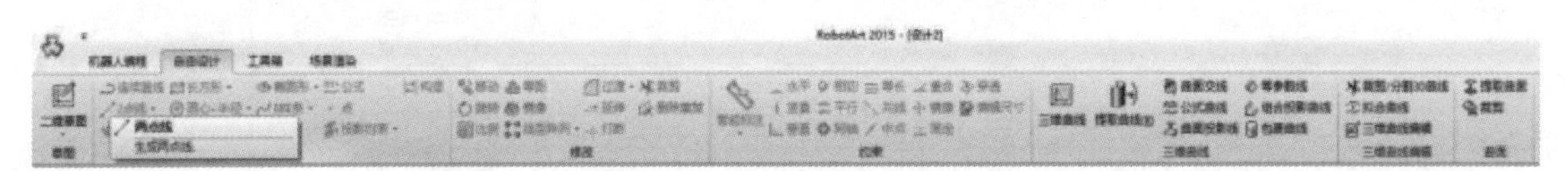

图 6-11　RobotArt 软件的“自由设计”命令界面

(3)“工具箱”菜单选项

“工具箱”菜单中功能选项用于对机器人、零件等进行定位、检查和基本操作，如图 6-12 所示。

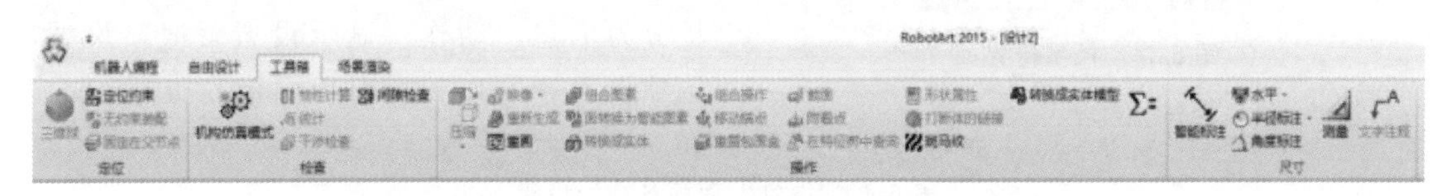

图 6-12　RobotArt 软件的“工具箱”命令界面

(4)“场景渲染”菜单选项

“场景渲染”提供了丰富的功能，可用于渲染零件、工作台、机器人等场景中的可见物体。利用“场景渲染”菜单可以把绘图区里的对象进行不同的场景设置，以满足个人的不同喜好，同时还提供了针对整个场景的环境渲染工具，方便做出漂亮的宣传图与动画，如图 6-13 所示。

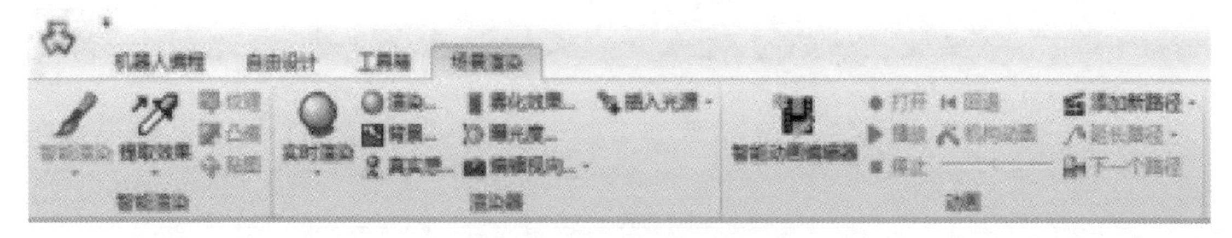

图 6-13 RobotArt 软件的“渲染”命令界面

6.2.2.2 模型树界面

RobotArt 软件界面的左侧面板又称模型树界面，面板是以树形结构来显示的，如图 6-14 所示。

（1）“设计环境”

“设计环境”面板如图 6-15 所示。如果该结构树的某个项目左边出现“＋”或“－”号，单击该符号可显示出设计环境中更多/更少的内容。例如，单击某个零件左边的“＋”号可显示该零件的图素配置和历史信息。

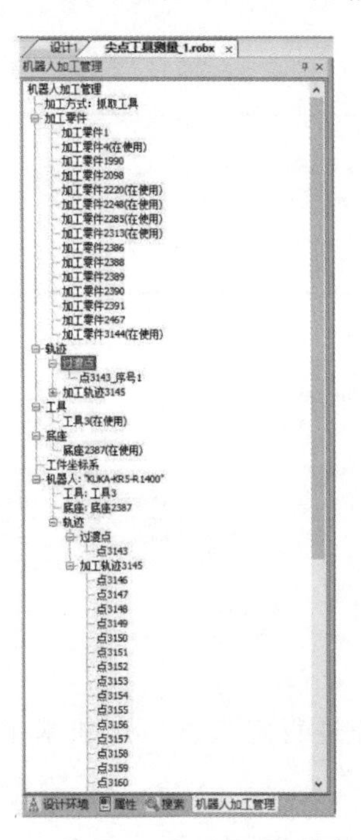

图 6-14 模型树界面

在设计树中单击一个对象的名称或图标，被选择对象的名称会加亮显示，如 全局坐标系 X-Y平面。单击鼠标左键按 Shift 键可以选择设计树中多个连续对象，单击鼠标左键按 Ctrl 键可以选择设计树中多个不连续对象。

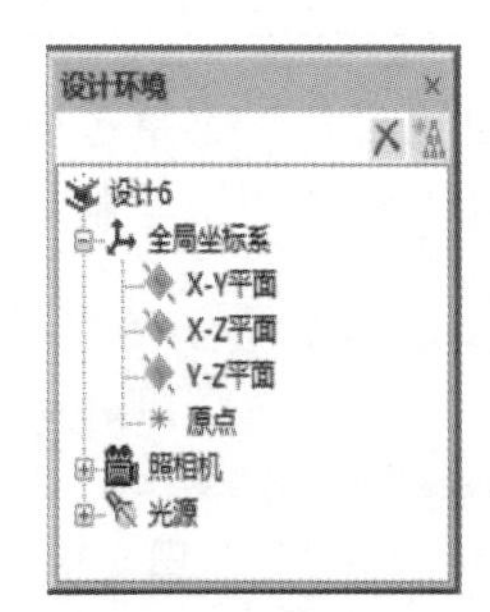

图 6-15 “设计环境”面板

（2）“属性”

“属性”面板如图 6-16 所示。“属性”面板分为消息、动作、显示设置、渲染设置、选项设置等几项。“属性”面板各功能说明如表 6-4 所示。

表 6-4 “属性”面板各功能说明

序号	名称	说明
1	消息	显示当前操作的相关操作提示
2	动作	可以对绘图区的实体进行选项、拉伸、旋转、扫面、放样等操作
3	显示设置	显示零件边/隐藏边/轮廓边/光滑边，显示光源/相机/坐标系统/包围盒尺寸/位置尺寸。该显示设置项是多选项，可同时选择多个选项
4	渲染设置	设置场景的渲染，进行场景设置
5	选项设置	可设置 Acis 或者 Parasolid 两种类型

（3）“搜索”

“搜索”面板如图 6-17 所示，在“搜索”面板中可以快速地完成各种类型的搜索。

（4）“机器人加工管理”

“机器人加工管理”面板如图 6-18 所示，“机器人加工管理”面板包括加工方式、加工零件、轨迹、工具、底座、工件坐标系及与机器人有关的机器人、工具、底座、轨迹等几项。“机器人加工管理”面板各功能说明如表 6-5 所示。

图 6-16　“属性”面板

图 6-17　“搜索”面板

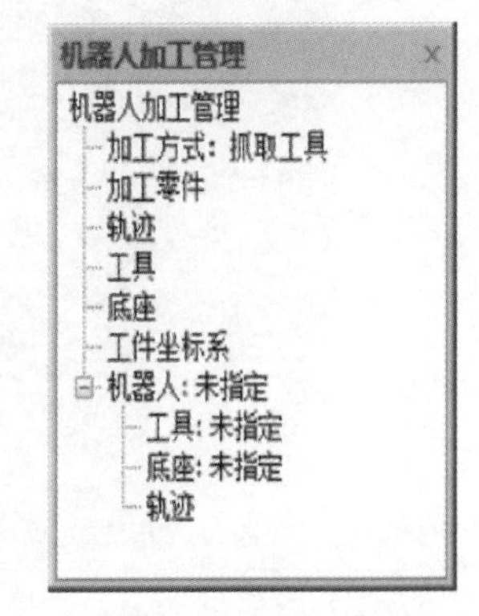

图 6-18　“机器人加工管理”面板

表 6-5　“机器人加工管理”面板各功能说明

序号	名称	说明
1	加工方式	生产加工过程一般具有两种方式，分别为抓取工具和抓取零件（即为抓取工件）。默认情况为抓取工具
2	加工零件	显示绘图区中已导入的零件或工件，可同时导入多个零件或工件
3	轨迹	使用“生成轨迹”功能可生成一条轨迹，轨迹以轨迹组形式管理。该轨迹组中包含了该轨迹中所有的轨迹点，右击轨迹组可以对轨迹组及轨迹点进行各种操作
4	工具	显示绘图区中已导入的工具，同一个设计文件中只允许导入一个工具
5	底座	显示绘图区中已导入的底座
6	工件坐标系	工件坐标系是配合“机器人编程”菜单以及“新建坐标系”使用的，用户可自行建立自定义的工件坐标系
7	机器人	显示当前使用的机器人的名称及型号，机器人也是唯一的。单击“机器人”前面的“+”号展开显示当前导入的工具名称、底座名称、轨迹等相关信息

6.2.2.3　绘图界面

绘图界面是 RobotArt 软件的显示区域，用户导入的所有模型，包括机器人、工具、工件、零件等都会显示在这里，对零件等实体进行的相应操作也是在绘图区进行的。总而言之，在这个区域可以直观地对实体进行操作，类似于 Word 中的页面视图，所见即所得。绘图界面如图 6-19 所示蓝色背景区域。

6.2.2.4　控制界面

控制界面即“机器人控制”面板，该面板内容分为两类：“机器人空间”控制面板和“关节空间”控制面板。“机器人控制”面板如图 6-20 所示。

6.2.2.5　机器人空间选项

机器人空间选项面板中有 X、Y、Z、Rx、Ry、Rz 六个控制参数，即为笛卡儿坐标系参数。其中 X、Y、Z 三个参数代表机器人 TCP 点在坐标系中的当前位置，Rx、Ry、Rz 三个参数代表机器人在坐标系中 X、Y、Z 的旋转值，如图 6-21 所示。

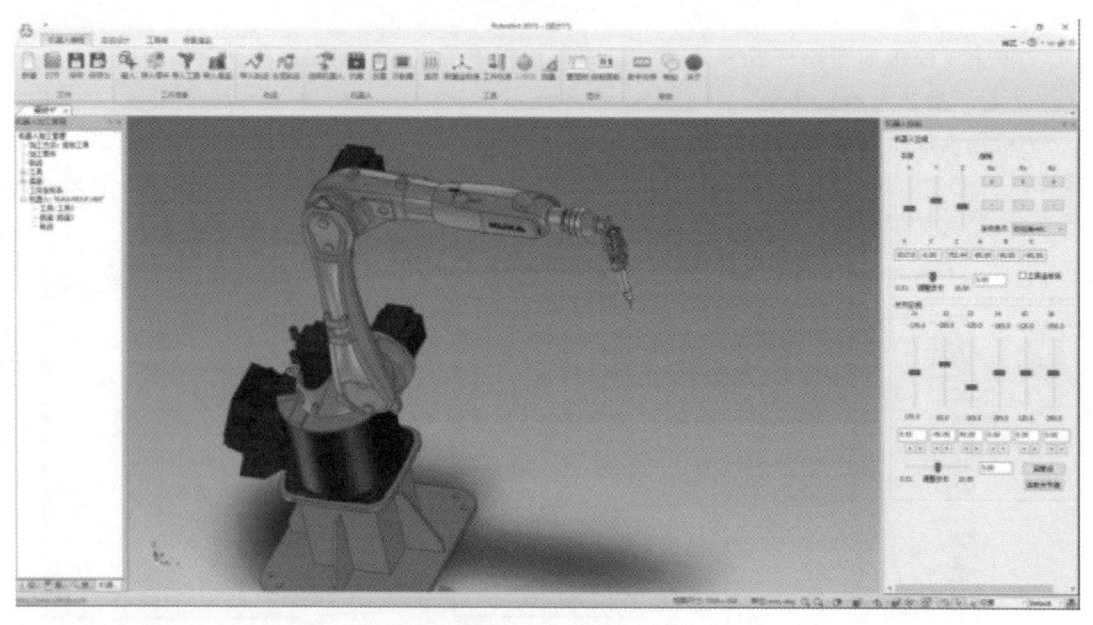

图 6-19　绘图界面

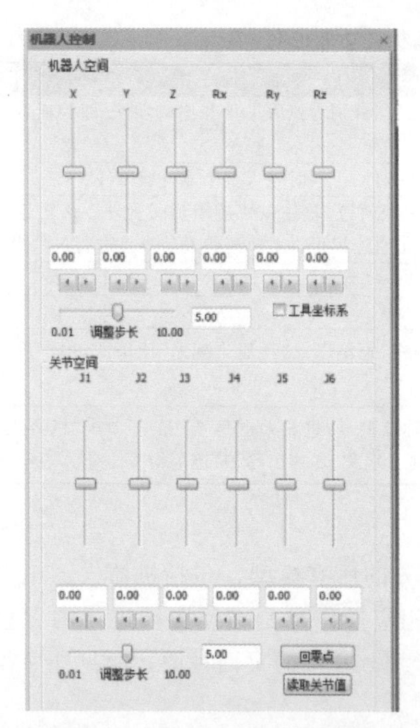

图 6-20　“机器人控制”面板

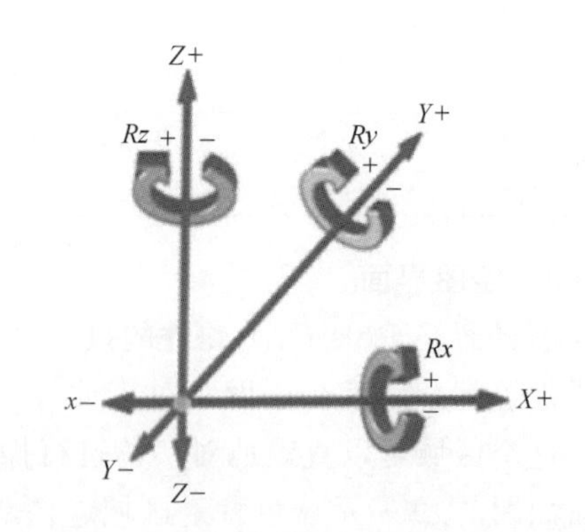

图 6-21　机器人空间选项参数控制示意图

机器人空间选项参数控制条下文本框实时显示表示机器人当前姿态的准确数值。机器人空间选项参数的调整有以下两种方法。

① 直接拖动滑块进行调整。

② 点击正负按钮进行微调。

步长的范围为 0.01～10.00。其中，调整步长的方式有两种：直接拖动滑块进行调整、在文本框中直接输入步长值。“工具坐标系”选项不勾选，则参数数值表示在世界坐标系下的数值；“工具坐标系”选项勾选，则为工具坐标系。RobotArt 软件默认情况选项为世界坐标系。

关节空间项中 J1～J6 分别表示六自由度关节机器人从底部往上的六个活动关节。关节空间项的调整方式、步长的调整方式同机器人空间项参数控制方式一致。

当需要控制机器人回到初始位置时，单击“回零点”按钮，即可回到初始位置。

“读取关节值”按钮的功能是用于加载软件外部的关节数值。

6.2.2.6 仿真界面

仿真界面即为“仿真管理”面板，如图 6-22 所示。与图 6-22 中的序号相对应，仿真管理面板的各部分功能如表 6-6 所示。

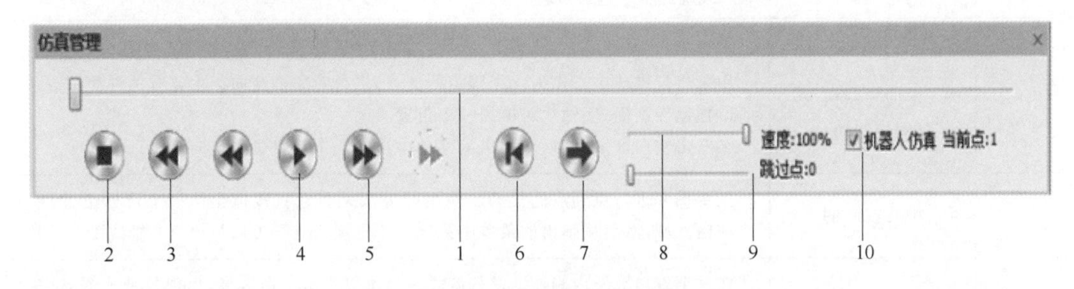

图 6-22 “仿真管理”面板

表 6-6 “仿真管理”面板的各部分功能

序号	名称	说明
1	进度条	显示加工仿真进度，可任意拖拽
2	重置开始	单击按钮，仿真过程重新运行
3	上一点	单击按钮，仿真过程运行到上一个点
4	播放和暂停	单击播放，仿真运行；单击暂停，仿真暂停运行
5	下一点	单击按钮，仿真过程运行到下一个点
6	重置	单击按钮，仿真过程从头开始
7	循环	单击按钮，仿真过程结束后自动从头开始运行
8	速度	显示仿真速度，可拖拽调节
9	跳过点	跳过点的个数，可拖拽调节（模糊仿真，加快仿真速度）
10	机器人仿真	不勾选，是工具仿真；勾选，是机器人仿真（如果没有添加工具，则只能勾选机器人仿真）

6.2.3 三维球仿真软件基本操作

（1）三维球的基本操作

绘图区的三维球是一个非常杰出和直观的三维图素操作工具。作为强大而灵活的三维空间定位工具，它可以通过平移、旋转和其他复杂的三维空间变换精确定位任何一个三维物体；同时三维球还可以完成对智能图素、零件或组合件生成副本、直线阵列、矩形阵列和圆形阵列的操作功能。

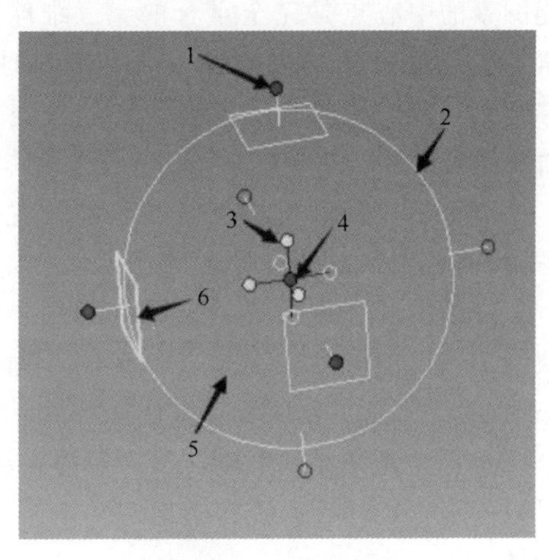

图 6-23 三维球形状

三维球可以附着在多种三维物体之上。在选中零件、智能图素、锚点、表面、视向、光源、动画路径、关键帧等三维元素后，可通过单击快速启动栏上的三维球工具按钮打开三维球，使三维球附着在这些三维物体之上，从而方便地对它们进行移动、相对定位和距离测量。

（2）三维球的结构

默认状态下，三维球形状如图 6-23 所示。

三维球在空间中有三个轴和一个中心点，内外分别有三个控制柄。与图 6-23 中序号所对应的功能如表 6-7 所示。

表 6-7　三维球各部分功能

序号	名称	说明
1	外控制柄（约束控制柄）	单击它可用来对轴线进行暂时的约束，使三维物体只能进行沿此轴线上的线性平移，或绕此轴线进行旋转
2	圆周	拖动这里，可以围绕三维球的中心对物体进行旋转
3	定向控制柄（短控制柄）	用来将三维球中心作为一个固定的支点，进行对象的定向。主要有两种使用方法 ①拖动控制柄，使轴线对准另一个位置 ②右击空白区域，然后从弹出的菜单中选择一个项目进行定向
4	中心控制柄	主要用来进行点到点的移动。使用的方法是将它直接拖至另一个目标位置，或右击空白区域，然后从弹出的菜单中挑选一个选项。它还可以与约束的轴线配合使用
5	内侧	在这个空白区域内侧拖动进行旋转。也可以右击空白区域，出现各种选项，对三维球进行设置
6	二维平面	拖动这里，可以在选定的虚拟平面中移动

三维球拥有三个外部约束控制手柄（长轴）、三个定向控制手柄（短轴）、一个中心点。在软件的应用中它主要的功能是解决元素、零件、装配体的空间点定位以及空间角度定位的问题。其中，长轴解决空间约束定位，短轴解决实体的方向；中心点解决定位。

一般的条件下，三维球的移动、旋转等操作中，单击鼠标的左键不能实现复制的功能，单击鼠标的右键可以实现元素、零件、装配体的复制功能和平移功能。在软件的初始化状态下，三维球最初是附着在元素、零件、装配体的定位锚上的。特别对于智能图素，三维球与智能图素是完全相符的，三维球的轴向与图素的边、轴向完全是平行或重合的。三维球的中心点与智能图素的中心点是完全重合的。三维球与附着图素的脱离通过按空格键来实现。三维球脱离后，移动到规定的位置，一定要再一次按空格键，附着三维球。

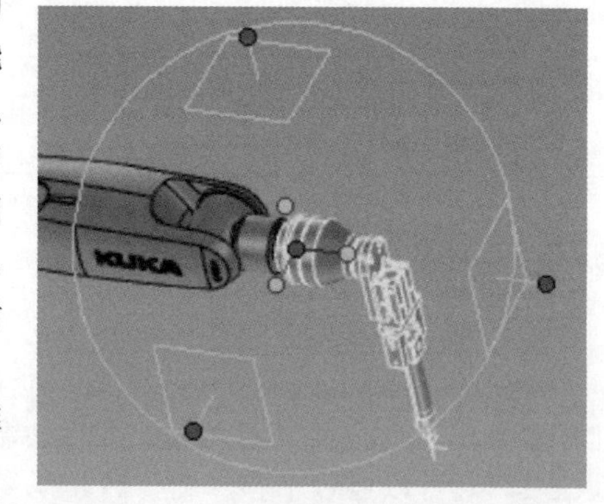

图 6-24　三维球附在机器人末端工具

以上是在默认状态下三维球的设置。当三维球附在指定对象上时如图 6-24 所示。

在绘图区任意位置单击鼠标右键，在弹出的快捷菜单选项可对三维球进行其他设置，如图 6-25 所示。选择“显示所有操作柄”后，三维球外形如图 6-26 所示。

选择“允许无约束旋转”后，再将鼠标放到三维球内部时，此时三维球附着的三维物体可以围绕三维球中心更自由地旋转，而不必局限于围绕从视点延伸到三维球中心的虚拟轴线旋转。

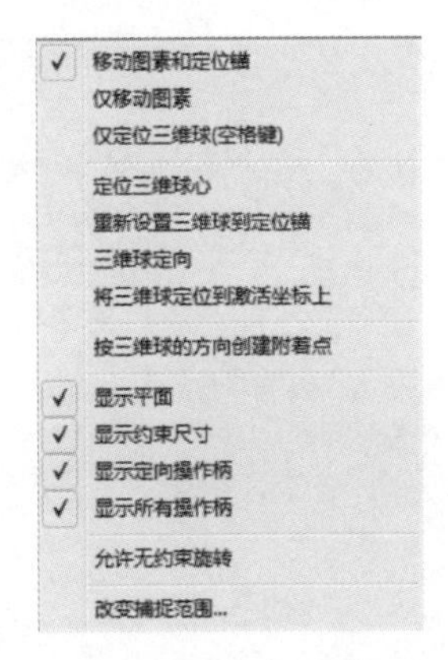

图 6-25　三维球参数设置选项窗口

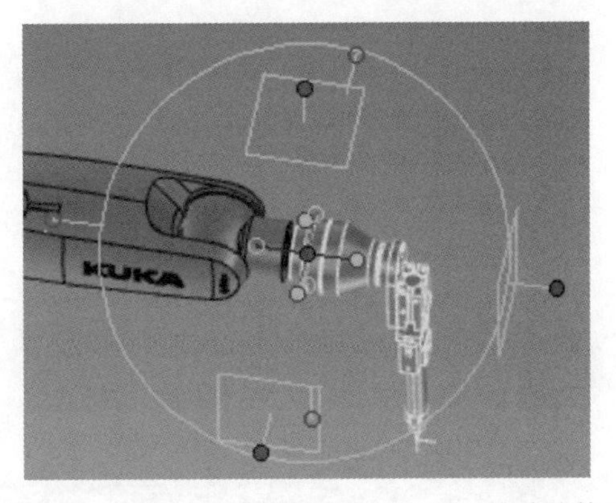

图 6-26　选项“显示所有操作柄”后三维球的外形

三维球的位置和方向变化后，当前的位置和方向默认被记住。

（3）三维球的重新定位

激活三维球时，可以看到三维球附着在半圆柱体上。这时移动圆柱体图素时，移动的距离都是以三维球中心点为基准进行的。但是有时需要改变基准点的位置，例如：希望图中的圆柱体图素绕着空间某一个轴旋转。那么这种情况该如何处理呢？这就涉及三维球的重新定位功能。

具体操作如下：点取零件，单击三维球工具打开三维球，按空格键，三维球将变成白色，如图 6-27 所示。这时移动三维球的位置，改变三维球与物体的相对位置，如图 6-28 所示。此时移动三维球，实体将不随之运动，当将三维球调整到所需的位置时，再次按空格键，三维球变回原来的颜色，此时即可以对相应的实体继续进行操作。

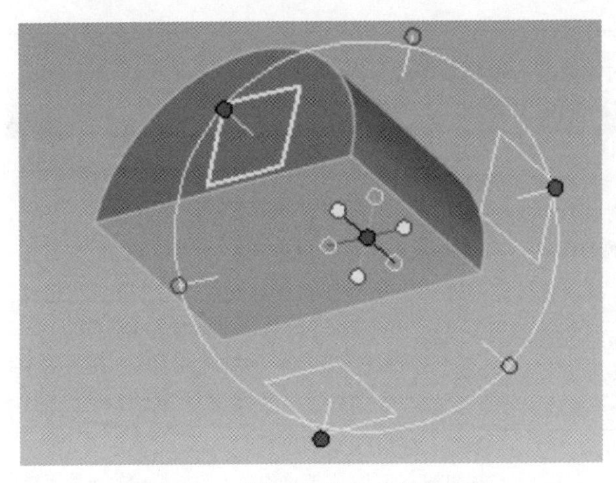

图 6-27　三维球与物体的初始位置

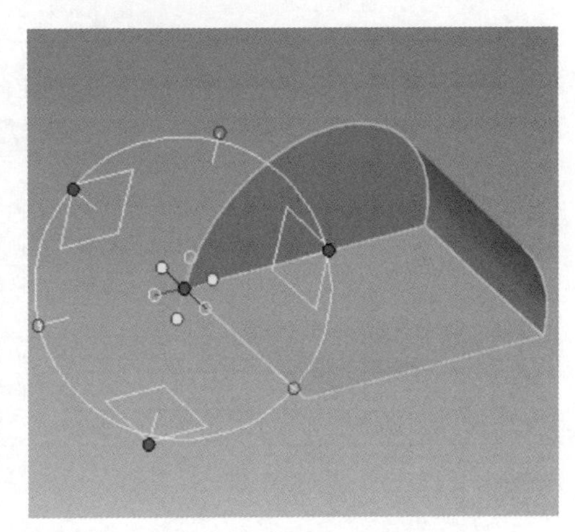

图 6-28　变白后改变三维球与物体的相对位置

（4）三维球中心点的定位方法

三维球的中心点，可进行点定位。如图 6-29 所示为三维球中心点的右键菜单。其功能如表 6-8 所示。

（5）三维球定向控制柄

选择三维球的定向控制柄并右击，定向控制柄右键菜单如图 6-30 所示，其功能如表 6-9 所示。

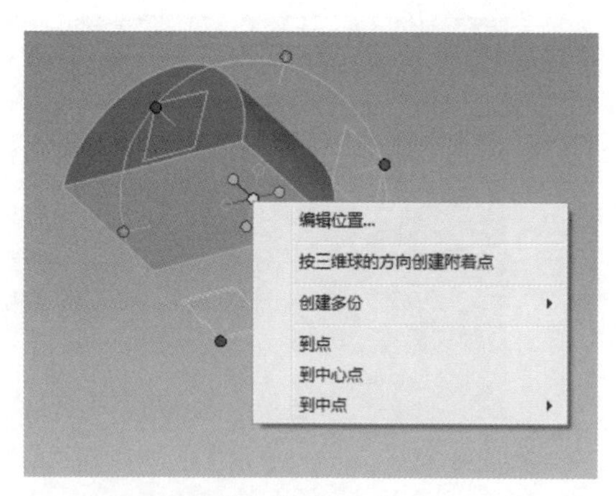

图 6-29　右击三维球中心点出现的命令

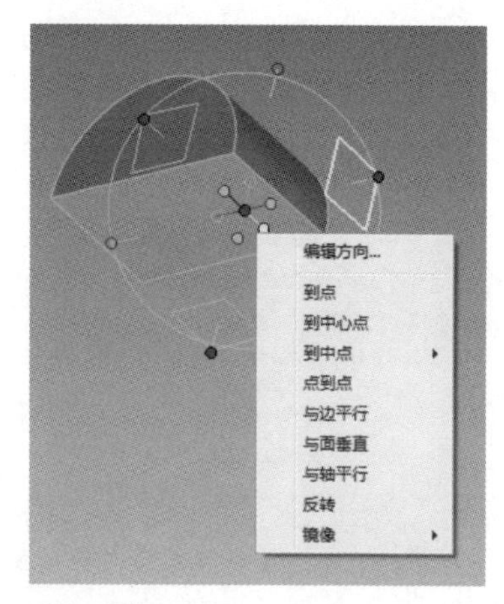

图 6-30　右击定向控制柄出现的命令

表 6-8　三维球中心点的右键菜单功能

序号	名称	说明
1	编辑位置	选择此选项，可弹出位置输入框输入相对父节点锚点的 X、Y、Z 三个方向的坐标值
2	按三维球的方向创建附着点	按照三维球的位置与方向创建附着点。附着点可用于实体的快速定位、快速装配
3	创建多份	此项有两个子选项："拷贝"与"链接"，其含义与前述相同。 选择此选项后，按 P 然后回车则创建一个实体的拷贝或链接，然后拖动三维球将拷贝或链接定位
4	到点	选择此选项，可使三维球附着的元素移动到第二个操作对象上的选定点
5	到中心点	选择此选项，可使三维球附着的元素移动到回转体的中心位置
6	到中点	选择此选项，可使三维球附着的元素移动到第二个操作对象上的中点，这个元素可以是边、两点或两个面

表 6-9　定向控制柄右键菜单功能

序号	名称	说明
1	编辑方向	指当前轴向（黄色轴）在空间内的角度。用三维空间数值表示
2	到点	指鼠标捕捉的定向控制柄（短轴）指向到规定点
3	到中心点	指鼠标捕捉的定向控制柄指向到规定圆心点
4	到中点	指鼠标捕捉的定向控制柄指向到规定中点。可以是边的中点、两点间的中点、两面之间的中点
5	点到点	指鼠标捕捉的定向控制柄与两个点的连线平行
6	与边平行	指鼠标捕捉的定向控制柄与选取的边平行
7	与面垂直	指鼠标捕捉的定向控制柄与选取的面垂直
8	与轴平行	指鼠标捕捉的定向控制柄与柱面轴线平行
9	反转	指三维球带动元素在选中的定向控制柄方向上转动 180°
10	镜像	指用三维球将实体以选取的定向控制柄方向上、未选取的两个轴所形成的面做面镜像（包括移动、复制、链接）

（6）修改三维球配置选项

由于三维球功能繁多，所以它的全部选项和相关的反馈功能在同一时间是不可能都需要的。因而，软件中允许按需要禁止或激活某些选项。

如果要在三维球显示在某个操作对象上时修改三维球的配置选项，可在设计环境中的任意位置右击（图 6-31），在弹出菜单中有几个选项是默认的。在选定某个选项时，该选项在弹出菜单上的位置旁将出现一个复选标记。三维球上可用的配置选项如表 6-10 所示。

表 6-10　三维球上可用的配置选项功能

序号	名称	说明
1	移动图素和定位锚	如果选择了此选项，三维球的动作将会影响选定操作对象及其定位锚。此选项为默认选项
2	仅移动图素	如果选择了此选项，三维球的动作将仅影响选定操作对象，而定位锚的位置不会受到影响
3	仅定位三维球(空格键)	选择此选项可使三维球本身重定位，而不移动操作对象。此选项可使用空格键快捷激活
4	定位三维球心	选择此选项可把三维球的中心重定位到指定点
5	重新设置三维球到定位锚	选择此选项可使三维球恢复到默认位置，即操作对象的定位锚上
6	三维球定向	选择此选项可使三维球的方向轴与绝对坐标轴(X、Y、Z)对齐
7	显示平面	选择此选项可在三维球上显示二维平面
8	显示约束尺寸	选定此选项时，软件将显示实体件移动的角度和距离
9	显示定向操作柄	此选项为默认选项。选择此选项，将显示三维球的定向控制柄
10	显示所有操作柄	选择此选项，三维球轴的两端都将显示出定向控制柄和外控制柄
11	允许无约束旋转	欲利用三维球自由旋转操作对象，则可选择此选项
12	改变捕捉范围	利用此选项，可设置操作对象重定位操作中需要的距离和角度变化增量。增量设定后，可在移动三维球时按住 Ctrl 键激活此功能选项

(7) 三维球工具定位操作实例

图 6-32 是未贴合前的两个半圆柱体，通过三维球的操作将两个半圆柱体组成为一个完整的圆柱体，如图 6-33 所示。圆柱贴合操作步骤如表 6-11 所示。

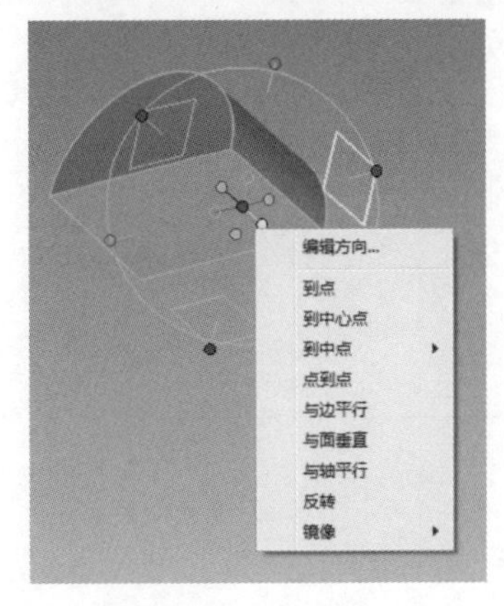

图 6-31　三维球配置选项

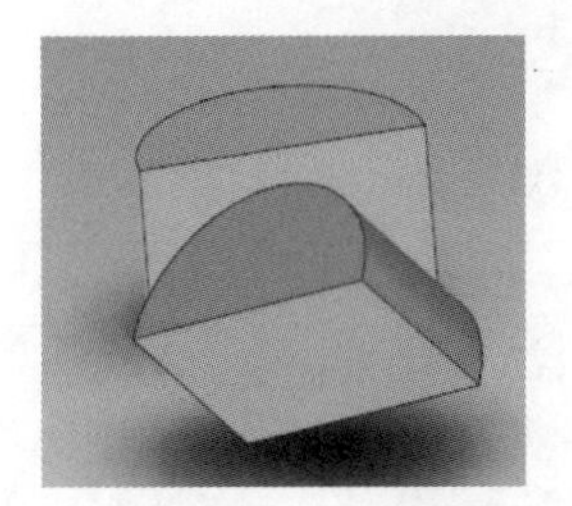

图 6-32　未贴合前的两个半圆柱体

图 6-33　贴合后的完整圆柱体

表 6-11　圆柱贴合操作步骤

操作 步骤	操作 顺序	图示	说明	
1	1		单击黄色半圆柱，会呈现高亮状态	将黄色的半圆柱与平面垂直。 注意：按下空格键，改变三维球的状态

续表

<table>
<tr><th colspan="2">操作</th><th rowspan="2">图示</th><th rowspan="2" colspan="2">说明</th></tr>
<tr><th>步骤</th><th>顺序</th></tr>
<tr><td rowspan="3">1</td><td>2</td><td> 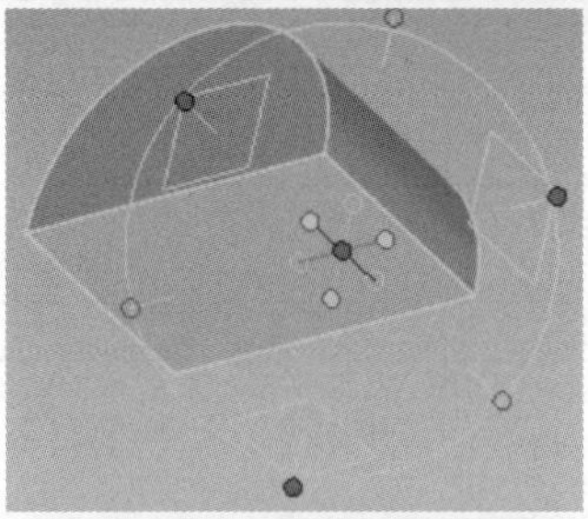</td><td>单击“机器人编程”控制面板中的三维球按钮，三维球附着在黄色的半圆柱上</td><td rowspan="3">将黄色的半圆柱与平面垂直。
注意：按下空格键，改变三维球的状态</td></tr>
<tr><td>3</td><td> 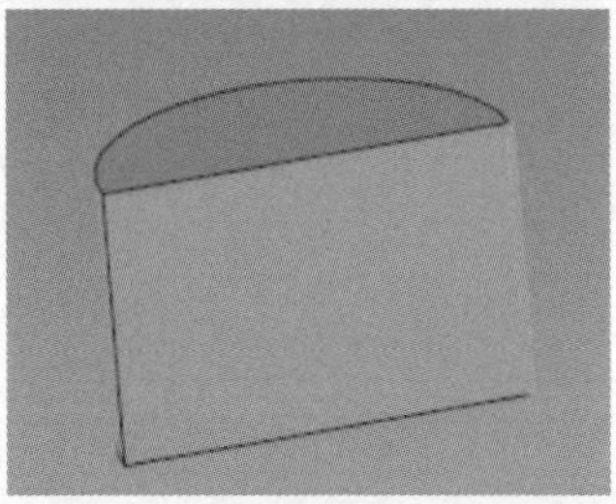</td><td>右击三维球内部蓝色的短控制柄，选择“与边平行”命令，选择灰色半圆柱的一条边</td></tr>
<tr><td>4</td><td> 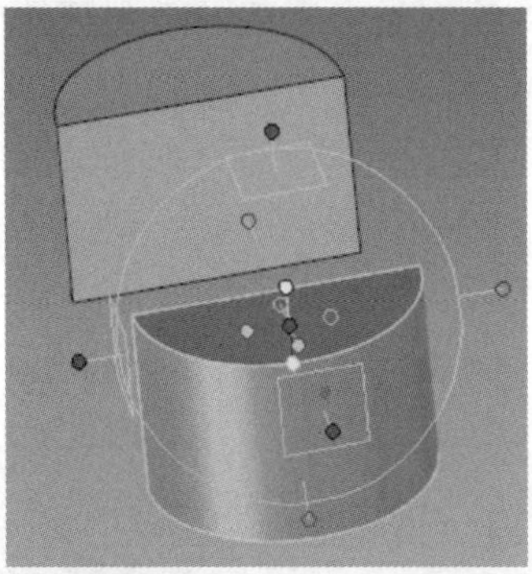</td><td>操作完步骤3后，黄色的半圆柱就竖直立起</td></tr>
<tr><td rowspan="2">2</td><td>5</td><td> 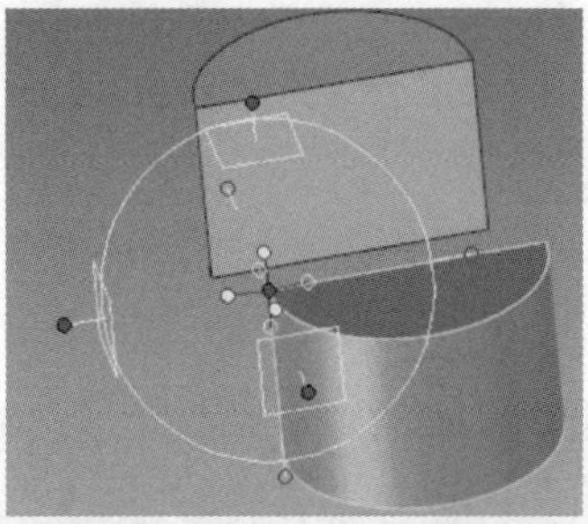</td><td>改变三维球的状态，按空格键，三维球变白，右击三维球的中心点，选择运动“到点”，运动到如图所示的位置</td><td rowspan="2">将黄色的半圆柱体与灰色的半圆柱体合并为一个完整的圆柱体
注意：①步骤5图中三维球变白是改变三维球与附着物体的相对位置，即物体不改变位置，三维球进行移动
②步骤6图中三维球变蓝，是改变三维球所附着物体的位置，即物体随着三维球的移动而移动</td></tr>
<tr><td>6</td><td> 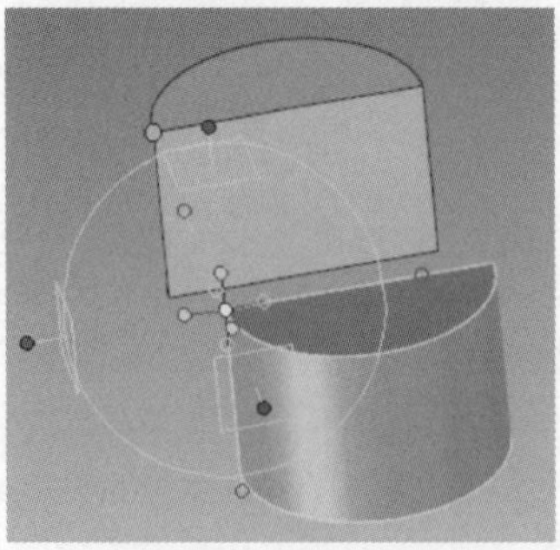</td><td>按下空格键三维球变蓝，单击三维球的中心点，选择运动“到点”，选择如左图所示的灰色半圆柱绿色点</td></tr>
</table>

续表

操作		图示	说明	
步骤	顺序			
2	7	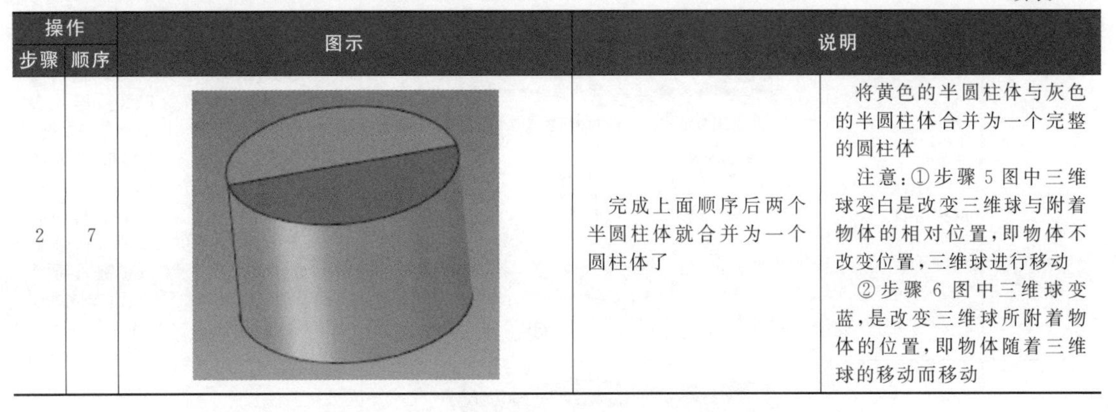	完成上面顺序后两个半圆柱体就合并为一个圆柱体了	将黄色的半圆柱体与灰色的半圆柱体合并为一个完整的圆柱体 注意：①步骤5图中三维球变白是改变三维球与附着物体的相对位置，即物体不改变位置，三维球进行移动 ②步骤6图中三维球变蓝，是改变三维球所附着物体的位置，即物体随着三维球的移动而移动

6.2.4 Staubli机器人TCP校准方式

（1）工具示教

通过LasMAN-PC程序发送指令，LasMAN-CS8C进入各个模块的操作。按F1～F8功能键进入相应的界面。工具示教界面如图6-34所示。

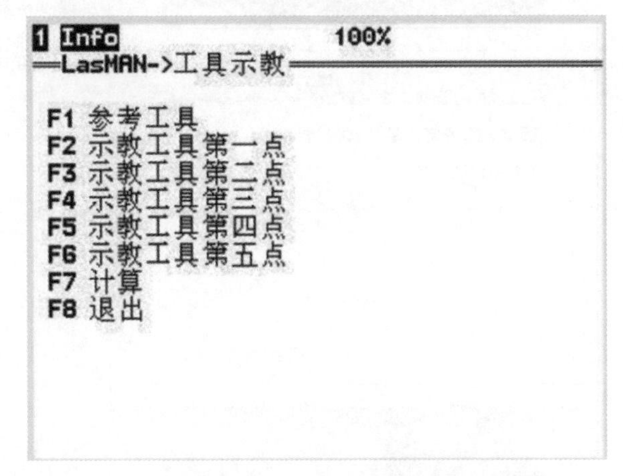

图6-34　工具示教界面

（2）示教参考点

示教参考点操作步骤如表6-12所示。

表6-12　示教参考点操作步骤

示教点	步骤	图示	说明
示教第一点	1		首先安装参考工具到第六轴法兰上，然后单击“参数”（F7键）输入参考工具的参数。使用“对齐”（F5键）可使参考工具的z轴与机器人的world坐标系（世界坐标系）的Z轴方向重合。移动机器人使工具中心点TCP对准参考尖点，尽量保证轴线一致。单击“记录”（F6键），记录工具参考点。确认无误后，单击“首页”（F8键）返回示教工具

续表

示教点	步骤	图示	说明
示教第一点	2. 示教参考点主界面	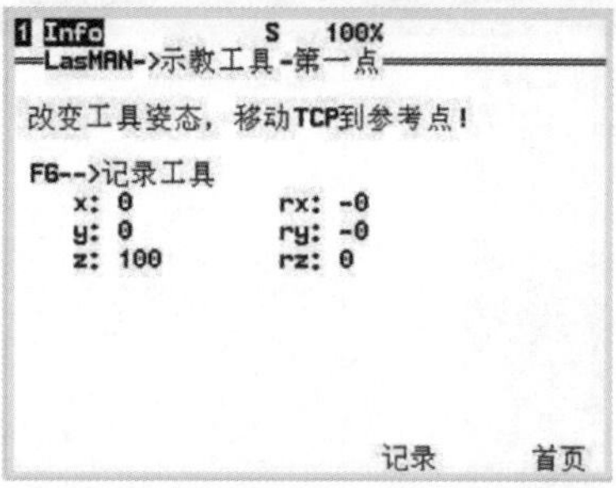 1 Info S 100% LasMAN->示教工具-第一点 改变工具姿态，移动TCP到参考点！ F6-->记录工具 x: 0 rx: -0 y: 0 ry: -0 z: 100 rz: 0 记录 首页	首先安装参考工具到第六轴法兰上，然后单击“参数”（F7 键）输入参考工具的参数。使用“对齐”（F5 键）可使参考工具的 z 轴与机器人的 world 坐标系（世界坐标系）的 Z 轴方向重合。移动机器人使工具中心点 TCP 对准参考尖点，尽量保证轴线一致。单击“记录”（F6 键），记录工具参考点。确认无误后，单击“首页”（F8 键）返回示教工具
示教第二点	1	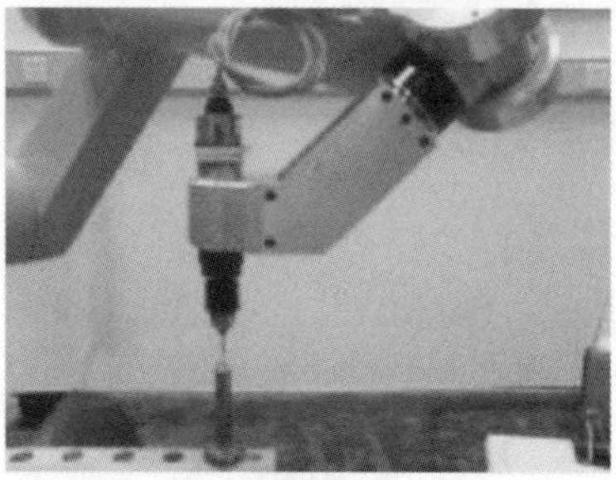	改变机器人姿态，按 F6 键，记录工具第二点，确认无误后，按 F8 返回示教工具页面，选择其他示教点，如步骤 2 所示
	2	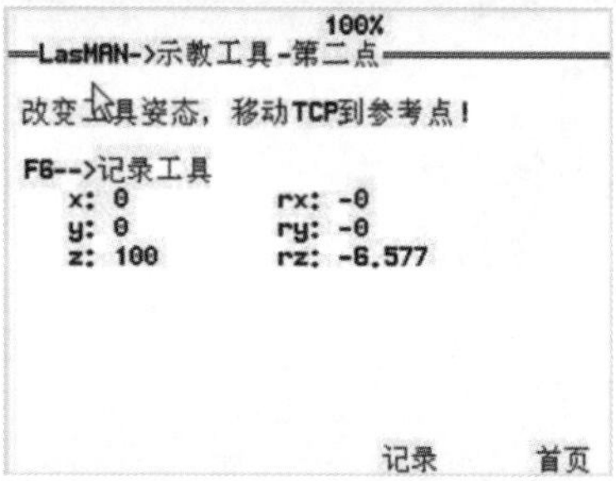 100% LasMAN->示教工具-第二点 改变工具姿态，移动TCP到参考点！ F6-->记录工具 x: 0 rx: -0 y: 0 ry: -0 z: 100 rz: -6.577 记录 首页	
示教第三点	1		改变机器人姿态，按 F6 键，记录工具第三点，确认无误后，按 F8 键返回示教工具页面，选择其他示教点，如步骤 2 所示
	2	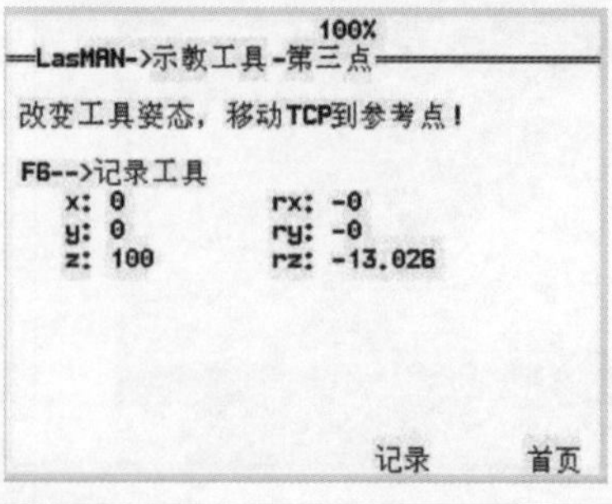 100% LasMAN->示教工具-第三点 改变工具姿态，移动TCP到参考点！ F6-->记录工具 x: 0 rx: -0 y: 0 ry: -0 z: 100 rz: -13.026 记录 首页	

续表

示教点	步骤	图示	说明
示教第四点	1	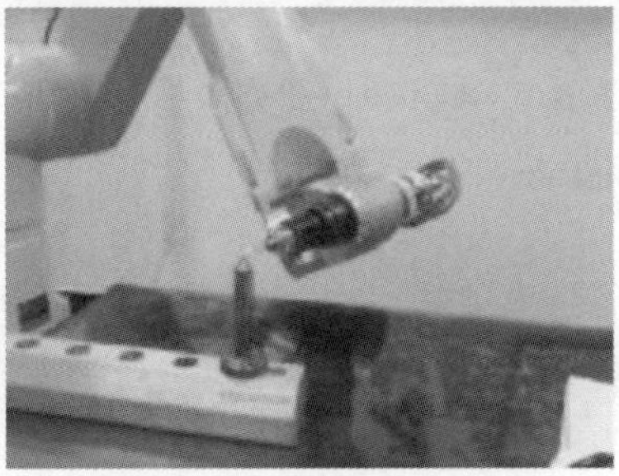	改变机器人姿态，按F6键，记录工具第四点，确认无误后，按F8键返回示教工具页面，选择其他示教点，如步骤2所示
	2	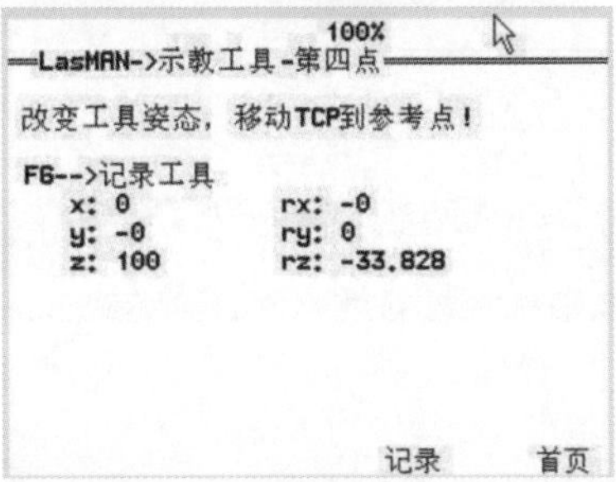 100% LasMAN->示教工具-第四点 改变工具姿态，移动TCP到参考点！ F6-->记录工具 x: 0 rx: -0 y: -0 ry: 0 z: 100 rz: -33.828 记录 首页	
示教第五点	1	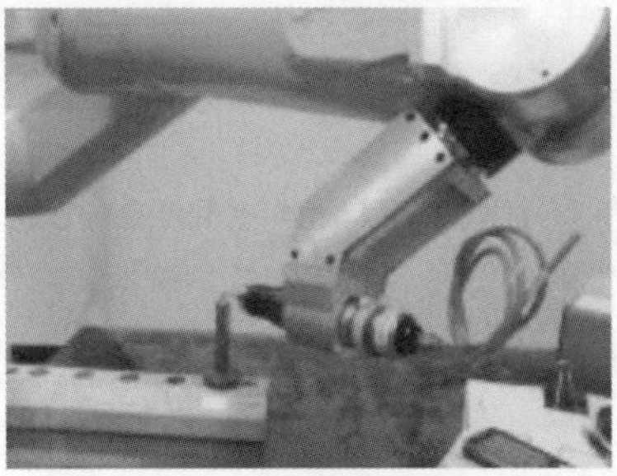	改变机器人姿态，按F6键，记录工具第五点，确认无误后，按F8键返回示教工具页面，选择其他示教点，如步骤2所示
	2	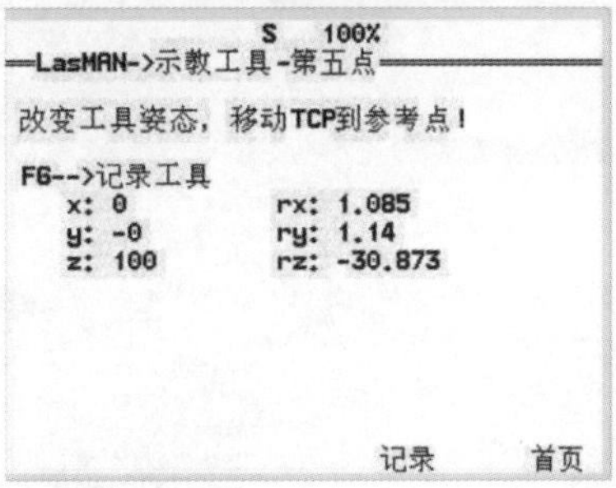 S 100% LasMAN->示教工具-第五点 改变工具姿态，移动TCP到参考点！ F6-->记录工具 x: 0 rx: 1.085 y: -0 ry: 1.14 z: 100 rz: -30.873 记录 首页	
计算工具		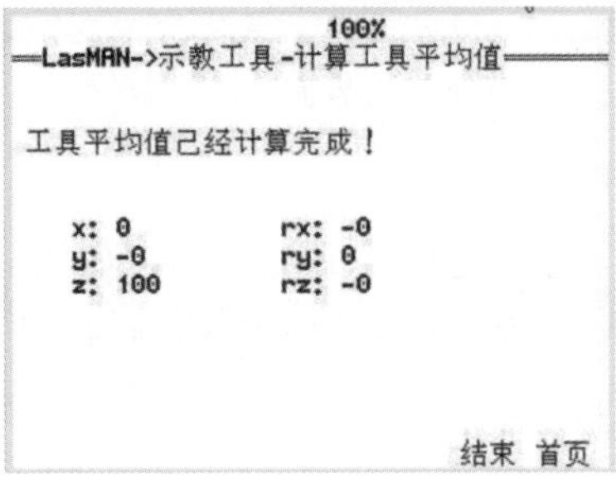 100% LasMAN->示教工具-计算工具平均值 工具平均值已经计算完成！ x: 0 rx: -0 y: -0 ry: 0 z: 100 rz: -0 结束 首页	在工具示教主页面上选择“计算”(F7键)，可得到工具的平均值。单击“首页”(F8键)返回主页面

续表

示教点	步骤	图示	说明
保存工具		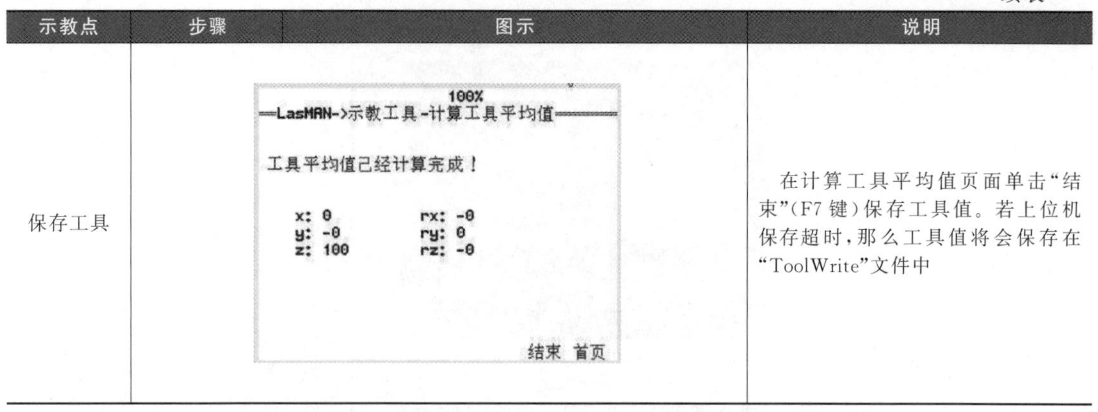	在计算工具平均值页面单击“结束”(F7键)保存工具值。若上位机保存超时，那么工具值将会保存在“ToolWrite”文件中

6.3 工业机器人工作站系统构建

6.3.1 准备机器人

（1）导入机器人

以导入 KUKA 机器人为例，机器人本体选用 KUKA 公司的 KR5-R1400 机器人本体。

运行 RobotArt 软件，单击“机器人编程”菜单中的“选择机器人”按钮，弹出如图 6-35 所示窗口，选择“机器人模型列表”中的“KUKA-KR5-R1400”型号，窗口右侧可预览显示该型号机器人外形图、轴范围、逆解参数设置栏。

单击“插入机器人模型”按钮，导入 KUKA 的 KR5-R1400 机器人，如图 6-36 所示。

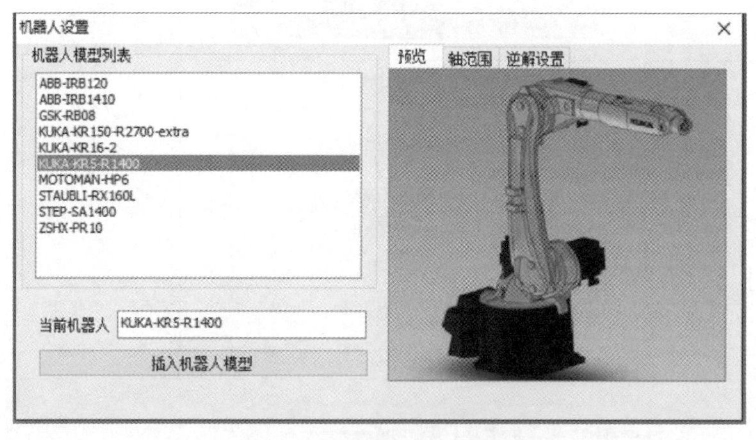

图 6-35　选择机器人界面

（2）机器人设置

以 KUKA-KR5-R1400 机器人为例，机器人有 6 个关节轴，如图 6-37 所示。最大值与最小值分别表示机器人关节轴可旋转最大范围，例如 JT1 轴范围为－170°～170°，同理可知其他关节轴的运动范围。“关节空间”面板窗口与图 6-37 中参数设置保持一致，如图 6-38 所示。

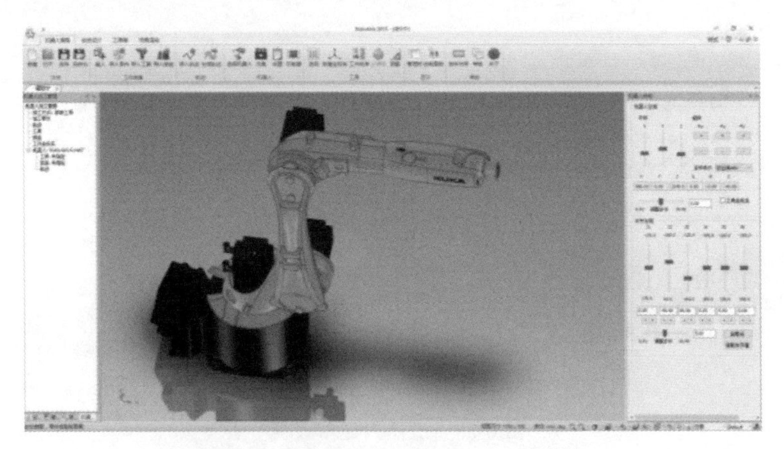

图 6-36　KUKA 的 KR5-R1400 机器人

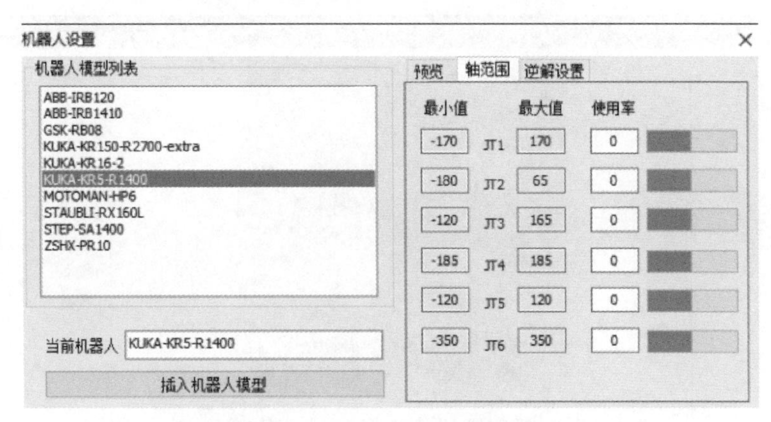

图 6-37　机器人轴范围设置

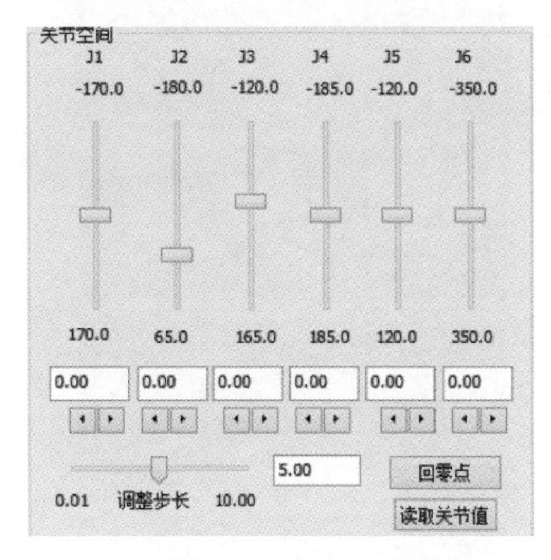

图 6-38　“关节空间”面板

“机器人设置”窗口中的“逆解设置”选项主要用于配置新机器人操作，含有的功能包括对机器人进行向前、向后、向上、向下、不翻转、翻转操作，如图 6-39 所示。机器人逆解设置操作步骤如表 6-13 所示。

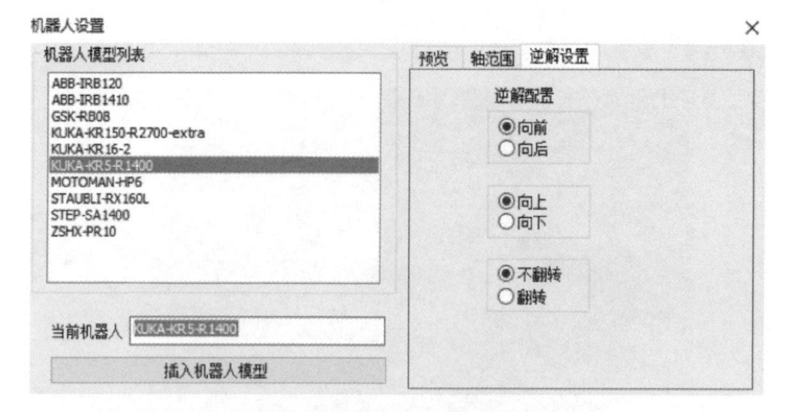

图 6-39　机器人逆解设置

表 6-13　机器人逆解设置操作步骤

序号	操作	图示	说明
1	向前、向后		表示机器人 BASE 轴不动，顶端位置固定，它可以通过前后运动其他轴到达此点
2	向上、向下		表示机器人 BASE 轴不动，顶端位置固定，它可以通过上下运动其他轴到达此点
3	不翻转、翻转		表示机器人 BASE 轴不动，顶端位置固定，它可以通过翻转与不翻转运动其他轴到达此点

6.3.2 准备工具

6.3.2.1 导入工具

单击“机器人编程”菜单中的“导入工具”按钮，弹出如图6-40所示窗口，选中需要导入工具，然后单击“打开”按钮。

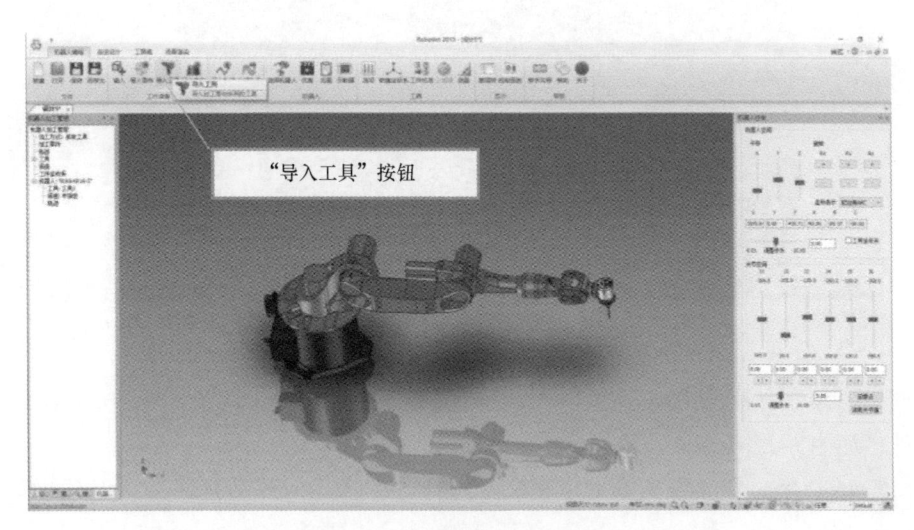

图6-40 机器人导入工具

在弹出的导入工具的对话框中，选择工具“ATI径向浮动打磨头”文件，如图6-41所示。

图6-41 选择导入工具界面

由于“ATI径向浮动打磨头”是已经配置好的工具，因此，RobotArt软件导入工具文件后，绘图区显示该工具直接装配在机器人末端位置，如图6-42所示。注意：如果该工具没有配置过，则需要经过设置安装点和TCP点，将工具安装到机器人末端。

6.3.2.2 自定义工具

（1）工具模型的外部导入

RobotArt软件中能导入的数据文件格式有IGES、STEP等常用CAD软件的数据文件。

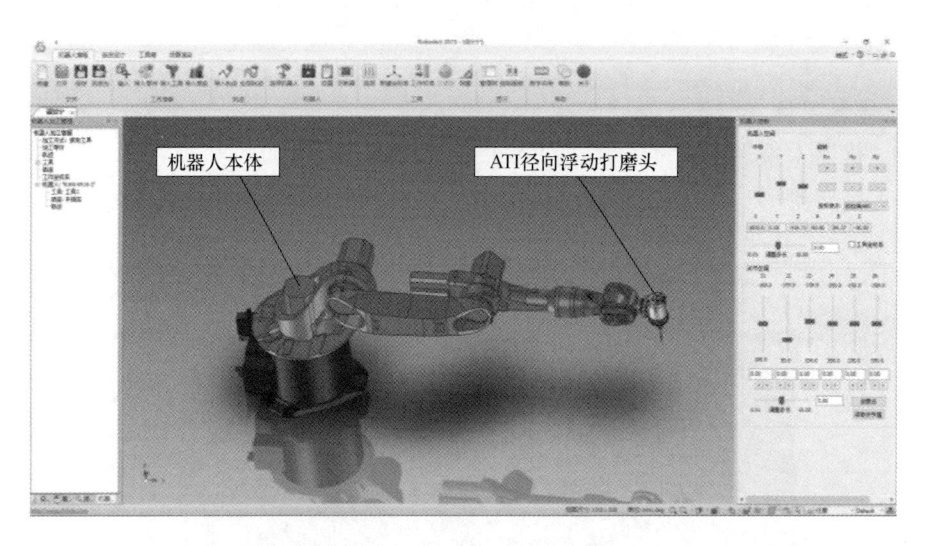

图 6-42　工具装配到机器人末端

在“机器人编程”菜单选项中，单击“输入”按钮，即可在空白工程文件中导入需要进行加工的零件，如图 6-43 所示。

如图 6-44 所示，新导入工具的模型文件选择“ATI 径向浮动打磨头”工具文件。

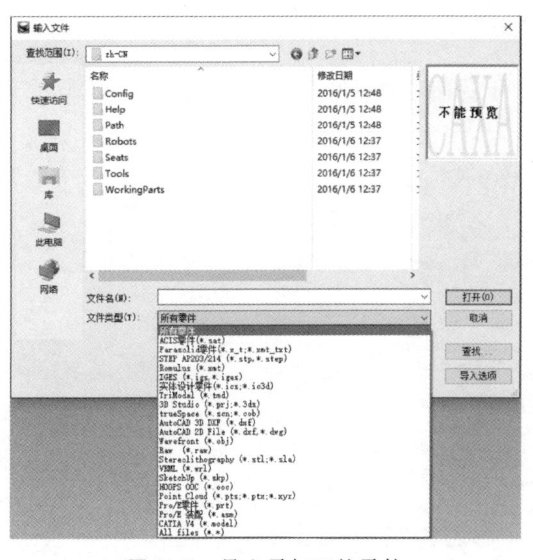

图 6-43　导入需加工的零件

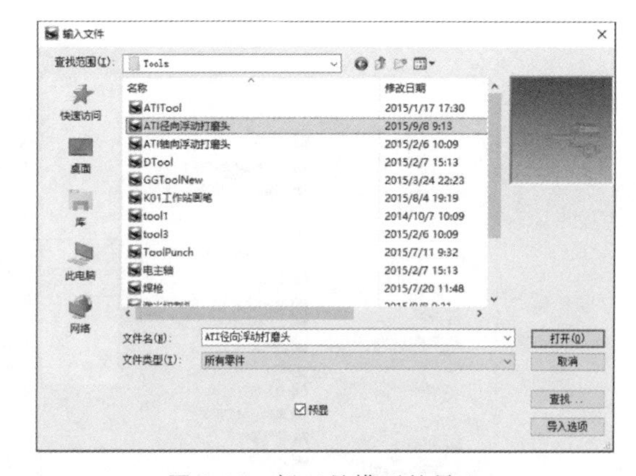

图 6-44　新工具模型的导入

在空白工程文件中导入“ATI 径向浮动打磨头”工具后（图 6-45）所示，将工具放在合适位置并单击确认。

（2）设置工具的安装点和 TCP 点

在 RobotArt 软件中，工具的安装点和 TCP 点是通过在零件上设置“附着点”来配置工具在机器人法兰上位置和姿态参数的。工具栏中的“附着点”按钮如图 6-46 所示（注意：当没有选中工具时，按钮标识为灰色状）。新工具“附着点”的设置及操作步骤如下。

① 首先，在“设计环境”中的设计文件的特征树上单击“ATI 径向浮动打磨头”工具（图 6-47）所示，绘图区中工具整体颜色显示为被选中状态。

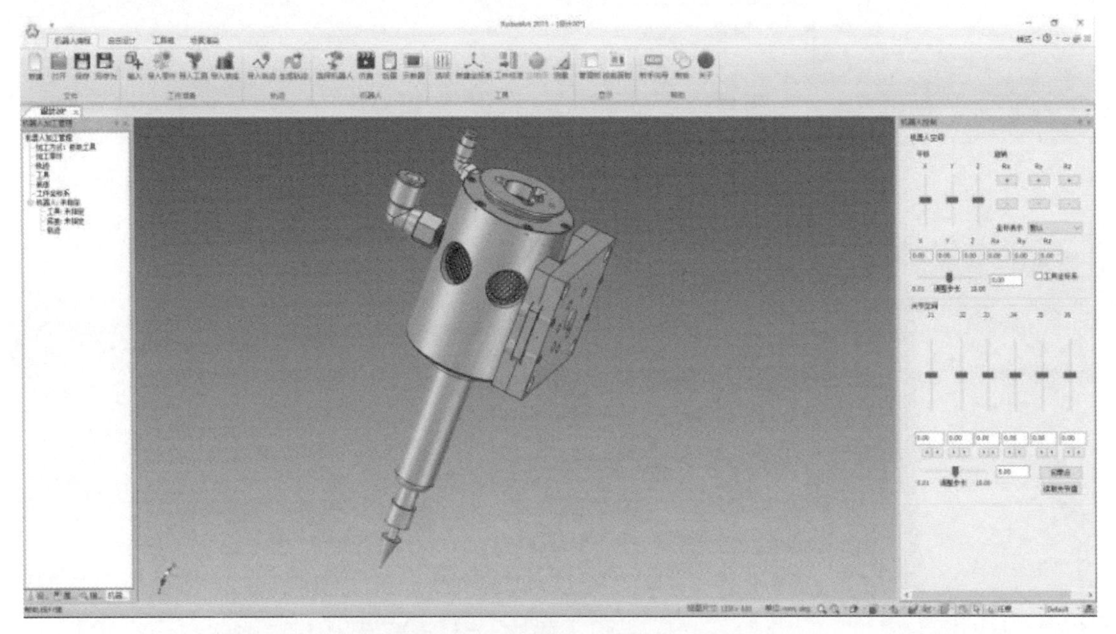

图 6-45　导入工具模型

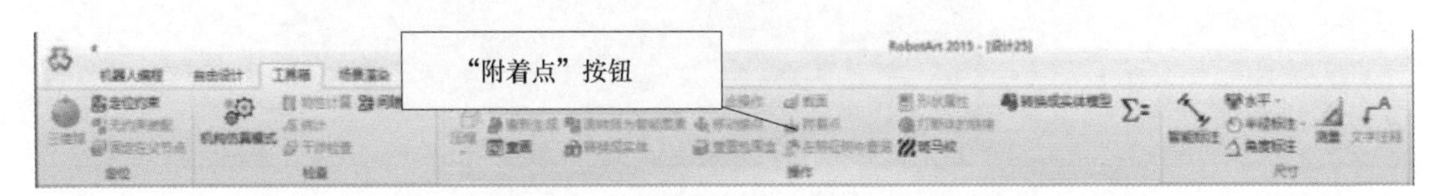

图 6-46　设置附着点界面

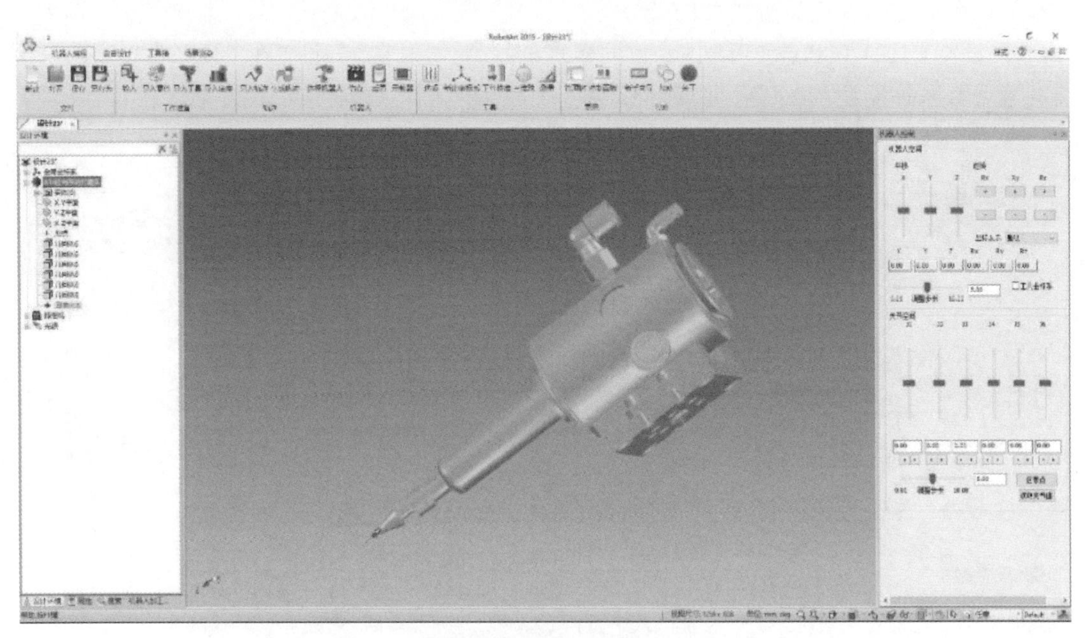

图 6-47　设置附着点

② 如图 6-48 所示，工具栏中“附着点”按钮属于激活状态，单击“附着点”按钮。

③ 在模型的相应位置放置“附着点”（图 6-49），并设置“附着点”的名称。注意：安

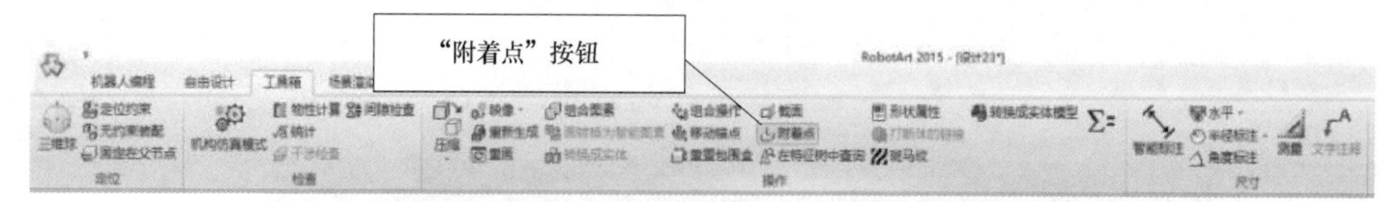

图 6-48　设置附着点控制面板

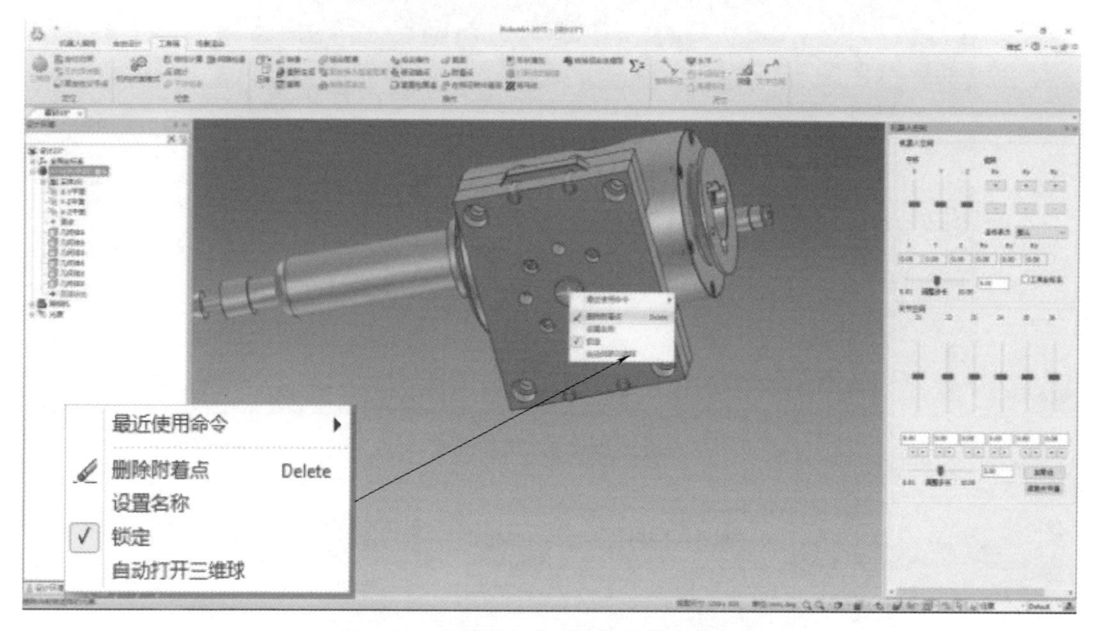

图 6-49　在模型上设置安装附着点并命名

装位置的附着点名称应设置为“FL”。

④ 设置工具的 TCP 点使用与图 6-49 同样的方法。将“附着点”设置在工具末端点（图 6-50），将附着点名称命名为“TCP”。注意：工具的 TCP 点的附着点名称应设置为“TCP”。

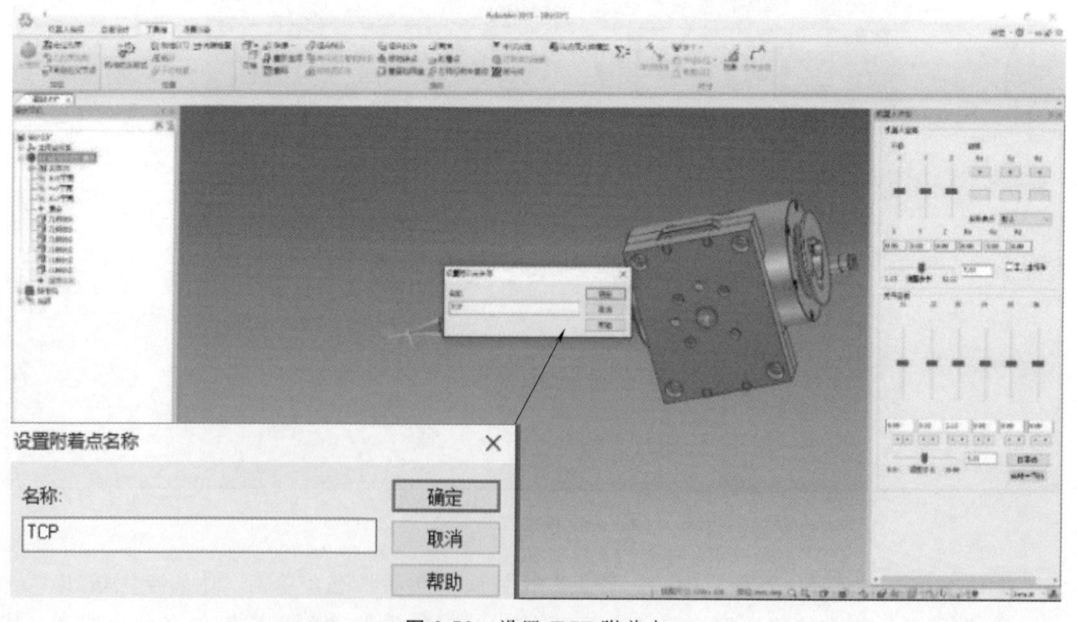

图 6-50　设置 TCP 附着点

⑤ 将已设置好安装位置点和 TCP 点的工具文件，另存为“ATITool. ics”工具文件，如图 6-51 所示。

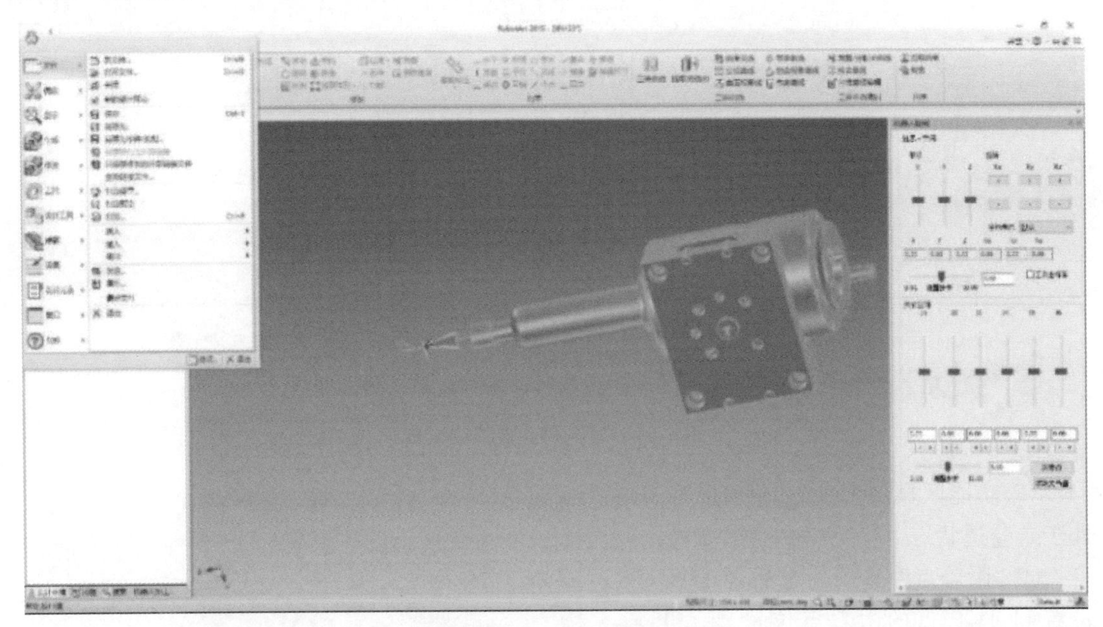

图 6-51 保存工具文件

6. 3. 2. 3 **工具设置**

（1）工具附着点的显示

① 在 RobotArt 软件中，机器人工具附着点的状态默认显示是关闭的，如图 6-52 所示。因此当需要修改附着点时，首先需要显示并找到需要修改的附着点及其位置。

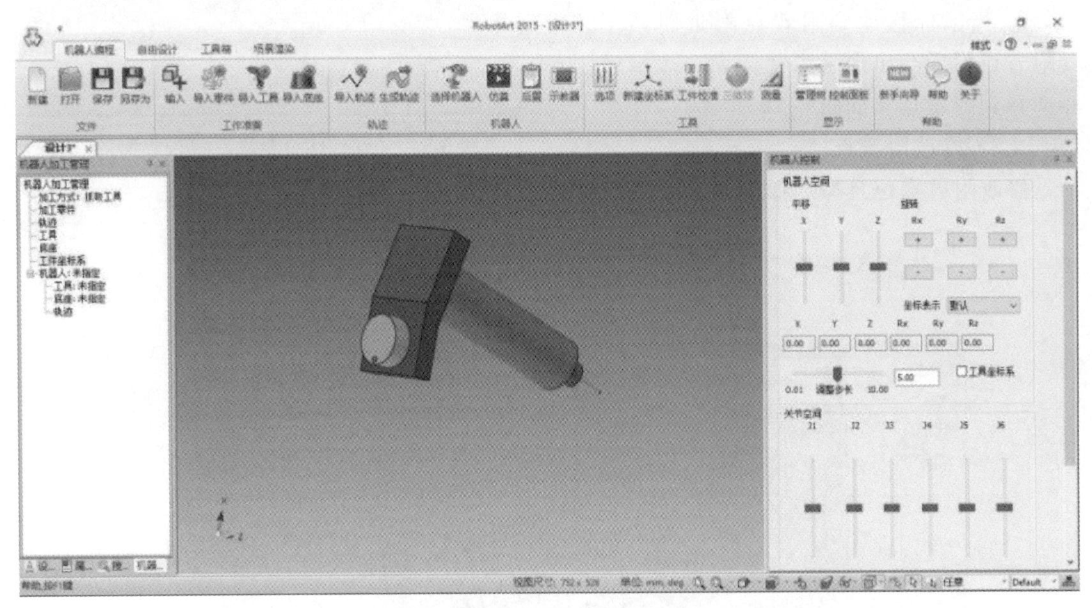

图 6-52 默认设置

② 如图 6-53 所示，右击绘图区空白区域，在弹出的选项中单击“显示所有”。

③ 如图 6-54 所示为单击“显示所有”后弹出的“设计环境属性”窗口，窗口默认将

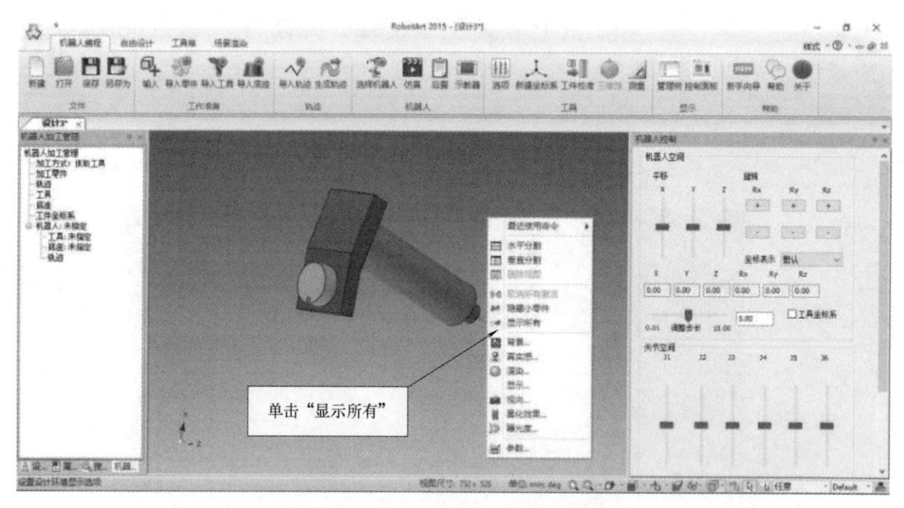

图 6-53　显示附着点控制界面

“显示”功能区显示出来，“附着点”选项处于未勾选状态。

④“附着点”选项勾选后，工具安装位置和 TCP 点的附着点位置显示出来，如图 6-55 所示。

（2）工具附着点的选择

① 在“设计环境”中的设计文件的特征树上，单击所要选择工具名称，如图 6-56 所示工具上的附着点变为蓝色。

② 当鼠标移动到附着点附近时，工具附着点附近会出现手形状标识，表示已经选择到附着点，如图 6-57 所示。

（3）修改附着点

修改附着点位置操作如表 6-14 所示。

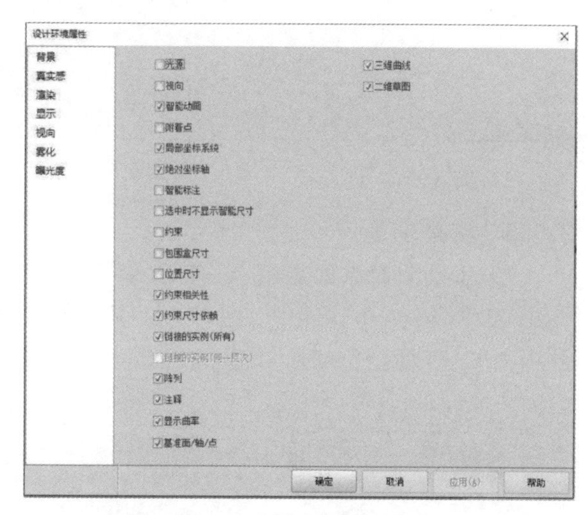

图 6-54　“设计环境属性”窗口界面

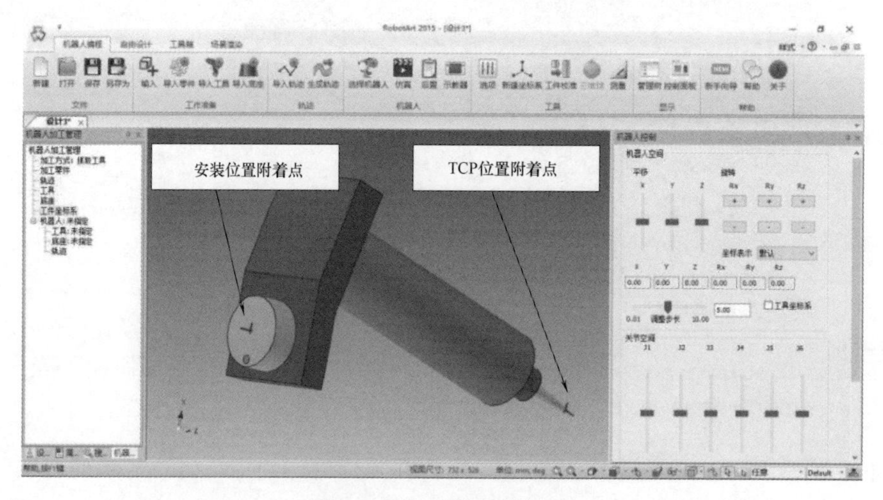

图 6-55　显示附着点界面

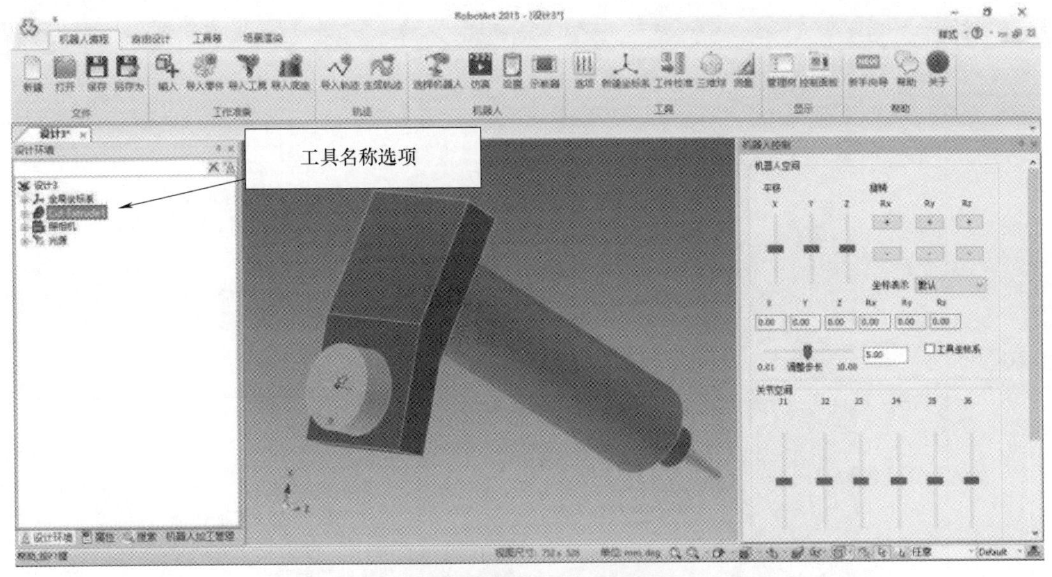

图 6-56　选择附着点控制界面

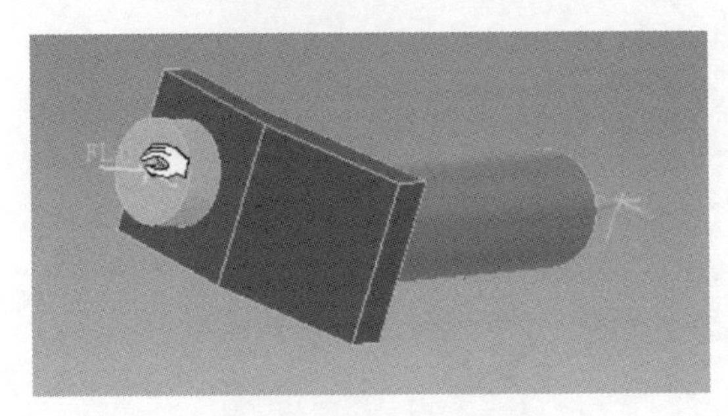

图 6-57　附着点已选择

表 6-14　修改附着点位置操作

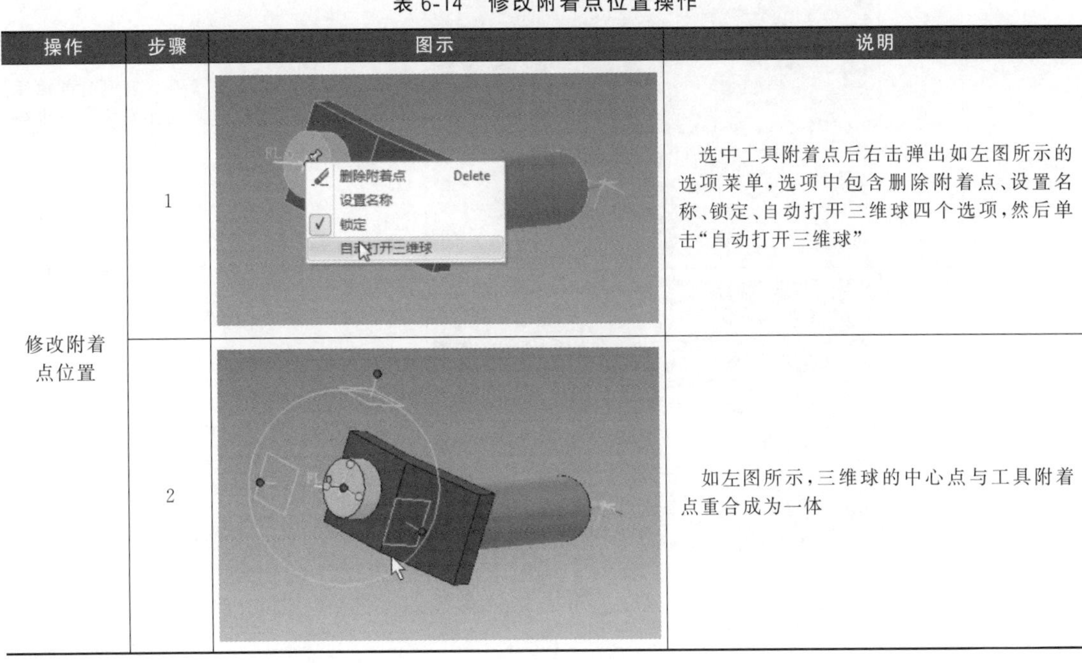

操作	步骤	图示	说明
修改附着点位置	1	删除附着点 Delete 设置名称 锁定 自动打开三维球	选中工具附着点后右击弹出如左图所示的选项菜单，选项中包含删除附着点、设置名称、锁定、自动打开三维球四个选项，然后单击“自动打开三维球”
	2		如左图所示，三维球的中心点与工具附着点重合成为一体

续表

操作	步骤	图示	说明
修改附着点位置	3	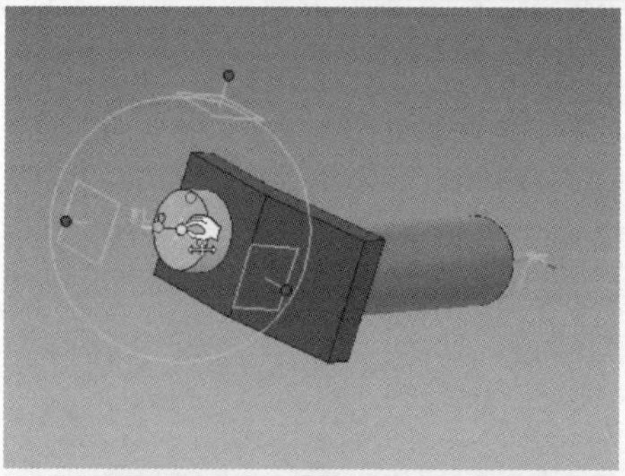	如左图所示，鼠标成手状外形，按住鼠标左键拖动三维球位置，则工具附着点位置随之移动
	4	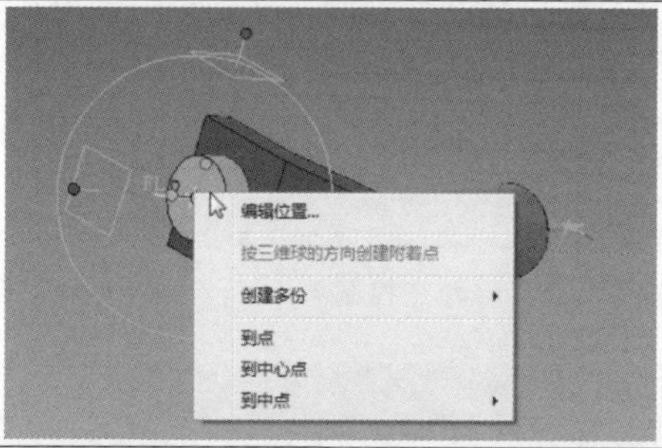 编辑位置... 按三维球的方向创建附着点 创建多份 到点 到中心点 到中点	如左图所示，在工具附着点附近右击，则弹出编辑附着点的菜单选项，包括编辑位置、创建多份、到点、到中心点、到中点等，然后选择相应的功能选项，即可实现工具附着点位置的修改
修改附着点的姿态	1	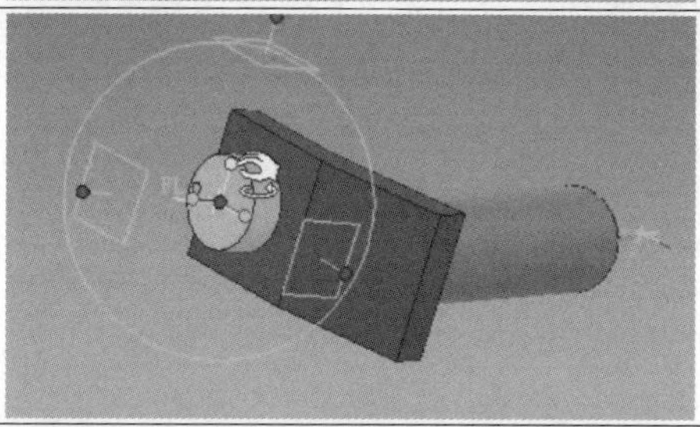	如左图所示，当鼠标移动到某一个轴时，手状外形的鼠标附近出现旋转示意箭头
	2	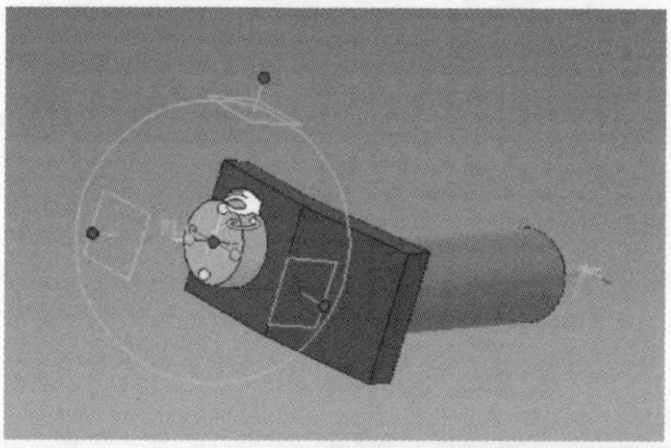	单击鼠标左键，三维球则会出现黄色轴线凸显状态，如左图所示，此时工具附着点可绕选中心轴旋转
	3	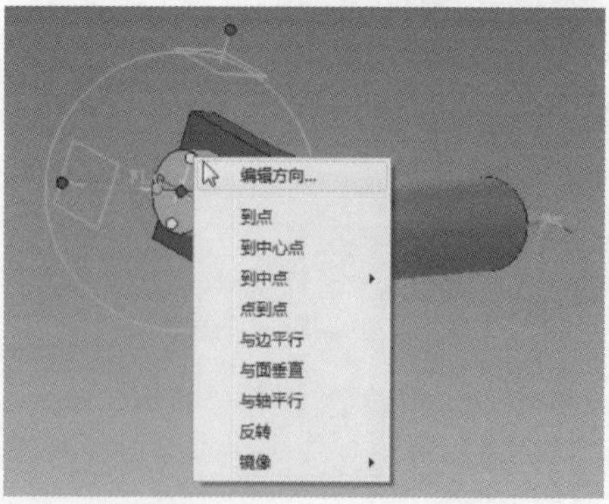 编辑方向... 到点 到中心点 到中点 点到点 与边平行 与面垂直 与轴平行 反转 镜像	单击鼠标右键，弹出修改附着点菜单选项，如左图所示。选择相应选项，即可实现对工具附着点姿态的修改

6.3.3 准备工件

（1）导入工件

工业机器人离线编程目的是对工件（即零件）进行加工编程仿真，因此，需要将所要加工的工件导入到离线编程软件的绘图区内，如图 6-58 所示，单击“机器人编程”菜单选项的“导入零件”按钮。

图 6-58　工件导入功能选择

① 导入零件对话窗口，如图 6-59 所示。

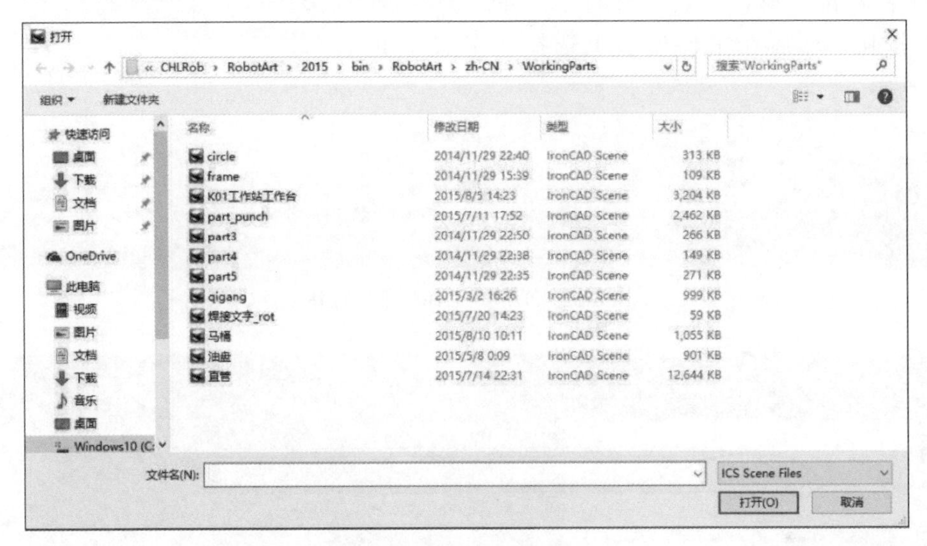

图 6-59　导入零件对话窗口

② 如图 6-60 所示，将工件“油盆”导入到绘图区内。

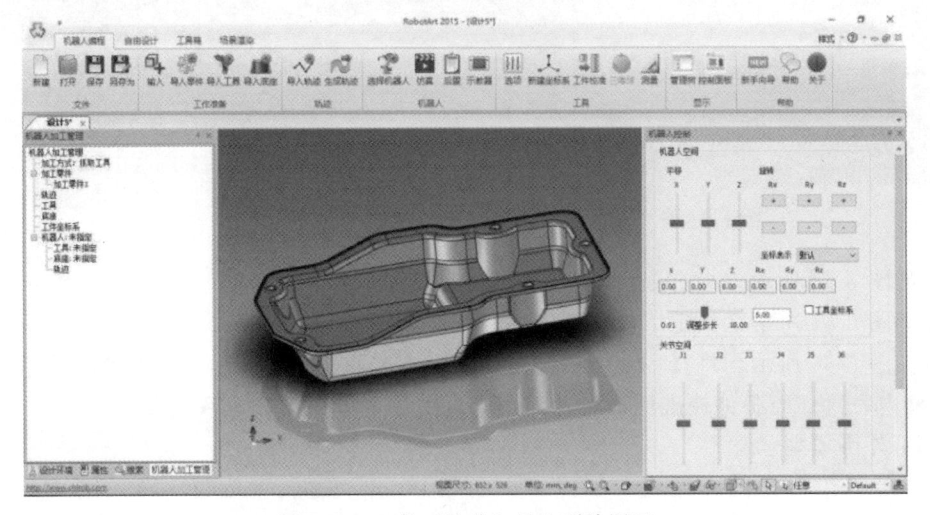

图 6-60　工件“油盆”导入到绘图区

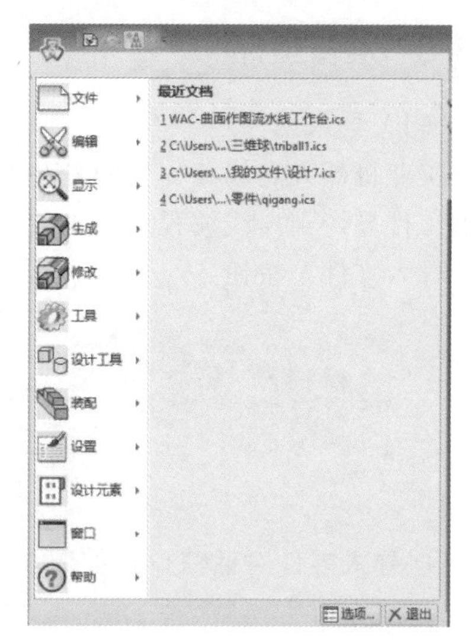

图 6-61　工件设置及修改界面

（2）自定义工件

如图 6-61 所示，单击按钮，弹出一系列功能选项，由此可以对导入工件进行设置和修改。

（3）工件校准

由于软件中工件与机器人、工具的相互位置与实际有差异，因此需要对仿真工件进行实际校准。

① 如图 6-62 所示，单击“机器人编程”菜单选项的“工件校准”按钮。

制定模型上三个点（注意：不要在一条直线上，比较有特征，现实中好测量容易辨识的点）。

② 以激光切割对象——“汽车保险杠”工件为例，单击“工件校准”窗口中设计环境的“第一点”的“指定”按钮，然后在工件模型上选择一个点，如图 6-63 所示。

图 6-62　单击“工件校准”按钮

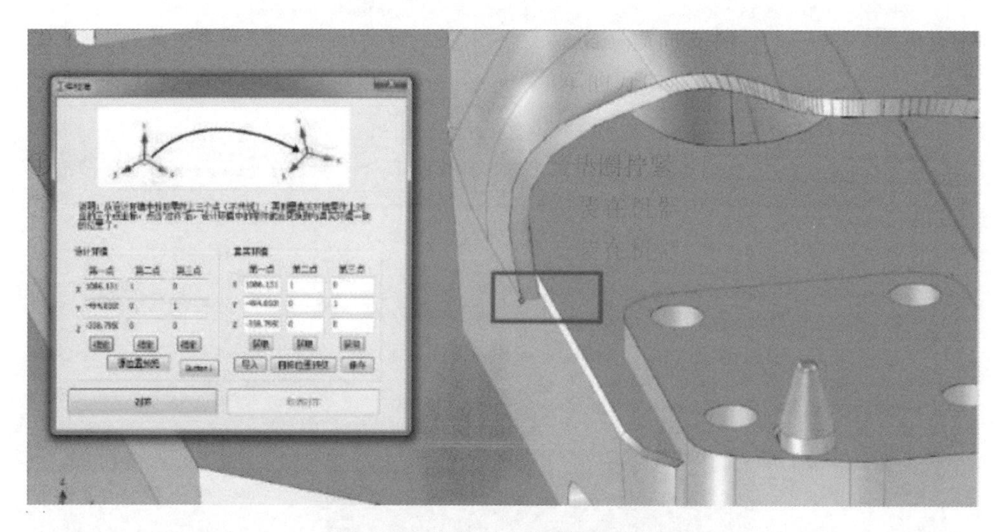

图 6-63　选取工件模型第一个点

③ 如图 6-64 所示，指定工件模型上的第二个点。

④ 如图 6-65 所示，指定工件模型上的第三个点。

⑤ 如图 6-66 所示，将真实环境中与工件模型点相重合的三个点的实际测量数值填入对应输入框内，这样经工件校准后，设计环境与真实环境就设置成一致状态了。

（4）外围模型

以导入工作台为例介绍之，如图 6-67 所示单击“输入”按钮，导入结果如图 6-68 所示。

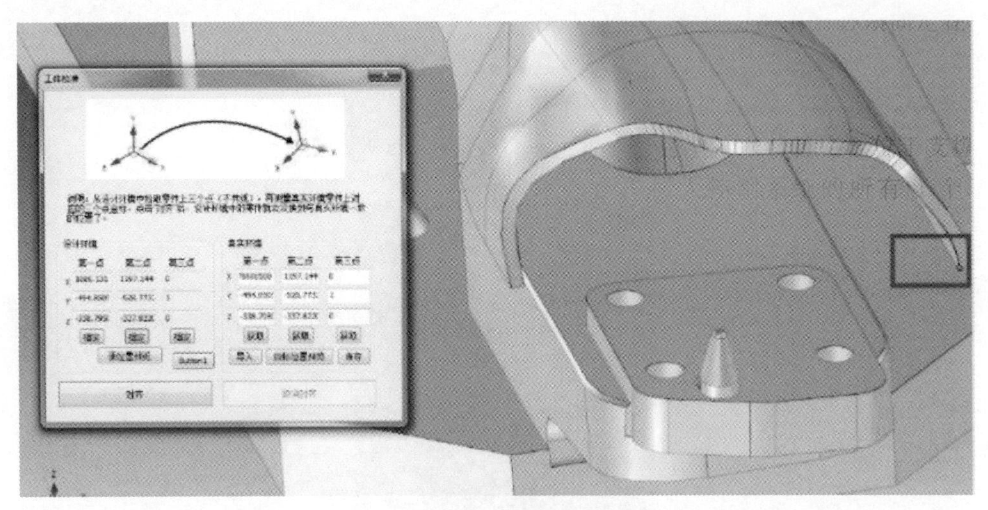

图 6-64　选取工件模型第二个点

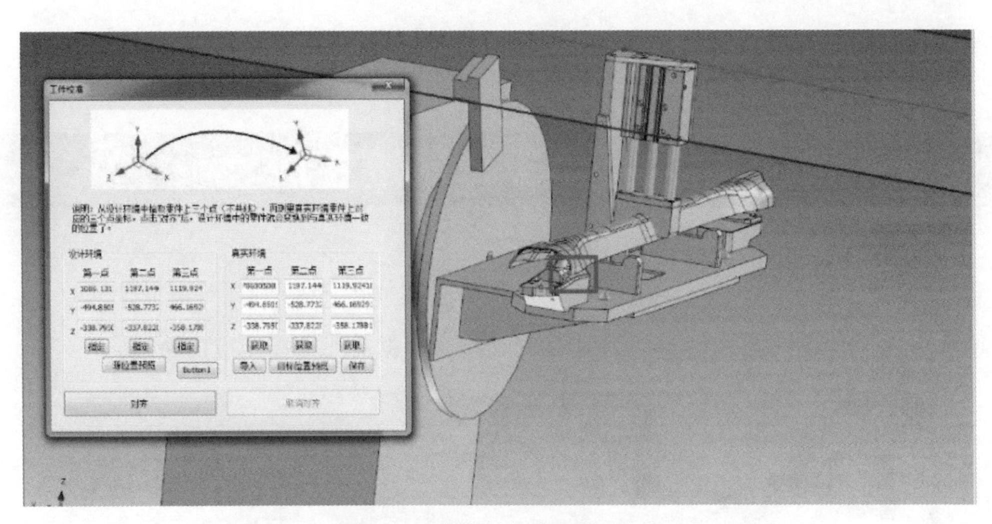

图 6-65　选取工件模型第三个点

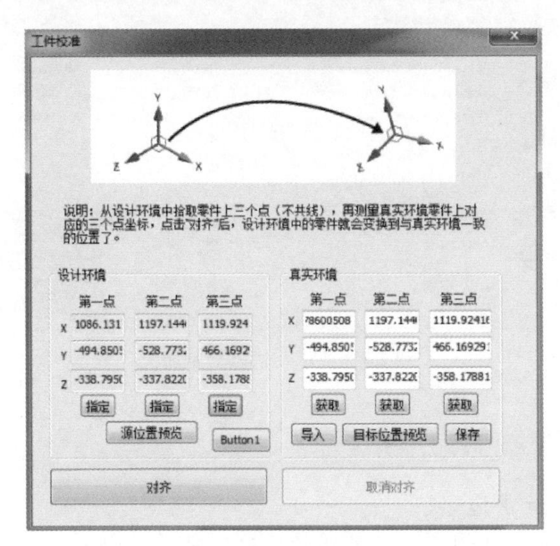

图 6-66　设计环境与真实环境中三点值

图 6-67　单击“输入”按钮

图 6-68　外围模型导入

6.4　工业机器人系统工作轨迹生成

6.4.1　导入轨迹

单击导入轨迹按钮，会弹出如图 6-69 所示的对话框，根据需要选择相应的轨迹。

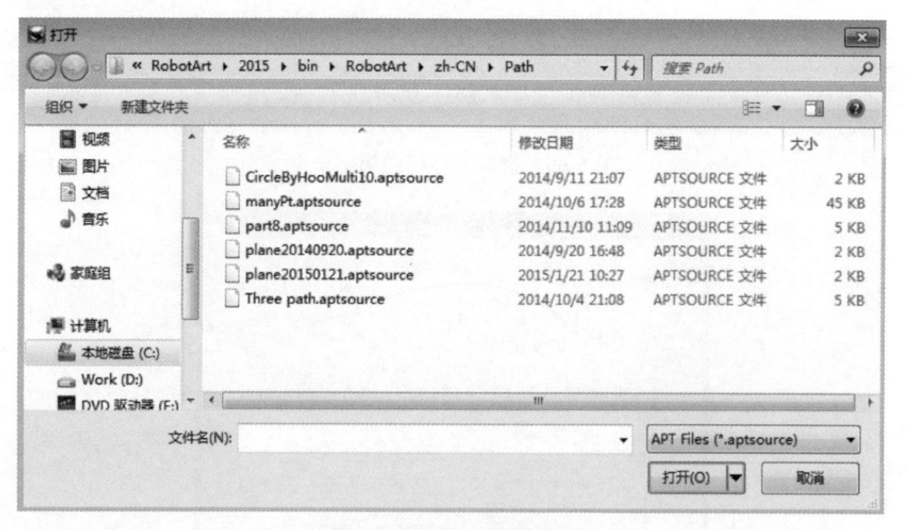

图 6-69　导入轨迹对话框

6.4.2　生成轨迹

（1）沿着一个面的一条边

该类型是通过将三维模型的某个面的边的轨迹路径，选择面作为轨迹的法向。该类型经通过制定的一条边及其轨迹方向，加上提供轨迹法向的平面来确定轨迹。其操作步骤如表6-15所示。

表 6-15　沿着一个面的一条边操作步骤

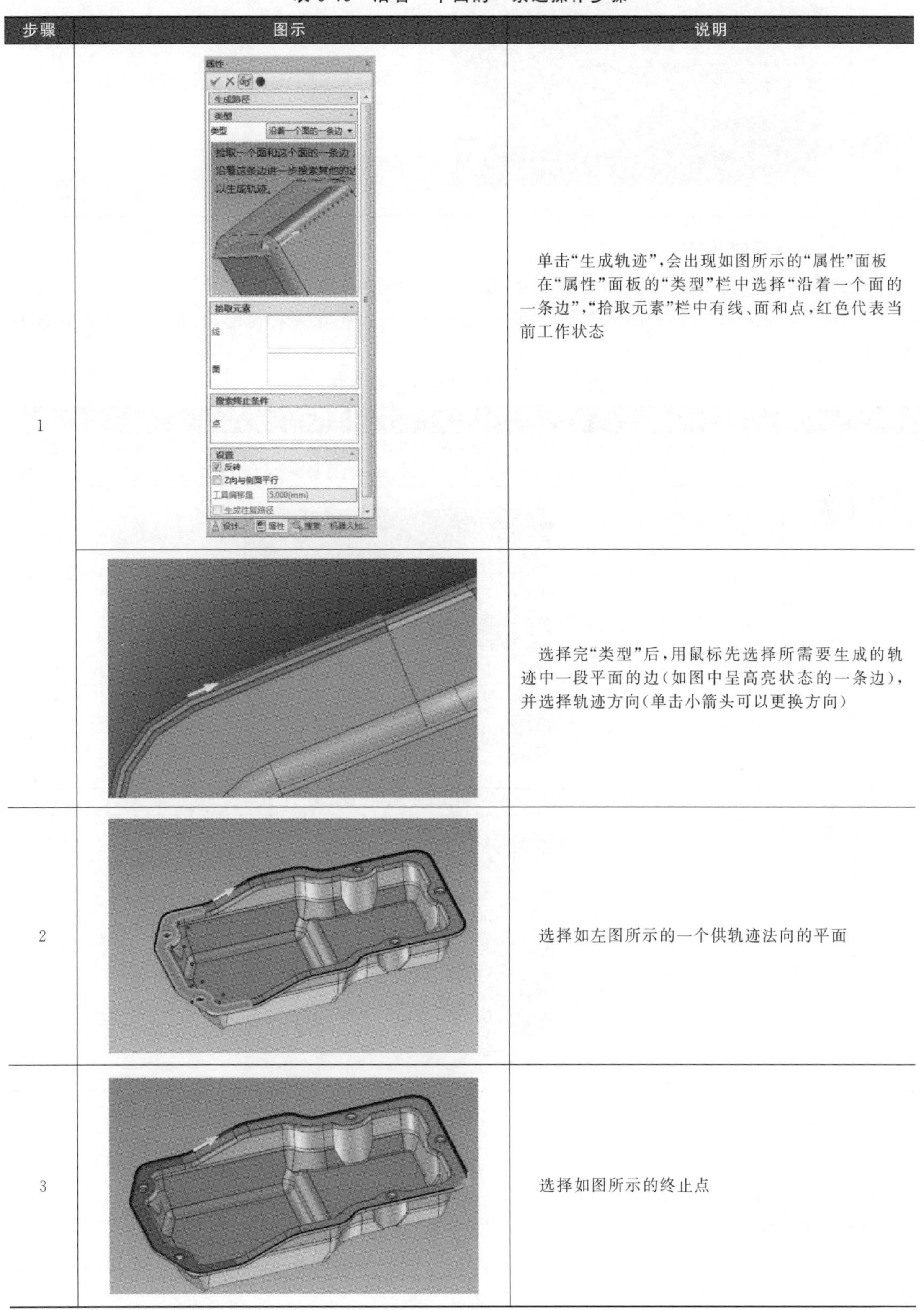

步骤	图示	说明
1		单击“生成轨迹”，会出现如图所示的“属性”面板 在“属性”面板的“类型”栏中选择“沿着一个面的一条边”，“拾取元素”栏中有线、面和点，红色代表当前工作状态
		选择完“类型”后，用鼠标先选择所需要生成的轨迹中一段平面的边（如图中呈高亮状态的一条边），并选择轨迹方向（单击小箭头可以更换方向）
2		选择如左图所示的一个供轨迹法向的平面
3		选择如图所示的终止点

续表

步骤	图示	说明
4	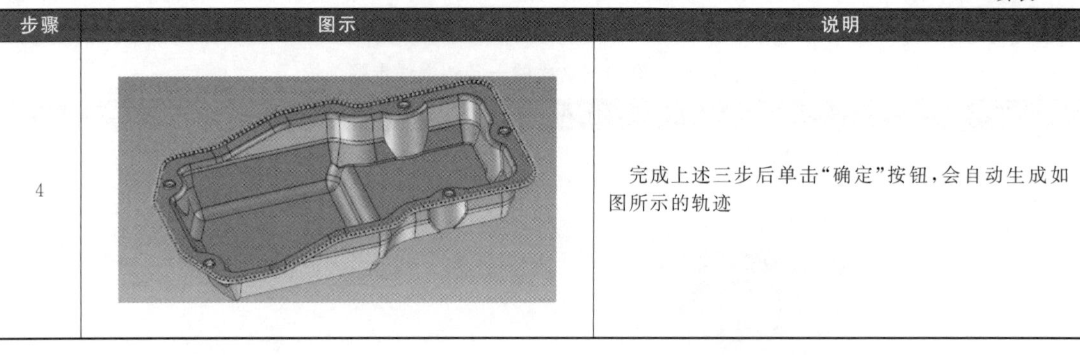	完成上述三步后单击“确定”按钮，会自动生成如图所示的轨迹

（2）一个面的外环

该类型是通过将三维模型的某个面的边的轨迹路径，选择面作为轨迹的法向。当所需要生成的轨迹为简单单个平面的外环边时，可以通过这种类型来确定轨迹。其操作步骤如表 6-16 所示。

表 6-16　一个面的外环操作步骤

步骤	操作	
1	说明	单击“生成轨迹”，在弹出的“属性”面板中的“类型”栏中选择“一个面的外环”，之后可将鼠标放进操作页面。当鼠标停留在零件的某个面上时，会将面预选中，并将颜色转为绿色，如图所示
	图示	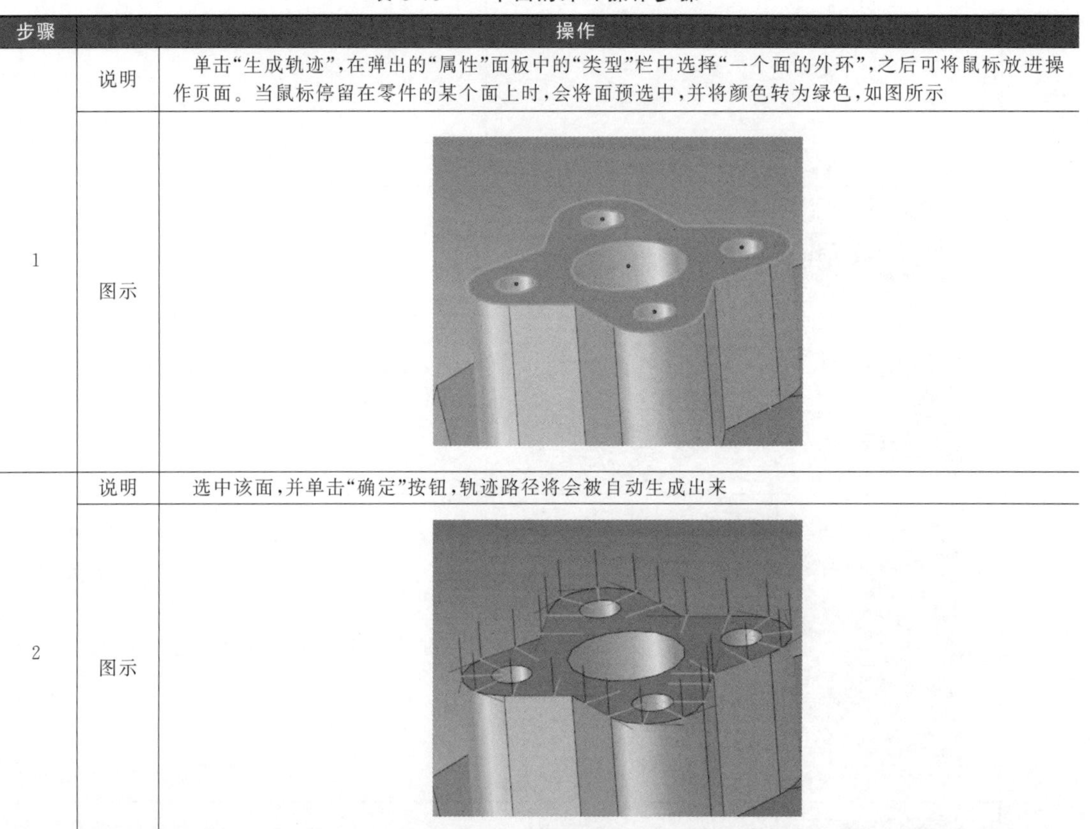
2	说明	选中该面，并单击“确定”按钮，轨迹路径将会被自动生成出来
	图示	

（3）一个面的一个环

该类型与一个面的外环类型相似，但是比一个面的外环类型多的功能是可以选择简单平面的内环。其操作步骤如表 6-17 所示。

（4）曲线特征

由曲线加面生成轨迹，可以实现完全设计自己的空间曲线作为轨迹路径，选择面或独立方向作为轨迹法向。其操作步骤如表 6-18 所示。

表 6-17 一个面的一个环操作步骤

步骤	操作	
1	单击“生成轨迹”，在弹出的“属性”面板的“类型”栏中选择“一个面的一个环”，拾取零件的线和面	
2	说明	先选择如图所示的所要生成的轨迹的环
	图示	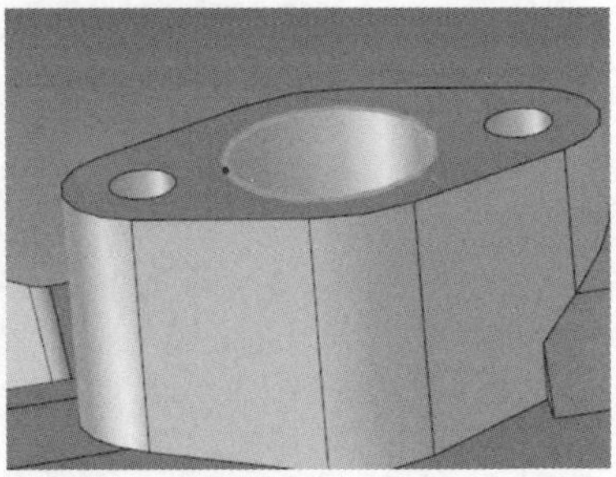
3	说明	接着选择这个环所在的面，如图所示
	图示	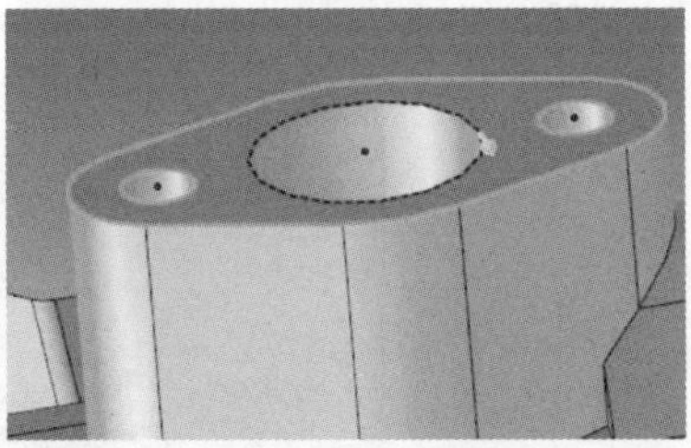
4	说明	单击“确定”按钮，会生成如图所示的轨迹
	图示	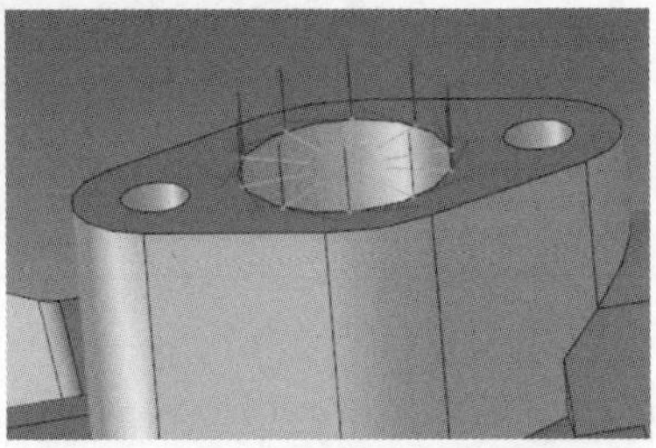

表 6-18 曲线特征操作步骤

步骤	操作	
1	单击“生成轨迹”，在弹出的“属性”面板的“类型”栏中选择“曲线特征”，拾取零件的线和面	
2	说明	选择所要生成轨迹的边，如图所示
	图示	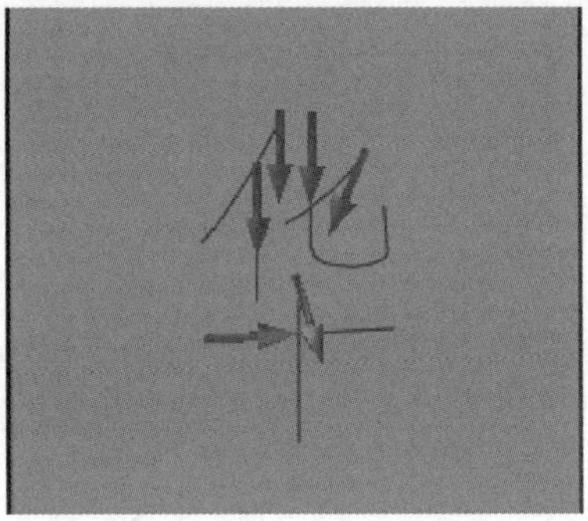

续表

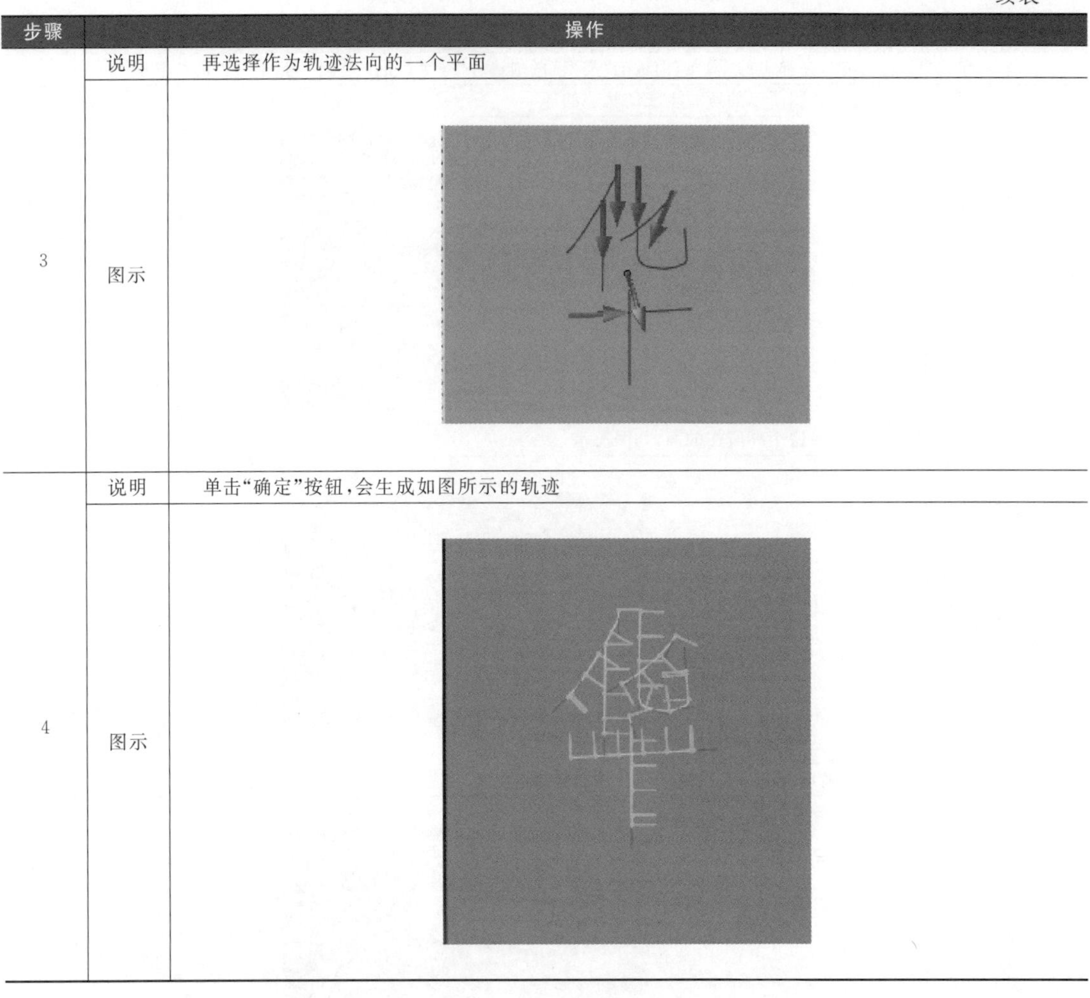

步骤	操作	
3	说明	再选择作为轨迹法向的一个平面
	图示	
4	说明	单击“确定”按钮，会生成如图所示的轨迹
	图示	

（5）单条边

该类型可以满足多种轨迹设计的思路。该类型通过对单条线段的选择，加上选择一个面作为轨迹法向，实现轨迹设计。其操作步骤如表 6-19 所示。

表 6-19　单条边操作步骤

步骤	操作	
1	单击“生成轨迹”，在弹出的“属性”面板的“类型”栏中选择“单条边”，拾取零件的线和面	
2	说明	首先选择如图所示的零件的一条边
	图示	

续表

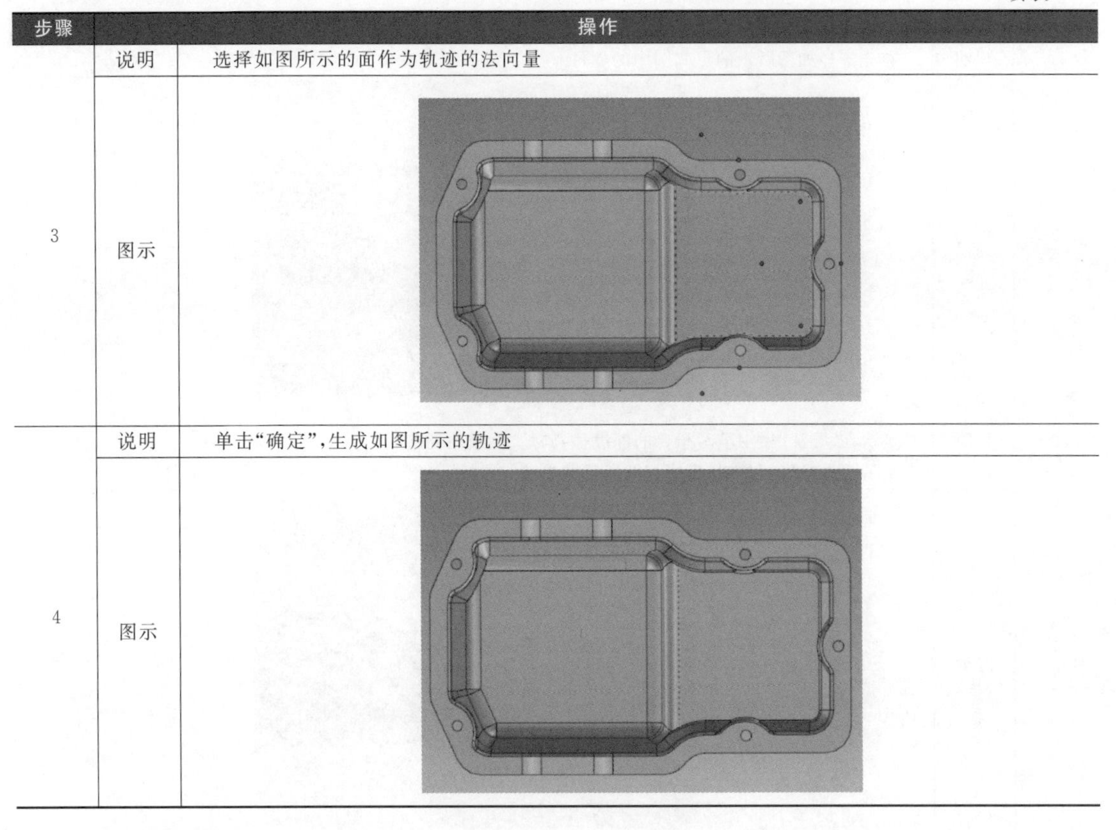

步骤		操作
3	说明	选择如图所示的面作为轨迹的法向量
	图示	
4	说明	单击“确定”,生成如图所示的轨迹
	图示	

（6）点云打孔

其操作步骤如表 6-20 所示。

表 6-20　点云打孔操作步骤

步骤		操作
1	说明	单击“生成轨迹”,在弹出的“属性”面板的“类型”栏中选择“点云打孔”,会出现如图所示的“属性”面板
	图示	

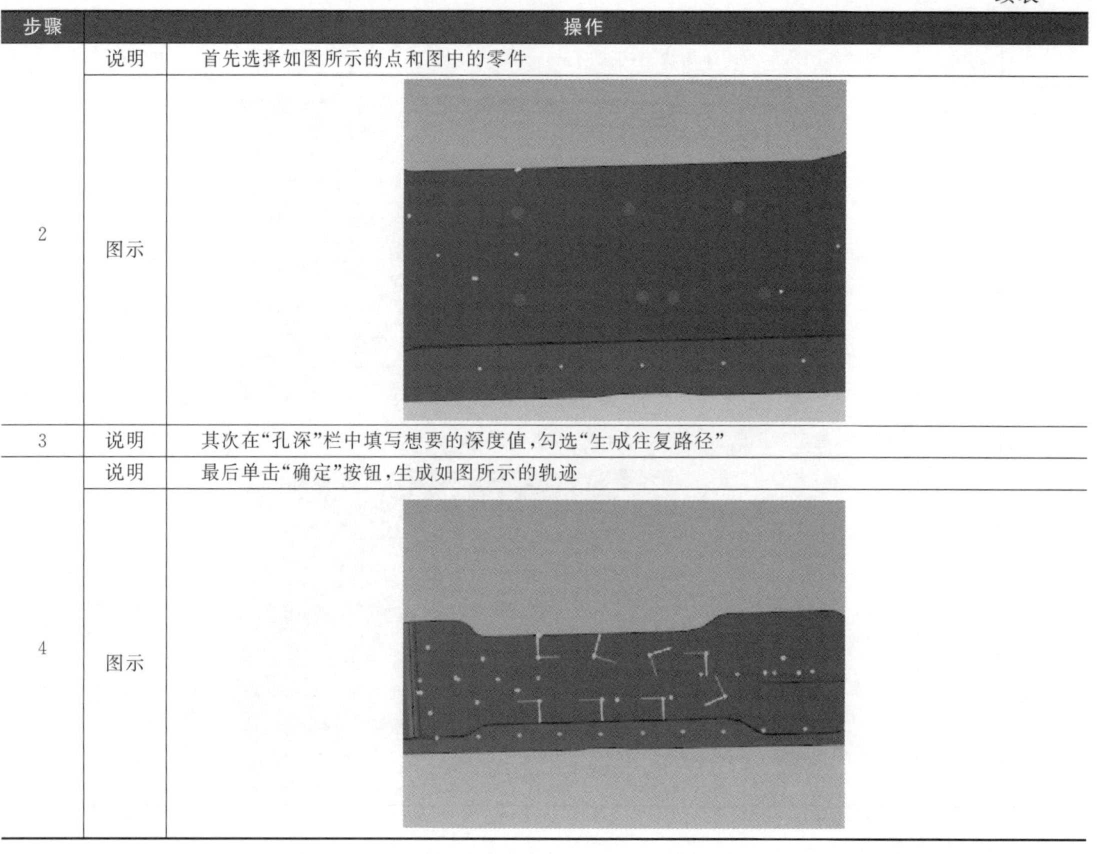

续表

步骤	操作	
2	说明	首先选择如图所示的点和图中的零件
	图示	
3	说明	其次在“孔深”栏中填写想要的深度值，勾选“生成往复路径”
4	说明	最后单击“确定”按钮，生成如图所示的轨迹
	图示	

（7）打孔

其操作步骤如表 6-21 所示。

表 6-21　打孔操作步骤

步骤	操作	
1	说明	单击“生成轨迹”，在弹出的“属性”面板的“类型”栏中选择“打孔”，会出现如图所示的“属性”面板
	图示	

续表

步骤	操作	
2	说明	拾取孔位点，拾取要打孔的零件，勾选“生成往复路径”和填写相应的孔深
	图示	
3	说明	单击“确定”按钮，生成如图所示的轨迹
	图示	

6.4.3 轨迹选项

（1）轨迹生成选项

生成轨迹后会出现“机器人加工管理”面板，如图 6-70 所示。

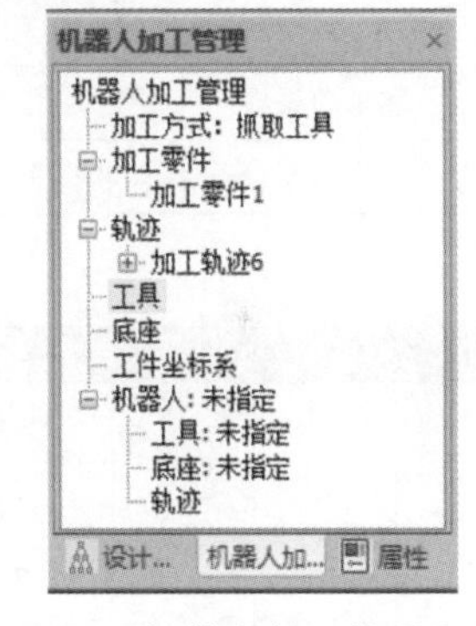

图 6-70 “机器人加工管理”面板

右击“加工轨迹 6”，在弹出的列表中选择“选项”，然后在弹出的“选项”对话框中选择如图 6-71 所示的“轨迹生成”。

在“轨迹生成”选项卡中可以更改轨迹点的步长、点的方向以及偏移量。

（2）轨迹显示选项

在上述操作弹出的“选项”对话框中选择“轨迹显示”，如图 6-72 所示。“轨迹显示”选项卡中可以对轨迹点和轨迹线做相应的操作，如表 6-22 所示。

6.4.4 轨迹操作命令

其操作步骤如表 6-23 所示。

6.4.5 轨迹调整

轨迹调整功能采用可视化的方式，方便快捷地调整轨迹点的姿态，避开机器人的奇异位置、轴超限、干涉等。轨迹调整是利用一条曲线调整工具方向的旋转角度，实现对轨迹点的

图 6-71 “轨迹生成”选项卡

图 6-72 “轨迹显示”选项卡

表 6-22 “轨迹显示”选项卡的操作

序号	操作	说明
1	显示轨迹点	显示出轨迹点的位置点
2	显示轨迹姿态	是否显示出轨迹点的 XYZ 轴，其中红色为 X 轴，绿色为 Y 轴，蓝色为 Z 轴
3	显示轨迹序号	是否标识出轨迹点的序号
4	显示轨迹线	是否用多段线将轨迹点连接起来
5	点大小	如果显示轨迹点的话，显示效果的大小，单位为像素值

表 6-23 轨迹操作命令操作步骤

操作	步骤	说明	
删除轨迹	1	说明	如果当前生成的轨迹不是最终想要的，可以把当前生成的轨迹删除，重新生成正确的轨迹 右击“机器人加工管理”树中的“轨迹”，会弹出“轨迹”列表，如图所示
		图示	选项 删除 导出轨迹 上移一个 下移一个 轨迹调整 合并至前一个轨迹 反向轨迹 重置轨迹 清除修改历史 复制轨迹 生成入刀点 取消工件关联 隐藏轨迹 显示轨迹 重命名

操作	步骤	说明	
删除轨迹	2	说明	选择“删除”，则删除了当前的轨迹
		删除轨迹前图示	
		删除轨迹后图示	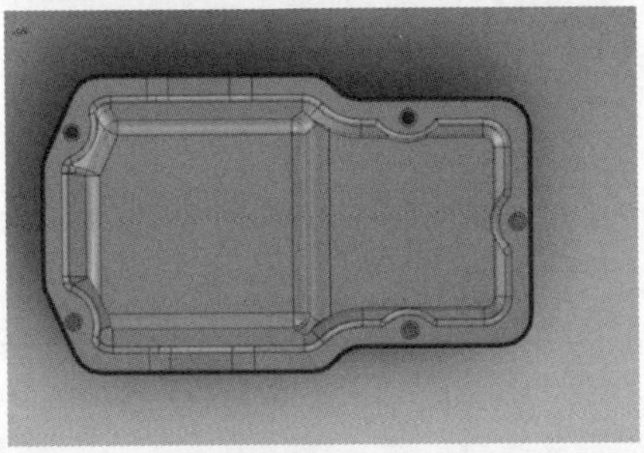
上移一个	说明		有时生成轨迹的顺序并不是实际中所需要的，这时就需要对轨迹的顺序进行调整 在“轨迹”列表中选择“上移一个”，所选的轨迹会上移一个位置
	轨迹477上移前图示		
	轨迹477上移后图示		
下移一个	说明		同“上移一个”操作类似，当前的轨迹会下移一个位置

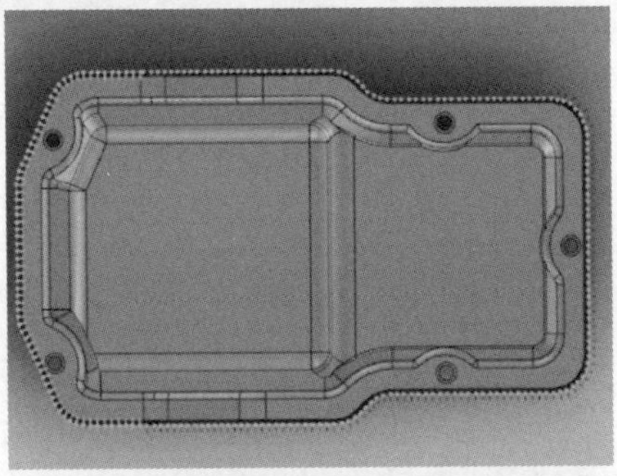

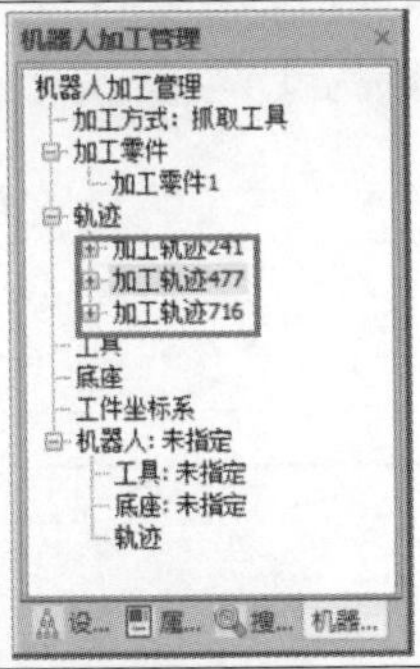

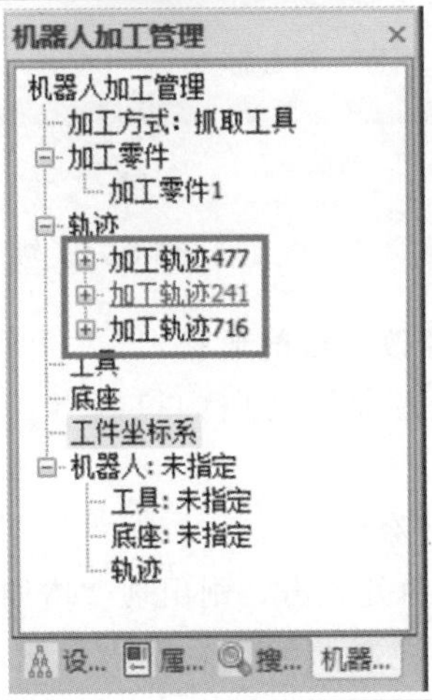

姿态调整。曲线的横坐标为点的编号（从 1 开始编号），纵坐标为工具方向的旋转角度（范围为 $-180°\sim180°$）。图 6-73 为轨迹调整前图示。

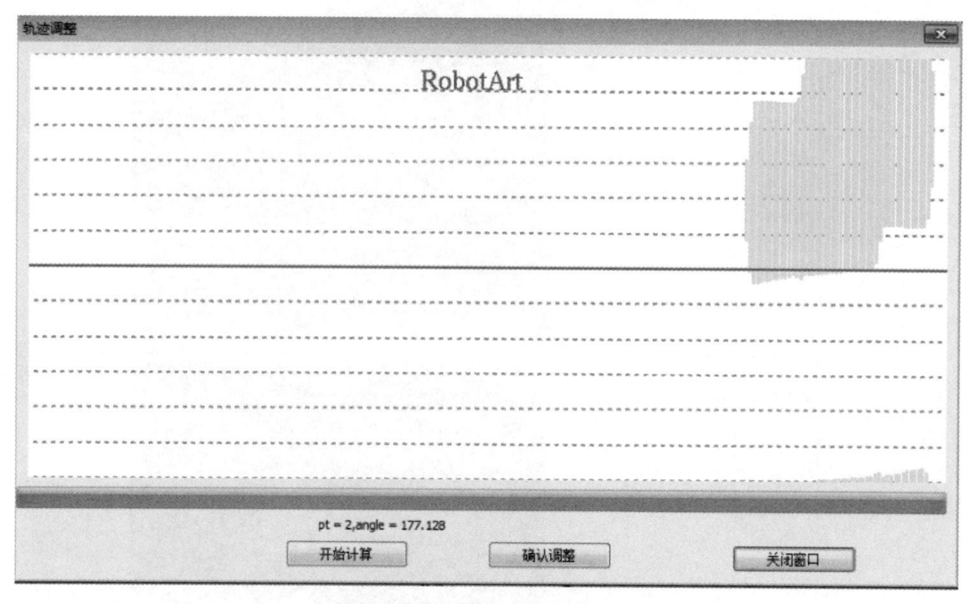

图 6-73　轨迹调整前图示

中间的水平线为工具方向旋转角度为 0°的位置和姿态。单击该水平线出现曲线的两个端点和控制曲线在端点处切向，如图 6-74 所示。

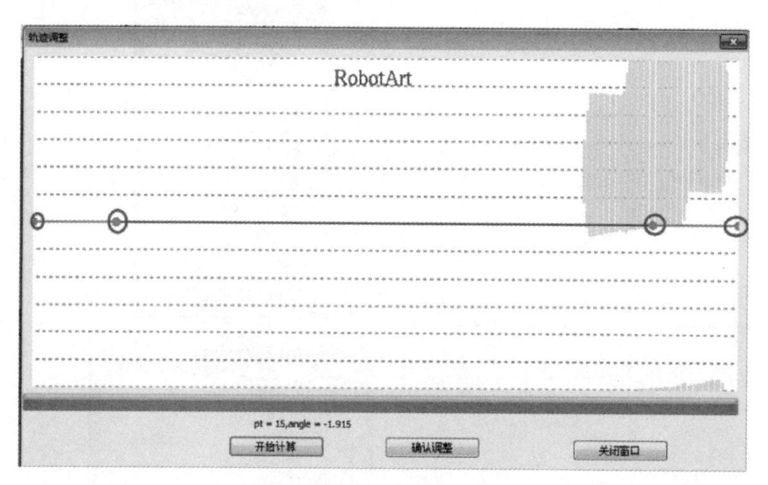

图 6-74　轨迹调整控制点

（1）修改点和修改曲线的形状

可以选择端点或者曲线切向的控制点，修改曲线的端点或切向，如图 6-75、图 6-76 所示。

（2）增加点和删除点

在绘图区域的空白处右击，则出现“增加点”和“删除点”的功能选项。增加点是在鼠标的位置处增加一个控制曲线位置的点，删除点是删除选择的点，如图 6-77 所示。单击“增加点”后曲线上增加了一个点和在该点处的切向点，如图 6-78 所示。

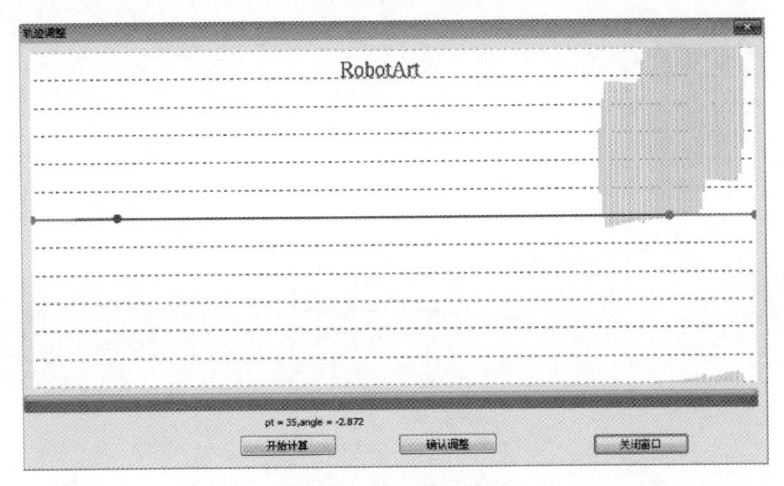

图 6-75　修改轨迹端点

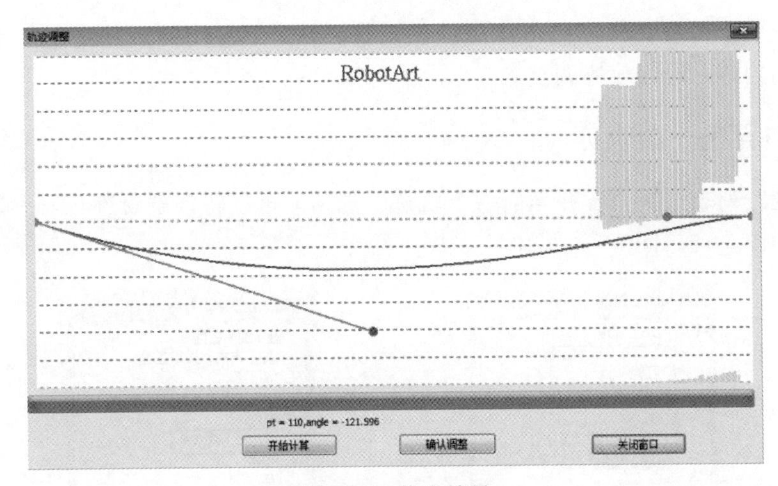

图 6-76　修改结果

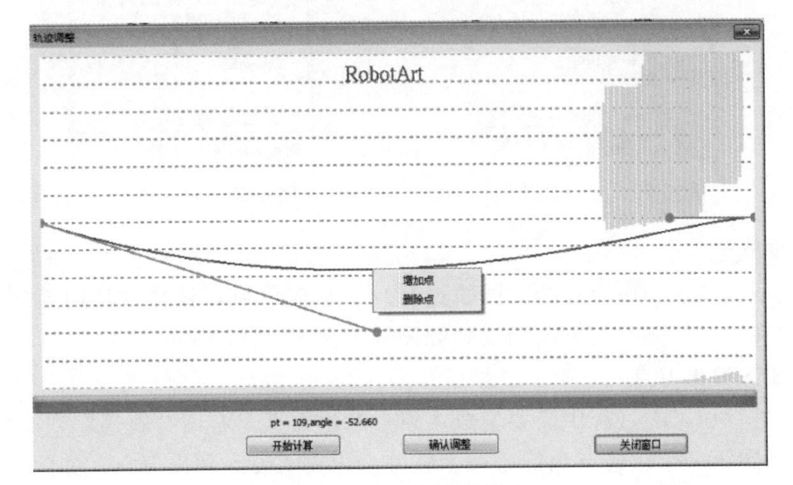

图 6-77　增加点和删除点

（3）轨迹调整的步骤

首先选择计算密度，数字越小，计算越快。然后选择开始计算，计算完成后，根据需要

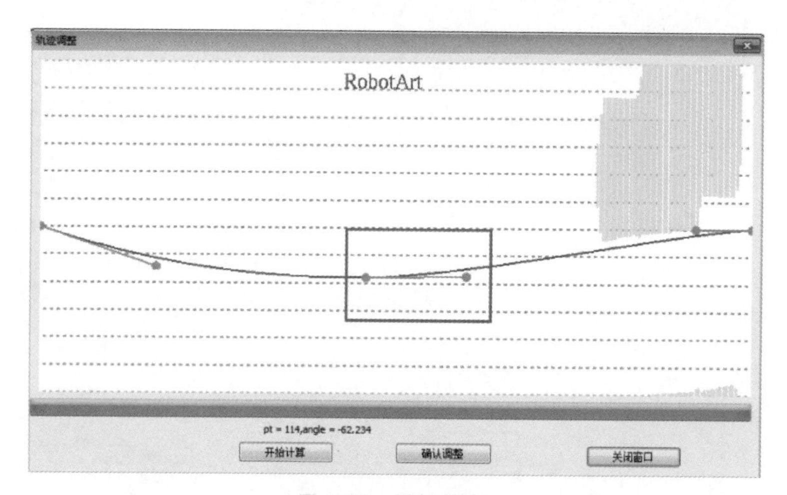

图 6-78　增加的点

调整曲线的形状，调整完毕以后，选择确认调整。如果不想用的调整结果，不选择确认调整，选择关闭窗口，退出轨迹调整。

6.4.6　合并至前一个轨迹

在“轨迹”列表选择“合并至前一个轨迹”选项，可以将该条轨迹与前一条轨迹合并成一条轨迹，如图 6-79、图 6-80 所示。

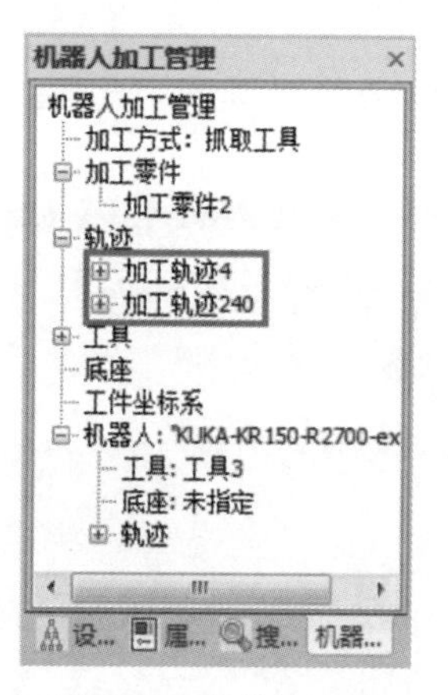

图 6-79　合并轨迹前

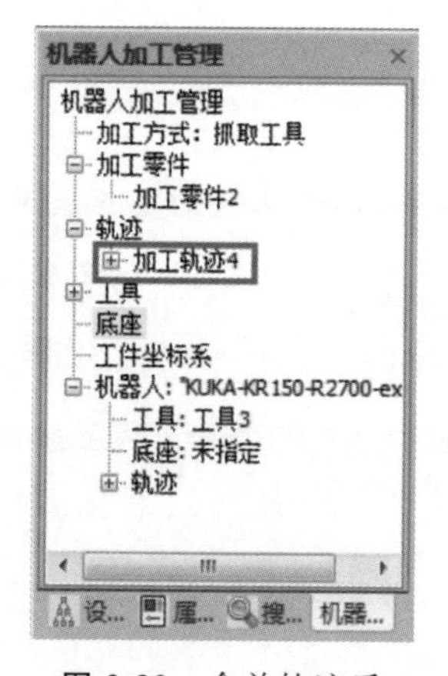

图 6-80　合并轨迹后

（1）反向轨迹

有时候生成的轨迹和所要运行时的轨迹相反，这时就可以选择“反向轨迹”，选择后轨迹运动的方向和生成轨迹时的方向相反，如图 6-81 与图 6-82 所示。

（2）生成入刀出刀点

在对零件进行加工的过程中需要生成入刀点和出刀点，右击“轨迹”列表中的“生成入刀点”，会自动在第一个轨迹点和最后一个轨迹点生成入刀点和出刀点，如图 6-83 所示。

（3）取消工件关联

默认轨迹与零件关联，即移动零件，轨迹跟随零件移动。在“轨迹”列表中选择“取消工件关联”选项之后，移动零件，该轨迹不随着零件移动，如图 6-84 所示。

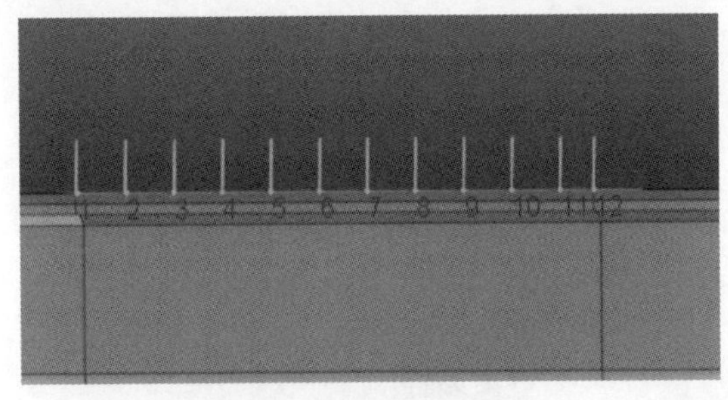

图 6-81　反向轨迹前

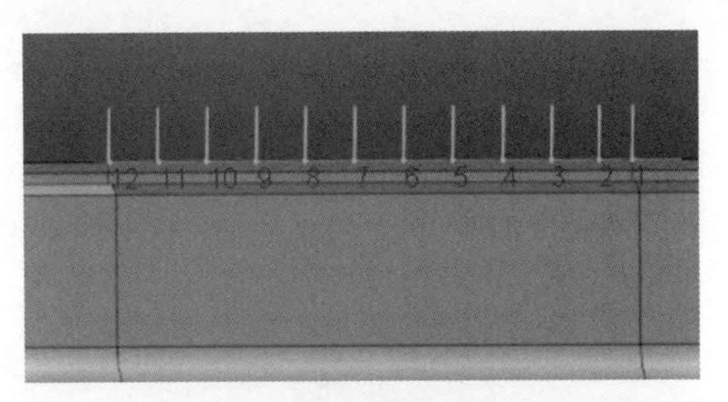

图 6-82　反向轨迹后

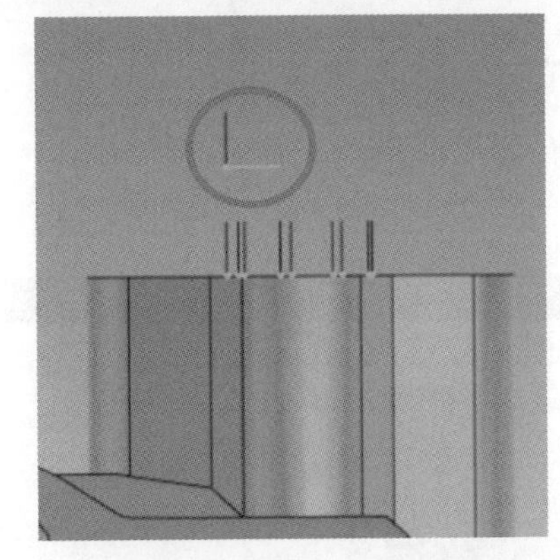

图 6-83　生成入刀出刀点

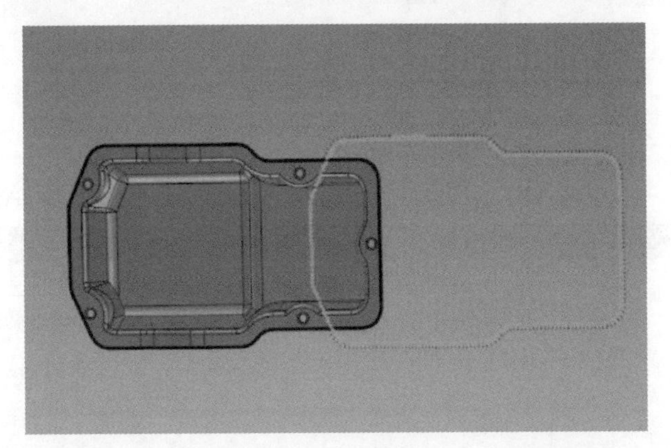

图 6-84　取消工件关联后移动零件轨迹不移动

（4）隐藏轨迹

当生成轨迹较多不方便观察轨迹点的变化时可以对轨迹进行隐藏。右击“机器人加工管理”树中的“轨迹”，在弹出的“轨迹”列表中选择“隐藏轨迹”，可对所选择的轨迹进行隐藏，如图 6-85、图 6-86 所示。

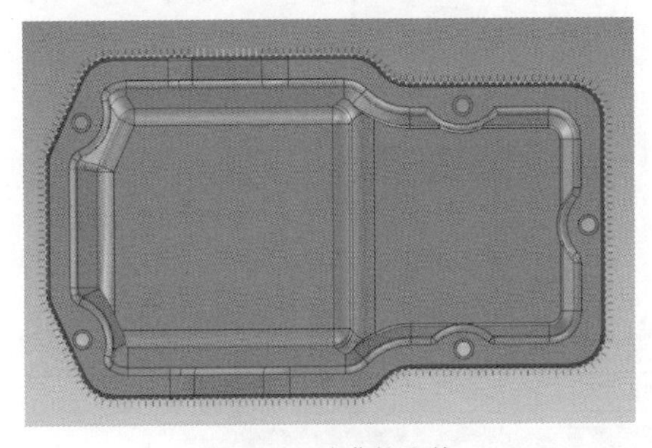

图 6-85　隐藏轨迹前

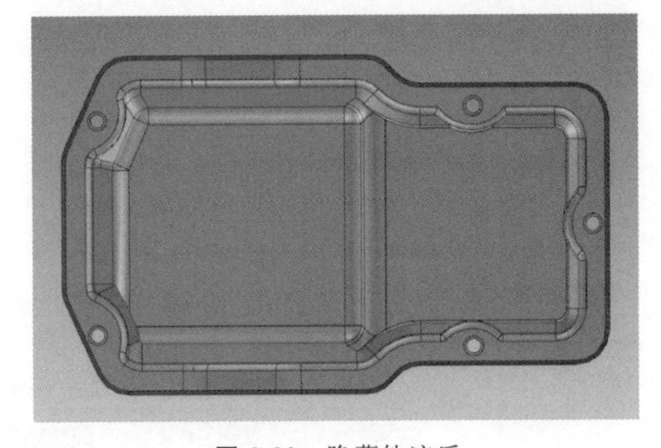

图 6-86　隐藏轨迹后

（5）显示轨迹

显示轨迹与隐藏轨迹的作用是相反的，可参考隐藏轨迹。

（6）重命名

点击“轨迹”列表中的“重命名”，可对轨迹名称进行修改，如图 6-87、图 6-88 所示。

6.4.7　轨迹点操作命令

轨迹点操作命令如表 6-24 所示。

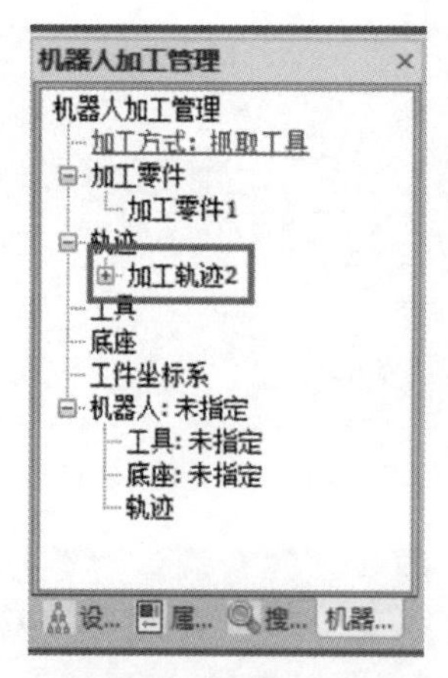

图 6-87　轨迹重命名前

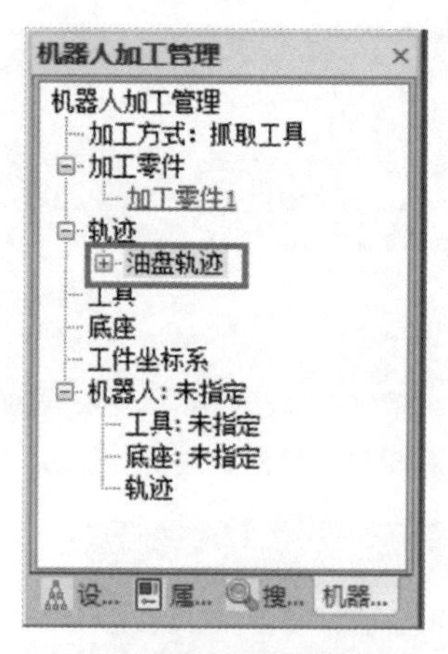

图 6-88　轨迹重命名后

表 6-24　轨迹点操作命令

操作	步骤	说明	
运动到点	1	说明	此功能需要在设计环境中导入机器人和工具。选中一个点，右击"运动到点"
		图示	机器人加工管理 机器人加工管理 加工方式：抓取工具 加工零件 加工零件1 轨迹 油盘轨迹 点3_序号1 点4_序号2 点5_序号3 点6_序号4 点7_序号5 点8_序号6 点9_序号7 点10_序号8 点11_序号9 点12_序号10 点13_序 点14_序 点15_序 点16_序 点17_序 点18_序 点19_序 点20_序 点21_序 点22_序 点23_序 点24_序 点25_序 点26_序 点27_序 点28_序号26 点29_序号27 点30_序号28 点31_序号29 点32_序号30 点33_序号31 点34_序号32 点35_序号33 点36_序号34 点37_序号35 点38_序号36 运动到点 设置为起始点 重置点 统一位姿 编辑点 轨迹点属性 观察 编辑多个点 删除点 插入点 分割轨迹 设… 属… 搜… 机器…
	2	说明	在轨迹点 10 上右击"运动到点"工具会运动到第 10 个点
		图示	

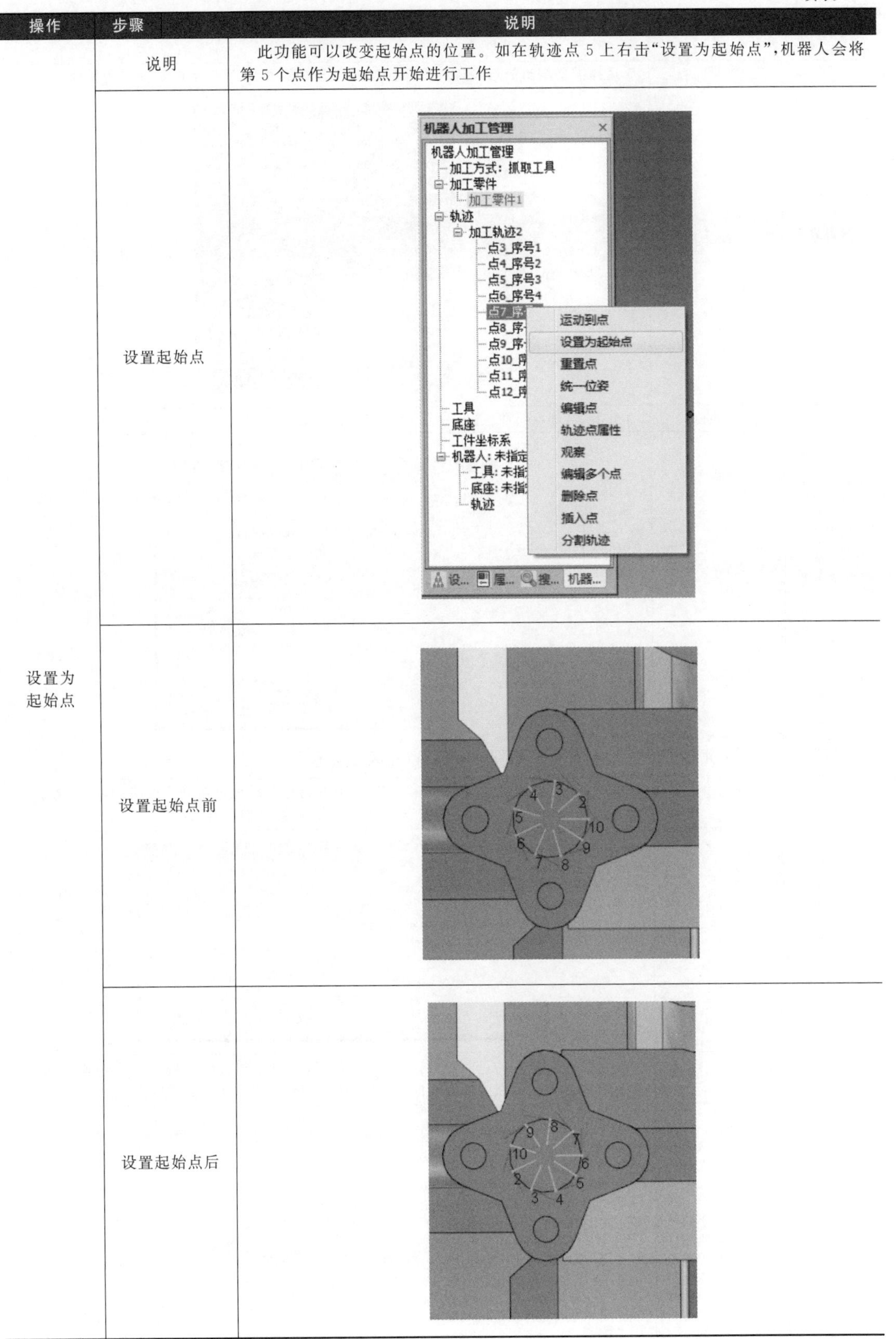

操作	步骤	说明
设置为起始点	说明	此功能可以改变起始点的位置。如在轨迹点 5 上右击“设置为起始点”，机器人会将第 5 个点作为起始点开始进行工作
	设置起始点	
	设置起始点前	
	设置起始点后	

续表

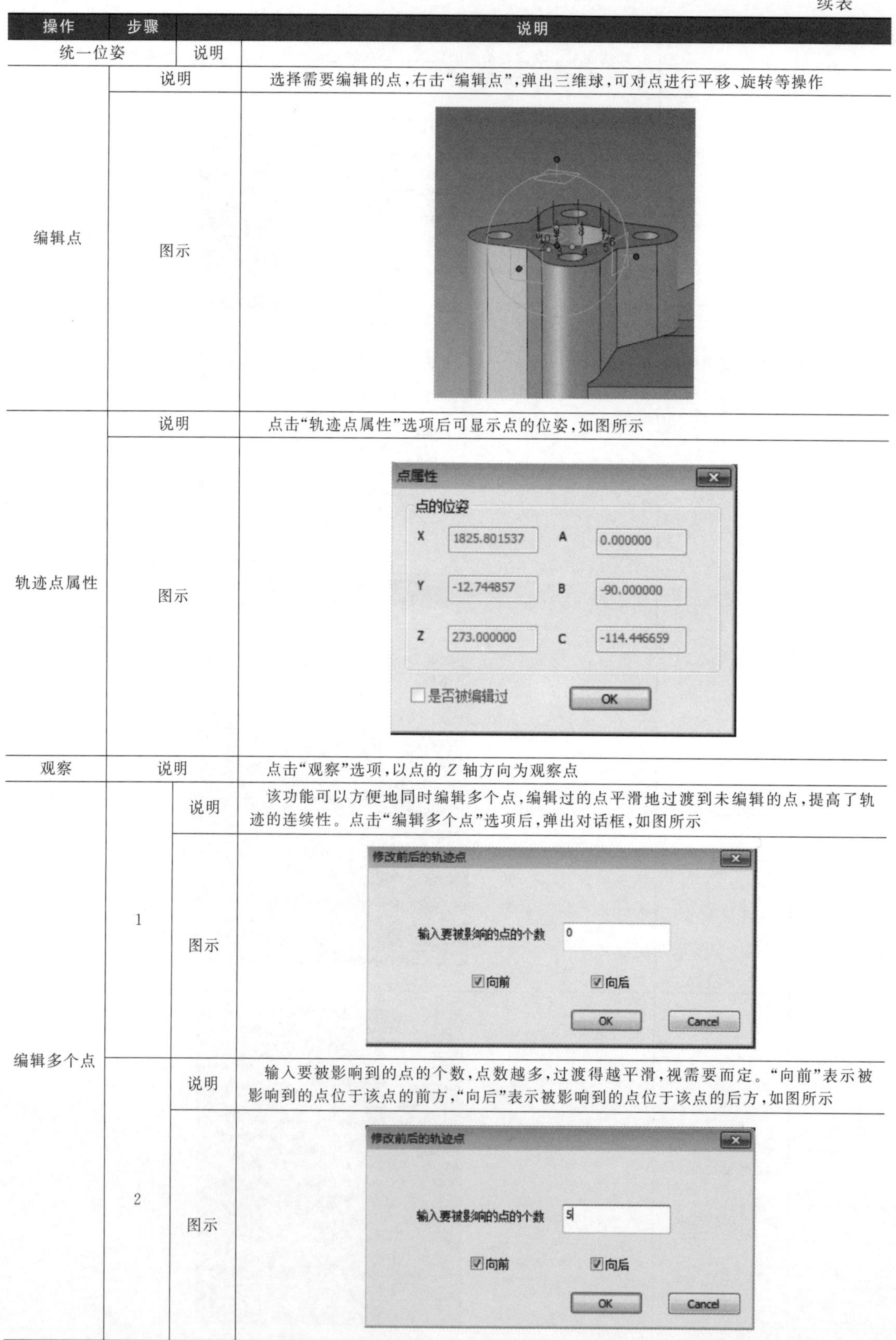

操作	步骤		说明
统一位姿		说明	
编辑点	说明		选择需要编辑的点，右击“编辑点”，弹出三维球，可对点进行平移、旋转等操作
	图示		
轨迹点属性	说明		点击“轨迹点属性”选项后可显示点的位姿，如图所示
	图示		
观察	说明		点击“观察”选项，以点的 Z 轴方向为观察点
编辑多个点	1	说明	该功能可以方便地同时编辑多个点，编辑过的点平滑地过渡到未编辑的点，提高了轨迹的连续性。点击“编辑多个点”选项后，弹出对话框，如图所示
		图示	
	2	说明	输入要被影响到的点的个数，点数越多，过渡得越平滑，视需要而定。“向前”表示被影响到的点位于该点的前方，“向后”表示被影响到的点位于该点的后方，如图所示
		图示	

操作	步骤	说明	
编辑多个点	3	说明	单击“确定”按钮后，在改点上弹出三维球，可进行编辑
		图示	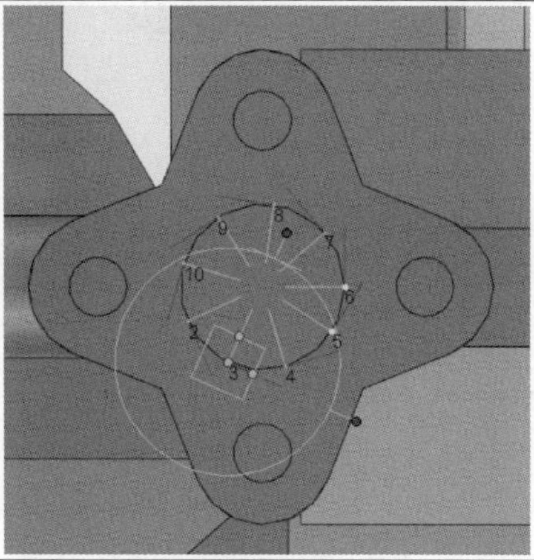
删除点	说明		选择“删除点”选项删除当前点
	删除点前图示		
	删除点后图示		

续表

<table>
<tr><th>操作</th><th>步骤</th><th>说明</th></tr>
<tr><td>插入点</td><td>说明</td><td>插入点与删除点的作用相反</td></tr>
<tr><td rowspan="3">分割轨迹</td><td>说明</td><td>点击“分割轨迹”选项后，一条轨迹被分割成两条，前一条的末点和后一条的首点是同一个点</td></tr>
<tr><td>分割轨迹前图示</td><td>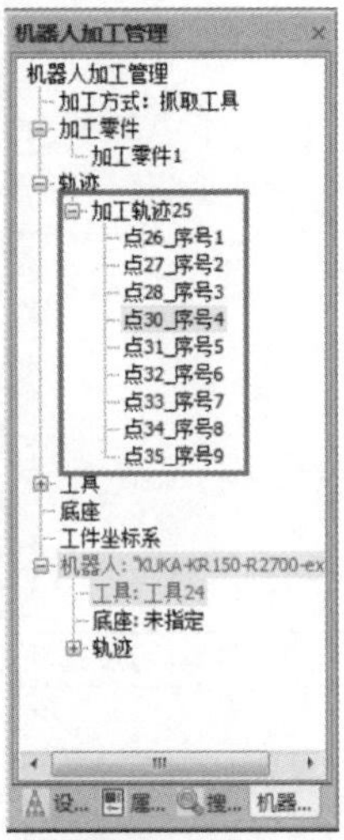
</td></tr>
<tr><td>分割轨迹后图示</td><td>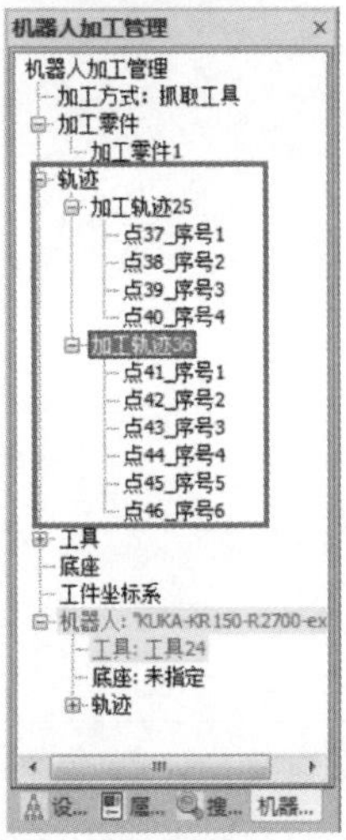
</td></tr>
</table>

附录1　中级理论试题

目录	题型	题干	正确答案	难易度	选项数	A	B	C	D
1	单选题	以下哪种情况不属于ABB工业机器人需要更新转数计数器的情况。( )	C	中	4	A. 当系统报警提示“10036 转数计数器未更新”时	B. 在转数计数器与测量板之间断开过之后	C. 当系统报警提示“50028 微动控制方向错误”时	D. 在断电状态下，工业机器人的关节轴发生移动时
2	单选题	在触摸屏画面的( )中，可以通过文本框、输入框等控件的使用，方便快捷地监控和修改设备的参数。	A	中	4	A. 参数设置页面	B. 主画面	C. 控制画面	D. 实时趋势页面
3	单选题	( )是执行工业机器人程序的状态，在工业机器人执行程序的过程中操作者可通过调试程序来修改错误。	C	中	4	A. 监控状态	B. 编辑状态	C. 执行状态	D. 运行状态
4	单选题	工业机器人系统故障发生的原因一般都比较复杂，按发生故障的部件不同，工业机器人系统故障可分为( )和电气故障。	A	中	4	A. 机械故障	B. 软件故障	C. 弱电故障	D. 自身故障
5	单选题	触摸屏通过( )方式与PLC交流信息。	A	中	4	A. 通信	B. I/O信号控制	C. 继电器连接	D. 电气连接
6	单选题	( )是工业机器人其他坐标系的参照基础，是工业机器人示教与编程时经常使用的坐标系之一，它的位置没有硬性的规定，一般定义在工业机器人安装面与第一转动轴的交点处。	A	中	4	A. 基坐标系	B. 关节坐标系	C. 工件坐标系	D. 工具坐标系
7	单选题	( )是一种从继电接触控制电路图演变而来的图形语言。它是借助类似于继电器的动合触点、动断触点、线圈以及串、并联等术语和符号，根据控制要求连接而成的表示PLC输入和输出之间逻辑关系的图形，直观易懂。	C	中	4	A. 流程图	B. 时序图	C. 梯形图	D. 指令语句表
8	单选题	( )是指对温度、压力、流量等模拟量的闭环控制。	D	中	4	A. 模拟量控制	B. 顺序控制	C. 运动控制	D. 过程控制
9	单选题	示教器使用完毕后，务必( )。	B	中	4	A. 放回工业机器人上	B. 放回示教器支架上	C. 放在系统夹具上	D. 放在地面上
10	单选题	( )是用于测量设备移动状态参数的功能元件。	B	中	4	A. 多维力传感器	B. 位置传感器	C. 微处理器	D. 智能传感器
11	单选题	操作人员对所使用的设备，通过岗位练兵和学习技术，做到“四懂、三会”。下列选项中，哪项不属于“四懂”？( )	B	中	4	A. 懂结构	B. 懂制图	C. 懂性能	D. 懂用途
12	单选题	( )通常作为工业机器人的技术指标，反映工业机器人动作的灵活性，可用轴的直线移动、摆动或旋转动作的数目来表示。	C	中	4	A. 速度	B. 灵敏度	C. 自由度	D. 摆动弧度

续表

目录	题型	题干	正确答案	难易度	选项数	A	B	C	D
13	单选题	螺栓松动时，需使用(　)涂抹在螺栓表面并以适当的力矩切实拧紧。	D	中	4	A. 固体胶	B. 双面胶	C. 透明胶带	D. 防松胶
14	单选题	进行工业机器人日常检查及维护时，带有气压组件的检查项目和有空气 2 点套件的检查项目有所不同。下列选项中，哪项检查项目不是带有气压组件的检查项目？(　)	A	中	4	A. 配管有无泄漏	B. 确认供应压力	C. 泄水的确认	D. 确认干燥器
15	单选题	在工业机器人语言操作系统的监控状态下，操作者可以用(　)定义工业机器人在空间的位置、设置工业机器人的运动速度、存储或调出程序等。	C	中	4	A. 控制柜	B. 控制器	C. 示教器（示教盒）	D. 计算器
16	单选题	(　)通常是由操作人员通过示教器控制工业机器人工具末端达到指定和姿态，记录工业机器人位姿数据并编写工业机器人运动指令，完成工业机器人在正常加工轨迹规划、位姿等关节数据信息的采集和记录。	B	中	4	A. 自主编程	B. 在线示教编程	C. 离线编程	D. 动作级编程
17	单选题	(　)编程语言是最低级的工业机器人语言。它以工业机器人的运动描述为主，通常一条指令对应工业机器人的一个动作，表示工业机器人从一个位姿运动到另一个位姿。	A	中	4	A. 动作级	B. 任务级	C. 对象级	D. 离线
18	单选题	下列选项中，不属于工业机器人系统日常维护的是(　)。	B	中	4	A. 定位精度的确认	B. 控制装置通气口的清洁	C. 渗油的确认	D. 振动、异常响声的确认
19	单选题	进行工业机器人系统故障检修时，根据预测的故障原因和预先确定的排除方案，用试验的方法进行验证，逐级来定位故障部位，最终找出发生故障的真正部位。为了准确、快速地定位故障，应遵循(　)的原则。	B	中	4	A. 先操作后方案	B. 先方案后操作	C. 先检测后排除	D. 先定位后检测
20	单选题	大多数工业机器人编程语言含有(　)功能，以便能够在程序开发和调试过程中每次只执行一条单独语句。	C	中	4	A. 追踪	B. 重启	C. 中断	D. 仿真
21	单选题	(　)是指通过机器视觉产品（图像采集装置）获取图像，然后将获得的图像传送至处理单元，通过数字化图像处理进行目标尺寸、形状、颜色等的判别，进而根据判别的结果控制现场设备的系统。	C	中	4	A. 力觉系统	B. 摄像系统	C. 机器视觉系统	D. 图像测量系统
22	单选题	音波式数字显示张力计通过(　)处理，测出不同条件下的振动波形，并可读出波形的周期，通过周期波数频率的处理，换算出张力值。	A	中	4	A. 模拟信号	B. 数字信号	C. 不连续信号	D. 上升沿信号

续表

目录	题型	题干	正确答案	难易度	选项数	A	B	C	D
23	单选题	以下哪种行为不会造成人身伤害或设备损害（ ）?	C	中	4	A. 强制扳动工业机器人	B. 随意按动开关	C. 触摸示教器	D. 骑坐在工业机器人上
24	单选题	查看工业机器人工作站图纸中的（ ），可以了解设备的名称、规格、材料、重量、绘图比例、图纸张数等内容。	D	中	4	A. 明细栏	B. 审核栏	C. 配置表	D. 标题栏
25	单选题	（ ）是在大致确认了故障范围，并确认外部条件完全相符的情况下，利用相同的电路板、模块或元器件来替代怀疑目标。	C	中	4	A. 观察检查法	B. 参数检查法	C. 部件替换法	D. 以上选项都不是
26	单选题	工业机器人编程语言中，（ ）指令通常是由闭合某个开关或继电器而触发的，而开关和继电器又可能把电源接通或断开，直接控制工具运动，或送出一个小功率信号给电子控制器，让后者去控制工具。	C	中	4	A. 运算	B. 运动	C. 工具控制	D. 通信
27	单选题	在进行工业机器人编程时，需要描述物体在三维空间中的运动方式。为了便于描述，需给工业机器人及其系统中的其他物体建立一个基础坐标系，这个坐标系被称为（ ）。	D	中	4	A. 关节坐标系	B. 用户坐标系	C. 工具坐标系	D. 世界坐标系（大地坐标系）
28	单选题	（ ）主要指主控制器、伺服单元、安全单元、输入/输出装置等电子电路发生的故障。	B	中	4	A. 机械故障	B. 弱电故障	C. 强电故障	D. 自身故障
29	单选题	在触摸屏画面的（ ）中，可以通过图形控件、按钮控件，采用连接变量的方式，改变图形的显示形式，从而反映出被控对象的状态变化。	C	中	4	A. 参数设置页面	B. 主画面	C. 控制画面	D. 实时趋势页面
30	单选题	在工业机器人的机构中，两个相邻连杆之间有一个公共的轴线，这两个连杆可以分别沿两杆之间的轴线做相对移动或绕该轴线做相对转动，构成一个运动副，也称为（ ）。	D	中	4	A. 机械轴	B. 关节轴	C. 轴	D. 关节
31	单选题	ABB 工业机器人的零点信息数据存储在（ ）上，数据需供电才能保持保存，掉电后数据会丢失。	A	中	4	A. 本体串行测量板	B. 本体并行测量板	C. 轴计算机	D. DSQC652 I/O 板
32	单选题	用肉眼观察有无熔丝烧断、元器件烧焦、开裂等现象，有无断路现象，以此判断控制板内有无过流、过压、短路问题。上述方法使用的是常规检查中的（ ）。	B	中	4	A. 问	B. 看	C. 触	D. 嗅
33	单选题	下列选项中，哪项不属于使用观察检查法进行故障的排除？（ ）	C	中	4	A. 直观检查	B. 预检查	C. 部件替换	D. 电源连接检查
34	单选题	触摸屏画面的（ ）主要以曲线记录的形式来显示被控值、PLC 模拟量的主要工作参数（如输出变频器频率、温度趋线值）等的实时状态。	D	中	4	A. 参数设置页面	B. 主画面	C. 控制画面	D. 实时趋势页面

续表

目录	题型	题干	正确答案	难易度	选项数	A	B	C	D
35	单选题	（ ）一般用于厚度及深度的测量，精度可精确到0.1mm。	B	中	4	A. 卷尺	B. 游标卡尺	C. 直尺	D. 千分尺
36	单选题	系统性故障是指只要满足一定的条件或超过某一设定，工作中的工业机器人必然会发生的故障。下列哪种情况下，不会引起系统性故障？（ ）	D	中	4	A. 电池电量不足或电压不够时	B. 工业机器人检测到力矩等参数超过理论值时	C. 工业机器人在工作时力矩过大或焊接时电流过高超过某一限值时	D. 连接插头没有拧紧时
37	单选题	定义组输入信号 gi1 占用地址 1-4 共 4 位，可以代表十进制数（ ）。	B	中	4	A. 0-8	B. 0-15	C. 0-31	D. 0-63
38	单选题	（ ）是按零件加工或装配的每一道工序编制的一种工艺文件。	B	中	4	A. 工艺卡片	B. 工序卡片	C. 工装卡片	D. 加工卡片
1	多选题	下列语句中能用于 ABB 工业机器人启动中断程序，实现当数字量输入信号 FrPDigStart 的值变为 0，程序指针跳转至中断程序 Notice 中的是（ ）。	ACD	中	4	A. CONNECT intno1 WITH Notice	B. Delete intno1	C. IDelete intno1	D. ISignalDIFrPDigStart，0，intno1
2	多选题	梯形图的设计应注意以下哪些事项？（ ）	ACD	中	4	A. 梯形图按从左到右、自上而下的顺序排列	B. 梯形图按从右到左、自上而下的顺序排列	C. 梯形图中每个梯级流过的不是物理电流，而是“概念电流”，从左流向右，其两端没有电源	D. 输入寄存器用于接收外部输入信号，而不能由PLC内部其他继电器的触点来驱动
3	多选题	工业机器人的编程方式有（ ）。	ABC	中	4	A. 在线示教编程	B. 离线编程	C. 自主编程	D. 关节级编程
4	多选题	游标卡尺读数时，要注意以下哪些事项？（ ）	ABD	中	4	A. 测量时应使测量爪轻轻夹住被测物，不要夹得过紧，然后用紧固螺母将游标卡尺固定，最后读数	B. 测量物上被测距离的连线必须平行于主尺	C. 测量物表面保持干燥	D. 测量前要首先看清游标卡尺的精度
5	多选题	在触摸屏画面的主画面中，可以使用以下哪些控件实现信息提示、画面切换等功能？（ ）	ABC	中	4	A. 按钮	B. 图形	C. 切换画面	D. 以上都不符合
6	多选题	根据能量转换方式的不同，可将驱动器划分为（ ）装置。	BCD	中	4	A. 低速驱动	B. 液压驱动	C. 气压驱动	D. 电气驱动
7	多选题	PLC 的一个扫描周期必经下列哪三个阶段？（ ）	BCD	中	4	A. 结果写入	B. 输入采样	C. 程序执行	D. 输出刷新
8	多选题	工业机器人不得在以下列出的哪些情况下使用？（ ）	ABC	中	4	A. 燃烧的环境	B. 有爆炸可能的环境	C. 无线电干扰的环境	D. 干燥的环境

续表

目录	题型	题干	正确答案	难易度	选项数	A	B	C	D
9	多选题	一个基本的触摸屏是由下列哪几个主要组件组成的？（ ）	ACD	中	4	A. 触摸传感器	B. 速度传感器	C. 控制器	D. 软件驱动器
10	多选题	在以下选项中哪些是在检测、排除工业机器人系统故障时应掌握的基本原则？（ ）	BCD	中	4	A. 先内部后外部	B. 先软件后硬件	C. 先静后动	D. 先机械后电气
1	判断题	EtherCAT是德国倍福自动化公司提出的实时工业以太网技术，只支持线性拓扑结构。（ ）	B	中	2	A. 正确	B. 错误		
2	判断题	工业机器人控制系统作为工业机器人重要组成部分之一，主要作用是根据操作人员的指令操作和控制工业机器人的执行机构，使其完成作业任务的动作要求。（ ）	A	中	2	A. 正确	B. 错误		
3	判断题	在ABB工业机器人示教器的控制面板中设置好I/O信号之后，需重启控制器才能使设定生效。（ ）	A	中	2	A. 正确	B. 错误		
4	判断题	在更换使用防护类型Clean Room漆料的工业机器人部件时，应务必确保在更换后在结构和新部件之间的结合处不会有颗粒脱落。（ ）	A	中	2	A. 正确	B. 错误		
5	判断题	在作业内工作时，无需使用的工具应该放在安全栅栏内的合适区域。（ ）	B	中	2	A. 正确	B. 错误		

附录2　工业机器人应用编程职业技能等级（ABB中级）实操考核任务书

考生须知：

1. 本任务书共6页，如出现任务书缺页、字迹不清等问题，请及时向考评人员申请更换任务书。

2. 请仔细研读任务书，检查考核平台，如有模块缺少、设备问题，请及时向考评人员提出。

3. 请在120分钟内完成任务书规定内容。

4. 由于操作不当等原因引起工业机器人控制器及I/O组件、PLC等的损坏以及发生机械碰撞等情况，将依据扣分表进行处理。

5. 考核现场不得携带任何电子存储设备。

6. 考核平台参考资料以pdf格式存放在“D：\1+X考核\参考资料”文件夹下。

7. 考核过程中，请及时保存程序及数据，保存到“D：\1+X考核**号工位”指定文件夹中。

8. 考核平台已内置部分程序，考生可以直接在平台程序上进行编程。

9. 考核时间结束后进行统一评判。

10. 请服从考评人员的管理与安排。

场次号：________工位号：________日期：________

现有一台工业机器人智能检测和装配工作站，工作站由ABB工业机器人、上料单元、输送单元、快换装置、立体库、变位机单元、绘图模块、视觉检测单元等组成，智能检测与装配工作站各模块布局如图1所示。关节坐标系下工业机器人工作原点位置为［0°，－20°，20°，0°，90°，0°］。

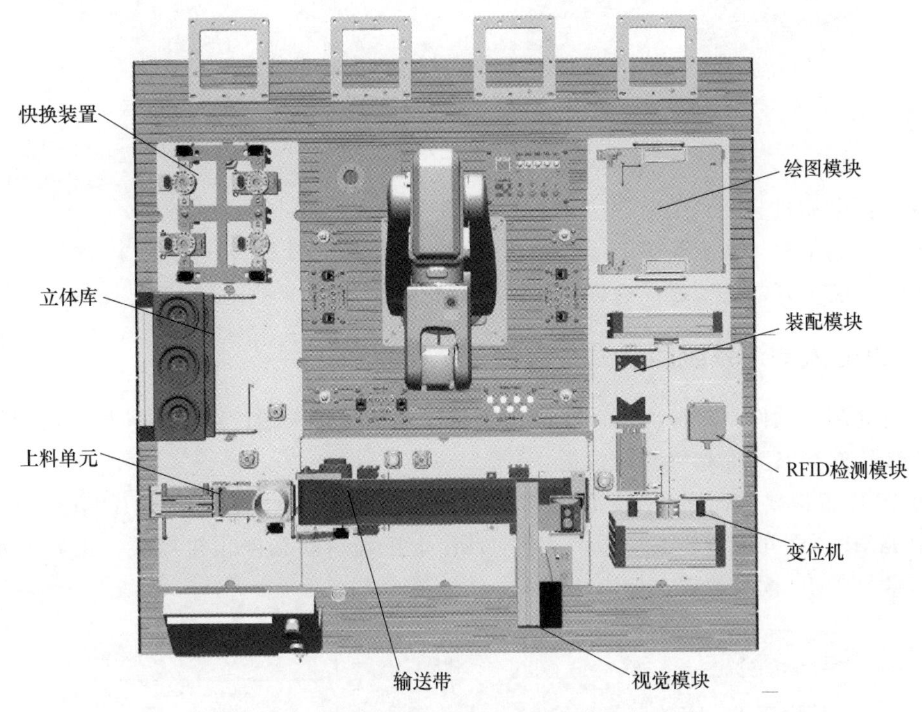

图1　智能检测与装配工作站各模块布局图

工业机器人所用末端工具如图2所示。其中弧口手爪工具用于取放关节底座，直口手爪工具用于取放电动机，吸盘工具用于取放输出法兰。

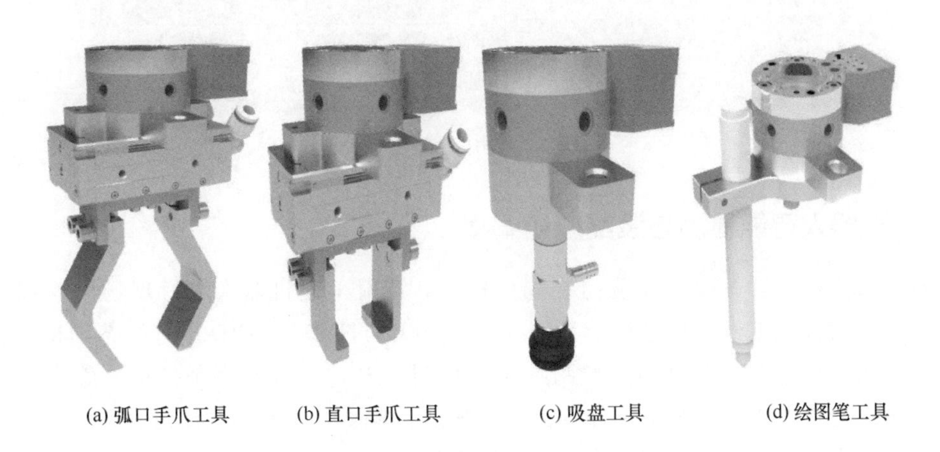

(a) 弧口手爪工具　(b) 直口手爪工具　(c) 吸盘工具　(d) 绘图笔工具

图2　工业机器人末端工具

工业机器人智能检测与装配工作站的三个装配零件，如图3所示。

工业机器人关节部件的装配步骤如下。

步骤①：关节底座在装配模块上正确定位。

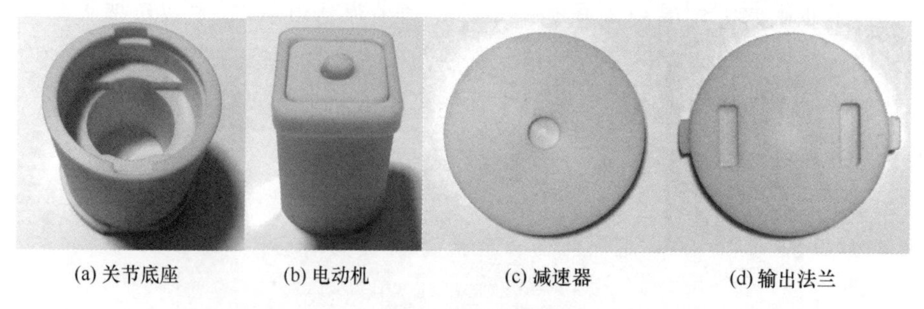

(a) 关节底座　(b) 电动机　(c) 减速器　(d) 输出法兰

图 3　装配零件

步骤②：电动机装配到关节底座中。

步骤③：输出法兰装配到关节底座中（嵌入卡槽后顺时针旋转 90°锁定）。

步骤④：装配好的关节成品返回立体库指定位置。

任务一　机器人周边系统组态编程及测试

打开视觉调试软件，将输出法兰工件正确放置到输送带末端，对工件进行学习训练，并用串口调试软件获取工件相关特征数据。

通过 PLC 编程软件，打开指定的考核环境工程，对 PLC、HMI 和 RFID 进行组态及编程，绘制 HMI 画面并配置相关变量，实现 HMI 上正确启动和停止机器人，正确显示立体库仓位信息、RFID 读写数据，如图 4 所示。

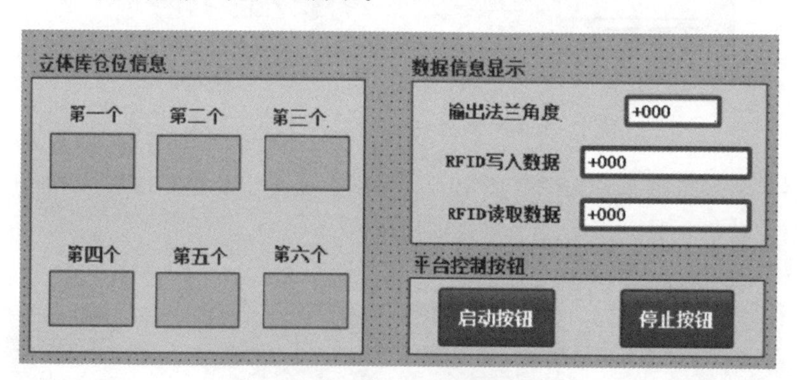

图 4　HMI 控制界面

任务二　机器人智能检测与装配应用编程

现有一台工业机器人智能检测与装配工作站，请对工业机器人进行现场编程或离线编程，应用视觉软件对工件模型进行学习训练，对 PLC、HMI、RFID 进行组态和相关通信编程，在示教器中创建并设置机器人控制、相机控制、PLC 控制等多个任务，编写工业机器人程序实现一套工业机器人关节部件的上料、输送、检测、装配和入库过程。

工业机器人智能检测与装配工作站控制要求如下。

（1）工件准备

本任务需要完成一套关节部件的装配（含 3 个零件的装配，其中关节底座、电动机部件和输出法兰各 1 个）。手动将 1 个关节底座和 1 个电动机放入立体库，如图 5 所示；手动将 2 个减速器和 1 个输出法兰工件随机顺序放置到供料单元供料桶中。

（2）工件学习训练

打开视觉软件，连接相机，将需要检测的工件以合适的位置平放在输送带末端，触发相机拍照，利用视觉软件相关工具训练学习工件，获取工件信息。

（3） PLC组态及编程

通过PLC编程软件，打开指定的考核环境工程对PLC、HMI和RFID进行组态，编写PLC程序，建立PLC与机器人的通信，实现变位机模块、RFID模块的控制，编制HMI画面，在HMI画面中正确显示输出法兰角度信息、RFID数据、仓位信息。

图5　关节底座和电动机放置位置

（4）工作站工作过程

① 系统初始复位：将工业机器人手动操作至非原点位置，手动将直口手爪工具安装在工业机器人末端，变位机处于非水平位置状态，手动将上料单元推料汽缸伸出，手动将装配模块上定位汽缸伸出，按下工业机器人示教器程序启动按键（之后禁止对示教器进行任何操作），工业机器人自动将直口手爪工具放置到快换装置上使工业机器人末端无工具，然后返回至工作原点（关节坐标系工作原点位置为［0°，－20°，20°，0°，90°，0°］）；变位机由非水平状态复位到水平上下料状态，如图6（b）所示，上料单元推料汽缸缩回，装配模块上定位汽缸缩回，输送带上没有工件，HMI上输出法兰角度信息和RFID数据清零。

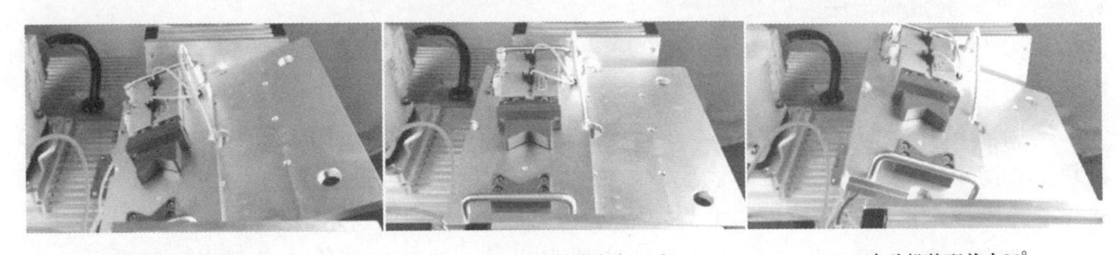

(a) 输出法兰装配状态-20°　　(b) 上下料状态水平0°　　(c) 电动机装配状态20°

图6　变位机工作状态示意图

② 关节底座装配：按下HMI编制的启动按钮，工业机器人自动抓取弧口手爪工具并返回原点，然后工业机器人抓取立体库上关节底座工件，将关节底座搬运至RFID模块上进行工序记录（工序号为1；工序内容为ABD；日期时间为当前时刻的工业机器人系统时间），并在HMI的写入数据栏进行显示，再将关节底座搬运到处于水平状态变位机的定位模块上，定位汽缸伸出固定关节底座工件，完成关节底座的装配。

③ 变位机旋转至背向工业机器人一侧：关节底座装配完成后，变位机自动背向工业机器人一侧翻转20°，使变位机处于电动机装配状态，如图6（c）所示。

④ 电动机零件装配：工业机器人自动更换合适的工具，从立体库中正确抓取电动机工件并装配到关节底座上。

⑤ 变位机旋转至面向工业机器人一侧：电动机装配完成后，变位机自动面向工业机器人一侧翻转20°，使变位机处于输出法兰装配状态，如图6（a）所示。

⑥ 减速器或输出法兰上料：电动机装配完成后，工业机器人控制上料汽缸将供料筒中的一个工件推出，2s后自动缩回，实现工件上料过程。

⑦ 减速器或输出法兰输送：工件上料完成后，输送带立即开始运行，并将输送至输送

带末端，待末端传感器检测到工件3s后输送带自动停止。

⑧ 减速器或输出法兰检测：工件输送至末端且输送带停止后，工业机器人触发相机拍照，获取工件信息。若是减速器工件，工业机器人利用合适的工具将减速器搬运到废料区(如图7所示)，然后重复执行步骤⑥～⑧；若是输出法兰工件，工业机器人执行步骤⑨进行输出法兰装配，并在HMI上正确显示输出法兰角度信息。

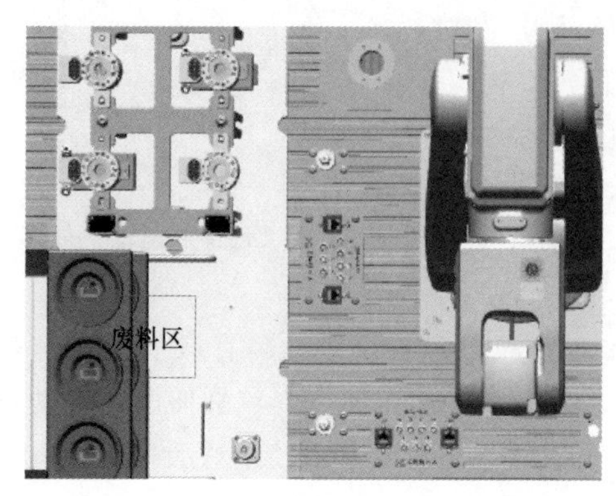

图7 废料区示意图

图8 关节成品入库位置

⑨ 输出法兰装配：工业机器人自动更换吸盘工具且获取输出法兰角度信息后，工业机器人调整吸盘角度正确吸持输出法兰工件，将输出法兰正确搬运至关节底座内，并进行顺时针旋转90°，完成输出法兰的装配。

⑩ 变位机旋转至水平状态：待输出法兰装配完成后，变位机自动旋转至水平上下料状态，如图6（b）所示。

⑪ 成品入库：工业机器人自动更换弧口手爪工具，正确抓取关节成品并搬运至RFID模块上查询步骤②记录下的工序信息，并在HMI的读取数据栏进行显示，再将关节成品搬运至立体库指定位置，完成一套关节成品的装配任务，如图8所示。

⑫ 料筒工件清理：若一套关节成品装配完成后，料筒中还有工件，则继续执行步骤⑥～⑧，直至料筒中没有工件。

⑬ 系统结束复位：待一套关节部件装配完成后，工业机器人自动将末端工具放入快换装置并返回工作原点［0°，－20°，20°，0°，90°，0°］，变位机自动复位到水平状态。

⑭ 系统停止：工业机器人运行过程中按下HMI停止按钮，工业机器人立即停止，停止后须手动操作机器人到工作原点［0°，－20°，20°，0°，90°，0°］，重新加载程序且系统复位后，按下HMI启动按钮可再次运行工业机器人系统。

请正确进行工业机器人相关参数设置，对工业机器人进行现场编程或离线编程，应用视觉软件对工件模型进行学习训练，对PLC、HMI、RFID进行组态和编程，实现一套工业机器人关节部件的上料、输送、检测、装配和入库过程。

工业机器人应用编程职业技能等级（ABB 中级）实操评分表

场次号工位号开始时间　　　　　　结束时间

序号	考核要点	考核要求	配分	评分标准	得分	得分小计
一	PLC 及视觉编程 20 分	用视觉软件进行工件学习训练	2	学习工件特征信息 2 分		
		用串口测试软件获取工件信息	2	获取工件特征信息 2 分		
		PLC、HMI、RFID 正确组态	3	PLC、HMI、RFID 各 1 分		
		HMI 画面布局齐全且正确下载	6	HMI 画面 4 分，下载 2 分		
		HMI 立体库仓位正确显示	3	每个仓位显示 0.5 分		
		HMI 上启动按钮有效	2	HMI 上启动按钮有效		
		HMI 上停止按钮有效	2	HMI 上停止按钮有效		
二	系统初始复位 9 分	启动后将工具放回快换装置	2	启动 1 分，工具放回 1 分		
		工具放回后机器人回工作原点	1	机器人自动返回原点		
		变位机复位至水平位置	2	从非水平复位到水平状态		
		上料汽缸和定位汽缸缩回	1	上料汽缸和定位汽缸各 0.5 分		
		清零 HMI 上法兰角度数据	1	清零 HMI 上法兰角度数据		
		清零 HMI 上 RFID 写入数据	1	清零 HMI 上 RFID 写入数据		
		清零 HMI 上 RFID 读取数据	1	清零 HMI 上 RFID 读取数据		
	底座装配 13 分	按下 HMI 启动按钮抓取弧口手爪工具	1	抓取弧口手爪工具 1 分		
		机器人正确抓取关节底座	2	正确抓取关节底座 2 分		
		搬运底座并写入 RFID 数据	2	搬运到 RFID 模式上方 2 分		
		HMI 上正确显示 RFID 写入数据	3	正确显示 RFID 数据 3 分		
		将关节底座固定至装配模块上	4	搬运 2 分，固定 2 分		
		机器人放置弧口手爪工具	1	放置弧口手爪工具 1 分		
	电机装配 8 分	机器人抓取直口手爪工具	1	抓取直口手爪工具 1 分		
		变位机旋转至背向机器人一侧	2	到达背向机器人状态 2 分		
		机器人正确抓取电动机	2	正确抓取电动机 2 分		
		机器人正确装配电动机	2	正确装配电动机 2 分		
		机器人放置直口手爪工具	1	放置直口手爪工具 1 分		
	输出法兰装配 24 分	机器人抓取吸盘工具	1	抓取吸盘工具 1 分		
		变位机旋转至面向机器人一侧	2	到达面向机器人状态 2 分		
		上料单元将工件上料	1.5	上料一个工件每次 0.5 分		
		2s 后上料单元汽缸缩回	1.5	2s 后汽缸缩回每次 0.5 分		
		正确输送输出工件	1.5	工件输送到末端每次 0.5 分		
		检测到工件 3s 后输送带停止	1.5	3s 后输送带停止每次 0.5 分		
		机器人将减速器搬到废料区	4	减速器搬到废料区每次 2 分		
		输出法兰角度显示在 HMI	4	角度正确显示 4 分		
		机器人吸持输出法兰	2	吸持输出法兰 2 分		
		将输出法兰搬运到关节底座内	2	输出法兰正确搬运 2 分		
		输出法兰正确装配	2	旋转 90°安装 2 分		
		机器人放置吸盘工具	1	正确放置吸盘工具 1 分		
	成品入库 12 分	机器人抓取弧口手爪工具	1	抓取弧口手爪工具 1 分		
		变位机旋转至水平位置状态	2	复位至水平状态 2 分		
		抓取关节底座读取 RFID 数据	2	搬运到 RFID 模式上方 2 分		
		HMI 上正确显示 RFID 读取数据	3	正确显示 RFID 数据 3 分		
		关节成品返回立体库(必过项)	4	入库 2 分，位置正确 2 分		
	系统结束复位 4 分	将末端工具放回至快换装置	2	工具放回快换装置 2 分		
		机器人返回至工作原点	1	机器人返回工作原点 1 分		
		变位机复位至水平状态	1	变位机复位水平状态 1 分		

续表

序号	考核要点	考核要求	配分	评分标准	得分	得分小计
三	职业素养 10 分	遵守赛场纪律，无安全事故	2	纪律和安全各 1 分		
		工位保持清洁，物品整齐	2	工位和物品各 1 分		
		着装规范整洁，佩戴安全帽	2	着装和安全帽各 1 分		
		操作规范，爱护设备	2	规范和爱护设备各 1 分		
		尊重裁判，服从安排	2	尊重裁判和服从安排各 1 分		
四	违规扣分项	机器人与快换装置支架碰撞		每次扣 5 分		
		机器人带起快换装置支架		每次扣 5 分		
		机器人造成立体库移动		每次扣 5 分		
		机器人与转盘碰撞		每次扣 5 分		
		机器人与变位机碰撞		每次扣 5 分		
		机器人与相机发生碰撞		每次扣 5 分		
		造成损坏设备		扣 20 分		
合计			100			
被考核人员签字		年　月　日	考评人员签字	年　月　日		

参考文献

[1] 韩鸿鸾，丛培兰，谷青松．工业机器人系统安装调试与维护．北京：化学工业出版社，2017.

[2] 韩鸿鸾．工业机器人工作站系统集成与应用．北京：化学工业出版社，2017.

[3] 韩鸿鸾，蔡艳辉，卢超．工业机器人现场编程与调试．北京：化学工业出版社，2017.

[4] 韩鸿鸾，宁爽，董海萍．工业机器人操作．北京：机械工业出版社，2018.

[5] 韩鸿鸾，张云强．工业机器人离线编程与仿真．北京：化学工业出版社，2018.

[6] 韩鸿鸾．工业机器人装调与维修．北京：化学工业出版社，2018.

[7] 韩鸿鸾，张林辉，孙海蛟．工业机器人操作与应用一体化教程．西安：西安电子科技大学出版社，2020.

[8] 韩鸿鸾，时秀波，毕美晨．工业机器人离线编程与仿真一体化教程．西安：西安电子科技大学出版社，2020.

[9] 韩鸿鸾，周永钢，王术娥．工业机器人机电装调与维修一体化教程．西安：西安电子科技大学出版社，2020.

[10] 韩鸿鸾，相洪英．工业机器人的组成一体化教程．西安：西安电子科技大学出版社，2020.

[11] 韩鸿鸾，刘衍文，刘曙光．KUKA（库卡）工业机器人装调与维修．北京：化学工业出版社，2020.

[12] 韩鸿鸾，王海军，王鸿亮．KUKA（库卡）工业机器人编程与操作．北京：化学工业出版社，2020.

[13] 王志强，禹鑫燚，蒋庆斌．工业机器人应用编程（ABB）初级．北京：高等教育出版社，2020.

[14] 王志强．禹鑫燚，蒋庆斌．工业机器人应用编程（ABB）中级．北京：高等教育出版社，2020.

[15] 韩鸿鸾．工业机器人在编程一体化教程．西安：西安电子科技大学出版社，2021.

[16] 韩鸿鸾，等．工作站集成一体化教程．西安：西安电子科技大学出版社，2021.